教育部人文社会科学重点研究基地重大项目
"'阴阳两仪'思维与中国审美文化研究"（项目号：2008JJD751077）

教育部人文社会科学重点研究基地
山东大学文艺美学研究中心基金资助

"阴阳两仪"思维
与中国审美文化

"Yin-yang Thinking" and Chinese Aesthetic Culture

仪平策 李庆本 等著

中国社会科学出版社

图书在版编目（CIP）数据

"阴阳两仪"思维与中国审美文化／仪平策等著．—北京：中国社会科学出版社，2016.4
ISBN 978-7-5161-8128-7

Ⅰ．①阴… Ⅱ．①仪… Ⅲ．①审美文化—研究—中国 Ⅳ．①B83-092

中国版本图书馆 CIP 数据核字（2016）第 093273 号

出 版 人	赵剑英
责任编辑	史慕鸿
责任校对	季　静
责任印制	戴　宽

出　　　版	中国社会科学出版社
社　　　址	北京鼓楼西大街甲 158 号
邮　　　编	100720
网　　　址	http://www.csspw.cn
发 行 部	010-84083685
门 市 部	010-84029450
经　　　销	新华书店及其他书店

印刷装订	北京君升印刷有限公司
版　　次	2016 年 4 月第 1 版
印　　次	2016 年 4 月第 1 次印刷
开　　本	710×1000　1/16
印　　张	28.75
插　　页	2
字　　数	490 千字
定　　价	108.00 元

凡购买中国社会科学出版社图书，如有质量问题请与本社营销中心联系调换
电话：010-84083683
版权所有　侵权必究

目　录

导论 …………………………………………………………………… (1)
　一　国内审美文化研究的三个维度 …………………………… (2)
　二　执两用中·阴阳两仪·中·偶两：中国审美文化的思想
　　　范式 ………………………………………………………… (14)
　三　"阴阳两仪"思维范式的美学意涵 ………………………… (30)

第一章　《周易》与"阴阳两仪"思维范式 …………………… (39)
　一　从偶两思维到阴阳范畴：《周易》与"阴阳两仪"思维范式的
　　　产生 ………………………………………………………… (40)
　二　从卦象爻位看《周易》阴柔阳刚的两仪分合及持中追求 …… (63)
　三　"未见""既见"：以《诗经》为例看阴阳两仪思维范式的
　　　周文化背景 ………………………………………………… (74)
　四　筮人"掌三易"及《周易》在先秦的传播 …………………… (82)
　五　从诸子看《周易》"阴阳两仪"思维范式的影响 …………… (97)

第二章　"阴阳两仪"思维与儒家美学 ………………………… (111)
　一　"阴阳两仪"思维与儒家美学的关系 ……………………… (111)
　二　"阴阳两仪"思维与孔子的审美意识 ……………………… (115)
　三　"阴阳两仪"思维与孟子的审美意识 ……………………… (121)
　四　"阴阳两仪"思维与荀子的审美意识 ……………………… (123)
　五　"阴阳两仪"思维与董仲舒的审美意识 …………………… (127)
　六　"阴阳两仪"思维与扬雄的审美意识 ……………………… (132)
　七　"阴阳两仪"思维与班固的审美意识 ……………………… (135)

第三章 "阴阳两仪"思维与道家美学 …………………（140）
  一 "阴阳两仪"思维与道家的互动关系 ……………（140）
  二 "阴阳两仪"思维与老子的审美意识 ……………（145）
  三 "阴阳两仪"思维与庄子的审美意识 ……………（156）

第四章 "阴阳两仪"思维与中国诗学 …………………（166）
  一 "阴阳两仪"思维与中国诗学的内在关系 ………（166）
  二 "阴阳两仪"思维与诗歌机能的分合与变迁 ……（185）
  三 "阴阳两仪"思维与诗歌的表层文辞和深层意蕴 …（203）
  四 "阴阳两仪"思维与"天人合一"的诗歌追求 ……（229）
  五 "阴阳两仪"思维与诗歌的体裁技法 ……………（241）
  六 古今与中西——从两个跨越性维度探讨"阴阳两仪"
    思维的意义 ……………………………………………（258）

第五章 "阴阳两仪"思维与中国画论 …………………（262）
  一 "阴阳两仪"思维与中国画论的内在关系 ………（262）
  二 动与静 ……………………………………………（271）
  三 虚与实 ……………………………………………（280）
  四 形与神 ……………………………………………（292）
  五 藏与露 ……………………………………………（308）
  六 简与繁 ……………………………………………（314）
  七 主与宾 ……………………………………………（323）
  八 中国传统绘画与西洋画之比较 …………………（328）

第六章 "阴阳两仪"思维与生态美学 …………………（343）
  一 《周易》与美学问题的相关性 ……………………（343）
  二 从文艺美学解读《周易》的局限性 ………………（348）
  三 从生态美学解读《周易》的具体路径 ……………（353）

第七章 "阴阳两仪"思维与中华传统体育 ……………（357）
  一 太极拳对中华传统文化的传承与其文化体系根基 …（357）

二　太极拳功法与阴阳观 …………………………………… （362）
三　阴阳观在太极拳拳法中的具体体现 ……………………… （366）

附录　与本书第五章相关的画作 ……………………………… （380）

参考文献 ………………………………………………………… （443）

后记 ……………………………………………………………… （454）

导　论

　　"审美文化"这一概念最早产生于西方，在德国美学家席勒1793—1795年间撰写的《美育书简》中首次出现。席勒从自己的现代性启蒙理想和美学思想体系出发，将"审美文化"列为与道德文化、政治文化相对的一种文化形态。稍后的英国文艺评论家阿诺德以"美的文化"学说，继承和发展了席勒式"审美文化"的理想原则与精英意识。英国哲学家赫伯特·斯宾塞（1820—1903）则把阿诺德所主张的文化正式定名为"审美文化"，成为较早使用"审美文化"概念的另外一人；而阿多诺、克拉考尔、洛文塔尔、布尔迪厄、伊格尔顿等现当代西方马克思主义美学家，在其论著中也对"审美文化"多有涉及，只不过语义变得较为复杂了。西方学者谈"审美文化"有一个共同特点，即强调的重点虽有不同，却始终未曾抛却席勒式审美救世的启蒙情怀、理想原则和精英意识。

　　在中国，首次在严格意义上使用"审美文化"这一术语的是由叶朗教授主编、北京大学出版社在1988年出版的《现代美学体系》一书。该书中专设了"审美文化"一章，对审美文化的构成、特性、生产、消费等问题做了理论上的表述，指出所谓审美文化，就是人类审美活动的物化产品、观念体系和行为方式的总和，它是人创造出来的，又通过一代一代的"社会遗传"而继承下去。[①] 到了20世纪90年代，随着当代审美文化以前所未有的势头和规模在中国大地上的迅猛发展，同时也随着由此而导致的有关"（传统）美学出路何在"的"学术焦虑"的越来越凸显、越来越滞重，中国学界向审美文化研究的学术转型最终渐趋自觉，蔚成

[①] 叶朗：《现代美学体系》，北京大学出版社1988年版，第32页。

热潮。

一 国内审美文化研究的三个维度

从20世纪90年代以来，关注、探讨、研究审美文化问题的学术成果相继涌现，声势日隆，有力地引导、推动了中国当代审美文化理论和实践的发展进程。我们不妨对其中影响较早、较大的这类著作，做一点挂一漏万的学术巡览。

从总体上说，这种启动于20世纪90年代的审美文化研究大致表现为三个学术维度，一是对审美文化概念本身的学理性探讨维度；二是对当代审美文化实践的批评维度；三是对传统审美文化资源的研究维度。

首先，审美文化概论研究维度。有一些审美文化研究著作属于立足于审美文化基本理论建设而做的研究，如林同华著的《审美文化学》（东方出版社1992年）、李西建著的《审美文化学》（湖北人民出版社1992年）、傅谨等著的《审美文化论》（天津人民出版社1998年）、张晶主编的《论审美文化》（北京广播学院出版社2003年）、余虹著的《审美文化导论》（高等教育出版社2006年）等。这些著作的研究话题主要涉及审美文化研究的对象与范围、审美文化的基本内涵及其与意识形态的关系、审美文化的当代性、审美文化的研究与美学学科和美学史的关系、审美文化理论的建构和发展及其具体的操作方法和实施方略等一系列有关审美文化的基本理论问题。

正因为重在探讨有关审美文化的基础理论问题，所以这些研究著作的突出特点，就是对审美文化概念都作出了这样那样的理解和阐释。这在学术上标志着，"审美文化"这一概念从一开始就进入了理论的视域。那么，学者们对于审美文化这一概念的含义，理解是否一样呢？结论是：不尽相同，甚至迥然异趣。

在审美文化研究之初，有的学者把审美文化也称为美学文化，如林同华先生认为："美学系统，即是美学文化系统，实质上，都是审美文化系统。美学文化学，就是审美文化学。"[1] 这显然是着重在美学与文化的关系中来理解审美文化，侧重于把审美文化理解为整个文化系统的一个子系

---

[1] 林同华：《审美文化学》，东方出版社1992年10月版，第4页。

统，一种特殊的文化形态，理解为美学与文化学的一种结合体。这种观点一般是较早的一种看法，就思维上来看，还带有从过去理性抽象的思辨性美学向注重感性具体的审美文化学转型的明显痕迹。

大体在这个起初阶段，学者们还在自觉突破思辨美学的"抽象性"局限的同时，也某种程度地流露出把审美文化学向文化学扩展、靠近、甚至"泛文化"的理论倾向。如李西建先生指出："审美文化学是一门介于审美学与文化学之间的边缘学科。"审美学是什么呢？"审美学是以人类的审美活动为研究对象的基础理论学科……审美学的核心范畴是审美活动。"这里以审美活动为核心、为对象的作为基础理论学科的"审美学"，其实即相当于通常讲的"美学"。显然，这个"审美文化学介于审美学与文化学之间"的看法与前述林同华的观点基本相同。但作者又认为，文化学作为"研究人类文化现象的基础理论学科"，它"在一种更为广泛、更为普遍，又更为深刻的程度上发掘、充实与扩展着人类文明的共同价值，寻求着人类生存与进步的理想与途径"。因此，"从某种意义讲，文化学的宗旨与其所包涵的广泛内容，正是审美文化学力求解决的基本任务"。[①] 这也就意味着，审美文化学从本质上不是美学或审美学，而是更与文化学相近相通了。

20世纪90年代，随着改革开放的深入发展和国内外思想相互交流碰撞的进一步加强，美学、文艺学界掀起了对审美文化的大讨论，学者们对审美文化的概念有了进一步的理解和概括，形成了几种影响较大的观点：一是认为审美文化是人类文化的审美层面，是指人以审美的态度来对待各种文化产品时出现的精神现象。这是当时大多数学者赞同的观点。[②] 二是认为审美文化主要是指当代人的生活和当代文化的审美化，是对当代文化的规定性表述，它包含或整合了传统对立的严肃文化与俗文化，但展现为流行性的大众文化形态，不是在价值判断的意义上，而是在文化形态的意义上，可以把审美文化指称为大众文化。[③] 三是认为审美文化是人类文化与文明发展到高级阶段的文化。在这一阶段，随着整个文化领域中的艺术和审美部分的自治程度和完善程度的增加，其内在原则就开始越出其自治

[①] 李西建：《审美文化学》，湖北人民出版社1992年版，第1、3页。
[②] 马宏柏：《审美文化与美学史学术讨论会综述》，《哲学动态》1997年第6期。
[③] 同上。

区，向文化的"认识"领域和"道德"领域渗透，对人们的政治意识、社会生活、教育模式、生产与消费方式、装饰服装、工作与职业等领域进行同化和改造。徐碧辉认为审美文化：它是一种注重精神品位，以高尚的审美趣味和精神追求来引导和提升生活实践，使之更符合人的真正需求的文化模式。① 四是认为审美文化是以文学艺术为核心的、具有一定审美特性和价值的文化形态或产品。它不仅包括当代文化（或大众文化）中的审美部分，也可涵盖中西乃至全世界大众文化中的有审美价值的部分。对"审美文化"一词的理解不应只从概念出发，而应从它的实际使用来分析。②

这些对"审美文化"概念的学理性梳理，尽管显得不尽相同，迥然异趣，但在基本问题上也存在着共识，主要表现在两个方面：第一，那就是都承认艺术和审美的发展和提高能够促进整个"文化"的完善和提高，使之更加的审美化，即学者们都坚信随着时代的发展变化，"文化"的各个层面都会逐渐审美化、艺术化、美学化。这是文化向审美的逐渐靠拢，逐渐等同，以至于学术界大力提倡"日常生活的审美化"和"审美的日常生活化"就显得顺理成章。第二，学者们在梳理"审美文化"概念时，基本上都坚持了一种精英主义的学术立场，即都坚持审美的高层次、高品位，认为审美是人类文化的高级阶段、高尚层面，面对文化的市场化、商品化，审美文化仍然要保持人文主义的终极关怀，要给人以美的超越性和愉悦性，以提高人们的日常生活和精神生活的质量。这也流露出学者们面对审美文化的日益市场化趋势而心怀疑虑、担心和抵触的态度。

"审美文化"概念在学理梳理时也有角度的不同，思维方式的相异，这从第一、第四种观点和第二、第三种观点分别可以看出来。首先，前者还是固守了精英文化的学术视角，将审美看作以纯文学艺术为核心所形成的审美价值和审美趣味来指导、引导周围的日常生活，使之更加精致化、审美化，没有脱离传统美学的思辨抽象思维；后者虽说也坚持了精英文化的学术视角，也强调以完善的、高尚的审美向"认识"、"道德"等文化领域的渗透，但它也认为审美可以进入周边的文化领域，与日常生活、世

---

① 聂振斌、滕守尧、章建刚、徐碧辉：《关于审美文化的对话》，《哲学动态》1997年第6期。

② 朱立元：《何为"审美文化"》，《大连大学学报》1998年第1期。

俗风尚相互交融贯通，以扩大审美领域的范围。这就在坚持美学的抽象思维的同时，更多注意到了感性具体的描绘。其次，前者把着重点放在审美的非功利性、非实用性以及心灵性、精神性上，主张将审美的超越性、精神性、娱乐性渗透到文化领域，以提升人们的精神境界；后者在坚持审美的超越性、精神性、娱乐性的同时，不否定审美的功利性、实用性，认为在消费社会、商品经济中人们的感官快适和物质欲望都已审美化，商品的逻辑也已戏剧化。最后，前者重在发挥审美对于日常生活的指导作用，充当了社会的良知，流露出强烈的范世、导世意识；后者则从审美与日常生活的合流中看到了当代美学正面临脱胎换骨的自身变化，经历着理论范式的现代转型。

值得注意的是，在审美文化概念形成的同时，也伴随着学者们的强烈质疑和诘难，使得审美文化概念的学理梳理更加深入，从而引发了对更多的热点问题的讨论。如关于审美文化的当代性问题，有的学者指出把审美文化直接等同于大众文化具有明显的局限性。原因在于：首先，"审美文化"是否是个现代性概念还很难确定。其次，即使是一个现代概念，也不等于只能指涉现当代文化现象。一个概念的出现、问世的具体时间与该概念适用的时空（历史）范围是两回事。再次，把西方现代文化简单概括为"审美文化"，也失之片面。因为西方现代文化既有大量商业化、技术化的"形象游戏性"的玩意，也有很多反异化、反商业化、反技术化的文化艺术。最后，对"审美"的解释不恰当，它仅仅从形式上（即"形象游戏"的外表且"游戏"亦非康德的"自由游戏"之意）把当代大众文化的商业化、技术化包装上升为"审美的"，却忽略了其词在西方文化传统中更为实质性的一些含义，如"自由性"、"非功利性"、"超越性"、"愉悦性"等。这就把审美降低为一种纯粹低级的功利的感官享乐，也是对"审美"一词的反传统解释。鉴于此，作者认为审美文化有广义和狭义两种理解，广义的理解是将审美文化意指古今中外以文学艺术为核心的一切具有审美特性与价值的文化产品与形态；狭义的理解则将审美文化用来专指当代文化或大众文化。① 这就将审美文化概念的适用性扩大了，显示了理论的包容性与开放的学术胸怀。

伴随着审美文化概念的梳理，西方提倡的日常生活的审美化概念也进

---

① 朱立元：《·"审美文化"概念小议》，《浙江学刊》1997年第5期。

入中国学者的视野,并引起学界的激烈争论,争论的焦点集中在我国是否已经进入了日常生活的审美化,西方的日常生活审美化是否适应我国现实的社会语境。对此,倡导者有之,质疑和反对者亦有之。倡导者认为,今天的审美活动已经超出所谓纯艺术/文学的范围而渗透到大众的日常生活中,艺术活动的场所也已经远远逸出与大众的日常生活严重隔离的高雅艺术场馆,深入到大众的日常生活空间,如城市广场、购物中心、超级市场、街心花园等与其他社会活动没有严格界限的社会空间与生活场所。在这些场所中,文化活动、审美活动、商业活动、社交活动之间不存在严格的界限。因此,"日常生活审美化"代表了正在形成的中产阶级和现代社会的艺术趣味,应当确立为"新的美学原则"。[①] 反对者认为中国当下不存在日常生活的审美化语境,它对于一部分人来说是日常生活的审美化,而对于中国当下大多数的沉默者来说则不存在,并且对感官享乐的追求不属于审美或艺术,美学文艺学应当严守自己的阵地,坚持学术的品位。[②] 实际上,这种争论带有很强的情绪化色彩,本来日常生活的审美化是一种审美活动与日常活动之间界限日益模糊的当代生活状态,日常生活审美化已成为一种生活现象。要认识这种现象,必须深入认识生活审美化出现的社会文化语境:大众传媒的发展、它与文化市场以及消费文化的关系。而这些争论还只是注重学术领域之外的现象,解读的是当下中国的社群力量和政制关系,然后再以此为准尺,来评价同审美有关的事,根本没有弄清"审美"、"审美化"这些基本的概念,也没有把握"日常生活审美化"在西方语境中借以产生的历史维度是否存在于中国。我们需要探讨"日常生活审美化"这个文化现象的深层核心以及它存在的合法性根据。

综上所述,对审美文化概念的学理性梳理,虽然没有得出让人接受的一致意见,但在梳理的过程中也取得了明显的成果,那就是对审美文化概念内涵及其适用性、主要特征、产生的原因等核心问题进行了热烈的讨论,由此引发了诸如审美文化的当代性、审美文化与大众文化、日常生活审美化等热点问题的探讨。为下一步当代审美文化的研究和批评打下了一个坚实的基础。

---

① 陶东风:《日常生活的审美化与文化研究的兴起——兼论文艺学的学科反思》,《浙江社会科学》2002 年第 1 期。

② 张宏:《"日常生活审美化"之争》,《粤海风》2005 年第 4 期。

其次，当代审美文化研究维度。随着中国市场经济的日益深化和商品经济的发展以及科技信息社会的建立，现实生活中审美现象也在不断地变化和发展，再加上研究过程中新视角的不断出现和新方法的不断运用，以及审美文化自身发展的客观需要，审美文化研究在21世纪初进入了一个侧重实际运用和研究范围的全面拓展阶段，突出显示为一种对当代审美文化实践的批评维度。这表现在一些审美文化研究著作是针对中国当代审美文化发展中的现实问题而进行的审美文化批评和研究。如周宪的《中国当代审美文化研究》（北京大学出版社1997年），姚文放的《当代审美文化批判》（山东文艺出版社1999年），陶东风的《社会转型期审美文化研究》（北京出版社2002年），王德胜的《扩张与危机：当代审美文化理论及其批评话题》（中国社会科学出版社1996年），陈炎主编的《当代中国审美文化》（河南人民出版社2008年），张晶、范周生主编的《当代审美文化新论》（中国传媒大学出版社2008年），等等。这些著作从总的倾向看，基本把中国当代审美文化解读为一种大众文化、市民文化，或者主要是大众文化。而对其的态度，按时间顺序，则前后有所变化，大致说来，从最先秉持一种精英主义学术立场，逐步过渡、发展到一种平民主义的学术态度；从最先的拒斥、指责乃至否定，逐步过渡、发展为相对接纳、宽容乃至理解。

一种理论的建构主要是为了实用，美学之用就是"批判理性"，"就是以文化批判的形式张扬一种变革精神和进取精神，它所操持的是文化的批判，是运用理论对现实中的社会文化现象进行批判考察，同时它也要考察流行的观点、思想、学说，包括对于美学自身的批判，当然这种批判不只是否定、驳斥和谴责，也是忠告、引导和提高，最终达到这样的目的，即使得社会文化和理论学说这两个方面都产生积极的变革"。[①] 近年来中国当代审美文化研究直面现实社会生活的新情况、新问题，对现代都市社会文化生活中出现的新的文化现象始终保持了理论阐释的敏感性和全面的参与性，呈现出专题研究和个案分析逐渐增多、理论思辨逐渐减少的倾向。这主要表现在以下两个方面：

一是全景式的阐释和批评当代社会现实生活中的审美文化现象。如现代都市大众日常生活中出现的一类或某一个别的审美现象不仅被纳入了审

[①] 姚文放：《当代审美文化的批判理性》，《上海社会科学院学术季刊》1994年第4期。

美文化研究的视野,而且已经成为审美文化研究的主要内容,如流行歌曲、摇滚乐、卡拉OK、迪斯科、肥皂剧、武侠片、警匪片、明星传记、言情小说、旅行读物、时装表演、西式快餐、电子游戏、婚纱摄影等等。比较明显的就是《当代中国审美文化》一书,该书以十五章的篇幅洋洋50万言从服饰、建筑、文学、美术、音乐、舞蹈、戏剧、电影、电视、网络、广告等诸多方面展示了中国当代审美文化的不同侧面和不同景观。类似的还有周宪的《中国当代审美文化研究》、陶东风的《社会转型期审美文化研究》等。

二是多维视角的个案研究。针对当代社会生活的某一种文化类型,选择不同的角度进行阐释和批评,力求揭示出某种文化类型的审美内涵。当然这种涉及面也是很广泛的,几乎涉及了生活的方方面面,如审美文化与媒介文化、消费文化、快餐文化、广告文化、都市文化、青年文化、审美教育、文化工业等。李衍柱教授借鉴加拿大传媒学者马歇尔·麦克卢汉的《理解媒介——论人的延伸》,强调以电子计算机为标志的媒介革命使人们的审美和文化生活可以超越时空限制,但它也加剧了技术理性与审美情感的矛盾。① 谭德生在其博士论文《自由与控制——电子传媒时代的审美文化研究》中则借鉴葛兰西的文化霸权理论对电子传媒时代的审美文化进行剖析。认为电子传媒时代的审美文化存在着自由与控制的双重逻辑,自由的让渡和控制的图谋的交织构成了这一审美文化形态的典型的霸权式的运作方式。但当代学者也普遍承认以网络文化为标志的当代信息文化潮流对当代审美文化建设有着积极意义,"它催生了一些新的人际关系和审美关系,凸显了许多新的审美问题,孕育了新的审美精神,拓展了审美文化空间"。② 李红春博士则以"私人领域"为理论视角来反思当代审美文化,力图在新的维度上揭示当代审美文化的现实根源、发展源流、本质属性、价值功能及其与政治、经济等因素的复杂关系。他的博士论文《私人领域视野下的当代审美文化研究》为审美文化提供了一种新研究视角。伴随着当代审美文化从生产本位向消费本位的转变,不少学者也开始强调"人们对文化的接受也属于一种消费行为……通过文化消费建立起大众在

---

① 李衍柱:《数与美绘制的时代镜像》,《东方论坛》2003年第2期。
② 何志钧:《信息文化潮流与当代审美文化的范式转换》,《西北第二民族学院学报》2007年第1期。

文化中的重要地位，这无疑是审美文化中最重要的变化之一"。①姚文放先生认为当代审美文化成为一种消费文化反映了当今文化话语权的转换。也有不少学者从审美教育的角度强调当代中国审美文化有着感官化、形式化、物欲化、商业化等等消费特征，从而在一定程度上消解了审美活动中的形而上意味和理性主义内容，在这种情况下，当代审美教育应致力于培养新型的文化人格，使人们"学会审美地生存"。②

这些日常生活中的文化现象都是靠现代技术手段生产出来的，运用大众传播媒介传播开来，具有一种浓厚的商业色彩的文化现象。当代审美文化理论在阐释这些文化现象时，基本上都批评到了这些文化现象的商品化、消费化、大众化、世俗化、流行化、休闲化、生活化等特征，并且还深入地揭示产生这些特征的社会、经济、哲学等原因，以便从中挖掘这些文化现象的审美内涵，便于引导和提高消费大众的精神境界。这种理论的阐释和批评避免了传统美学纯理性思辨的局限，直接将理论和日常感性的社会文化、日常生活紧密地融合起来，积极地参与、介入和批评汹涌而至的当下审美文化现象和思潮，表现出自己鲜明的特异的参与性学术立场、思维视角和理论特色。这是中国当代美学发展中的一个值得肯定的学术转变。

但是当代审美文化研究也存在着一些不可忽视的问题，如在对日常生活中或当下流行的审美现象进行阐释和批评时，有些批评就只流于现象的描绘而缺乏深层次的理论分析，使研究流于表面化、肤浅化，不利于将审美文化研究与所谓的审美泛化区别开来；在审美文化与影视、旅游等其他学科专业结合研究的过程中也仍存在简单嫁接的倾向，还没有真正做到完全意义上的渗透融合，没有很好地以审美文化理论为依托和研究视角去分析阐释这些领域中的审美因素。

再次，传统审美文化资源研究维度。我国美学界刚开始研究审美文化时，不仅重视审美文化只适应当代性或现代性的时间维度，还重视只从国外寻求学术思想源泉，因此这样就否定了审美文化研究的历史倾向，忽略了审美文化研究的民族特点，割裂了审美文化研究的历史脉络，不能给人

---

① 姚文放：《当代审美文化批判》，山东文艺出版社1999年版，第241页。
② 曾繁仁：《审美教育：一个关系到未来人类素质和生存质量的重大课题》，《山东大学学报》（哲学社会科学）2002年第6期。

以全面的印象。鉴于此,有的学者早就对此进行呼吁:"我们对'审美文化'一词的意义理解亦不应只从概念出发,而应从它的实际使用(法)来分析","一旦'审美文化'这一概念被引进和认可,随即便得到广泛的使用,并迅速成为流行的书面语词。而在这种广泛使用和流行的过程中,该词的意义范围大为扩展。远不只指当代大众文化,而是意指古今中外以文学艺术为核心的一切具有审美特性与价值的文化产品或形态"。① 鉴于此,学界掀起了一股研究中国古代审美文化,纵向挖掘审美文化史的研究进程,从而凸显了一种审美文化新的研究维度,即对传统审美文化资源的研究维度。

这股中国古代审美文化史研究之风涵盖了从先秦一直到明清等重要王朝的审美文化研究,出版了一大批系统的、较有影响的中国古代审美文化和审美文化史的专著。这些审美文化研究著作,既专注古代,重读传统,同时又超越了古代美学思想研究这一曾经的热门视域,而对更为广泛的中国传统审美文化话语事象进行更加全面系统的解读和阐释。如陈炎教授等人编著的四卷本《中国审美文化史》(山东画报出版社 2000 年)、周来祥教授主编的《中华审美文化通史》(安徽教育出版社 2007 年)、吴中杰所著的《中国古代审美文化论》(上海古籍出版社 2003 年)等,与此相关的是一些断代中国审美文化史研究著作,如仪平策的《中古审美文化通论》(山东人民出版社 2007 年)等。

在对中国古代审美文化研究中,突出的贡献有三点:一是在抽象的理论思辨成果与感性具体的实证材料的融合统一基础上建构了全新的美学史。原先的美学史往往偏重于美学概念与概念之间的纯粹思辨研究,缺乏考察和分析实际生活中普遍存在的审美文化事象,因此美学研究也就成了美学思想史研究,与现实日常生活中的审美史实缺乏紧密的联系。陈炎教授等人编著的四卷本《中国审美文化史》弥补了这种缺憾并具有开拓性的贡献。这种贡献在于:它以文化处于"道"与"器"之间的中间性质,来界定"审美文化"既不同于逻辑思辨的"审美思想史",又不同于现象描述的"审美物态史",而是以其特有的形态来弥补二者之间存在的裂痕:一方面用实证性的物态史来校正和印证思辨性的观念史,一方面用思辨性的观念史来概括和升华实证性的物态史。因此,它建构了一个既不是

---

① 朱立元:《"审美文化"概念小议》,《浙江学刊》1997 年第 5 期。

一种单纯的思辨推理，也不是一种单纯的实证分析，而是一种建立在思辨成果和实证材料基础上的解释和描述的审美文化史。因此可以说，它的出现将意味着美学史研究形态的真正成熟。① 遗憾的是《中国审美文化史》只写到明清，这种缺憾被周来祥先生主编的《中华审美文化通史》弥补。同时《中华审美文化通史》又是具有自身特点的审美文化史，它是以弘扬和阐述中华审美文化的和谐精神与和谐传统，以和谐文化贯穿始终的一部审美文化通史，被称为"第一部弘扬中华文化和谐精神的审美文化史著作"，也是我国第一部从石、陶的远古文化写到20世纪90年代的审美文化通史，开拓了美学研究的新领域。

二是认为中国古代也存在审美文化，古代审美文化的理念和精神应该并实际上已成为当代审美文化的源泉和动力。这方面朱立元、陈炎、仪平策等先生都非常重视研究中国自身的审美文化问题，认为中国古代也存在着一种审美文化，自觉搜索和梳理中国古代审美文化发展的历程和学理脉络，对中国本土审美文化理论资源进行批判地继承和弘扬是学术的重要使命。主张"当代审美文化的崛兴……与中国传统审美文化之间保持着某种深刻的历史性关联"，应当将"道不远人"这一传统文化精神与当代审美文化建设结合起来。② 应当积极借鉴儒家依靠"中庸之道"的原则来平衡人与自然、理智与情感之间辩证关系的审美文化理念，认为儒家的审美观念以"仁学"为核心，确立了人在整个生态系统中的核心地位，并设计出一套"亲亲而仁民，仁民而爱物"的"贵人贱物"、"爱有差等"的生态价值体系。形成了一种以"善"统"美"的伦理本位立场，并通过"君子比德"的方式赋予自然界的审美对象以社会价值，通过"微言大义"的方式赋予艺术作品中的自然情感以伦理价值。③

三是注重中西审美文化比较研究。在对中国传统审美文化资源进行研究的时候，既有上面我们所说的纵向历史的全面梳理，也有很多的个案分析，涉及中国传统的彩陶、青铜、玉器、瓷器、漆器、服装、园林、建筑、雕塑、家居、茶、酒等，从这些类型中分析探讨中国的审美文化精

---

① 陈炎主编：《中国审美文化史》（先秦卷），山东画报出版社2000年版，第3页。
② 仪平策：《当代审美文化与中国传统精神》，《广播电视大学学报》2006年第4期。
③ 陈炎、赵玉：《儒家的生态观与审美观》，《孔子研究》2006年第1期。

神，以期为当代审美文化建设探求自身的理论渊源。思维方式上，也一改传统美学研究的纯思辨抽象思维，而更注重思辨抽象与感性具体的相互结合，显得更加具有说服力。更为突出的是，在进行个案分析时，有意识地进行中西审美文化比较研究成为最为明显的特色，研究的内容也丰富多彩。"从抽象的理论概念如中西方审美文化的哲学起点、审美理想、审美意识、审美心理、审美方式、审美范畴等，到具体的中西方著名学者的美学思想、美学著作或者文艺著作中体现的审美思想、审美内容、审美意象、审美风格等无一遗漏地都涵盖于中西审美文化比较研究的视域内。"① 抽象的理论概念的比较主要涉及中西审美文化的本源性研究，这主要源于中西方所处的地理环境、生活方式、宗教信仰以及发展轨迹的不同；而具体的比较则是找出中西方文化之间的相互联系，加深对中西方审美范畴的清晰界定，以期找出中西审美文化的相同与相通之处。

这些中国古代审美文化研究作为我国当代审美文化研究的一种重要探索，对于建构具有中国特色的审美文化，弘扬中华文化的民族精神，发出我国美学自己的独特的声音有着不可忽视的、积极的意义。但也有一些问题，这种研究多是强调中国传统审美文化是当代审美文化的源泉，当代审美文化应积极地多向中国古代文化汲取养分和活力，却忽略了对当代审美文化这一外来语汇的理论来源做必要的历史梳理。还有些学者把整个中国古代文化都看成具有审美性质，研究的内容过于宽泛，把一些不具有审美性质的内容也当成审美文化来研究，有点牵强附会。这些都不利于中国审美文化的建构，甚至在某种程度上有误导之嫌，这是应该警醒的。

另外，我们在国际交流中，仍然没有完全摆脱在西方美学研究面前的"学生"心态和"仿效者"角色特征，仍然没有建立自己的一套完整的美学话语体系，在多数情况下还是亦步亦趋地借用西方的美学话语来阐释中国的审美文化理论和实践，有时不管这种话语是否适合中国现代的语境，所以现在有些中国审美文化研究领域很前卫，但却显得低俗和丑陋。这就不得不让我们更加关注中国传统审美文化资源，从中找出有益的美学成

---

① 杨存昌：《中国美学三十年——1978年至2008年中国美学研究概观》，济南出版社2010年版，第27页。

分，来建构我们自己的美学话语体系，让美学研究的人文终极关怀始终贯穿其中，这是我们研究传统审美文化的目标，也是我们的学术理想和动力。

从上面的梳理和描述中可以看出，中国美学界的学术视野向审美文化领域的拓展和聚焦，既符合中国美学学科发展的学术规律和内在趋势，也适应了中国当代审美文化发展的现实需求。换言之，美学、文艺学研究从20世纪90年代以来的审美文化学转向，是一个必然的学术过程；同时我们也认为，从实际情况看，当代审美文化学转向的这三个学术维度，其所表现出来的特征也是各各有别的。审美文化基本概念的研究维度作为一种基础性理论研究，其所依凭的学术资源和根脉依然主要是国内20世纪50年代以来所形成的美学思想习惯和"话语方式"（从根源上说，主要是德国古典美学和传统马克思主义美学的思想习惯和"话语方式"），而当代审美文化批评的维度所依据的学术"武器"则更多的是西方20世纪20年代以来一直绵延不绝的所谓西方马克思主义美学思潮和理论观念。这两个维度虽然对审美文化理论和实践问题的研究有所推进，但因为所秉持的学术依据或理论参照不是源于中国本土文化，因而在认识和影响层面上，其实际效应的发挥不可避免地要受到一定的囿限和弱化。一个明显不过的道理是，任何理论或批评，如果不能立足于本土文化、扎根于现实土壤，其实际的学术效应或理论影响必会大打折扣，即使能开一阵子花，最终也结不出饱满果实。

从这个角度看，第三维度即对传统审美文化资源的研究维度，便显出其学术价值和意义来了。它意味着审美文化研究开始试图摆脱西学模式的一种自觉努力。当然，我们可以说，这种努力还仅仅是初步的，但却是很重要的。它将为我国学术的真正"国产化"闯出一条自己的道路，打造出自己的话语体系。事实上，我国学界对传统审美文化资源的研究确也取得了很大进展，获得了丰硕成果，我们需要做的，只是还有待向学术的广度和深度进一步拓展。比如，中国传统审美文化得以和西方审美文化区别开来的主要思想范式是什么？这种在思想范式上中西有所区别的根源、关键是什么？我们是不是可以从更为根本的思维方式层面上进行一番探索？如果思维方式确实有别，中国审美文化的思维方式确实具有鲜明的民族特征，那么这种民族特征的主要表现是什么？它在审美文化各领域、各层面的具体显现形态又是怎样的？……诸如此类的问题，倒是值得我们去做进一步深入研究的。

二 执两用中·阴阳两仪·中·偶两：中国审美文化的思想范式

从最根本、最普遍、最典型、最能代表民族特色的角度看，中国审美文化的主要思想范式是什么呢？也就是说，中国审美文化是如何理解和表述"美是什么"这一本体论问题的呢？关于这个问题，需要从几个层面来认识和把握。

（一）"执两用中"之和

在最一般、最本质，也最简单的层面上，中国审美文化是用"和谐"或一个"和"字来表述其对"美是什么"这一问题的理解的。当然，古人不是专门就美学问题来提出"和"或"和谐"这一概念的，在中国古代，美学问题是和伦理问题、道德问题、社会问题、人生问题等结合在一起的，这个"和"作为中华民族的一种理想，一种原则，一种境界，有着很广泛、很丰富也很深刻的思想文化内涵，但美学的内涵在其中占着很重要，甚至很核心的地位，或者说，伦理的、道德的、社会的、人生的问题，在中华文化中，最终都会联系着、通向着审美的主题。也可以反过来讲，审美的、艺术的境界，是伦理的、道德的、社会的、人生的关切的最终落实处。这是中国审美文化的一大特点。[①] 如果说，审美文化这个概念，包含着文化的审美化和审美的文化化这双层意思的话，那么这正是中国审美文化最具代表性的内在结构样态。从这个意义说，在中华民族的终极关切中，对"美是和谐"或"和即美"的理解就集中地、典型地表现为一种审美文化理想，一种有关人的审美化生存的本体性理念。

中国很早就有了关于"和"的审美文化理想。从可察见的文献资料看，最早阐述以"和"为美这一理念的当推史称"上古之书"的《尚书》。《尚书·虞书·舜典》中即提出了"八音克谐"、"神人以和"的著名命题。显然，这是一个与巫术宗教信仰相关的美学和文化命题。在这里我们注意到了两个重要信息，一是从其充溢着浓郁的原始宗教色彩的历史

[①] 参见仪平策著《中国美学文化阐释》，首都师范大学出版社2003年版，第93—96页。

时代看，它的提出应是较早、较古老的，其观念内涵至少不迟于崇尚道德理性，强调"远神"、"保民"的西周时期。所以可以把这一命题视为中国和谐美理念发展的一个具有原初意义的历史起点。二是，该命题明确包含了以和谐为最高标准、最高理想的思维范式。"八音克谐"强调的是八种不同的音调要达到一种整体的协和，而"神人以和"则是要求神和人之间要达到一种关系的和谐。这种以和谐为最高标准、最高理想的文化理念和思维范式，其义虽还比较模糊，但却为中国审美文化关于"美是什么"的本体论思考奠定了深层的理论基石，开辟了清晰的思想方向。

从思想脉络上讲，《尚书》所开辟的这一和谐论审美观，到儒家美学的创始人孔子那里方得到真正理论上的自觉落实。孔子的主要贡献，就是将"和为贵"的理念明确表述为他哲学、伦理学和美学思想的最高向往、根本原则。孔子认为："礼之用，和为贵。先王之道，斯为美。"（《论语·学而》）礼制、礼教的贯彻运用，应以和谐为最可贵。先王治国的根本方法和最高境界，就在这个"和"字上。这里以和为贵、以和为美的理念，虽非单指审美文化，但却包含了审美文化内容，因为中国的礼制文化与审美文化有着千丝万缕的内在联系。

孔子所强调的"以和为贵"或"以和为美"，其实不是一种模式，一种涵义，而是表现为两种基本模式，两重基本涵义，一是"寓多于一"之和，一是"执两用中"之和。在中国古代的和谐美理念中，这是两种虽有联系但又不同的"和"。分清楚这两种"和"，在理论上是极为重要的。

"寓多于一"之和，讲究的是把多种不同的审美因素（部分）调和为一个统一整体。这一种"和"，在孔子所在的春秋时期的著名的"和"、"同"之辩中，已经从哲理层面上得到了深入探讨，达到了比较普遍的学术认同。

早于孔子约二百年的西周末期思想家史伯就说过一句影响久远的话："和实生物，同则不继"，认为有"和"才会有蓬勃生命和盎然生机，而"同"则会使生命寂灭、生机止息。他所谓"和"，就是事物多样性、差异性的调和与统一，"故先王以土与金、木、水、火杂，以成百物"。他所谓"同"，就是事物构成的绝对单一性、同一性，所以"声一无听，物一无文，味一无果，物一不讲"（《国语·郑语》）。史伯的这一"取和弃同"思想可以说为春秋之际的"和"、"同"之辩确立了基调。

大约与孔子同时代的晏子进一步阐释说："和如羹焉……先王之济五味，和五声也，以平其心，成其政也……若以水济水，谁能食之？若琴瑟之专壹，谁能听之？同之不可也如是。"（《左传·昭公二十年》）这里也明确提出"同之不可"的理念，愈加强调"取和弃同"的思想，并具体将"取和弃同"的观念与治国理政的现实结合起来。这在核心理念上，也是要求一种"济五味，和五声"，亦即"寓多于一"的"调和"之美，亦即反对的是绝对的等同和抽象的整一，强调的是具体的多样化统一。

孔子所强调的"和为贵"，很大程度上承续了春秋之际的这一"寓多于一"模式的和谐观。比如，孔子在《论语》中提出了一些用来判断个体是否君子人格的重要标准：

子曰：君子和而不同，小人同而不和。（《子路》）

子曰：君子周而不比，小人比而不周。（《为政》）

子曰：君子矜而不争，群而不党。（《卫灵公》）

孔子总结了春秋以来"和"、"同"之辩的思想成果，明确提出了"和而不同"这一著名命题，并以此为标尺，把崇尚"和"还是追求"同"作为判断一个人是君子还是小人的基本标尺。君子"群而不党"的说法应该看作"和而不同"命题的一种具体阐释，是指在社会关系上，君子讲的是"与众合群"，讲的是"五湖四海"，而不是结党营私，拉帮结派。所以，"群"就是"和"，"党"就是"同"。至于孔子所谓"君子周而不比，小人比而不周"，更是"君子和而不同，小人同而不和"的另一种具体阐释。"周"即"合群"、"调和"之意，"比"即"勾结"、"结党"之意。孔子这句话跟他所说君子"群而不党"，小人党而不群的意思差不多。总之，孔子所提出的"和而不同"命题，体现在他社会、伦理、人生观念的许多方面，而其精髓，则标志着春秋以来"取和弃同"思想成果的臻于成熟。

同时，孔子所主张的"和为贵"，还有不同于"寓多于一"之"和"的意涵，那就是他更讲究一种"执两用中"的"和"。所谓"执两用中"之和，就是讲究在两两相对的矛盾因素、对立因素之间达到均衡持中的统一状态。这种"和"与前述"寓多于一"之"和"的差别就在于，它不是讲究多种差异因素的调和，而是只重两两相对的矛盾因素的中和。在数量上，这个"两"是有严格限定的，不能是"多"，只能是"两"；在结构上，这个"两"又不是简单的数量，不是指多种差异性因素，而是指两两相对的矛盾关系；在目标上，不是讲究整体的调和统一，而是追求关系的持中不偏。因此我们也把"执两用中"之"和"称为"中和"。

孔子对于"执两用中"之"和"的强调，主要体现在他的"中庸"思想上，认为"君子中庸，小人反中庸"（《中庸》第二章）；"中庸之为德也，其至矣乎！"（《论语·雍也》）"中庸"就是不偏不倚，无过不及，就是"中和"。它既是最高的道德境界，人格境界，同时也是最高的审美境界。在《中庸》中，这个"中和"理想更进一步上升到万物本体的绝对地位，即所谓："中也者，天下之大本也；和也者，天下之达道也。致中和，天地位焉，万物育焉"（第一章）。这意味着，"中庸"观念、"中和"思想在孔儒学派中，已成为一种世界观和本体论，因而也成为其审美文化观念的核心和精髓。

更重要的是，孔子将这"中庸"原则具体阐释为"执两用中"的思想方式，使之可以解决现实问题，他说：

> 舜其大知也与！舜好问而好察迩言，隐恶而扬善，执其两端，用其中于民，其斯以为舜乎！（《中庸》第六章）

这里包含着对"执两用中"之义理内涵的完整表述。首先是"执其两端"的思想。孔子的中庸原则就是以"两端"为基础和前提的。"两端"就是相互矛盾对立的两方面；孔子认为处理问题就是抓住这两方面，而不是抓住一方面而忘记另一方面；就是要"叩其两端"（《论语·子罕》），而反对"攻乎异端"（《论语·为政》）。承认并重视事物存在着对立双方的矛盾性，是孔子思想的重要特点。其次，孔子虽承认事物有矛盾对立的"两端"，但他处理这矛盾"两端"的方法却是"取法乎中"，或者说"用中"、"折中"，即对矛盾"两端"既不推向对立的两极，也不抑此扬彼，"过"或"不及"，而是全力求其均衡和解、不偏不倚的折中结果，中庸状态。这就是孔子所推重的"执两用中"的"和"，也是影响、铸造了中国审美文化基本精神的"中和"理想。

道家表面上看来不谈"中庸"之道、"中和"之美。有人就据此断定,"'守中'乃儒家之言,非老氏本旨"。① 这个说法似乎值得商榷。老子确实没有明确提出过"守中"或"中和"概念,但这并不意味着老子压根就没有"中和"思想。比如,《老子》关于宇宙万物生成模式的表述里就包含了这种典型的"中和"观念:"道生一,一生二,二生三,三生万物。万物负阴而抱阳,冲气以为和。"(第四十二章),我们说过,"中和"美范型的意义结构就是"执两用中",即在两种相互矛盾对立的因素之间,取其中庸、均衡、协调、和谐之势态。《老子》这段表述,《淮南子·天文训》解释为:"道始于一,一而不生,故分而为阴阳,阴阳和而万物生,故曰'道生一,一生二,二生三,三生万物'。"这个解释大体上是符合《老子》原意的。实际上,这段表述内含的基本意思就是对"执两用中"的"中和"范型用宇宙生成模式进行了动态性阐发。从"道"的统一整体中产生出相互对立的阴、阳两方面,又由阴阳这对立的两方面的相互交冲参合而形成一种均调和谐,适中不偏的状态,进而由此产生万物。这个宇宙生成模式所贯穿的基本义理,正体现了"执两用中"的思想内核。

庄子的思想也同样闪耀着"执两用中"思维的光彩,体现着"中和"型的文化意识与审美理想。这就是庄子所谓的"两行"、"环中"观念。《庄子》说:"圣人和之以是非,而休乎天钧,是之谓两行。"(《齐物论》)"天钧"亦可为"天均"。《庄子》写道:"万物皆种也,以不同形相禅,始卒若环,莫得其伦,是谓天均。"(《寓言》)所以,"天钧"("天均")即指一种永恒运动着、旋转着、无始无终、浑然整一的"自然之轮",以此来比喻循环无穷的"天道"。"和以是非","休乎天钧",即人应站在这样的"自然之轮"的立场上来看待是非,认识到是非同根生,是非无分别——是谓"两行":既不以是否定非,也不以非否定是。这种是非"两行"的认识也就是"得其环中":"彼是莫得其偶,谓之道枢;枢始得其环中,以应无穷。"(《齐物论》)"得其环中",也就是在"道枢"的位置上看,或者说,以绝对统一的"道"的眼光来看,是非之间的差异对立是没有意义的,"与其誉尧而非桀也,不如两忘而化其道"

---

① 严灵峰:《老子章句新编》,参见陈鼓应《老子译注及评价》,中华书局1984年版,第82页。

(《大宗师》)。所以，是与非，或一切矛盾对立都在"道"中和解为一，在"道枢"的"环中"融通无别。

虽然说老庄与孔子在看待差异、化解矛盾的方法上确有差别，但也可以发现，道家同儒家一样，也首先以"执其两端"为基本思路，始终关注事物矛盾的两方面，且反对抑此扬彼，更反对相互隔离。老子的"一生二"观念，庄子的"两行"、"两忘"之说等，皆包含着这种思路。其次是也以"取法乎中"为原则。"中"亦即矛盾双方的均衡不偏，和谐统一。老子的"负阴而抱阳，冲气以为和"说，庄子的"得其环中"说等等，实质上就是"中和"观念的一种体现。庄子的"天钧"、"道枢"、"环中"等概念，皆与"圆"的意象有关，而"圆"的美学特征之一就是周备不偏的"中和"美。钱锺书在谈"圆"的文字中说："乃知'圆'者，词意周妥，完善无缺之谓，非仅音节调顺，字句光致而已。"[①] 词意周妥，完善无缺，就含有词和意（形式与内容）均适完备、中和不偏之义。若意不胜词，或词不达意，就不能说是"圆"。所以，庄子以圆转无穷的"自然之轮"比喻本体之"道"，本身就在很大程度上揭橥着"中和"型的哲学意识和美学理想。

正是在儒道两家都秉持一种"中和"型哲学/美学理念的意义上，我们认为中国审美文化的核心精神和特征，就是遵循一种"执两用中"或"取法乎中"的思想方式，来进行体验、思考和创造的。比如中国传统文艺美学的本体意识和最高理想就是以"中和"为美，其基本的思维范式就是"执两用中"。

首先，它提出来的美学概念、范畴大都是成双成对的，这是它阐发"中和"美理想的一个思维前提和基础。这些美学概念、范畴比较常见的有：美与善、情与理、礼与乐、文与质、道与文、情与采、心与物、形与神、意与象、刚与柔、骨与肉、笔与意、情与景、虚与实、雅与俗、正与奇、动与静、繁与约、显与奥、笔与墨、言志与咏物、自然与名教、有意与无意、有法与无法、豪放与婉约、绚烂与平淡，等等；这些都是些基本概念和范畴，由它们彼此间及与其他词的重新组合，又可产生出大量的成对概念与范畴，比如形质与神采、阳刚与阴柔、形似与气韵、述事与寄情、体物与传神、肖形与写意等等，不胜枚举。这一系列成双成对的美学

[①] 钱锺书：《谈艺录》，第114页。

概念和范畴，构成了中国美学丰厚精深的义理体系，也形成了中国美学非常突出而鲜明的思维个性与表述特色。

其次，中国文艺美学在解释这一系列成对概念、范畴之间的关系时，遵循的是一种"中和"原则。也就是说，这些成对概念，成对范畴之间，虽可能有主次轻重之别，但却从不用一方排斥、压抑、否定另一方，即虽有偏重但无偏废，而是讲对立双方的兼备相得，中和如一。如"尽善尽美"说、"礼乐皆得"说、"文质彬彬"说、"情理中和"说、"形神兼备"说、"物我两忘"说、"有无一观"说、"虚实相生"说、"情景交融"说、"骨肉相即"说等等，这些中国美学思想中耳熟能详的基本命题和学说，作为中国传统美学话语体系的主要构架，都无不贯穿、体现了"执两用中"的"中和"美理想。

这也就意味着，相对于"寓多于一"之"和"，"执两用中"之"和"更代表了中国审美文化和谐论的思想范式。在中国审美文化的核心精神和基本理念中，"执两用中"之"和"更富于民族特色，更居于主流地位。

（二）"阴阳两仪"思维

为什么以儒道为代表的中国哲学／美学更推重"执两用中"的中和论思想范式呢？

应该从中华民族最具特色的思维模式角度来讨论这个问题。说起思维模式的民族特色，我们不能不简要地提到《易经》。从中国思想史的角度看，如果说，"寓多于一"的观念与较为原始的"五行"说密切相关的话，那么，"执两用中"的思维与我国古代文明之初出现的"阴阳"说则有更为直接的联系。所以，《尚书》之后，真正从理性抽象的层面上推进了"执两用中"思维的是《易经》的"阴阳两仪"观念。当然，在《易经》中还不曾见到并列相对的"阴"、"阳"二字，但却处处体现着阴、阳对立的意识。《易经》曾被解释为"日月为易，象阴阳也"（《说文解字》引《秘书》）。《庄子》也说过："《易》以道阴阳。"（《天下篇》）以阴、阳关系阐发义理，也就是在两两相对的矛盾关系中解释世界。《易经》虽不提阴、阳，但其所用的"—"、"--"这两个基本符号，不管其原始涵义为男女生殖器官之形，或为占卜时的奇偶记数，都体现着阴、阳所表征的矛盾对立概念。所以，我们把这种矛盾对立的观念名之曰："阴阳两仪"模式。

"阴阳两仪"作为中国审美文化精神中一种普遍而深刻的思维模式，它所指涉的内涵包含两个方面，一方面，阴、阳两种因素之间的关系必须是彼此矛盾的，相反相对的，而不仅仅是一般意义上的差异、差距、差别等。比如天和地是彼此矛盾的、相反相对的，它们合乎"阴阳两仪"的这一方面条件；而天和云、地与海等等之间却不符合这一方面的条件，因为它们之间只有简单的差异或差别，却没有截然分明的矛盾对立关系。指出这一点非常重要，因为只有具备这种矛盾对立关系的两种因素，才是"执两用中"命题中"两"的本质含义。另一方面，"阴阳两仪"也并不意味着阴、阳这两种矛盾因素之间是一种相互排斥、尖锐对抗、势不两立的关系；相反，它们所表征的恰恰是矛盾双方的互依并生，相成相济，均衡融通，守中致和。一句话，它强调的是两种矛盾对立因素之间的均衡持中之势态（结果、目标、境界）。以上两个方面，构成了"阴阳两仪"模式的基本内涵。

《易经》的核心义理即体现了"阴阳两仪"模式的基本内涵。首先，"—"、"--"这两个基本符号，其涵义是相互矛盾的、对立的。我们可以把这两个符号称作"阴"、"阳"符号，或表示阴、阳这种矛盾对立关系的两个符号。由这两个符号的不同的排列、重叠与组合，形成各种卦象，展开各种矛盾对立关系（范畴），如乾与坤、否与泰、损与益、健与顺、剥与复，平与陂等等。这一系列由阴、阳符号组合延展而来的两两相对的矛盾对立范畴的提出，就使《易》之义理跃升到一个较高的思维层次，也自然推动中国美学进入了较为成熟的理论阶段（正如前述，首先是极大地影响了儒、道哲学/美学思想）。

其次，《易经》之义理，贯彻始终的只是一个"阴阳之和"。这个"阴阳之和"，就是讲阴、阳之间不能悖反，不可隔离，而应相互交通，彼此构合，使之氤氲不测，浑融如一。表现在卦爻之象上，即阴、阳相遇（合）则通，阴、阳相隔（离）则闭。也就是说，凡阳爻之行，遇阴爻则通畅，而遇阳爻则受阻。易学大师尚秉和先生曾说这是"全《易》之精髓"。我们不妨以"泰"、"否"两卦为例来进一步读解一下这个"精髓"。我们知道，泰卦是"☷☰"，呈一种下乾为天，上坤为地之象。《周易集解》（唐李鼎祚）引荀爽曰："坤气上升，以成天道；乾气下降，以成地道。天地二气若时不交，则为闭塞；今既相交，乃通泰。"这里的"相交"，也就是天地（阴阳）二气相互交接、融合之意。泰卦呈现的是乾坤（天地、阴阳）二气相交相合之意象，所以为"泰"（通泰）。而否卦则相反，为"☰☷"，呈一种上乾为天，下坤为地之象。《集解》引宋衷曰："天气上升而不下降，地气沉下而不上升，二气特隔，故云'否'也"。这里的"隔"即分隔、隔离，不相交合之意。乾坤（天地、阴阳）二气不相交合，故万物生养不得畅通，所以为"否"（否闭）。从对"泰"、"否"两卦的读解我们可以看出，《易》之精髓只一个"和"字，讲究阴阳和合则通泰，阴阳隔离则否闭；也就是要求在事物矛盾双方的关系中，反对分离和对立，强调中和与统一。《周易·说卦》甚至指出："故水火相逮，雷风不相悖，山泽通气，然后能变化既成万物也"，即认为水与火、雷与风、山与泽这些截然相对的事物之间也是相连相通，不相悖逆的；而且，惟有如此，才会有万事万物的变动不居，生生不息。也就是说，阴阳和合则"生"，阴阳隔离则"息"。所以《易·系辞下》说："天地纲缊，万物化醇；男女构精，万物化生"。天地阴阳二气的纲缊交合，就像男女交接一样，会使万物化育生长。这一精神可以说贯穿《易经》文本的经纬始终。

总之，《易经》在阐发、推进和完善中国古代"执两用中"的思维方式方面，具有极为关键的承前启后的作用。当然《易经》义理并不等于中国审美文化，但其内核部分与中国审美文化精神息息相通，那种阴阳和合则上下通畅，天地纲缊则万物化生的情态景状，那种由各种矛盾事物的谐和如一而形成的鲜活灵动、生机盎然的大千世界，不正是美的景观、美的世界吗？所以，我们以为，《易经》对于中国审美文化精神的意义主要有三，第一是在审美本体论上确立了"执两用中"的"中和"美范型。当然，《易经》不是以美学的话语直接确立了这一范型，而是以理性思维的一般形式，以"阴阳两仪"的结构模式间接地规范和熔铸了"中和"美范型。这一点应当视为《易经》之于中国审美文化的最根本的意义。第二是在一些具体的概念、范畴、命题上为中国审美文化观念的发展奠定了理论基础。这些概论、范畴、命题虽大都为《易传》所明确提出，但其雏形却在《易经》中大体已经具备了，如"象"与"意"、"刚"与"柔"、"动"与"静"、"内"与"外"、"天"与"人"、"文"与"质"等等。值得一提的是，这些或明确提出或大致涉及的美学概念、范畴，除极个别的外（如"神"这一范畴在《易》中没有明显的对耦概念），基本上都是以对耦形态出现的，或者具有对耦性意义的，这一点，实际上与《易经》的"阴阳两仪"的思维结构模式是有因果联系的。

当然，总体上看，中国审美文化理念以"执两用中"为和谐美范型的本体理论，在《易经》那里还较为宽泛和抽象，缺乏现实具体的社会内涵。《易经》所建立起来的"阴阳两仪"思维范式，还有待于同社会、人生的现实实践相结合，以思考和解决感性具体的审美与艺术问题。儒、道两家美学思想正是由于完成了这样的结合，才对中华民族审美文化理念的发展产生了重大而深远的历史影响。但是，从另一方面说，《易经》所建立起来的这一"阴阳两仪"思维范式，又确实具有非常重大的思想文化意义。它从一个根本层面上，决定了中国审美文化精神的民族特色和独特价值，值得我们高度重视和深入研究。

(三)"中"范畴与"偶两"观念

那么，由《易经》从理性抽象的层面上建立起来，又在历史的长河中深刻积淀为中国审美文化传统精神的"阴阳两仪"思维范式，从根本的、元始的意义上说，有什么基本特点呢？

前面我们谈到古代所讲究的"和"（和谐）分为"寓多于一"（调和）和"执两用中"（中和）两种类型。从思维根源上说，"寓多于一"之和，讲究的是把多种不同的审美因素（部分）调和为一个统一整体，因而主要涉及的是部分和整体的关系，也就是涉及的是"一"（统一整体、整一性）与"多"（多种因素、多个部分）的关系，简要地说，这种思维可称作"一多"思维；而"执两用中"之和，讲究的则是在两两相对的矛盾因素之间实现持中不偏之和谐，因而主要涉及的是矛盾双方及其持中不偏之关系，也就是主要涉及的是"一"（中和不偏）和"两"（矛盾双方）之关系，简要地说，这种思维可称为"一两"思维。在这里，"一"也可以叫"中"，而"两"则可称为"偶两"。如前所述，在"和"的这两种类型中，"执两用中"的"和"更为基本，更居主导，因而，在中国，"一两"思维比"一多"思维更为基本，更居主导，更富民族特色。由此，"偶两"观念和"中"范畴尤其值得我们关注。

我们中华民族的思维传统有一个十分突出的特色，那就是特别注重事物之间的对偶关系，特别喜欢在两两相对的矛盾因素之间思考问题，特别擅长用素朴辩证的"二分"法来认识和解释世界。

"二分"思维是"中和"型审美文化的理论前提，"中和"型审美文化是"二分"思维的理论结果，二者之间实在有着极为密切的联系。应当说，中国的"二分"思维在美学上即铸成了"中"这一最高范畴。应当说，这是一个十分值得研究的理论课题。

　　"中"在《中庸》中是一本体概念，而在《易经》中则是一理想境界。根据刘大钧先生的研究，《易传》里谈"中"的地方很多，特别是《彖》、《象》讲"中"处尤多，仅对"中"的称谓，如"中正"、"得中"、"中道"、"中行"等就有二十九种，其中分布在《彖》共三十六卦之中，分布在《象》共三十八卦，四十三爻之中。而且这些称"中"的卦爻都是吉卦、吉爻。《易传》里这种赞誉"中"的思想又本于何处呢？刘先生指出："实为纯承《周易》古经而来。"①

　　"中"在《易经》中不仅是"吉"，而且更是"美"，它尤具审美的象征意味。换言之，《易经》所追求的理想境界，核心即一个"中"字。我们知道，《周易》六十四卦，每卦分六爻，六爻分处的六级等次，称"爻位"。其中，初、二、三爻组成下卦，四、五、上爻组成上卦。我们可以看到，在下卦中，二爻居中位；在上卦中，五爻居中位。这两个中位均象征事物守持中道，行为不偏。凡阳爻居中位，象征"刚中"之德，阴爻居中位，象征"柔中"之德。若阴爻处二位，阳爻处五位，则是既"中"且"正"，称为"中正"，在《易》爻中尤具美善的象征。但若将"中"爻和"正"爻作比较，"中"又优于"正"。《折中》指出："程子曰，正未必中，中则无不正也。"② 这说明《易经》是以"中"为核心的。如果说"正"更偏于"善"的话，那么"中"则更偏重于"美"。

　　这种以"中"为最高理想的观念，在般若佛学"有无一观"的所谓"中道"那里发展着，在宋明哲学那里尤其得到重述和弘扬，而不论其为唯物派还是唯心派。周敦颐一句"中而已矣"，成为宋明之际哲学的中心话题。周子解释"中"说："惟中也者，和也，中节也，天下之达道也，圣人之事也。"（《通书·师第七章》）"中"既是本体范畴，也是人格境界。这与《中庸》的说法如出一辙。程颢则以"中"为人之本性，他说："中之理至矣，独阴不生，独阳不生，偏则为禽兽，为夷狄，中则为人。"

---

①　刘大钧：《周易概论》，齐鲁书社1986年出版，第29—31页。
②　《折中》，全名为《御纂周易折中》，（清）李光地等撰，四库全书本。

中则不偏，常则不易。惟中不足以尽之，故曰'中庸'。"(《遗书》卷十一)这一"中则为人"的观念也极有思想力度。朱熹则认为，精神本体（"理"、"太极"、"无极"）是非有非无的。说"有"说"无"，都是"落在一边"，"说得死"了；只有说它非有非无，亦有亦无，才会"落在中间"、"说得活"(《语类》卷九十四)。这里讲的"落在中间"，而不是"落在一边"，就是一种守"中"不"偏"的理论。陆九渊反对朱熹将"太极"又说成"无极"，认为："盖极者，中也，言无极则是犹言无中也，是奚可哉？"(《陆九渊集》卷二)陆氏之说也是将"中"视为本体概念。王守仁同样强调"不可各执一边"；矛盾双方"若各执一边，眼前便有失人，便于道体各有未尽"。他主张要做"相取为用"的"中人"（即"守中之人"），因为"中人上下皆可引入于道"(《传习录》下篇)。由上可见，凡此诸说，无不突出、标举、推崇一个"中"字。"中"，成了中国传统思想中一个具有绝对的本体意义和普遍的道德价值的范畴，尤其是一个具有最理想的审美意味的范畴。

中国之所以更多地讲"中"，主要是因为"中"更与"一两"关系有缘。"中"实际上就是"两"所归合的"一"，或者说是"两"所本原、所达致的"一"（"道"、"常"、"极"等）。程颐说："阴阳之度，日月、寒暑、昼夜之变，莫不有常，此道之所以为中庸。"(《遗书》卷十五)叶适说："道原于一而成于两。……然则中庸者，所以济物之两而明道之一者也。"(《水心别集》卷七《进卷·中庸》)这些表述，非常明晰地指出了"中"与"一"和"两"的内在逻辑关系，尤其明确说出了"中"即为"一"的道理。

"中"作为"一"，确切地说，作为由"两"所依所济的"一"，在中国美学的话语体系中，则具体呈现为这样一些表述，即如"相乐"、"皆得"、"兼备"、"交融"、"互应"、"相生"、"两忘"、"俱一"等等；换句话说，这些在中国美学中随处可见的普遍性语词表述，体现的就是"中"这一本体理念和最高理想，就是"合两致一"的思维模式。

那么，为什么中国传统思想、传统美学以"中"为本体，为理想呢？这个问题，其实又回到我们开头谈及的"二分"论思维上来。无疑，这是一个需要投以极大关注的重要问题。因为这一种"只是二"、"无一亦无三"的观念，正是中国美学以"中"为尚的本体理论所难以超逸的思维文化背景。

换言之,"中"之美,所对应的必是"一两"思维。一句话,"中"所系者,唯"两"也。正由此,中国审美文化形成了独具民族特色的"偶两"观念。

早在春秋时代,晋国史墨就提出了"物生有两"的著名命题。原话是这样说的:

> 物生有两,有三,有五,有陪贰。故天有三辰,地有五行,体有左右,各有妃耦。王有公,诸侯有卿,皆有贰也。(《左传》昭公三十二年)

这里的"两",不是一个简单的数词,而是指事物相互矛盾的两方面,或者是一种对偶两立的矛盾关系。当然,这个"两"也不是简单的平分并列关系,而是由主辅两方面所构成,即所谓"有陪贰"、"皆有贰"("贰"即副、次要等义)等。但这个"辅"的方面也并非可有可无的,无足轻重的,而是与"主"的方面对偶并立的,缺之不可的,这从"贰"也有"匹敌,比并"的意思即可看出。所以"物生有两"的命题初步提出了一种"凡物无独有偶,一切莫非两极"的"二元"论认识规则和思维模式,尽管这一规则和模式在"一两"观念中相对简单,但也是最基本的。

孔子的"执两用中"说,一方面继承了"物生有两"观念,把"两"具体化为"两端",提出了"叩其两端"、"执其两端"等思想,另一方面又强调了"物生有两"命题中所内含的矛盾双方("两端")的折中与和解,从而建立了儒家的中庸哲学与中和美学。这应当说是对"物生有两"观念的一种深化,也同时是其功能化、"方法"化。

老、庄其实更突出了"一两"思维。《老子》提出了一系列两两相对的矛盾概念,诸如:大小、高下、有无、难易、长短、前后、正反、正奇、美恶、巧拙、智愚、雄雌、强弱、刚柔、阴阳、盈虚、祸福等,这说明《老子》是肯定"两"(矛盾)的存在,并围绕着"两"(矛盾)来思考问题的;而它处置、阐释这一系列两两相对的矛盾概念的方法则是:"正言若反"(第六十四章);或"反者道之动","弱者道之用"(第四十章)。

也就是说,在《老子》看来,一切矛盾都是相互联系、相反相成的,是具有同一性的，即所谓"故有无相生，难易相成，长短相形，高下相倾，音声相和，前后相随，恒也"（第二章）。所以，事物的矛盾、差异、对立是相对的，是处于不断相互转化中的。这样，《老子》在"物生有两"的命题中就贯彻了相当深度的辩证法思想。庄子没有坚持老子的这一辩证法思想，而是将"物生有两"引向了相对主义。他的出发点当然也是"两"（矛盾），即围绕着物与我、是与非、此与彼、生与死、天与人等矛盾关系来思考，但其提出的"两行"说却是旨在"和之以是非，而休乎天钧"（《庄子·齐物论》），也就是消解矛盾，泯除差别，使"两"通同为"一"。这样一来，《庄子》似乎遗弃了"物生有两"观念。但实际上，无论是老子的辩证法，还是庄子的相对主义，都是以"物生有两"的观念为基础、为（逻辑）前提的。可以说，没有这一观念，就不会有《老子》和《庄子》。

在贯彻"物生有两"观念方面，《易经》无疑是很典型的。但我们想把这个问题放在后面谈。先看看"物生有两"的观念在汉代以后的发展。

董仲舒非常注重事物间两极耦合之关系。他认为：

> 凡物必有合，合必有上，必有下；必有左，必有右；必有前，必有后；必有表，必有里。有美必有恶，有顺必有逆，有喜必有怒，有寒必有暑，有昼必有夜，此皆其合也。……物莫无合。（《春秋繁露·基义》）

这里的"合"，是偶两、耦合之意。"物莫无合"，也就是凡物没有不成双成对的，"偶两"、"耦合"是世间万物存在的普遍性状，普遍形式。这可以说是"物生有两"观念的发展。

至宋明时期，这一观念更见精微。邵雍说："元有二。"（《皇极经世·观物外篇》）张载说："不有两则无一"；"以是知天地变化，二端而已"（《正蒙·太和篇》）。王安石提出"道立于两"的命题，指出"耦之中又有耦焉，而万物之变遂至于无穷"（《洪范传》），这就把"偶两"关系进一步本体化了。程颢则认为："万物莫不有对"；"天地万物之理，无独必有对，皆自然而然，非有安排也"（《遗书》卷二上）；程颐也说："道无无对"；"无一亦无三……只是二也"（《遗书》卷十五）。这与王安石一样，也是从本体论的角度阐述"物生有两"的观念。朱熹进一步阐发二程说："虽说无独必有对，然独中又自有对"，如"道"看似"独"，但"道"实又与"器"相对，所以，"若不相对，觉说得天下事都尖斜了，没个是处"（《朱子语类》卷九十五《程子之书》），"天下事都尖斜了"，也就是违反了"中"的原则，是没有道理的，所以是必定"相对"、"有对"的。叶适对此的认识也极精辟，他说："古之言道者必以两"；"凡天下之可言者，皆两也，非一也"（《水心别集》卷七《进卷·中庸》）。李贽则从反对"一生二"的传统观念出发，断言"然则天下万物皆生于两，不生于一，明矣"（《焚书·夫妇论》）。李贽的"执两"论，显然带有一定的反封建、反理学的意义。这与西方反封建、反神学的思潮更强调"多"，强调个性、"特征"、偶然等又存在"同中有异"之妙（此话题此处不赘）。

宋明时期固然大大发展了"偶两"或"二端"思维，但并没有离开"一"或"中"的原则。相反，"一"与"两"始终被置于一种整体的关注之下，而且立"两"最终是为了明"一"执"中"。邵雍说："太极一也，不动；生二，二则神也。"（《皇极经世·观物外篇》）这是传统的"一生二"观念的新表述，是在纵的生成论层面上谈"一两"关系。朱熹讲的是"独中又自有对"（前见述），也就是"一中又自有对"，再明确一点，就是"一便对二"（《朱子语类》卷九十五《程子之书》）。他还讲过"每个便生两个"；"一分为二，节节如此，以至于无穷，皆是一生两尔"（《语类》卷六十五、卷六十七）等言论，这就又将"一便对二"的观念给予了生成论的解释。但无论如何，"一"、"两"究竟是没被分裂开的。叶适所讲的"道原于一而成于两"（见前引），基本也是生成论意义的表述；而王守仁所谓"虽知本末之当为一物，而亦不得不分为两物也"（《大学问》），则既是生成论也是本体论的阐发。从本末关系（本体论）上谈"一两"者，大抵以"一"为本，以"两"为用。张载说：

> 两不立则一不可见，一不可见则两之用息。两体者，虚实也，动静也，聚散也，清浊也，其究一而已。（《正蒙·太和篇》）

> 一故神，两故化。（《正蒙·参两》）

> 性其总，合两也。（《正蒙·诚明》）

这些论述，都是既讲"两"，也讲"一"，而且，"两"乃"一"之"用"（"化"），"一"乃"两"之本（"总"、"神"）。"两"和"一"是"一物两体"（《正蒙·参两》）的矛盾统一关系。

明代哲学家罗钦顺论"一两"也是从本末体用关系上着眼的。他在谈到张载的"一故神，两故化"之说时指出："盖化言其运行者也，神言其存主者也。化虽两，而其行也常一；神本一，而两之中无弗在焉。合而言之则为神，分而言之则为化。故言化则神在其中矣，言神则化在其中矣。……一而二，二而一者也。学者于此，须认教体用分明。"（《困知记》卷上）这一段话，可以说是对张载"一两"思想的精到解释，其对"一两"之间的本末体用关系的阐发亦称得上允当深细，几至微妙。

现在我们可以回过头来谈谈《易经》了。一句话，《易经》所体现出来的"阴阳两仪"模式就是"一两"思维的典型产物。"阴阳两仪"模式是"易经"阐释世界万物的矛盾对耦关系的基本思想架构。《易传》云："一阴一阳之谓道"；"阴阳不测之谓神"（《系辞上传》第五章），这可以说是对"阴阳两仪"模式的概括描述。"一阴一阳之谓道"讲的是"一"（"道"）化为"二"（"阴阳"），"阴阳不测之谓神"则讲的是"二"归于"一"（"神"），这即罗钦顺所谓"一而二，二而一者也"。这一"阴阳两仪"模式在宋明时期的思想家那里受到尤其普遍的重视和阐发，如周敦颐说："一动一静，互为其根；分阴分阳，两仪立焉。"（《太极图说》）邵雍说："太极既分，两仪立矣。阳上交于阴，阴下交于阳，四象生矣。……"（《观物外篇》）张载说："天包载万物于内，所感所性，乾坤、阴阳二端而已……"（《正蒙·乾称篇》）朱熹说："动而生阳，静而生阴，分阴分阳，两仪立焉"（《太极图说解》）；"分阴分阳，两仪立焉，便是定位底，天地上下四方是也"（《语类》卷六十五《易》）；"圣人看天下物皆成两片也……只是阴阳而已"（《语类》卷一百《邵子之书》）。陆九渊从《易传》"一阴一阳之谓道"一句出发，认为那种把"太极"和"阴阳"分开来的说法是"昧于道器之分"；他说："一阴一阳即是形而上者，必不至错认太极别为一物"（《陆九渊集》卷二《与朱元晦》）……给人的印象似乎说"阴"论"阳"已成为这时期思想界的一种时尚，一种潮流。实际上，这恰好说明《易传》所提出的"《易》有太极，是生两仪"（《系辞上传》第十一章），亦即"阴阳两仪"

模式实在具有极大的典范性和普遍性，它集中而概括地反映了中国传统的"一两"思维的基本特征。

"阴阳两仪"作为本体"道"（或"太极"）的最直接、最原初、最一般的存在性状和形式，其理论意义在于：

（1）万物之理皆可用"阴阳两仪"模式来描述。程颐讲："离了阴阳更无道，所以阴阳者是道也。"（《遗书》卷十五）朱熹说："盖五行之变，至于不可穷，然无适而非阴阳之道"（《〈太极图说〉解》）；"其所以一阴而一阳者，是乃道体之所为也"（《朱文公文集》卷三十六《答陆子静》）。这实际上都在说，世界万物千差万别，然皆不出"物生有两"、"皆各有耦"、"无一亦无三"之理。"阴阳两仪"模式首先就在说明这一道理。

（2）阴阳之间的偶对关系不是分立的、隔离的，而是相互涵蕴、彼此交合的，其神妙之处便是持中不偏，和合归一，正所谓"阴阳不测之谓神"（《系辞上传》第五章），"阴阳相感"，"刚柔相摩"（《系辞上》第一章），"天地氤氲，万物化醇；男女构精，万物化生"（《系辞下》第五章），等等。程颐所讲的"阴阳之度，日月、寒暑、昼夜之变，莫不有常，此道之所以为中庸"（《遗书》卷十五），更是把"阴阳两仪"的理想状态（"神"）视为一种普遍永恒（即"常"）的"中庸"原则之体现。换言之，"阴阳两仪"模式的本体意义即为"中"。

总之，中国审美文化精神偏于"中和"型的理念，突出而集中地凝结为"中"这一美学范畴，而其思维的前提和基础则是"物生有两"，或"只是两"，"无一亦无三"的观念。这一"物生有两"观念的典型形态就是"阴阳两仪"模式。该模式作为中国传统"一两"思维的产物，以其"执两用中"的义理精神，成为中国传统审美文化"中和"型理念最直接、最有力的思维文化根源。

三 "阴阳两仪"思维范式的美学意涵

在中国审美文化的思想话语体系中，"阴阳两仪"是一种始源性的思维方式，但其实又不仅仅是一思维方式，它更是一个极其重要的理论范畴和文化命题。它所反映的不仅仅是一种东方式、中国式的宇宙观念和人生哲学，而且也反映了一种东方式、中国式的美学思想内核。那么，"阴阳两仪"思想范式的美学意涵究竟是什么？特别是它在哪些具体方面影响和规范了中国美学思想的发展？"阴阳两仪"这一最富中华民族精神特色的思想范式，其基本的美学意涵有哪些呢？

我们认为，"阴阳两仪"思想范式的美学意涵大致表现在四个方面：

一是"偶两"美观念。正如前述，在世界美学格局中，中国美学有一个非常独特的地方，就是特别注重审美因素之间的对耦性关系，特别喜欢在两两相对的矛盾因素之间思考美学问题，特别重视"好事成双"，特别讲究"偶两"之美。从春秋时代晋国史墨提出"物生有两"的著名命题始，一直到宋明时期，这一"偶两"观念越发明确而精微。王安石的"道立于两"说（《洪范传》），程颢的"万物莫不有对"说（《遗书》卷十一），程颐的"道""无一亦无三……只是二也"说（《遗书》卷十五），等等，都直接间接地阐发了这一以"偶两"为美的思想。然而，这一切论述都在义理上通达且本源于"一阴一阳之谓道"（《易·系辞上》）观念所体现的"阴阳两仪"思维范式。"阴阳两仪"思维范式可以说是中国美学推重"偶两"之美的理论渊源和典型代表。

"阴阳两仪"作为中国文化和美学中一种普遍而深刻的思维模式，它的关键词就是这个"两"字，其所指涉的内涵是，世界万物无不由两两相对的"阴"、"阳"矛盾所构成。"⚊""⚋"这两个基本符号，其含义即为相互矛盾、两两对立的阴、阳关系。由这两个基本符号的不同排列、重叠与组合，形成各种卦象，展开各种矛盾对立关系（范畴）。这里所遵循的思维原则是，阴、阳两种因素之间的关系必须是相反相对的，而不仅仅是一般意义上的差异、差距、差别等。指出这一点非常重要，因为只有具备这种矛盾对立关系的两种因素，才是"阴阳两仪"模式中"两"的本质含义。对此，宋明时期的思想家都反复指出了"阴阳两仪"模式中"两"与"阴阳"的内在关系，都极为注重"阴阳"之于"两"的基本构成意义，这一点似已成中国传统哲学/美学思维的基本路数。

这种"偶两"思维所围绕的是"一"、"两"关系，其与西方美学的思维路数可以说大相迥异。西方哲学/美学大致遵循的是"一"、"多"思维。鲍桑葵说："一和多的综合是希腊哲学的中心问题和主要成就。"[1] 其实不光希腊哲学，整个西方哲学、美学都是如此。在西方哲学/美学中，

---

[1] ［英］鲍桑葵：《美学史》，张今译，商务印书馆1985年版，第45页。

"一"是整体、本质、绝对、一般、永恒……"多"则是部分、现象、相对、特殊、多变……所以,"一"、"多"思维所关注的是不变的整一的理性本质与多变的杂多的感性现象之间的关系,简言之就是整体与部分、本质和现象的关系,而中国哲学/美学关注的则主要是"阴"和"阳"这种两两相对的矛盾因素之间的关系,这一关系不是西方式的整体与部分、本质与现象的关系,而是无论内容还是形式都具有的"偶两"关系,"偶两"之美。中国美学范畴如情与理、物与我、形与神、意与象、隐与秀、刚与柔、虚与实等等总是成双成对的;中国文学语言重视对偶、平仄、骈俪等辞采形式等,都体现了这种由"阴阳两仪"思想范式所规定的"偶两"美观念。可以说,"偶两"结构构成了"阴阳两仪"思想范式的基本框架,"偶两"美观念则是中国美学和艺术中最具代表性的审美观念之一。

二是"中和"美意识。"中和"美意识是中华民族最具典范性的审美意识。这可以放在人类美学的范围内来看一下。人类美学、世界美学文化在古典时代都追求和谐之美,都把"和谐"作为美的本质性规定,这是毫无疑问的。但东、西方美学文化在具体表述"和谐"之美时却不尽相同。西方美学思维由于主要围绕"一"、"多"关系、整体和部分关系展开,所以它所讲究的"和谐"主要是一种形式结构层面上的"把杂多导致统一"(毕达哥拉斯学派语),或"原来零散的因素结合成为一体"(亚里士多德语),总之是一种"寓多于一"的"和谐",寓部分于整体之中、寓现象于本质之中的和谐。这种和谐之美可以称之为"调和"之美。中国美学文化则不同。由于中国美学文化遵循"阴阳两仪"的思想范式,讲究"偶两"之美,所以它所谓和谐,就着重是在两两相对的矛盾因素之间所实现的一种均衡持中、不偏不倚的和谐。这种和谐可称之为"执两用中"的"中和"之美。这里的关键词就是一个"中"字。这个"中"就是"持中"、"适中",就是"中庸"、"中道"。"中"在中国美学中也就是"和",即如周敦颐对"中"的解释那样:"惟中也者,和也。"(《通书·师》第七章)

在《周易》的"阴阳两仪"思维范式中,正如我们曾指出的,"中"尤其是一核心范畴、理想境界。从义理上说,"中"在《易经》中不仅是"吉",而且更是"美",它尤具审美的象征意味。特别在《周易》所标举的"中正"之德中,"中"(亦即"美")伏于"正"的观念说明,

《周易》的"阴阳两仪"思想范式，一方面追求的是美善兼得的"中正"理想，一方面又以作为"美"之象征的"中"为最高境界。

"中"作为"阴阳两仪"思想模式所追求的最高境界，在宋明时代的哲学/美学那里得到了全力推重和弘扬。程颢推崇"中理"，说："中之理至矣，独阴不生，独阳不生，偏则为禽兽，为夷狄，中则为人。"（《遗书》卷十一）。王守仁则推崇"中人"说，只有"中人上下皆可引入于道"（《传习录》下篇）。可见，从标榜"中"理到推举"中人"，凡此诸说，无不在"阴阳两仪"范式下突出、推崇一个"中"字。"中"，成了中国传统美学中一个最理想最典范的审美范畴。

值得注意的是，中国哲学/美学之所以更多地讲"中"，盖因"中"在义理层面上与"阴阳两仪"思想范式深刻关联。"中"实际上就是"两"（阴和阳）所本原、所归合的"一"（"道"、"常"、"极"、"太极"等）。叶适所说"中庸者，所以济物之两而明道之一者也"（《水心别集》卷七《进卷·中庸》）就非常明确点出了"中"、"一"互见的道理。所以，从"阴阳两仪"的思想范式来理解中国美学所追求的"中和"美理想是较为恰当的学术途径。

三是"刚柔"美理想。"阴阳两仪"的思想模式也规定了中国美学崇尚一种具有中华特色的审美理想，那就是"刚柔相济"。中国美学话语系统中没有西方所崇尚的"崇高"、"优美"等审美理想形态，它有着自身具有中华民族文化特色的审美理想形态，那就是"阳刚"与"阴柔"。清人姚鼐说："鼐闻天地之道，阴阳刚柔而已。文者，天地之精英，而阴阳刚柔之发也。"（《惜抱轩文集》卷六《复鲁絜非书》），直接把"阳刚"与"阴柔"作为"文"也就是"美"所表现（"发"）出的基本状态。尤为重要的是，西方美学一般将"崇高"与"优美"对立起来看，分离开来讲；但中国美学却很少将"阳刚"与"阴柔"对立起来，分离开来，而是强调二者的彼此交错相互迭用，讲究二者的相成相济浑融中和，而反对将二者分离对立起来。正如姚鼐所言："阴阳刚柔并行而不容偏废。"（《惜抱轩文集》卷四《海愚诗钞序》）。这一阳刚与阴柔相摩相济的审美理想，与"阴阳两仪"的思想范式有着直接而深刻的理论渊源。

"阴阳两仪"思想范式以《易》卦的两个符号"⚊"、"⚋"为义理基础。这两个符号分别代表阳、阴已成学界共识。所以人们又称之为阳爻和阴爻。与阳、阴相对应，也就与天地、日月、昼夜、动静等相对应，特别与男女、夫妇、凸凹、刚柔等相对应。高亨先生说："《易传》之解《易经》，常认为阳爻象阳性之物，即象刚性之物；阴爻象阴性之物，即象柔性之物。具体言之，《易传》以阳爻象男……以阴爻象女。"① 由阴阳而刚柔，便构成阳刚与阴柔两对范畴。《易·系辞下》云，"阴阳合德而刚柔有体"，所以，阴阳之理规定着刚柔之义，或者说规定着阳刚与阴柔的关系。阳刚与阴柔之间的关系，除了前述"偶两"之序和"持中"之美外，还有一点就是彼此包含相互媾合，或称"媾合"之象。这是"阴阳两仪"思想范式的根本意涵。也就是说，阴、阳之间不能悖反，不可隔离，而应相互包含，彼此媾合，使之絪缊不测，浑融如一。这一义理表现在卦爻之象上，即阴阳和合则"生"，阴阳隔离则"息"。这一精神可以说贯穿《易经》文本的经纬始终，也同时规定着阳刚和阴柔之间的关系。其要点有二：

一是阳刚和阴柔是相互包含交错迭用的。《易·说卦》云："分阴分阳，迭用柔刚。"高亨注："六爻有阴柔，有阳刚，两者迭用，交错成文。"② 这是讲六爻位次的交错，也是讲刚柔之义的融合。《周易》反复强调这一刚柔之间的交错迭用。如："刚柔相摩，八卦相荡"，"刚柔相推而生变化"（《系辞上》）；"刚柔相易，不可为典要，唯变所适"，"刚柔相推，变在其中矣"（《系辞下》），等等，这都在明确主张阳刚与阴柔的相摩相荡、相成相济。值得重视的是，《周易》非常强调阳刚与阴柔在相摩相济中所产生的"变"。也就是说，乾坤之序，阴阳之理，不是僵死不变的，而是不断趋向变化的，因而不可视其为固定不移的"典要"。从美学上说，阳刚与阴柔在相摩相济中实现"变易"，就消解了二者非此即彼的隔离性和对立性，从而显现为一种"交错迭用"、浑融持中的生机与和谐。这跟西方美学将"崇高"与"优美"静态地对立起来、分离开来的思维是迥异的。

二是刚柔之间常常采取"柔上刚下"的关系位序。从总体上说，刚柔的上下位序，与阴阳的上下位序是一致的，关键的问题是，阴阳在《周易》卦象中所呈现出的交感媾合状态，并不总是按乾上坤下、天尊地

---

① 高亨：《周易大传今注》，齐鲁书社 1979 年版，第 31 页。
② 同上书，第 610 页。

卑的秩序进行，而是常常采取"天地易位"、"柔上刚下"的关系形态。这就很耐人寻味了。比如《咸》卦呈坤乾相包之象，是《周易》中最能体现和合思想的一卦。咸，意谓和合感应，咸卦就是直接讲"交感"、"感应"的，因而最合"男女媾精，万物化生"之义。《象》曰："咸，感也。柔上而刚下，二气感应以相与。止而说，男下女，是以'亨，利贞，娶女吉也'。"《正义》云："若刚自在上，柔自在下，则不相交感，无由得通。今兑柔在上而艮刚在下，是二气感应，以相授与。"这表明，刚上柔下，二气不交；唯有刚下而柔上，才会使阴阳交合以成化生。这里不仅突出了阴阳刚柔的感应交接与"生"这一"天地之大德"的因果联系，而且尤为强调了在这感应交接状态中"天地易位"、"柔上刚下"的位序，凸显了"柔"对于"刚"（也是"阴"对于"阳"）的某种主导性、优势性地位（或功能、作用）。这是很值得注意的一个思想情节。联系到儒家"温柔敦厚"的诗教原则，老子"守雌致柔"的智慧学说，我们以为中国美学所标榜的古典审美理想有自己的民族特色和历史特征，那就是，一方面强调"阳刚"与"阴柔"的交错迭用，相成相济，主张二者的并行兼得，持中不隔。一方面也在某种程度上表现出对阴柔之美的偏重。这一点实际上已经在几千年的中国审美文化史中反映了出来。纵观中国古典审美文化的发展，虽然阴柔之美与阳刚之美一直呈均衡中和、不离不悖的状态，但中唐以后，阴柔之美却也相对地占了优势，成为主流（如诗词意味的婉约化、山水画面的"盆景"化、雕塑体貌的柔小化、园林形制的小型化，等等）。从"阴阳两仪"的思想范式中，我们大约可以为这一审美史实找到学理上的某种深刻渊源。

四是"虚实"美境界。"虚实相生"是中国美学话语中十分重要的富有民族特性的理论命题，也是中国文艺所孜孜追求的一大审美境界。它涉及的是"虚"、"实"关系。一般认为，实、虚关系与有、无关系有着直接的关联。这看法固然有一定道理，但如果忽略了它与"阴阳两仪"思想范式的内在学理联系，那么也至少是不全面的。实际上，虚与实既本于无和有，更基于阴和阳（当然进一步说，无和有与阴和阴之间也有着某种联系），可以说，"虚实"是"阴阳"的更为具体的展开。从经验层面说，"阳"代表男性的、雄性的、凸出的、外显的等等意义，"阴"代表女性的、雌性的、凹入的、内隐的等意义，而"阴"、"阳"的这些意义，也在很大程度上可以分别表示"实"和"虚"。从这个角度说，"阴阳"

也就是"虚实"。对此,古人多有表述。如汉董仲舒说:"是故明阳阴入出实虚之处。"(《春秋繁露·天地阴阳》)宋张载曰:"气坱然太虚,升降飞扬,未尝止息……此虚实动静之机,阴阳刚柔之始。"(《正蒙·太和篇》明方以智说:"动静、体用、刚柔、清浊者,阴阳之性情也,而有无、虚实、往来者,阴阳之化也。"(《东西均·颠倒》)这都明确指出了"阴阳"与"虚实"的内在相应关系。

《周易》虽没直接提出"虚实"的概念,但却涉及阴即虚,阳即实的道理。如《归妹》卦,初、二、四为阳爻,三、五、上为阴爻。《象》曰:"上六无实,承虚筐也。"这就将上位的阴爻比喻为"承虚筐",含以阴为虚之意。再如《泰》卦,初、二、三位皆为阳爻,四、五、上位皆为阴爻,《象》曰:"山上有泽,咸;君子以虚受人。"这也是将阴爻解读为"虚"义。余者不赘。同时,在《周易》卦爻辞中,阴阳卦象多与盈虚、消长、损益等义相对应,而后者诸义即大体与"虚实"相当。如《剥》卦《象》曰:"君子尚消息盈虚,天行也。"《损》卦《象》曰:"损刚益柔有时。损益盈虚,与时偕行。"《丰》卦《象》曰:"日中则昃,月盈则食,天地盈虚,与时消息。"在这里,"消息"("消长")、"盈虚"、"损益"等皆同于或通于"虚实"之义。这都说明在《周易》义理中,"虚实"已经是"阴阳"的具体表征之一,而且《周易》卦象中所涉及的"虚实"关系,如同"阴阳"关系一样,也应是一种均衡持中、相和互生的关系,因为唯有这种关系才是"吉",才是"美"。

由"阴阳两仪"思想范式所规定的这一"虚实"关系,对中国美学,特别是中国文艺思想的影响尤为深远。如清人丁皋说:"凡天下之事事物物,总不外乎阴阳。……惟其有阴有阳,故笔有虚有实。惟其有阴中之阳,阳中之阴,故笔有实中之虚,虚中之实。"(《写真秘诀·阴阳虚实》)清人布颜图也说:"大凡天下之物,莫不各有隐显,显者阳也,隐者阴也……夫绘山水隐显之法,不出笔墨浓淡虚实,虚起实结,实起虚结。"(《学画心法问答》)这都是对"阴阳"与"虚实"之审美性联系的精妙体悟,那么,中国美学家、艺术家是怎么看待和表述"虚实"之美的呢?这仍然要从"阴阳两仪"的思想范式中来理解。

大概说来,"虚实"关系在中国美学家、艺术家的论述中主要呈现为两层意思,其一,大都以"虚实相生"为最高的艺术美境界。当然,这个"虚实相生"可以有多种不同的表述,有"以实为虚"说(宋范晞文《对床夜语》卷二),有"实虚互用"说(明董其昌《画禅室随笔·画决》),有"虚实相生"说(明李贽《焚书·杂说》),有"以虚运实,实者亦虚"说(清孔衍栻《石村画决·取神》),等等,这些说法虽各有角度,但都与"虚实相生"说没有根本差异,都强调"虚实"之间如同"阴阳"关系,要持中互用,相济相成,其中最典型的表述可以说就是"虚实相生"。此为常识,恕不详述。

其二,在虚与实之间,讲究以虚为体,以实为用。在美学上,以虚为体,也就是以意、神、隐、韵为体,以实为用,也就是以言、形、秀、景为用;虚实相生,也就是讲究虚实之间的体用不二,讲究意与言、神与形、隐与秀、韵与景之间的浑融如一。如前所述,阳与实、阴与虚是相对应的,阳是凸出、外显,阴是凹入、内隐,那么在艺术中,"实"也就是通过感官来直接把握的"外显"的言象物色,"虚"则是依靠心灵来深入体悟的"内隐"的意韵趣味;前者作为实存是有限,后者作为虚隐是无限。所以,"虚实相生"的美学真谛就是通过有限的言象物色来喻指、引向(不是西方美学讲的所谓"显现")无限的意韵趣味。这就是中国美学核心范畴"意境"的基本义理。所以,"虚实"观念的发展,往往同滋味说、韵味说、兴趣说、神韵说等等与意境相关的诸学说的发展密切相关,这些学说,往往都强调在有限之言象中来喻示无限之意味。独标"滋味"的钟嵘,提倡的是"文已尽而意有余"(《诗品序》);崇尚"韵味"的司空图,讲究的是"韵外之致"、"味外之旨"(《与李生论诗书》);倡导"余味"的姜夔,独推苏轼的"言有尽而意无穷"说(《白石道人诗说》);高唱"兴趣"的严羽,也以"言有尽而意无穷"为诗之"妙处"(《沧浪诗话·诗辨》),如此诸说,皆可等观。

以"虚"为体而以"实"为用的文艺美学观念的这一发展,当然与古人对"有无"关系的认识分不开,如《淮南子》中就已明确提出"有生于无,实出于虚"(《原道训》)一说,但其与"阴阳两仪"思想范式的发展更是深刻相关。特别是中唐以降,正如阴柔美理想逐渐占了优势一样,在"阴阳两仪"思想范式中,以"阴"为体而以"阳"为用的理念也已逐步趋于明显。朱熹所谓"阴静是太极之本。然阴静又自阳动而生。一静一动,便是一个辟阖"(《朱子语类》卷九十四《周子之书》),当为典范学说。表现在虚实关系上,也就有了"虚"为"体"而"实"为

"用"的美学理论。清代蒋和所说"大抵实处之妙,皆因虚处得之"(《学画杂论》),清代汤贻汾所说"虚实相生,无画处皆成妙境"(《画筌析览·总论》)等,则是这一美学理论在文艺领域的具体呈现。这不仅促成了"意境"范畴的成熟,也推动了整个中国古典文艺美学思想的完型和成熟。

第一章

《周易》与"阴阳两仪"思维范式

阴阳两仪思维范式是中国传统文化的主干，追根溯源，它的形成与中华文化的元典《周易》直接相关。《周易》本是成书于殷末周初的、周人创制和使用的占筮之书①，因周革殷命的特殊经历和忧患意识而在其中注入并强化了两仪分合、执两用中的特别内涵，其后在被诠释的过程中定型为阴阳两仪的思维范式；该范式因《周易》古经作为占筮之书的广泛传播及传播中超出占筮功用的范畴而对周代哲学、思想、文化产生特殊影响，从而为中华民族偏于"阴阳两仪"思维范式的形成奠定了基础。

---

① 关于《周易》古经的成书时代，《易传·系辞传下》称"《易》之兴也，其当殷之末世，周之盛德邪？当文王与纣之事邪"，又说"《易》之兴也，其于中古乎？作《易》者，其有忧患乎"，乃推测语气，知战国时人已不能确言。古有伏羲画卦（《周易·系辞传下》）、神农重卦（孔颖达《周易正义序》引郑玄说）、文王演为六十四卦（即重卦）（《史记·周本纪》）、文王作卦爻辞（《汉书·艺文志》："文王……重《易》六爻，作上下篇。"）、文王作卦辞、周公作爻辞（孔颖达《周易正义序》引马融说）等说法，如此凿实恐难凭信，但也都推断时当殷末周初。按："《周易》"之名乃固有之称，《周礼·大卜》称"大卜……掌三易之法，一曰《连山》，二曰《归藏》，三曰《周易》"，《左传·宣公六年》载王子伯廖说郑公子曼满"无德而贪，其在《周易》《丰》䷶之《离》䷝，弗过之矣"，《国语·晋语》载晋公子重耳亲筮能否享有晋国，得贞《屯》悔《豫》，司空季子称"吉。是在《周易》，皆利建侯"等即是。对于在"易"前特别冠以"周"字，孔颖达《周易正义》卷首《论三代易名》说"文王作《易》之时，正在羑里，周德未兴，犹是殷世也，故题周以别于殷"，据早期书籍命名习惯，此说似颇有见地。高亨认为"《周易》古经，大抵成于周初"，其理由是"其中故事，最晚者在文武之世"，"其中无武王之后事"（《周易古经今注》，中华书局1984年版，第10页），也是对《周易》古经成于殷末周初说的一个论证。

一　从偶两思维到阴阳范畴:《周易》与"阴阳两仪"思维范式的产生

　　《庄子·天下》称"《易》以道阴阳",《易传》称"乾坤……阴阳合德而刚柔有体"(《系辞》),"《易》……观变于阴阳而立卦,发挥于刚柔而生爻"(《说卦》),阴阳、刚柔,或阴柔与阳刚,无疑是《周易》最基本的哲学和美学概念之一。然而,关于《周易》阴阳或刚柔的概念是包括《易传》在内的研读者从《周易》中提炼出来的,就《周易》古经本身而言,除去八卦、六十四卦及各爻符号,就只是附着在这些符号后面或下面的卦辞和爻辞。卦爻辞多形象描述和吉凶判断,并没有理性界说,并没有阴阳、刚柔概念的使用,甚至没有出现这些词汇,于是多有学者对《周易》与阴阳观念形成的关系置疑或予以否认,如有学者就明确提出,《易》的卦辞爻辞尚无阴阳观念。[①]

　　其实,阴阳两仪观念的本质是宇宙二分法,是将所有事物分成相对应的二元结构的思维模式,因此,单纯出现"阴"、"阳"二字并不等于形成阴阳两仪观念,是否将宇宙二分才是问题的关键。这样,研究阴阳两仪观念的发生,就不能仅从"阴""阳"或"阴阳"二字入手,而应由二元之分论定。偶两思维是《周易》古经的根基,《易传》在阴阳学说影响下将偶两思维定格为阴阳范畴,从此伴随着《周易》特有的传播,由"阴阳"作为特定称谓的两仪观念逐渐深入到中国文化的腹心。正是从这个意义上,我们说《周易》直接导致了"阴阳两仪"思维范式的产生。

(一)《周易》古经的偶两思维

　　《周易》卦象设置的基本模式是偶两,即无论二爻、八卦还是各卦爻位,都被设置为两两相对,其依据也是奇数和偶数的数字二分,这乃是后来《易传》会将其定性为阴阳两仪的基础。

1. 阳爻与阴爻

　　原本认定《周易》古经的二分十分简单,可从最基本的一长 (—)、

[①] 徐复观:《阴阳五行及其有关文献的研究》,《中国思想史论集续编》,上海书店出版社2004年版,第42页。

两短（--）二爻符号说起。这两个符号后来被《易传》称为阳爻和阴爻。然而自殷周数字卦出土，这个问题变得复杂起来。其指向是，不但数字卦并不始于周人，二爻符号是否始于《周易》古经，也颇值得怀疑了。

早在宋代发现的周初《中方鼎》铭文的末尾处，就出现有两个横条竖条斜条罗列的符号，很难释读。后来此类颇像大写数字叠加的符号又陆续被发现，不但有刻在铜器上的，还有刻在卜甲卜骨上的，有学者汇总统计，"共找出铜器十三件（十四条），甲骨十一片（包括骨制箭镞两件，共十五条），陶范、陶罐等四件（共六条），玺印一件，共计二十九件器物上，记有三十六条……这些符号广泛见于商和西周的甲骨、铜器和陶器上，包括青铜礼器的鼎、簋、甗、卣、罍、盘，制铜器的陶范、日用陶罐、龟甲、兽骨和骨制箭镞等"。① 对于这些奇字，李学勤先生曾于20世纪50年代在《谈安阳小屯以外出土的有字甲骨》一文中猜想过它们与《周易》的关系，称"这种纪数的辞和殷代卜辞显然不同，而使我们想到《周易》的'九''六'"。② 后来张政烺先生在20世纪80年代发表《试释周初青铜器铭文中的易卦》③一文，首次将这些奇字认定为记录易卦的数字，指出它们或三个数一组，或六个数一组，恰恰是易筮的单卦或重卦。此说一出，得到了学术界大多数学者的认同。

易卦数字符号的发现，给以往关于《周易》的一些认定带来了新的问题。其一，关于《周易》卦爻的产生，旧有文王重卦等说法，即便这些说法不足凭信，起码殷商人用卜、周人用筮似不成问题。而如今所发现的单卦、重卦数字符号，不但见于周原，更见于殷土安阳等地，可见包括重卦在内的数字占筮已经行于殷商，周人的筮法不过是从殷商人那里吸收而来，这倒是印证了周人所用"三易"中的《归藏》本是殷易的说法（详下）。其二，这些关于筮占的记录，皆非今见《周易》由一长、两短符号组成，而是刻画数字，《周易》最初是否由阴爻、阳爻组成卦象也就成了问题。

其实，整个周代都是"筮人掌三易"，何况周初。《周礼·春官·宗伯》即云："大卜……掌三易之法，一曰《连山》，二曰《归藏》，三曰

---

① 张亚初、刘雨：《从商周八卦数字符号谈筮法的几个问题》，《考古》1981年第2期。
② 李学勤：《谈安阳小屯以外出土的有字甲骨》，《文物参考资料》1956年第11期。
③ 张政烺：《试释周初青铜器铭文中的易卦》，《考古学报》1980年第4期。

《周易》。其经卦皆八，其别皆六十有四。"而关于"三易"，汉代有夏为《连山》、商为《归藏》、周为《周易》之说，《易》孔疏引郑玄《易赞》即云："夏曰《连山》，殷曰《归藏》，周曰《周易》。"（《周易正义》）这些说法不会是无源之水，起码说明《连山》、《归藏》是早于《周易》的占筮文本，而它们一直延续下来，与后出的《周易》并行于周。殷周数字卦画的发现，证明了占筮之法的确不始于周人，《左传》、《国语》中记载的有些占筮之事，占筮辞不见于《周易》，也可见有周一代占筮之事并不专用《周易》。既然如此，并不能由新发现的这些数字卦画没有出现一长、两短符号而断定《周易》不是二爻结构，因为被发现的这些数字卦所用占筮很可能并非《周易》而是《连山》、《归藏》或者其他占筮记录之法。

既然殷周数字卦画已经有大量六个数字罗列之象，说明此时占筮单卦、重卦均已出现，可知三易的确"其经卦皆八，其别皆六十有四"，那么文王将八卦推衍为六十四卦的"演《周易》"之说肯定已不能成立。既然如此，笔者推想，《周易》之所以在已有《连山》、《归藏》的情况下还会特别被推出，文王之所以还会有"演《周易》"之盛名，鲁昭公二年"韩宣子聘鲁"时"见易象与鲁春秋"，之所以会有"周礼尽在鲁矣。吾乃今知周公之德与周之所以王也"之感叹（《左传·昭公二年》），《周易》必有不同于《连山》、《归藏》等占筮书之特别处，这特别之处，除了有自己特有的一套卦辞、爻辞之外，将不归整的数字符号定格为一长两短（或两分）应该正是它的特制。关于此，简帛本《周易》的发现是最重要的证明。

关于《周易》写本，近几十年陆续出土了马王堆帛书本《周易》、阜阳汉简本《周易》，特别是上博馆藏楚简本《周易》，前两种年代皆为汉初，楚简本则是战国中期的本子。这些本子各有一些差异，但其共同点是基本符号皆由一横和两撇组成，两撇写法有别，阜阳简作∧，帛书本作八，楚简本作八，其中楚简本与今本《周易》阳爻、阴爻的写法最为接近，两撇近乎两短，只不过稍微向两边倾斜而已。一横和两撇的写法近似数字"一""八"，但它们并非数字，而是相对的二爻，因为正如有学者指出的，"马王堆帛书《周易》以━表示阳爻，以八表示阴爻，若这两种符号仍代表'一'和'八'的意义，其占断之辞就不可能出现'初九'、'六二'等语，而相应的应该是'初一'、'八二'等等。因此，这里的八，当与王家台秦简和阜阳汉简中的ʌ、八一样，都是代表阴爻的符号。可以说，秦汉时期八卦符号中的一与ʌ、ル（或八）就是今本《周易》通行的阳爻━与阴爻--的前身。ʌ和八的区别本身就很小，ʌ的两笔略分开就成了八，而将八的两笔拉平便成了--"。① "竹简或帛书上的行栏很窄，像今本那样，写作--，中间断开的部分容易模糊而连成直线，易与阳爻━混淆，而作ʌ或ル，与阳爻易于区别。因此，阜阳简阴爻作ʌ，帛书阴爻作八（ル），并不一定与数字有关，而是为了突出它与阳爻的区别。"②

楚简本是战国时期的，其卦画的基本符号就已经是一和两，到目前为止我们没有证据证明此前《周易》不是一两符号。可以设想，如果《周易》一直同样使用数字卦，楚简之前又有人将其大幅度改制为一横（或一长）、两撇（或两短）的一与两二分的符号，史料中不可能没有留下一点痕迹。既然史上未提数字卦改符号卦之事，我们就有理由相信，最初创制的《周易》，其卦象就已经是以两分符号为基础单位了。

因此，可以断定，数字卦应该是殷人使用的，周人对此有所吸纳，或用殷易占筮，故在周原也出土了数字卦。《周易》在创制中，将奇偶数字规整为━、--符号。最初--符号多写为近似八字的两撇，以表示与奇单相对的偶双。

总之，《周易》古经虽然没有出现阳爻阴爻的称谓，但其最基本的符号是二元两分的二爻，而这二爻符号的确是一对相对的范畴，分别代表宇宙万物相关相对的两个方面，两类属性。而从它们所组合的卦象、从它们与爻位的各种对应关系结果看，"一长"或称"连"（奇数，后称"阳爻"）的确代表偏于阳刚、健劲等等的方面、属性，"两短"或称"断"（偶数，后称"阴爻"）也的确代表阴柔、退守等等的方面、属性（详后）。

2. 刚卦与柔卦

二爻只是《周易》的两个基础符号，八卦则是将两个基础符号叠三之后既不重复又组合全备后所形成的真正可施于筮占的基本符号。就卦象来看，八个符号正好是四个相对应的卦画组合，"乾"的三连（☰）对

---

① 王明钦：《试论〈归藏〉的几个问题》，见古方《一剑集》，中国妇女出版社1996年版，第105页。

② 廖名春：《上海博物馆藏楚简〈周易〉管窥》，《周易研究》2000年第3期。

"坤"的三断（☷），"震"的两断一连（☳）对"巽"的两连一断（☴），"坎"的一断一连一断（☵）对"离"的一连一断一连（☲），"艮"的一连两断（☶）对"兑"的一断两连（☱）。

如前所说一长（连）代表奇数，两短（断）代表偶数，那么八卦这四对对应的卦画恰恰是总和为奇数的卦与总和为偶数的卦的对应，其中"乾"、"震"、"坎"、"艮"为奇数卦，"坤"、"巽"、"离"、"兑"为偶数卦。也就是说，它们恰恰也是奇、偶二元之对。

我们知道，八卦两两相重即演为六十四卦。《周易》中出现的文字文本都是附着在六十四卦卦象后面的（无八卦单卦卦辞）。这就是说奇偶相对八个卦象分别具有什么属性，就《周易》古经本身而言，我们只能据重卦卦象之名、重卦上下两卦的关系及其与卦辞的对应等等来大致判断。根据其中有些隐约可见两卦关系的卦辞及能显示重卦卦名的爻辞，其判断的结果是，八个卦象不但设置成了奇偶四对，而且大致来看分别偏于阳刚、劲健和阴柔、和顺等等，奇数卦性刚，偶数卦性柔，如果借后来《易传》的说法，可称为刚卦和柔卦。

奇数卦"震"可为雷，有《震》卦卦辞为证："亨。震来虩虩，笑言哑哑；震惊百里，不丧匕鬯。"《震》卦两"震"相叠，雷声隆隆，惊动百里，心存恐惧，就能笑口常开，且不失宗主之位。

奇数卦"乾"、"震"为刚健之卦，有《大壮》为证。《大壮》乾下震上，卦名为"大壮"，两卦属性均为健劲，壮上加壮，方为"大壮"。

偶数卦"坤"、"离"可分别为地、为日，有《明夷》爻辞上六为证："不明，晦；初登于天，后入于地。"《明夷》卦象恰恰是离下坤上，日落地平线下。

偶数卦"坤"、"离"均为阴性、雌性之卦，还有《坤》、《离》卦辞为证。前者卦辞是"元亨，利牝马之贞"，后者卦辞是"利贞，亨。畜牝牛吉"。

偶数卦"兑"为和顺，兑通说、悦，有《兑》爻辞为证："初九，和兑，吉。"

奇数卦"乾"为刚卦，偶数卦"兑"为柔卦，有《履》卦辞为证。《履》卦兑下乾上，卦辞是"履虎尾，不咥人"，就两卦关系言，兑代表柔弱的人，乾代表刚猛的虎，以小心退守和顺的态度应和刚猛，终得逢凶化吉，遇险不凶。

3. 阳位与阴位

八卦中奇数卦与偶数卦分别代表刚性与柔性，由此顺推，二爻中奇数爻与偶数爻应该同样分别代表阳性与阴性。而由爻性、爻辞与六爻爻位的对应大致可以看出，《周易》的二元设置还包括各爻所在位置的阳位与阴位之分，其中二、四、上几个偶数位置属于退守、内敛、羸弱等偏于柔性的态度；初、三、五几个奇数位属于进取、刚猛、健壮等偏于刚性的态度。其中二、五位又因处于中位而比较中和，初位、上位因处于两端而别有特性，比较明显能见出刚性、柔性之分的是三位和四位。

如《坤》卦，六三是"含章可贞，或从王事，无成有终"，似涉伐纣之事，表现为行动、进取；六四则是"括囊，无咎无誉"，就像扎起口袋，既无出，亦无进，以象三缄其口，无所作为，结果既无失误亦无获益。

《履》六三是"眇能视，跛能履，履虎尾，咥人，凶"，视弱者偏要看，足跛者偏要行，逞强冒进，结果因不但踩虎尾，且被虎食，以至凶险。九四则是"履虎尾，愬愬，终吉"。愬愬，恐惧貌。小心谨慎，终获吉祥。

《解》六三是"负且乘，致寇至，贞吝"，背着宝物还大摇大摆地乘车招摇，如此大意冒失，当然容易招来强盗，难免被劫之祸。

《节》六三是"不节若，则嗟若"，不懂得节制，或不守节度，结果是嗟叹；六四是"安节，亨"，安心于节制，或安心守节度，结果是亨通。

《既济》九三是"高宗伐鬼方，三年克之"，大张旗鼓出击攻伐；六四是"繻有衣袽，终日戒"，就像看到寒衣有败絮而担心受凉，整日处于有戒心的状态。

总之，《周易》古经卦象爻位已经处处内含着两仪模式，只是确实还没有用阴阳概念来代称它们。

（二）"阴""阳"的原始义及引申义

"阴""阳"二字，已见于甲骨文、金文，就其原始义来说，最初只是与日光有关的一对概念。"阳"即"陽"，甲骨文写作：🖹（前五、四二、五），金文作：🖹（柳鼎）、🖹（敔簋），均象日光射向山冈之形，因此，《周礼·秋官》"夏日至，令刊阳木而火之"，贾公彦疏引《尔雅》："山南曰阳。"①"阴"即"陰",金文写作 、,石鼓文写作:,均象山旁阴影,故《说文》释为"山之北"②,《周礼·考工记》"凡斩毂之道,必矩其阴阳",贾公彦疏:"背日为阴。"这样,阴阳最典型地代表了同一事物的两个方面。向日则明,背日则暗,有日则阳,无日则阴。《诗经·大雅·公刘》的"既景乃冈,相其阴阳",应该就是指考察山南山北地形地貌;《山海经》中多次出现阴阳二字,如"又东四百里,曰洵山,其阳多金,其阴多玉"、"苋山之首,曰敖岸之山,其阳多㻬琈之玉,其阴多赭、黄金",③等等,所谓阴阳,亦全部是指山北山南;《孙子·行军》"凡军喜高而恶下,贵阳而贱阴,养生而处实,军无百疾,是谓必胜。丘陵堤防,必处其阳而右背之,此兵之利,地之助也"④,其"阴""阳"亦指丘陵地势之背阴朝阳。

有日光照射会温暖气蒸,无日光照射则阴冷气伏,于是西周特别是春秋时期,"阴""阳"二字作为一对范畴,除原义仍在延用之外,其意义又有新的拓展。引申的第一步即是由具体的背阴朝阳、阴面阳面延展为二元对立的冷热、伏蒸、沉浮之气,成为与风雨晦明并列的六气中的二气。

关于此,首先需要说明的是,《尚书·周官》中有"燮理阴阳"之说,所谓"立太师、太傅、太保,兹惟三公。论道经邦,燮理阴阳。官不必备,惟其人"。从整句话的语境来看,此"阴阳"已经超出天象甚至超出自然的范畴,而兼指整个自然社会国家人事方方面面的二元对应关系。然而,今本《尚书》又被称为"伪古文《尚书》",其中二十五篇被判为"伪",而《周官》正在此二十五篇之中;且从西周末年直至春秋时期阴阳都还更多的是指天象最多是指六气之二气来看,《周官》即便不是伪篇,此语亦很可能是后人所增,这条材料尚难作为考察"阴阳"概念发展的凭据。

《国语·周语下》记述周景王二十三年欲铸大钟无射,在不听单穆公之劝后又去问伶州鸠,伶州鸠讲了一番"政象乐,乐从和,和从平"的道理,其中所用"阴""阳"二字就是指二气:"……于是乎气无滞阴,

---

① 《周礼注疏》,(十三经注疏本),中华书局1980年版。
② (汉)许慎:《说文解字》,中华书局1963年版,第304页。
③ 袁珂:《山海经校注》,上海古籍出版社1980年版,第13、124页。
④ 《孙子十家注》,《诸子集成》,上海书店1986年版,第150—151页。

亦无散阳，阴阳序次，风雨时至，嘉生繁祉，人民龢利，物备而乐成，上下不罢，故曰乐正。"

《国语·周语上》记述周幽王二年伯阳父关于地震的解释是人们常引的材料："周将亡矣。夫天地之气不失其序，若过其序，民之乱也。阳伏而不能出，阴迫而不能烝，于是有地震。今三川实震，是阳失其所而镇阴也。"阴阳作为天地二气的说法更加明显。

《左传·僖公十六年》记述僖公十六年春"陨石于宋五"，"六鹢退飞过宋都"，宋襄公问周内史叔兴"是何祥也？吉凶焉在"，叔兴当时敷衍他说了些"今兹鲁多大丧，明年齐有乱，君将得诸侯而不终"之类的预言，事后却告人曰："君失问。是阴阳之事，非吉凶所生也。吉凶由人。"这里所说的"阴阳之事"，既然非关吉凶人事，显然也是指天象自然，阴阳之气。

检索先秦文献会发现，春秋末直至战国中期之前，阴阳仍多指天象气候乃至四时变化，如《孙子》出现了两次"阴阳"，一见《始计》："天者，阴阳、寒暑、时制也；地者，远近、险易、广狭、死生也。"一见《行军》："凡军好高而恶下，贵阳而贱阴，养生而处实，军无百疾，是谓必胜。丘陵堤防，必处其阳而右背之，此兵之利，地之助也。""阴阳"仍停留在自然之气甚至背阴朝阳的原始义上。《墨子》中也出现了两次"阴阳"，其一见于《辞过》，曰"凡回于天地之间，包于四海之内，天壤之情，阴阳之和，莫不有也，虽至圣不能更也，何以知其然？圣人有传，天地也，则曰上下；四时也，则曰阴阳；人情也，则曰男女；禽兽也，则曰牡牝雄雌也。真天壤之情，虽有先王不能更也"；其二见于《天志中》，曰"节四时调阴阳雨露也，时五谷孰，六畜遂，疾灾戾疫凶饥则不至"，都是指寒热之气，四时之变。

那么究竟是何时"阴阳"开始超出自然二气而上升为哲学意义上的宇宙二分的"阴阳两仪"范畴的呢？

（三）关于"万物负阴而抱阳"

研究中国早期阴阳观念发展的学者，几乎无一例外，都会注意到也都会援引《老子》中的一段话："道生一，一生二，二生三，三生万物。万物负阴而抱阳，冲气以为和。"（第四十二章）"万物负阴而抱阳"，很显然这已经将阴阳上升到、抽象为宇宙二元的范畴，涵盖了整个世界所有事物都具有的对立统一的两个方面。因此，学者们也几乎无一例外，将《老子》认定为"阴阳"由具体背阴朝阳两面、寒暑蒸伏二气上升为万物二分的哲学层面的起始点。如庞朴先生在《阴阳五行探源》一文中称："从战国时代的《老子》书中，我们第一次读到了'天气'意义以外的阴阳字样，那就是'万物负阴而抱阳，冲气以为和'。"① 萧萐父先生在《〈周易〉与早期阴阳家言》一文中也指出："对阴阳消长和转化思想的积极成果，进行总结和深化的是《老子》一书，首次提出'反者道之动'的矛盾转化观，但又强调'万物负阴而抱阳，冲气以为和'，主张'挫锐'，'解纷'，'和光'，'同尘'，归结为阴阳和谐论。正是在这样一些的哲学劳动的基础上，《易传》的作者才有可能把'阴阳'作为中心范畴，把自然运动和社会运动结合起来考察，从而对《易经》原有构架的基石━、╌╌二爻给以新的哲学规定，对其中关于数理、物理、事理的矛盾关系的分别抽象（诸如奇偶、参两、乾坤、刚柔、否泰、剥复等等）给予新的系统化说明。"② 还有学者直称《易传》阴阳说来自《老子》："《老子》论阴阳，最可玩味的说法是：'万物负阴而抱阳，冲气以为和。'它作为'道生一，一生二，二生三，三生万物'的贴切不过的注脚，在《易传》中的别有深意的表达即是'一阴一阳之谓道'。"③

遗憾的是，《老子》书中唯一出现"阴""阳"二字的这段话，却不见于新出土的简本《老子》或称原始本《老子》中，它们被增补进去的时间很可能已至战国中期甚至更晚，那么关于中国早期阴阳观念的演化，就需要重新给以梳理了。

其实，今本《老子》的年代，早有学者认定晚出，以致对是否春秋末年老聃所著产生质疑。④ 其中比较重要的理由就是其中的"王侯"、"侯王"、"王公"、"万乘之君"、"取天下"、"仁义"字样，不像是春秋时所有。⑤ 诸如此类，经过多方论争论证，《老子》成书战国中期之后曾经几

---

① 庞朴：《阴阳五行探源》，《中国社会科学》1984年第3期。
② 萧萐父：《〈周易〉与早期阴阳家言》，《江汉论坛》1984年第5期。
③ 黄克剑：《〈周易〉"经"、"传"与儒、道、阴阳家学缘探要》，《中国文化》1995年第2期。
④ 《史记·老子韩非列传》提到与孔子大约同时而稍早的老聃撰著《道德经》五千言后，又提到了与孔子同时的老莱子和战国时代的周太史儋，并称"或曰儋即老子，或曰非也，世莫知其然否"，从而为其后关于老子及《老子》的研究和判断留下了缺口。
⑤ 梁启超：《评胡适之中国哲学史大纲》，《晨报副镌》1922年第11期，第13—17页。

成定论，1954年杨荣国《中国古代思想史》说《老子》一书"不仅成于战国时代，且成于战国时代的庄子之学大兴以后"。① 1955年杨宽《战国史》把《老子》放在孟子之后。② 李长之《中国文学史略稿》称"大体上推知老子本人在春秋时代，《老子》一书成于战国晚期"。③

近年考古有几次出土文献的重大发现，对于解决《老子》成书问题有突破性进展。

首先，出土文献证明《老子》有多种传本，可知《老子》成书后流传过程中有被删改增益的经历。先是长沙马王堆西汉前期墓中出土了帛书《老子》甲、乙本，与今本《老子》不同，显见不是一个传本；同墓出土的甲本和乙本，它们又有不同，也不是一种传本。后来是湖北荆门郭店楚墓竹简的出土，其中的简本《老子》与帛书本和今本又有明显的不同。既然有多种传本，关于其中的文字就需要具体考虑到其出现的先后而不能一概而论了。

其次，郭店楚墓简本《老子》的出土，证明了确有原始本与增益本之分，简本《老子》极可能就是春秋末年老聃所著《老子》一系的传本。因为就时间而言，据考古专家介绍，郭店一号楚墓为战国中期墓。这个时间起码证明了该版本《老子》成书于战国中期之前。因为就常识而言，墓中所出竹简的抄写时间应该早于下葬时间。要知道，在古代交通不便的情况下，在典籍需要辗转传抄的情况下，《老子》一书之流传至楚国，是需要相当时间的。这就把书的作期起码推到了战国中前期。而就内容而言，对照今本《老子》，有研究者已经发现，简本《老子》应是《老子》原始本，而今本《老子》乃是在此基础上的增修本。④ 其论据比较重要的有这样几点。其一，简本没有与儒家伦理观念针锋相对的文字，今本中那些明显否定儒家伦理观念的段落在简本中皆有异文或文字上的增减。今本十八章的"大道废，有仁义；慧智出，有大伪；六亲不和，有孝慈；国家昏乱，有忠臣"，在简本中为："故大道废，安有仁义？六亲不和，安有孝慈？邦家昏乱，安有正臣？"一字之差，意思完全相反。今本十九章

---

① 杨荣国：《中国古代思想史》，生活·读书·新知三联书店1954年版，第231页。
② 杨宽：《战国史》，上海人民出版社1955年版。
③ 李长之：《中国文学史略稿》第一卷，五十年代出版社1954年版，第74页。
④ 郭沂：《楚简〈老子〉与老子公案》，见《郭店楚简研究》，辽宁教育出版社2000年版，第118页。

的"绝圣弃智"、"绝仁弃义"在简本中为"绝智弃辩"、"绝伪弃诈"。今本其他与儒家伦理观念相抵触的几章也都恰恰不见于简本。其二，先秦古籍后来增补的部分常常被放在原始部分之后。今观简本《老子》，其内容分见于今本的三十一章，据查全在六十六章之前，而今本六十七章至八十一章这整整十五章，在简本中没有任何踪影。总之，简本内容皆见于今本，今本却有不见于简本者，可知今本已将简本悉数纳入又不止于简本。这样，问题就相当明晰了。简本应是今本中最原始的部分，今本则是后人在简本的基础上进行改造、重编、增订而成的。另有学者通过语言考察发现，简本多用虚词"也"，且用"亡"而不用"无"，这也说明简本时代比较早。[①]

有意思的是，《老子》中唯一出现"阴""阳"二字且将"阴阳"上升为万物二分的哲学层面的这段话恰恰不见于早出的简本而见于战国中期之后的今本。这起码说明，"阴阳"观念发生哲学演化就文献所见来看并不出现于春秋末年或战国初期。

说起来，"万物负阴而抱阳"不见于春秋末年老聃所作《老子》的传本，更符合阴阳观念的逻辑发展脉络。这句话若出现在春秋末年的《老子》中，反显突兀，因为如前所举，与之大致同时的《孙子》，直至战国前期的《墨子》，等等，许多关于阴阳的说法都仍还停留在天象自然层面，尚未二分整个宇宙和万物世界。

（四）《易传》：刚柔、阴阳与二仪的合流

"阴阳两仪"范畴的关键不在阴阳而在两仪，阴阳只是两仪的代称。那么，将"阴阳"提升为"阴阳两仪"范畴的契机，应是阴阳与两仪的合流。这既需要有世界二分的模式，又需要阴阳从背阴朝阳的具体天象地理概念中抽象出来，还需要二分模式与抽象出来的阴阳产生接触，这个契机应该就是进入战国之后对《周易》的诠释和注解。

如前所述，《周易》卦象的基本模式就是二分，是两两相对，爻分一长（—）、两短（--），卦分四对，实可分为偏于阳刚与偏于阴柔的两个部分，由此演生六十四卦，而此六十四卦又是"弥伦天地，无所不包"

---

① 王中江：《郭店竹简〈老子〉略说》，见《郭店楚简研究》，辽宁教育出版社2000年版，第103页。

的，涵盖了自然、社会、人生全部内容的，这样，整个宇宙世界天地万物就可以根基于最基本的两个符号，即相反相成一物两面的二爻。

如前所述，阴阳概念历经春秋至战国，逐渐由具体的背阴朝阳、导致四季变化的冷热之气抽象为天地二气，也为即将被用来代称宇宙二分做好了准备。

于是，在大致成于战国中后期（详后）的《易传》中出现了用阴阳、刚柔诠释二爻、八卦的文本。就迄今所见材料看，是《易传》首先将一长两短二爻分别称为阳爻和阴爻或刚爻和柔爻，将八卦分别称为刚卦和柔卦或阳卦和阴卦，使《周易》中原本处于内涵状态的偶两关系、两仪思维被揭示出来，并用阴阳、刚柔等概念给以明晰的呈现。

《易传》包括十篇诠释《周易》古经的文字，即《彖》上下、《象》上下、《系辞》上下、《文言》、《说卦》、《序卦》、《杂卦》，汉人称为"十翼"（见《易乾凿度》）。其中《彖》、《象》分列于六十四卦，前者释六十四卦卦名及卦辞，后者有释卦名卦义者，更多的解释爻象及爻辞；《文言》分列于《乾》、《坤》，专解两卦卦辞及爻辞。此外，《系辞》乃《易经》通论，《说卦》主要言说乾、坤等八卦所象事物，《序卦》解说六十四卦顺序，《杂卦》错杂解说六十四卦卦义，皆独立为篇，列于经后。从这些篇对具体卦、爻及爻位的解说以及系统阐释经义的文字中，即可见出阴阳两仪观念在《易传》中的形成。

1.《彖》、《象》以刚柔称二爻、八卦及爻位之例

需要指出的是，在《易传》中，往往同时使用"刚柔"和"阴阳"这两对范畴来称谓二爻和八卦，甚至可以说更多地是使用"刚柔"，亦可以说很可能是由使用"刚柔"进而到使用"阴阳"，最终在理论的层面上将二元落实为阴阳两仪的哲学范畴。

检索《彖》、《象》，会发现除《象》在《乾》初九、《坤》初六、《彖》在《泰》、《否》两卦的释义中用到阴、阳外，其他各卦各爻均用刚柔为说，不但用刚柔称二爻，称八卦，还用刚柔别爻位。

（1）《彖》以刚柔称爻例

《讼》坎下乾上，卦辞为"讼：有孚，窒，惕，中吉，终凶。利见大人，不利涉大川"。《彖》释"中吉"是因为"刚来而得中也"，指的是九二、九五均为刚爻而居中位。此是以"刚"称奇数爻九二和九五。

《师》坎下坤上，卦辞为"师：贞，丈人吉，无咎"。《彖》释"无咎"曰："刚中而应，行险而顺，以此毒天下，而民从之，吉又何咎矣。"所谓"刚中而应"指的是九二刚爻居中，又与六五柔爻对应。此是以"刚"称奇数爻九二。

《小畜》乾下巽上，卦辞为"小畜：亨。密云不雨，自我西郊"。《彖》释"亨"曰："小畜，柔得位而上下应之，曰小畜。健而巽，刚中而志行，乃亨。"六四柔爻居柔位，故曰"得位"；九二、九五两刚爻各居下卦上卦之中位，故曰"刚中"。此是以"柔"称偶数爻六四，以"刚"称奇数爻九二和九五。

《大有》乾下离上，卦辞为"（大有），元亨"。《彖》释"大有"曰："大有，柔得尊位大中，而上下应之曰大有。"指的是六五柔爻得居上卦之中位，故曰"柔得尊位"，曰"大中"。此是以"柔"称偶数爻六五。

《恒》巽下震上，卦辞是"恒：亨，无咎，利贞。利有攸往"，《彖》释"恒"曰："恒，久也。刚上而柔下，雷风相与，巽而动，刚柔皆应，恒"。其中"刚柔皆应"指的是初六与九四、九二与六五、九三与上六恰恰都是柔爻与刚爻或刚爻与柔爻形成对应。此是以"刚"称奇数爻九二、九三和九四、以"柔"称偶数爻初六、六五和上六。

《夬》乾下兑上，卦辞是"夬：扬于王庭，孚号有厉，告自邑，不利即戎，利有攸往"，《彖》释"扬于王庭"曰："扬于王庭，柔乘五刚也。"指的是"上六"居于初九、九二、九三、九四、九五五条刚爻之上，故称"柔乘五刚"。此是以"柔"称偶数爻上六、以"刚"称奇数爻初九、九二、九三、九四和九五。

《鼎》巽下离上，卦辞为"鼎：元吉，亨"。《彖》释"元吉亨"曰："柔进而上行，得中而应乎刚，是以元亨。"指的当是初六柔爻自下向上至六五，得居上卦之中位，而又与下卦中位之九二刚爻相对应。此是以"柔"称偶数爻初六和六五，以"刚"称奇数爻九二。

（2）《象》以刚柔称卦例

《讼》坎下乾上，卦辞是"讼：有孚，窒，惕，中吉，终凶。利见大人，不利涉大川"，《象》释"讼"曰："讼，上刚下险，险而健，讼。""上刚"即指上卦乾卦为刚卦。这是以"刚"称奇数卦乾卦。

《蛊》巽下艮上，卦辞为"蛊：元亨，利涉大川。先甲三日，后甲三日"。《象》释《蛊》卦象曰："蛊，刚上而柔下"，是称上卦艮为刚卦，下卦巽为柔卦。这是以"刚"称奇数卦艮卦，以柔称偶数卦巽卦。

《贲》离下艮上，卦辞为"贲：亨。小利有攸往"。《彖》曰："贲亨，柔来而文刚，故亨；分刚上而文柔，故小利有攸往。天文也；文明以止，人文也。"其中"柔来而文刚"，指的是下卦离卦为柔卦，上卦艮卦为刚卦，离卦为火为明，有文明之意，故称"柔来而文刚"；"刚上而文柔"同样指的是上卦艮卦为刚卦，下卦离卦为柔卦。这是以"柔"称偶数卦离卦，以"刚"称奇数卦艮卦。

《剥》坤下艮上，卦辞为"剥：不利有攸往"。《彖》释"剥"曰："剥，剥也，柔变刚也。"指的是下卦坤为柔，上卦艮为刚，自下而上，故"柔变刚"。这是以"柔"称偶数卦坤卦，以"刚"称奇数卦艮卦。

《咸》艮下兑上，卦辞为"咸：亨，利贞。取女吉"。《彖》释卦名及卦象曰，"咸，感也。柔上而刚下，二气感应以相与"，以上卦兑卦为柔卦，以下卦艮卦为刚卦，故曰"柔上而刚下"。这是以"柔"称偶数卦兑卦，以"刚"称奇数卦艮卦。

《恒》巽下震上，卦辞为"恒：亨，无咎，利贞。利有攸往"。《彖》释"恒"曰："恒，久也。刚上而柔下，雷风相与，巽而动，刚柔皆应，恒"。其中"刚上而柔下"指的即是上卦震卦为刚卦，下卦巽卦为柔卦。

（3）《彖》以刚柔分别爻位例

《彖》在释卦中有"当位"、"得位"，"不当位"、"不得位"之说，所谓"当位"、"得位"，即奇数爻恰处奇数位，偶数爻恰处偶数位，既称奇数爻为刚爻，则奇数位自被视为刚位；既称偶数爻为柔爻，则偶数位自被视为柔位。所谓"不当位"、"不得位"，则是错位，即偶数爻处于奇数位，奇数爻处于偶数位，既称偶数、奇数爻为柔、刚，则相反、"不当"之奇数位、偶数位自被视为刚位和柔位。

《小畜》乾下巽上，卦辞为"小畜：亨。密云不雨，自我西郊"。《彖》释"小畜"曰："小畜，柔得位而上下应之，曰小畜。"所谓"柔得位"指的是六四为柔爻，又在偶数位，故称"得位"。这是视偶数位四位为柔位。

《同人》离下乾上，卦辞为"同人：同人于野，亨。利涉大川，利君子贞"。《彖》释"同人"曰："同人，柔得位得中，而应乎乾，曰同人。"所谓"柔得位"指的是六二为柔爻，又在偶数位。这是视偶数位二位为柔位。

《噬嗑》震下离上，卦辞为"噬嗑：亨，利用狱"。《彖》释"利用狱"曰："柔得中而上行,虽不当位,利用狱也。"六二柔爻居下卦之中,上行而至上卦之中六五,六五为偶数爻居奇数位,故称"不当位"。这是以奇数位五位为刚位。

《既济》离下坎上,卦辞为"既济:亨小,利贞。初吉终乱"。《彖》释"利贞"曰："利贞,刚柔正而位当也。"指的是六二柔爻居偶数位二位,九五刚爻居奇数位五位,皆属位正和当位。这是以偶数位二位为柔位,以奇数位五位为刚位。

(4)《象》以刚柔称爻例

《蒙》坎下艮上,九二爻辞为"包蒙吉,纳妇吉,子克家"。《象》释"子克家"曰："'子克家',刚柔接也。"指的是九二奇数爻与初六偶数爻相接。这是以奇数爻九二为刚爻,以偶数爻初六为柔爻。

《大过》巽下兑上,初六爻辞为"藉用白茅,无咎"。《象》释"藉用白茅"曰："'藉用白茅',柔在下也。"指的是初六偶数爻在最下一位。这是以偶数爻初六为柔爻。

《坎》坎下坎上,六四爻辞是"樽酒簋贰,用缶,纳约自牖,终无咎"。《象》释"樽酒簋贰"曰："'樽酒簋贰',刚柔际也。"指的是六四偶数爻与九五奇数爻相邻。这是以偶数爻六四为柔爻,以奇数爻九五为刚爻。

《解》坎下震上,初六爻辞是"无咎"。《象》释曰："刚柔之际,义无咎也。"指的是初六偶数爻与九二奇数爻相邻。这是以偶数爻初六为柔爻,以奇数爻九二为刚爻。

《鼎》巽下离上,上九爻辞是"鼎玉铉,大吉,无不利"。《象》释"鼎玉铉"曰："玉铉在上,刚柔接也。"指的是上九奇数爻与六五偶数爻相邻。这是以奇数爻上九为刚爻,以偶数爻六五为柔爻。

(5)《彖》、《象》与刚柔二分

"刚柔"作为一对范畴春秋之前已经出现,只不过多具体指称为人处事及政治举措的刚柔态度。

如《诗经·商颂·长发》："受小球大球,为下国缀旒,何天之休。不竞不绿,不刚不柔。敷政优优,百禄是遒。""不刚不柔"是施政举措不过刚猛也不过柔弱,恰到好处。

《诗经·大雅·烝民》："人亦有言,柔则茹之,刚则吐之。维仲山甫,柔亦不茹,刚亦不吐。不侮矜寡,不畏强御。"刚柔已由坚硬和柔软之物比喻、引申为强者和弱者。

《左传·昭公二十年》记述晏子在回答齐景公时谈到"和如羹"的问题，曰："清浊、小大、短长、疾徐、哀乐、刚柔、迟速、高下、出入、周疏，以相济也。君子听之，以平其心"。"刚柔"是与小大、短长、疾徐等等并行出现的一对范畴，指的是音乐风格的刚猛或平缓。

《孙子·九地》云："夫吴人与越人相恶也，当其同舟而济而遇风，其相救也如左右手。是故方马埋轮，未足恃也；齐勇如一，政之道也；刚柔皆得，地之理也。故善用兵者，携手若使一人，不得已也。"其中"刚柔皆得，地之理也"与"齐勇如一，政之道也"相呼应，具体应是指大地对于自然外物无论坚硬还是柔软都包容吸纳。

今本《老子》中出现了大量刚柔对举且有二元意味的句子：

柔弱胜刚强。鱼不可脱于渊，国之利器不可以示人。（第三十六章）

天下莫柔弱于水，而攻坚强者莫之能胜，以其无以易之。弱之胜强，柔之胜刚，天下莫不知，莫能行。（第七十八章）

天下之至柔，驰骋天下之至坚。无有入无间，吾是以知无为之有益。（第四十三章）

然而，检索郭店楚简本《老子》，却发现上述刚柔之句均不见于简本，显然乃战国中期之后的本子所增补，这种情况竟然与"阴阳"范畴在《老子》简本、今本中的存在惊人相似，足见用"刚柔"、"阴阳"作为二分的代称，的确是战国中期之后才开始出现的。

鉴于以上情况，应该是《彖》、《象》以刚柔称二爻、称八卦、称爻位，遂使"刚柔"已经具有成为二元代称的趋向。然而，由于种种条件、机缘和因素，最终"阴阳"脱颖而出，更加成为二元两仪的基本符号和概念范畴。

2. 《彖》、《象》、《文言》以阴阳称卦称爻例

《彖》以阴阳称卦，见于《泰》卦和《否》卦。

《泰》乾下坤上，卦辞为"泰：小往大来，吉，亨"。《彖》曰：

"泰，小往大来，吉，亨。则是天地交而万物通也，上下交而其志同也。内阳而外阴，内健而外顺，内君子而外小人，君子道长，小人道消也。"其中提到"内阳而外阴"，显然是以下卦内卦之奇数卦乾卦为阳卦，以上卦外卦之偶数卦坤卦为阴卦。从整段文字看，乃是以乾为天，以坤为地，以乾为健，以坤为顺，以乾为阳，以坤为阴，阳在下，气上蒸，阴在上，气下沉，天地上下阴阳之气相交，故"吉，亨"。

《否》坤下乾上，卦辞为"否之匪人，不利君子贞，大往小来"。《彖》曰："否之匪人，不利君子贞，大往小来。则是天地不交而万物不通也，上下不交而天下无邦也。内阴而外阳，内柔而外刚，内小人而外君子。小人道长，君子道消也。"这里《彖》不仅称"内阴而外阳"，且称"内柔而外刚"，直接将阴阳与刚柔合而为一，下卦内卦之坤为阴卦柔卦，上卦外卦之乾为阳卦刚卦。

《象》以阴阳称爻，见于《乾》、《坤》两卦。

《乾》乾下乾上。《象》"天行健，君子以自强不息"之后，还有整齐的一段话，显然分别就各爻阐说："潜龙勿用，阳在下也。见龙在田，德施普也。终日乾乾，反复道也。或跃在渊，进无咎也。飞龙在天，大人造也。亢龙有悔，盈不可久也。用九，天德不可为首也。"其中"潜龙勿用，阳在下也"，指的是初九在最初位最下位，故要先"潜"而"勿用"，称"阳在下"，显然是称奇数爻初九为阳爻。

《坤》坤下坤上，初六爻辞为"履霜坚冰至"。《象》释"履霜"曰："'履霜坚冰'，阴始凝也。"是以偶数爻初六为阴爻。

《易传》中的《文言》是专门阐释《乾》、《坤》两卦的文字，其中也出现了以阴阳称二爻的部分。《乾》卦下，《文言》也有一段整齐的文字，其中第一句是"潜龙勿用，阳气潜藏"，明显是针对初九阐说，所谓"阳气潜藏"，是以奇数爻初九为阳爻。

《坤》六三爻辞为"含章可贞，或从王事，无成有终"。《文言》阐说曰："阴虽有美，含之以从王事，弗敢成也。地道也，妻道也，臣道也。地道无成，而代有终也。"这显然是以偶数爻六三为阴爻，进而又以阴爻比附"地道"、"妻道"、"臣道"。

《坤》上六爻辞为"龙战于野，其血玄黄"。《文言》阐说曰："阴疑于阳必战，为其嫌于无阳也，故称龙焉。犹未离其类也，故称血焉。夫玄黄者，天地之杂也。天玄而地黄。"《文言》以偶数爻上六为阴爻，因其居于最上端,盛极,故呈与阳争鼎之势,两强相争必战。因其与阳相当,故爻辞以"龙"相称,又因终究还是阴类之物,故称"血",血,阴物也。而玄黄正是天玄地黄之色,天阳地阴,以象阴阳之战。从这段阐释中,可见《文言》直称两短之偶数爻为阴爻,而其对应之爻一长之奇数爻则为阳爻。

3. 《系辞》、《说卦》以刚柔、阴阳论《易》理

《系辞》、《说卦》并非对《周易》经文的阐释,而是带有总论的性质。而它们的所论,应该说抓住了《周易》的核心,这就是二元思维,两仪范式,并用刚柔、阴阳给以概括。

如《系辞上》云:

> 天尊地卑,乾坤定矣。卑高以陈,贵贱位矣。动静有常,刚柔断矣。方以类聚,物以群分,吉凶生矣。在天成象,在地成形,变化见矣。是故刚柔相摩,八卦相荡。鼓之以雷霆,润之以风雨;日月运行,一寒一暑。乾道成男,坤道成女……

天地、乾坤、卑高、贵贱、动静、吉凶、雷风、日月、寒暑、男女……这里几乎每一句都是成对而出,这恰恰是对《周易》经义的概括总结,而它们都可以用"刚柔相摩,八卦相荡"来归结。

又如《系辞下》云:

> 阳卦多阴,阴卦多阳,其故何也?阳卦奇,阴卦耦。其德行何也?阳一君而二民,君子之道也。阴二君而一民,小人之道也。

> 子曰:"乾坤,其《易》之门邪?"乾,阳物也;坤,阴物也;阴阳合德而刚柔有体,以体天地之撰,以通神明之德。

从这些论述中可知,其一,《系辞》明确称卦分阳卦、阴卦,阳卦奇数,阴卦偶数,所谓"阳卦多阴,阴卦多阳","阳卦奇,阴卦耦";其二,《系辞》亦用阴阳称二爻,"阳卦多阴,阴卦多阳"指的即是八卦中除乾坤两卦分别由三条阳爻、三条阴爻组成外,震、坎、艮三个阳卦都由两条阴爻一条阳爻组成,巽、离、兑三个阴卦则都由两条阳爻一条阴爻组成;

其三，《系辞》在诠释"乾坤其《易》之门"时，不但明确指称乾为阳物、坤为阴物，而且由其所代表的天和地引申开，上升到整个天地万物，所谓"阴阳合德而刚柔有体，以体天地之撰，以通神明之德"。

《说卦》更从阴阳、刚柔的角度对二爻、八卦缘起及其所代表的物象作了义理层面的总结：

> 昔者圣人之作《易》也，幽赞于神明而生蓍，参天两地而倚数，观变于阴阳而立卦，发挥于刚柔而生爻，和顺于道德而理于义，穷理尽性以至于命。昔者圣人之作《易》也，将以顺性命之理。是以立天之道，曰阴与阳；立地之道，曰柔与刚；立人之道，曰仁与义。兼三才而两之，故《易》六画而成卦。分阴分阳，迭用柔刚，故《易》六位而成章。天地定位，山泽通气，雷风相薄，水火不相射，八卦相错。数往者顺，知来者逆，是故《易》逆数也。

所谓"观变于阴阳而立卦，发挥于刚柔而生爻"，所谓"立天之道，曰阴与阳；立地之道，曰柔与刚"，这是在揭示《周易》卦爻之所本即在阴阳两仪和刚柔二体，天地万物已经被二分为阳刚和阴柔两个部分。

4. 关于汲冢书中的《阴阳说》

论及以"阴阳"说《周易》，还有一书必须提及，这就是汲冢墓出土的一批著作中有《阴阳说》，又被称为《易繇阴阳卦》。关于该书的发现，最先提及的是西晋杜预《春秋左传集解后序》：

> 大康元年三月，吴寇始平，余自江陵还襄阳，解甲休兵。乃申杼旧意，修成《春秋释例》及《经传集解》。始讫，会汲郡汲县有发其界内旧冢者，大得古书，皆简编科斗文字。发冢者不以为意，往往散乱。科斗书久废，推寻不能尽通。始者藏在秘府，余晚得见之，所记大凡七十五卷，多杂碎怪妄，不可训知。《周易》及《纪年》最为分了。《周易》上下篇与今正同，别有《阴阳说》，而无《彖》、《象》、《文言》、《系辞》，疑于时仲尼造之于鲁，尚未播之于远国也。……①

---

① 《春秋左传正义》，十三经注疏本，中华书局1980年版，第2187页。

后来,《晋书·束皙传》也提到了该书,与杜预的说法颇有差异:

> 初,太康二年,汲郡人不准盗发魏襄王墓,或言安釐王冢,得竹书数十车。其《纪年》十三篇……盖魏国之史书,大略与《春秋》皆多相应。……其《易经》二篇,与《周易》上下经同。《易繇阴阳卦》二篇,与《周易》略同,《繇辞》则异。《卦下易经》一篇,似《说卦》而异。……①

我们知道,这批汲冢书出土复得,得而复失,其中有些尚有辑佚,而包括《阴阳说》在内的有些著作则无缘见其真面目了。这里只能据上述报道做些推测。其一,关于该书书名,杜预称《阴阳说》,《晋书》称《易繇阴阳卦》,难以确定究竟哪个是原书书名,抑或不见原书书名,所称书名只是见知者或整理者给出的称谓。其二,关于该书性质,杜预是在提到《周易》后紧接着提及该书的,而且又称有此书而无《彖》、《象》、《文言》、《系辞》,可知杜预认定该书属于经传性质,而且也是《周易》之《传》;《晋书》则称该书"与《周易》略同,《繇辞》则异",模糊了该书究竟是解说《周易》的文字还是另一种占筮之书。比较两说,杜预亲见简书,《晋书》作为成于唐代史书,所用多为辗转材料,因此当以杜预说更为可靠。其三,不管书名是什么情况,该书的特点都应该是以阴阳说《易》。如果《阴阳说》或《易繇阴阳卦》中的一种是原书书名,可知作者对于以阴阳说易已有明确意识;如果两种书名是见知者或整理者给出的称谓,其结论应该是在见到书中内容特点之后所给出,也可知该书说易的特点即在于称"阴阳"。

(五)《易传》、今本《老子》与"阴阳两仪"范畴的确立

如前所述,《易传》以"刚柔"、"阴阳"指称二爻、八卦、爻位,完成了将"阴阳"上升为"阴阳两仪"范畴的推演过程,《系辞》、《说卦》中的有些论述,已经将天地万物、自然社会分为阴柔和阳刚两大部分。而《系辞上》更直称"一阴一阳之谓道,继之者善也,成之者性

---

① 《晋书》,中华书局1974年版,第1432页。

也",将"阴阳"上升到了世界二分的哲学范畴。

这个过程,大致经历了战国中期至后期。

关于《易传》的完成时间,前辈学者已有比较精审的考订。高亨先生在《周易大传今注》中明确指出"《易传》七种不出于一人之手",但"大都作于战国时代",并作了一些具体分析和论证。如举《礼记·深衣》"故《易》曰:'六二之动,直以方也'"之句,据其引《坤》六二之《象传》以证《象传》作于战国(按:高亨先生认定《深衣》为战国之作,郭店楚墓竹简等出土文献已证《礼记》中大多确为战国孔子后学之作);以《象传》只解六十四卦之卦名卦义及三百八十六条爻辞不解卦辞,推断仅解六十四卦之卦名卦义及卦辞之《彖传》又在《象传》之前;用汉初陆贾《新语》中《辨惑》篇称"《易》曰:'二人同心,其义断金。'"、《明诫》篇称"《易》曰:'天垂象,见吉凶,圣人则之。'"所引均见于《系辞》上篇(今本"义"作"利","则"作"象"),以证《系辞》作于西汉以前;以孔子再传弟子公孙尼子所作《乐记》化用《系辞》篇首"天尊地卑,乾坤定矣"二十二句,进一步证明《系辞》作于战国公孙尼子之前。① 它如张岱年先生在《论易大传的著作年代与哲学思想》② 一文中的"易大传著作年代新考"部分中,指出宋玉《小言赋》"且一阴一阳,道之所贵;小往大来,剥复之类也。是故卑高相配而天地位,三光并照则小大备"一段文字,乃是引述《系辞上》"一阴一阳之谓道"和"卑高以陈,贵贱位矣"的语意而化用之,《荀子·大略篇》说:"《易》之《咸》,见夫妇……"乃是引述《周易》中《彖传》的文句而加以发挥,对于判定《易传》成于战国后期之前,也是十分有力的论据材料。

其实,《庄子·天下篇》称"《易》以道阴阳",此《易》应该是包含了《易传》在内的《易》,因为明确称阴称阳的是《易传》而非《周易》本经,可见《彖》、《象》、《系辞》等这些以阴阳诠释《周易》的文本的确在战国中后期之前已经成文。

重点以"阴阳"说《周易》的汲冢书《阴阳说》则至迟当完成于战

---

① 高亨:《周易大传今注》,第6—8页。
② 张岱年:《论易大传的著作年代与哲学思想》,《中国哲学》第一辑,生活·读书·新知三联书店1979年版。

国中期之前。因为正如《晋书》所言，汲县人不准所盗的墓是魏襄王或魏安釐王墓，属战国中后期墓，那么《阴阳说》当然在入墓之前已经完成。

与此大致同时，今本《老子》中则出现了"道生一，一生二，二生三，三生万物。万物负阴而抱阳，冲气以为和"的"阴阳两仪"说。

今本《老子》很可能也完成于战国中期，并为《庄子》后学所知见。

如前所述，学界关于《老子》作者及其成书时代曾有长期争议，一般都将其断在战国中期甚至后期。这样以来，老聃作《老子》便受到质疑，太史公在《老子韩非列传》中提到的另一位作者周太史儋便成为首选。简本《老子》出土后，可知《老子》有初始本和增补本，初始本首创于老聃的可能性很大，那么增补本就很可能是周太史儋所为或有关。周太史儋乃战国中期人，增补本成于战国中期的可能性就极大。

从庄子后学的征引看，战国中后期今本《老子》也很可能已经完成并流传开来。

《庄子》外杂篇中的《在宥》、《知北游》、《庚桑楚》、《寓言》等对老子思想有所阐发，且化用或征引了《老子》书中的内容。对比简本、今本，所化所引很可能是增补本《老子》。如《在宥》云："故曰'绝圣弃智而天下大治。'"此句应是化用今本《老子》第十九章"绝圣弃智，民利百倍"，简本《老子》此处为"绝智弃辩，民利百倍"[①]。《知北游》云："故曰'失道而后德，失德而后仁，失仁而后义，失义而后礼。'礼者，道之华而乱之首也。"所称当本于今本《老子》三十八章："故失道而后德，失德而后仁，失仁而后义，失义而后礼。夫礼者，忠信之薄，而乱之首。"简本《老子》无此文。

总之，今本《老子》成于战国中期前后，其中出现了"万物负阴而抱阳"之句，已将"阴阳"概念上升到了"阴阳两仪"的哲学范畴。

《易传》与今本《老子》，一边将阴阳对应二爻，完成了将阴阳升格为宇宙两仪的范畴设定，一边直称"道生一，一生二，二生三，三生万物。万物负阴而抱阳，冲气以为和"，正与二爻生八卦、重为六十四卦、囊括宇宙的易象模式恰相吻合，有学者甚至说这句正是对《周易》的阐发。究竟是今本《老子》的作者受《易传》的启发还是《易传》作者受

---

① 荆门市博物馆：《郭店楚墓竹简》，文物出版社 1998 年版，第 111 页。

今本《老子》的影响？因为两者都大致成于战国中期前后，孰先孰后尚难给以确切的考订，究竟谁影响了谁也就难以给以确切的论定。

不过，可以肯定的是，《老子》吸纳《周易》古经颇多。

如前所述，《周易》几乎全部以二元偶两模式进行构思，二爻、八卦、六十四卦全部成双成对，对立统一，而且告诫物极必反，主张持中守柔（详下节）；《老子》中也充满二元对立的范畴，并且戒盈戒满，强调以柔克刚。

《老子》二元相对相成，如：

> 有无相生，难易相成，长短相形，高下相盈，音声相和，前后相随。恒也。（第二章）

> 万物负阴而抱阳，冲气以为和。（第四十二章）

> 故物或损之而益，或益之而损。（第四十二章）

《老子》戒盈戒满，如：

> 持而盈之，不如其已。（第九章）

> 是以圣人去甚，去奢，去泰。（第二十九章）

> 祸莫大于不知足，咎莫大于欲得。故知足之足，常足矣。（第四十六章）

《老子》强调以柔克刚，如：

> 柔弱胜刚强。（第三十六章）

> 天下之至柔，驰骋天下之至坚。（第四十三章）

> 静胜躁，寒胜热。清静为天下正。（第四十五章）

以其不争，故天下莫能与之争。（第六十六章）

弱之胜强，柔之胜刚，天下莫不知，莫能行。（第七十八章）

这样说来，今本《老子》中出现"道生一，一生二"及"万物负阴而抱阳"之说，即便不是受到《易传》的启迪，也是受到了《周易》古经的影响。

总之，《老子》与《易传》，一个在以阴阳二元立论的哲学层面，一个在将阴阳与二爻八卦扣合以说《易》的经学层面，共同催化着阴阳两仪范畴的形成，而它们的前提和基础都是《周易》。《周易》与"阴阳两仪"思维范式的产生有着最为直接的关系。

二　从卦象爻位看《周易》阴柔阳刚的两仪分合及持中追求

如前所述，《周易》古经成于殷周之际，而将"阴阳"由山阴山阳、天气阴阳抽象为两仪的代称，渐渐形成于春秋战国之际，因此《周易》卦辞爻辞中的确没有出现阴与阳对举的概念，也没有出现将阴与柔、阳与刚等置的阴柔、阳刚概念。不过，没有出现阴阳或刚柔概念并不等于没有两仪观念。《周易》设奇、偶二爻（⚊、⚋）以为本，并以奇偶为依据，由此衍化出八卦、六十四卦，实已将卦象爻位分为偏于阳刚和偏于阴柔的两大类属或两仪结构，并于与之相应的吉凶判定中体现出对其分合处位关系的态度和追求。鉴于此，关于《周易》阴柔、阳刚两仪关系的把握，就不便从说辞概念中去审视，而只能从卦象爻位中去寻绎。

《周易》作为占筮书，属于数术，数分奇偶，以此为准的，《周易》中无论是二爻还是八卦，都明显设置为两两对应的二元结构，或偶对结构，《易传》将其称为阴和阳或柔和刚，亦即阴阳两仪。爻分阴爻与阳爻；卦分柔卦与刚卦，奇数为阳为刚，偶数为阴为柔。于是一长（⚊）为阳爻，两短（⚋）为阴爻，乾（☰）、震（☳）、坎（☵）、艮（☶）因长短爻数总和为奇数而为刚卦，坤（☷）、巽（☴）、离（☲）、兑（☱）因长短爻数总和为偶数而为柔卦。与此相关，由八卦两两相重形成的六十四卦，也体现柔卦刚卦的组合关系以及下卦上卦或内卦外卦叠合中阴爻阳爻的关系，还有阴爻阳爻与所处阴位阳位的关系。

寻绎这些关系，会发现其中阴阳中和、刚柔兼济者，以吉祥居多，而阴阳偏盛、刚柔失衡、二元相悖不相交合者，以凶险居多。由此可见《周易》古经已经蕴含着朴素的中和理想。

（一）《周易》卦象的刚柔分合与吉凶之断

从卦象看，《周易》上下卦重合构成六十四卦中的一个整卦，卦辞显示该卦吉凶。除同卦相重势必不会构成阴阳对应交合关系的情况外（如乾、乾相重形成《乾》卦，坤、坤相重形成《坤》卦），笔者将剩下的五十六卦根据上下卦的刚柔属性和上下卦之中六爻的阴阳属性搭配，分出七组，每组含八个卦象。

第一组为"中应，刚下柔上"，即刚卦在下，柔卦在上，刚卦柔卦异性重合，阴柔自上而下、阳刚自下而上形成交合。下卦上卦之中位（二位和五位）也阴爻阳爻异性交错，形成对应。"中应"中有四卦是"中正应"，即下卦中位为阴爻（六二），既中且正，上卦中位为阳爻（九五），也既中且正，上下卦之中位阴爻与阳爻形成对应；另有四卦是"中错应"，即下卦中位为阳爻（九二），上卦中位为阴爻（六五），虽不当位，仍阴阳对应。

按，所谓"中"，即六爻中的二位和五位，即下卦之中位和上卦之中位。《周易》十分看中中位，中位不偏不倚，不上不下，处于一卦之核心部位，对于整卦往往有重要影响和决定作用，此乃本文分组时考虑到中位情况的缘故所在。所谓"刚下柔上"，受启发于《否》、《泰》二卦，《否》卦坤下乾上，地在下天在上，却是"否"，不通；《泰》卦乾下坤上，地在上天在下，却是"泰"，亨通。按照《易传》的说法，"否之匪人，不利君子贞，大往小来。则是天地不交而万物不通也，上下不交而天下无邦也"（《彖》），"天地不交，否"（《象》）；"泰，小往大来，吉，亨。则是天地交而万物通也，上下交而其志同也"（《彖》），"天地交，泰"（《象》），知阴柔在下阳刚在上无法交合，阳刚下阴柔上才形成交合。依此类推，会发现其他卦也都存在刚下柔上还是柔下刚上的问题，并对卦象造成影响。

第二组为"中应，柔下刚上"，上下卦中位情况与第一组相同，不同的是上下卦情况相反，柔卦在下，刚卦在上，刚卦柔卦异性重合但阳刚上行，阴柔下行，两不交合。

第三组为"中不应，刚下柔上"，上下卦情况与第一组相同，刚卦与柔卦异性重合，阴柔阳刚上下交合；不同的是上下卦之中位或者皆为刚中（九二、九五），或者皆为柔中（六二、六五），无阴阳对应。

第四组为"中不应，柔下刚上"，上下卦情况与第二组相同，刚卦柔卦异性重合，但阳刚上行，阴柔下行，两不交合；上下卦之中位情况与第三组相同，或刚中（九二、九五），或柔中（六二、六五），无阴阳对应。

第五组为"中应，刚叠"，上下卦之中位情况与第一、二组相同，"中应"中四卦为"中正应"（六二、九五），既中且正，阴阳爻对应；四卦为"中错应"（九二、六五），虽不当位，但亦阴阳爻对应；不同的是上下卦非柔卦刚卦异性重合，而是皆为刚卦，无刚柔搭配。

第六组为"中应，柔叠"，上下卦之中位情况与第一、二、五组情况相同，上下卦情况与第五组相反，皆为柔卦，亦无刚柔搭配。

第七组为"中不应，上下叠"，该组的共同点是上下卦或刚叠，或柔叠，皆非刚柔异性重合，无刚柔搭配；上下卦之中位或刚中，或柔中，亦皆无阴阳爻对应，具体则有"刚中刚叠"、"刚中柔叠"、"柔中刚叠"、"柔中柔叠"四种情况。

比较以上七组情况，会发现其中最吉祥者为第一组，如《益》、《泰》、《大有》这些上上卦都出在这一组。《泰》卦乾下坤上，刚卦下柔卦上，是典型的刚柔交合之卦，而且六爻之中位分别为九二和六五，虽不是阴爻处阴位阳爻处阳位之中正，但阳爻与阴爻正相对应；于是卦辞为"小往大来，吉"。《益》卦震下巽上，刚卦下柔卦上，刚柔交合，而且六爻之中位分别为六二和九五，既中且正且阴阳对应，卦辞为"利有攸往，利涉大川"。《大有》乾下离上，刚卦下柔卦上，九二、六五阴阳对应，卦辞为"（大有），元亨"，正是大获所有。该组中他如《随》之"元亨，利贞，无咎"、《咸》之"亨，利贞。取女吉"、《渐》之"女归吉，利贞"、《师》之"贞，丈人吉，无咎"，也都属于吉辞。唯有《未济》是"小狐汔济，濡其尾，无攸利"，但《未济》之刚下柔上十分特殊，乃是坎下离上，关于"坎"和"离"，从凶险和文明关系讲，是刚下柔上；从水和火的关系讲，又是柔下刚上。此卦称"未济"，显然取的是水和火的关系，火在水上，水不能灭火，所以是"未济"。如此说来，该卦上下卦就不属于纯粹的阴阳交合了。

第二组较之第一组，变化只在于上下卦刚柔换位，由刚下柔上变成了柔下刚上，但情况有了明显变化，不但有吉有凶，吉卦也总有些限定。最典型的是《否》卦，坤下乾上，柔卦下刚卦上，卦辞是"否之匪人，不利君子贞，大往小来"，显然不吉。柔下刚上就意味着阴阳走向相悖，不相交合。它如《比》，卦辞分两部分，前辞是"吉。原筮，元永贞，无咎"，后辞又是"不宁方来，后夫凶"；《既济》是"小利贞。初吉终乱"；《蛊》虽称"利涉大川"，但限定的日子是"先甲三日，后甲三日"。《同人》、《恒》、《损》要好一些，多有"利涉大川，利君子贞"、"利贞。利有攸往"等"利"辞，《归妹》却又是"征凶，无攸利"。

比较而言最不吉祥者为第四组，即"中不应，柔下刚上"，而该组的共同点就是无阴阳对应和刚柔交合。如其中的《姤》，巽下乾上，柔卦下刚卦上，上下卦阴阳走向相悖，无法形成刚柔交合；而且上下卦之中位均为阳爻，即刚中（九二、九五），也未形成阴阳对应，于是卦辞为"女壮，勿用取女"。《井》巽下坎上，柔卦下刚卦上，亦为刚中（九二、九五），卦辞是"改邑不改井，无丧无得，往来井井。汔至亦未繘井，羸其瓶，凶"。《节》兑下坎上，柔卦下刚卦上，亦刚中（九二、九五），卦辞是"苦节不可贞"，虽未出现"凶"字，但以"节"（俭）为苦，无需讯问，不会有什么好下场。以上几卦均为"刚中"，此外该组中还有"柔中"，情况略好一些，但也都非大吉之卦，如《贲》是"小利有攸往"，《剥》是"不利有攸往"。此外，刚中之《履》卦是"履虎尾，不咥人"，虽最终未被虎食，毕竟有"履虎尾"之险，柔中之《丰》卦是"亨，王假之，勿忧，宜日中"，占断"勿忧"，分明遭遇到堪忧之事。唯有柔中之《豫》卦是"利建侯行师"，算的上是个有限定性的吉卦。

而第五组、第六组一为上下卦皆刚卦，"刚叠"；一为上下卦皆柔卦，"柔叠"，自然无上下卦之阴阳交合，但都属于"中应"，中爻上下阴阳对应，于是情况就好于第四组，十六个卦象中，卦辞中有"利贞"、"贞吉""吉"者有十一个，其余则有"小利贞"、"利女贞""利贞，至于八月有凶"、"小事吉"等有限定的利辞。

说来最后一组既无中应，又都刚叠或柔叠，看上去是最无阴阳对应和交合的情况，应该情况最差，但实际上却并不比第四组更差。其中最差的是《讼》："有孚，窒惕，中吉，终凶。利见大人，不利涉大川。"其中尚有吉有凶，有利有不利；《大过》之"栋桡"颇有凶险，但后面紧跟着的是"利有攸往"，避开"栋桡"就化险为夷；《明夷》又是"利艰贞"。其余的卦辞中则有"贞吉"、"利贞"甚至"大吉"等字样，给人的感觉是比第四组还要好一些。寻思其中的缘故，刚叠或柔叠，只是阴阳分量的加重，并不相悖，如果介入其他因素，阴阳得到调和，仍会吉祥，该组中称吉称利者正是要么"刚中，柔叠"，如《中孚》，兑下巽上；要么"柔中，刚叠"，如《颐》，震下艮上，于是阴阳保持了平衡的状态。前者卦辞便是"豚鱼吉。利涉大川，利贞"，后者卦辞便是"贞吉。观颐，自求口实"。而第四组则是上下卦阴柔阳刚相悖，情况就不怎么妙了。

（二）《周易》爻位的"中吉"

就六爻所在位置与吉凶关系而言，《周易》十分看好中位，亦即下卦之中位二位和上卦之中位五位。"中"便意味着不偏不倚，恰到好处；而从阴阳、刚柔关系来说，阴阳对应、刚柔交合其实也就意味着既不阴盛也不阳盛、既不偏柔也不偏刚，这种持中和平衡与中位的特质正相吻合。所以"尚中"也是考察《周易》阴柔阳刚两仪分合的重要指数。

《周易》"尚中"集中体现在"中吉"的设定中。具体考察显示，在一百二十八条中爻中，爻辞明确称"吉"、"贞吉"、"元吉"者五十四条；称"利"、"利贞"、"无不利"者十五条；称"无咎"、"悔亡"、"勿恤"者二十一条；未直称"吉"、"利"、"无咎"而于描述中显示"吉"、"利"、"无咎"者十五条；合计一百零五条。明确称"凶"、"有厉"、"贞凶"、"贞厉"、"有吝"者仅六条。而下卦上卦之极位，即三位和上位，则不那么吉祥，一百二十八条极位之爻中，直接称"凶"者二十七条，其中十七条位于整卦之终位、极位；直称"无攸利"、"贞厉"、"有吝"者十八条；描述以显示不利者十八条，合计六十三条；直接称"吉"者仅十条；其余则一条中有利有不利，或虽终无咎而罹凶灾。

关于此，同卦中不同爻位之比较更容易说明问题。《周易》中常常是一卦之中二位吉三位凶或不那么吉，五位吉，上位凶或不那么吉。兹举数条以显见之。

1. 同为阳爻

《乾》卦，九二是"见龙在田，利见大人"，九三是"君子终日乾乾，夕惕若，厉无咎"；九五是"飞龙在天，利见大人"，上九是"亢龙有悔"。

《小畜》卦，九二是"牵复，吉"，九三是"舆说辐，夫妻反目"；九五是"有孚挛如，富以其邻"，上九是"既雨既处，尚德载。妇贞厉，月几望，君子征凶"。

《无妄》卦，九五是"无妄之疾，勿药有喜"，上九是"无妄，行有眚，无攸利"。

《大过》卦，九二是"枯杨生稊，老夫得其女妻，无不利"，九三是"栋桡，凶"。

《大壮》卦，九二是"贞吉"，九三是"小人用壮，君子用罔，贞厉。羝羊触藩，羸其角"。

《益》卦，九五是"有孚惠心，勿问元吉，有孚惠我德"，上九是"莫益之，或击之，立心勿恒，凶"。

《巽》卦，九五是"贞吉，悔亡，无不利，无初有终；先庚三日，后庚三日，吉"，上九是"巽在床下，丧其资斧，贞凶"。

《中孚》卦，九五是"有孚挛如，无咎"，上九是"翰音登于天，贞凶"。

2. 同为阴爻

《坤》卦，六五是"黄裳元吉"，上六是"龙战于野，其血玄黄"。

《比》卦，六二是"比之自内，贞吉"，六三是"比之匪人"。

《泰》卦，六五是"帝乙归妹，以祉元吉"，上六是"城复于隍，勿用师，自邑告命，贞吝"。

《复》卦，六二是"休复，吉"，六三是"频复，厉，无咎"；六五是"敦复，无悔"，上六是"迷复，凶；有灾眚。用行师，终有大败；以其国君凶，至于十年不克征"。

《无妄》卦，六二是"不耕获，不菑畲，则利有攸往"，六三是"无妄之灾，或系之牛，行人之得，邑人之灾"。

《归妹》卦，六五是"帝乙归妹，其君之袂，不如其娣之袂良。月几望，吉"，上六是"女承筐无实，士刲羊无血，无攸利"。

《丰》卦，六五是"来章，有庆誉，吉"，上六是"丰其屋，蔀其家，窥其户，阒其无人，三岁不觌，凶"。

《小过》卦，六五是"密云不雨，自我西郊。公弋取彼在穴"，上六是"弗遇过之，飞鸟离之，凶，是谓灾眚"。

3. 同为位正

《比》卦，九五是"显比，王用三驱，失前禽，邑人不诫，吉"，上六是"比之无首，凶"。

《大过》卦，九五是"枯杨生华，老妇得其士夫，无咎无誉"，上六是"过涉灭顶，凶，无咎"。

《离》卦，六二是"黄离，元吉"，九三是"日昃之离，不鼓缶而歌，则大耋之嗟，凶"。

《革》卦，六二是"巳日乃革之，征吉，无咎"，九三是"征凶，贞厉。革言三就，有孚"。

《渐》卦，六二是"鸿渐于盘，饮食衎衎，吉"，九三是"鸿渐于陆，夫征不复，妇孕不育，凶。利御寇"。

《小过》卦，六二是"过其祖，遇其妣；不及其君，遇其臣，无咎"，九三是"弗过防之，从或戕之，凶"。

《既济》卦，九五是"东邻杀牛，不如西邻之禴祭，实受其福"，上六是"濡其首，厉"。

4. 同为位不正

《蒙》卦，九二是"包蒙吉，纳妇吉，子克家"，六三是"勿用取女，见金夫，不有躬，无攸利"。

《师》卦，九二是"在师中，吉，无咎。王三锡命"，六三是"师或舆尸，凶"。

《履》卦，九二是"履道坦坦，幽人贞吉"，六三是"眇能视，跛能履，履虎尾，咥人凶，武人为于大君"。

《解》卦，九二是"田获三狐，得黄矢，贞吉"，六三是"负且乘，致寇至，贞吝"。

《兑》卦，九二是"孚兑，吉，悔亡"，六三是"来兑，凶"。

《中孚》卦，九二是"鸣鹤在阴，其子和之；我有好爵，吾与尔靡之"，六三是"得敌，或鼓或罢，或泣或歌"。

以上四组均属于同状相比，或同为阳爻，或同为阴爻，或同为位正，或同为位不正，在基本情况相同的条件下，只因处位不同而吉凶有别，就足见出位中还是位不中对于吉凶的影响了。

(三)《周易》的阴阳平衡之尚

从阳爻阴爻的上下对应关系及其与阳位阴位的处位关系看,《周易》崇尚阴阳调和,追求阴阳平衡。

其一,一卦中如果阳爻过盛,则阳爻处阴位者多为吉。

如《履》卦:

初九,素履往,无咎。
九二,履道坦坦,幽人贞吉。
六三,眇能视,跛能履,履虎尾,咥人凶,武人为于大君。
九四,履虎尾,愬愬终吉。
九五,夬履贞厉。
上九,视履考祥,其旋元吉。

该卦五条阳爻,只有六三一条阴爻,且不在中位,属于典型的阳爻过盛者,于是阳爻居阴位者(九二、九四、上九)皆吉,阳爻居阳位者(初九、九五)皆不吉,哪怕是中位也有问题。初九是因为阳尚弱,所以"无咎",九五之"厉"在《周易》中是极少见的,上九之"元吉"在《周易》中也是极少见的。该卦中的这种反常意味着为追求阴阳持衡而作出的变通。从六三爻辞分析,爻的阴阳属性更趋向于表示人或物本身的强弱素质,而所处阳位阴位则更表示行事处世的刚柔姿态。六三(阴爻处阳位)之被虎食正是因为视力差、腿脚不便却硬要逞强所致。阳爻处阴位便是强调在阳刚过盛的情况下采取阴柔态度,而要避免强强相碰。该卦九二之吉与九五之凶形成了鲜明对比,六三之凶与九四之吉也形成了鲜明对比。

又如《大过》卦,六爻依次为初六、九二、九三、九四、九五、上六,四条阳爻,两条阴爻,两阴分别居于初、上两端,势弱,九二、九五刚中,总体上阳爻偏盛,于是也是阳爻处阴位者为吉,同为中爻,九二阳爻处阴位,位不正,爻辞是"枯杨生稊,老夫得其女妻,无不利",九五阳爻处阳位,位正,爻辞却是"枯杨生华,老妇得其士夫,无咎无誉",两相比较,显然前者要好于后者;九三阳爻处阳位,位正,爻辞是"栋桡凶",九四阳爻处阴位,位不正,爻辞则是"栋隆吉,有它吝",虽有

"它吝"，终究好于"凶"。

《兑》卦六爻依次为初九、九二、六三、九四、九五、上六，也是四条阳爻两条阴爻，阴爻分别居于下卦、上卦之极位，势不利；九二、九五刚中，总体上也阳刚偏盛，于是九二、九五两刚中比较，前者阳爻处阴位，位不正，爻辞是"孚兑吉，悔亡"，后者阳爻处阳位，位正，爻辞却是"孚于剥，有厉"；九二、六三两位不正比较，九二阳爻处阴位，有吉辞，六三阴爻处阳位，爻辞则是"来兑凶"，也显示了当阳刚偏盛之时要用阴位来调和的追求。

《大壮》乾下震上，两刚卦叠加，六爻依次为初九、九二、九三、九四、六五、上六，四条阳爻两条阴爻，也呈现出阳刚偏盛的态势，于是阳爻所处尚阴位的追求也很明显，四条阳爻中，初九、九三阳爻处阳位，位正，爻辞却分别是"壮于趾，征凶有孚"和"小人用壮，君子用罔，贞厉。羝羊触藩，羸其角"；九二、九四阳爻处阴位，位不正，爻辞则分别是"贞吉"和"贞吉，悔亡。藩决不羸，壮于大舆之輹"。

其二，一卦中如果阳爻盛，阴爻处中位特别是上卦之中位（六五）为佳，其结果是增加阴爻的分量以与阳爻持平，反之亦然，崇尚阴阳平衡。

最能说明问题的是《大有》卦：

大有：（大有），元亨。
初九，无交害。匪咎，艰则无咎。
九二，大车以载，有攸往，无咎。
九三，公用亨于天子，小人弗克。
九四，匪其彭，无咎。
六五，厥孚交如，威如吉。
上九，自天佑之，吉无不利。

该卦五条阳爻，一条阴爻，就六爻而言，属于明显的阳爻过盛，但该卦好就好在唯一的一条阴爻（六五）居于上卦之中位，阳位，尊位，于是与五阳相抵，形成了阴阳平衡之势，不但决定了整卦属于大吉之卦，卦中各爻也以吉祥无咎居多，特别是阴爻六五，既取信于人，又有威望，自然是吉祥如意了。《彖》曰"柔得尊位大中而上下应之，曰大有"，应该说抓住了该卦的要义。

《同人》卦离下乾上，六爻依次为初九、六二、九三、九四、九五、上九，也是五条阳爻一条阴爻，阴爻六二处于下卦中位，对于阴阳比例也有所调节，因此该卦整卦总体上也为吉卦，卦辞为"同人于野，亨。利涉大川，利君子贞"。但与《大有》比较，会发现《同人》稍逊一筹。尤其是六二与六五两条爻辞有别。《同人》六二是阴爻居阴位，居卑位，所增阴的分量有限，结果是"同人于宗，吝"，《大有》六五是阴爻居阳位，尊位，增加了阴的分量，结果是"厥孚交如，威如吉"。

作为对比，《夬》和《姤》则从反面见证着《周易》古经对于阴阳平衡的追求。《夬》卦乾下兑上，六爻依次为初九、九二、九三、九四、九五、上六；《姤》卦巽下乾上，六爻依次为初六、九二、九三、九四、九五、上九，均为五条阳爻一条阴爻，且前者阴爻居于上位，后者阴爻居于初位，皆非中位尊位，唯一的一条阴爻还处于弱势，因此属于严重的阴阳失衡，于是两卦都属于不吉之卦，甚至是凶卦，前者卦辞为"扬于王庭，孚号有厉，告自邑，不利即戎，利有攸往"，后者卦辞为"女壮，勿用取女"；六爻爻辞也鲜有吉者，尤其是两条阴爻极其不利，《夬》上六是"无号，终有凶"，《姤》初六是"系于金柅，贞吉。有攸往，见凶，羸豕孚蹢躅"。

与上面阳多阴少的情况相反，《师》、《比》、《剥》则均是五条阴爻一条阳爻，同样见出对于阴阳平衡的强调。《师》和《比》虽是五阴一阳，但阳爻分别居于下卦之中位（九二）和上卦之中位（九五），对于阴阳比例有一定调节，因此阴多阳少总体上对于整卦之吉没有形成太大不良影响，《师》卦辞为"贞，丈人吉，无咎"，《比》卦辞为"吉。原筮，元永贞，无咎。不宁方来，后夫凶"，都有"吉"辞。两相比较，就六爻吉凶来说，因《比》卦唯一阳爻居上卦之中位（九五），《师》卦唯一阳爻居下卦之中位，前者与五阴抗衡的效果更明显一些，爻辞中吉辞也就更多于后者一些。《比》初六是"有孚比之，无咎。有孚盈缶，终来有他吉"，《师》初六是"师出以律，否臧凶"；《比》六三是"比之匪人"，《师》六三是"师或舆尸，凶"；《比》六四是"外比之，贞吉"，《师》六四是"师左次，无咎"；《比》九五是"显比，王用三驱，失前禽，邑人不诫，吉"，《师》九二是"在师中，吉无咎。王三锡命"；唯有上六情况有变，《比》上六是"比之无首，凶"，《师》上六是"大君有命，开国承家，小人勿用"。

《剥》卦中唯一一条阳爻则是居于六爻之上位（上九），处位极其不利，六爻严重阴盛阳衰，于是该卦为不吉之卦，卦辞是"不利有攸往"，爻辞中也多出现"凶"字，如初六是"剥床以足，蔑贞，凶"，六二是"剥床以辨，蔑贞，凶"，六四是"剥床以肤凶"。

其三，六爻中下卦之爻与上卦之爻成阴阳对应之势者多有吉辞或逢凶化吉，爻象亦追求阴阳交合。

《睽》卦兑下离上，两柔卦叠加，无刚柔搭配及交合，且火焰上，泽润下，两不相遇，故为乖离。就爻位而言，总体上也不周正，六条爻依次为初九、九二、六三、九四、六五、上九，除初九外，其余均为位不正。但该卦并非大凶之卦，卦辞是"小事吉"，爻辞亦多为无初有终、由凶化吉之象。究其因，当主要取决于下卦上卦诸爻之阴阳对应。该卦六爻中九二与六五、六三与上九均阴阳对应，不利不吉遂得以化解。如六三是"见舆曳，其牛掣，其人天且劓。无初有终"，其人弱者逞强（阴爻居阳位），遂遭刑罚，终因以柔迎合刚（六三与上九对应），得以善终，故《象》曰："'见舆曳'，位不当也。'无初有终'，遇刚也。"上九则是"睽孤，见豕负涂，载鬼一车，先张之弧，后说之弧。匪寇婚媾。往遇雨则吉"，据高亨先生考证，该爻辞借用了夏史传说中少康罹难逃亡的故事，① 少康最终娶得有虞之二姚，并成就中兴之业，也是苦尽甘来之象。

《萃》卦也属于这种情况。该卦坤下兑上，两柔卦叠加，无刚柔搭配及交合；六爻依次为初六、六二、六三、九四、九五、上六，四条阴爻，两条阳爻，阴柔偏盛；不过其中有两对阴阳对应，即初六对九四、六二对九五，于是决定了该卦总体趋好，卦辞是"亨。王假有庙，利见大人，亨利贞。用大牲吉，利有攸往"，爻辞也多是有惊无险，归于无咎。其中六二之"引吉无咎，孚乃利用禴"，九五之"萃有位，无咎匪孚；元永贞，悔亡"，或许与处于中位处于正位有关，而初六之"有孚不终，乃乱乃萃；若号，一握为笑，勿恤，往无咎"，就只能考虑它与九四的阴阳对应关系了，初六阴爻处阳位，致"有孚（罚）"，而罚之不果用，则应该是来自以阴柔（初六）迎合阳刚（九四）了，这与《睽》六三的情况十分近似；至于九四，更是"大吉无咎"，显然是下应阴柔（初六）的结果。

---

① 高亨：《周易古经今注》，中华书局1984年版，第272页。

类似的情况还有《解》卦。该卦坎下震上，两刚卦叠加无阴阳搭配及交合；六爻依次为初六、九二、六三、九四、六五、上六，除上六外，其余五爻位皆不正。而该卦卦辞是"利西南。无所往，其来复吉；有攸往，夙吉"，并非凶卦；六爻亦多"无咎""贞吉"、"无不利"之词，究其因，六爻中初六与九四、九二与六五均成阴阳对应格局，应该起到了决定作用。初六之"无咎"在于与九四阴阳相应。九二之"田获三狐，得黄矢，贞吉"，恐不只在于得中，还应在于与六五应。值得注意的是六爻中唯六三不吉，其辞为"负且乘，致寇至，贞吝"，该爻为阴爻处阳位，处下卦之极，与上六又不成阴阳对应，也就失去了逢凶化吉的条件和机遇。

《井》卦则更从吉凶两面说明问题。该卦巽下坎上，柔卦下刚卦上，上下卦相悖无阴阳交合；九二、九五均为刚中无阴阳对应，六爻中除九三、上六外，其余也皆无对应。因此该卦整卦为凶卦，卦辞是"改邑不改井，无丧无得，往来井井。汔至亦未繘井，羸其瓶，凶"；六爻中吉辞也不多见。奇特的是，唯九三、上六属于吉爻，九三爻辞是"井渫不食，为我心恻；可用汲，王明并受其福"，上六爻辞是"井收，勿幕有孚，元吉"；九二、九五两个中位反而不吉，九二是"井谷射鲋，瓮敝漏"，九五是"井冽寒泉，食"。一般而言，三位和上位分别属于下卦上卦之极位，少有吉辞，而该卦中唯有这两爻比较吉祥，这就只能从阴阳对应的角度来解释了。

以上三组都属于六爻中阴阳关系比较特殊者，具体情况各有不同，但都恰恰是在这种特殊中显示出对于阴阳对应、阴阳持衡的钟情和肯定。

综上所述，无论是卦象还是爻位，《周易》对于其吉凶的判定都蕴含了阴阳刚柔两仪分合的观念，《易传》等易学关于其阴阳、刚柔思想的总结和概念的提出，实有其内在的根据。

三 "未见""既见"：以《诗经》为例看阴阳两仪思维范式的周文化背景

阴阳两仪思维范式的本质是二元分合，"执两用中"，《诗经》抒情"乐而不淫，哀而不伤"，恰恰具有兼顾两极、二元中和的特点，笔者将其概括为"'未见''既见'模式"。说起来，《诗经》篇目与《周易》古经时间上存在交错情况，其影响应该更属互动关系。从《诗经》的抒情特点，既可见占筮思维对《诗经》的影响，更可以为《周易》阴阳两仪思维范式的确立和强化提供一个周文化的特别背景。

（一）《诗经》抒情的"'未见''既见'模式"

"未见"是没有见到，"既见"是已经见到，它们本是两极对立的一对范畴。就人生际遇而言，当然有离也有合，有见有未见，但作为一首诗，特别是那种倾吐特定时刻心理感受的抒情短制，则或"未见"，或"既见"，像这类两极的境遇，一般便很难同时出现了。然而在《诗经》中，"未见""既见"却常常被置于同一首诗中，或章章相衔，或前后句对举，几乎成了套式。

《周南·汝坟》属于章章相衔式：

> 遵彼汝坟，伐其条枚。未见君子，惄如调饥。
> 遵彼汝坟，伐其条肄。既见君子，不我遐弃。
> 鲂鱼赪尾，王室如燬。虽则如燬，父母孔迩。

关于此诗，过去论者几乎都把注意力放在第三章，一般认定这一章是抒情主人公劝慰久别重逢的丈夫之语，但对于劝慰的具体内容，则或以为是劝丈夫为了父母不要惧怕酷烈王政（《毛诗正义》），或以为是宽慰从酷烈王政中逃归的丈夫终于可以尽到孝心（《诗总闻》），还有的以为是劝丈夫控制情欲①，等等，不一而足，大相径庭。本节这里关心的却是前两章。其中首章言"未见君子，惄如调（朝）饥"，说的是未见丈夫的日子里寂寞难耐，如饥似渴；二章接着言"既见君子，不我遐弃"，说的又是见到丈夫之后宽慰放心的感觉了。那么，就抒情基调而言，它究竟是要表达久别之苦还是要表现相逢之喜？显然，既有离又有合，既有苦又有甜，一首小诗中的两章八句，容下了一个人如此不同的心理感受和如此复杂的感受过程。

《召南·草虫》则属于前后句对举式：

---

① 闻一多：《诗经通义》，见《闻一多全集》，生活·读书·新知三联书店1982年版，第2页。

喓喓草虫，趯趯阜螽。未见君子，忧心忡忡。亦既见止，亦既觏止，我心则降。
　　陟彼南山，言采其蕨。未见君子，忧心惙惙。亦既见止，亦既觏止，我心则说。
　　陟彼南山，言采其薇。未见君子，我心伤悲。亦既见止，亦既觏止，我心则夷。

这首诗是重章体，三章重叠复沓反复吟咏，实际内容只有一章七句，除去两句兴体，只剩五句，却分成了"未见"、"既见"两个部分，这就是"未见君子，忧心忡忡"（"忧心惙惙"、"我心伤悲"）和"亦既见止，亦既觏止，我心则降"（"我心则说"、"我心则夷"），所抒之情与《周南·汝坟》相仿，同样是未见之苦与见到之甜，只不过更加浓缩、更加凝聚而已。

　　如果仅此而已，我们或许会以为这不过是写男女离合之情先抑后扬的一种抒情手段，然而引起我们注意的是，这种"未见"、"既见"的表达方式，竟出现在各类抒情的诗作中。《秦风·车邻》表现的是宾朋造访，聚首为乐，首章、次章也出现了"未见"、"既见"相衔的格式："有车邻邻，有马白颠。未见君子，寺人之令。"（首章）"阪有漆，隰有栗。既见君子，并坐鼓瑟。今者不乐，逝者其耋。"（次章）《小雅·頍弁》则用"未见"、"既见"对举表现兄弟姻亲之间的宴享和乐："……岂伊异人？兄弟匪他。茑与女萝，施于松柏。未见君子，忧心奕奕；既见君子，庶几说怿。"《小雅·出车》是一首征战诗，其中第五章也出现了"未见"、"既见"的跌宕思绪："未见君子，忧心忡忡。既见君子，我心则降。赫赫南仲，薄伐西戎。"

　　由此可见，"未见"、"既见"似乎已是时人抒情的一种惯用模式，上引《车邻》中，抒情主人公明明已至主人宅前，却仍要先来一句"未见君子"，恐怕就只能用习惯性来解释了。

　　"未见"、"既见"衔接或对举，作为一种话语习惯，折射的乃是时人表达情感的习惯。于是，即使有些诗不出现"未见"、"既见"的词语，其实仍是在表现"未见"、"既见"的内容，仍不出"未见""既见"的模式。

《齐风·甫田》就是"未见""既见"的演绎。首二章一再念叨"无田甫田，维莠骄骄。无思远人，劳心忉忉"，"无田甫田，维莠桀桀。无思远人，劳心怛怛"，不就是"未见"之苦的正话反说？显然是思不已才迫自己"无思"的；而末章却突然出现了重逢的诧异："婉兮娈兮，总角丱兮。未几见兮，突而弁兮！"几年不见，他已戴上弁冠，变得都有些让人认不出了。这一"既见"，带给女主人公的，当然有惊喜，更有时间沧桑赋予她的复杂感受。

　　《卫风·竹竿》表现一位男子对已出嫁远方的心上人的思念，所谓"籊籊竹竿，以钓于淇。岂不尔思，远莫致之"，"泉源在左，淇水在右。女子有行，远父母兄弟"，当然是没有"未见"的未见；第三章却分明出现了那位女子笑脸盈盈、环佩叮咚的婀娜身影，这就是"巧笑之瑳，佩玉之傩"。从末章主人公仍在"驾言出游，以写我忧"看，女子的出现不过只是心造的幻影，那么，这首诗便是在想象中完成了"未见""既见"的抒情结构。

　　其实，不只是"未见""既见"，似这般两极对立的情感感受，还会有未得与既得、不可与既可、不归与既归乃至爱与恨、情与理、个人与社会等等无限丰富的内容。值得注意的是，在《诗经》中，它们也大都如"未见""既见"，常常双双被置于同一篇诗作中，从而也呈现出一种"未见""既见"式的抒情模式。

　　《周南·关雎》是典型的"未得"与"既得"。诗表现抒情主人公对一位"窈窕淑女"的思恋与追求，开始那"求之不得，寤寐思服。悠哉悠哉，辗转反侧"的表白，把"未得"时的相思之苦表现得淋漓尽致；然而后两章情境一转，"窈窕淑女，琴瑟友之"，"窈窕淑女，钟鼓乐之"，显然又是得到之后的恩恩爱爱了。对此，或实解为主人公后来追求到姑娘，并且和她结了婚①，或虚解为是想象之辞②。不管是哪种情况，但就结构模式而言，这二章则确是与前几章"未得"相对的"既得"之辞了。

　　《周南·汉广》主要是表现"不可"的惆怅："南有乔木，不可休息；汉有游女，不可求思。汉之广矣，不可泳思；江之永矣，不可方思。"只是第二章、第三章又都出现了"之子于归，言秣其马"、"之子于归，言

---

① 高亨：《诗经今注》，《高亨著作集林》第三卷，清华大学出版社 2004 年，第 17 页。
② （清）牛运震：《诗志》，参见《国风诗旨纂解》，南开大学出版社 1990 年版，第 5 页。

秣其驹"的女子出嫁之辞。在此诗中，这一美好画面显然更带有假设、想象的成分，因为后面又反复咏叹"汉之广矣，不可泳思……"江汉的无边无际，正透露出主人公与心上人不可逾越的距离。但这假设的"之子于归"，毕竟补足了"未见""既见"式抒情模式所需要的"既可"的部分。

《豳风·东山》表现的是一位出征士卒归乡途中思前想后的心理活动，而恰恰是这思前想后，又把情感内容明显分成两个部分，而且前后各占两章，前二章是"我徂东山，慆慆不归"时艰辛的战争生活以及战争带来的荒芜破败，后二章是近在眼前的夫妻团聚和当年新婚燕尔的热闹甜蜜，从而在结构上完整体现出不归与既归、离别与相聚两极对举共存的抒情格局。

至于爱与恨这一就内涵而言本是极单纯的情感两极，在《诗经》中同样交织混合，难解难分。《邶风·终风》写女主人公对那个"谑浪笑敖"、喜怒无常的人的哀怨，常常"中心是悼"，然而当他不在身边时，却又"寤言不寐，愿言则怀"；《邶风·谷风》女主人公被丈夫所弃，本是极端怨恨，落脚却又在对当年夫妻恩爱的念念不忘；《唐风·羔裘》中失恋的女子明明怨那人"羔裘豹袪，自我人居居"，对自己如此傲慢无礼，却又一片赤诚地表白只爱他一个，"岂无他人，维子之故"。究竟是恨是爱？用后来民歌中的一句来回答就是"想你恨你一样的心"（《马头调》）。

《郑风·将仲子》则是一段情理交织的绝唱。抒情主人公口口声声劝仲子"无逾我里"，拒绝情侣前来幽会，却又情不自禁地表白着"仲可怀也"的渴望之心；在把渴望和思念端给对方的同时，又表示深深顾忌"父母之言"、"诸兄之言"、"人之多言"。就这样一唱三叹，在这情欲与规范的二元对立中，你几乎无法断定她心底深处的天平究竟偏向哪一边。

情与理，在更大的范围里则表现为个体与群体、个人与社会矛盾关系的处理与把握。对此，《诗经》的情感表现更是回环往复，兼顾周到。《小雅·采薇》作为一首戍边诗，涉及的恰恰是个体需要与应尽义务。一方面，诗作者十分清楚"不遑启居"是"猃狁之故"，卫国戍边，就是保家利己；另一方面，当政者不恤下情，戍边者"载渴载饥"，个体安居的需要又在发出一声声"曰归曰归"的期盼。他如《豳风·破斧》，即唱着"周公东征，四国是皇"，以表现势不可挡的军威，又唱着"哀我人斯，亦孔之将",以无奈的感叹庆幸生还;《小雅·出车》既有"王事多难,维其棘矣"的形势急迫感,"执讯获丑"的自豪感,又有"忧心悄悄,仆夫况瘁"的"哀伤"和"岂不怀归,畏此简书"的矛盾;《卫风·伯兮》既有对"伯也执殳,为王前驱"的夸耀,又有为久别相思搞得"岂无膏沐,谁适为容"的百无聊赖。它们也都将两种对立的心绪合盘托出在同一个抒情结构中。

以上这种种情感内容,充分显示了《诗经》抒情的广泛和丰富,但它们作为一对对二元两极的情感范畴,在统一于一个抒情结构中的共同性方面,又明显表现为一种模式化倾向。如果我们不是把"未见"、"既见"只作为它们所从出的那些诗的概括,也不是只作为表现有离有合之作的概括,而是当作一种二元统一模式的代称的话,那么这一系列同类结构的抒情也都应该包含在"未见""既见"模式中。

(二)"未见""既见"与文化性格

"未见"、"既见"置于同一首诗中,会出现怎样的抒情效果?我们不妨拿单独出现"未见"或"既见"结构的诗篇做个比较,这应该不失为一种验证的办法。

《秦风·晨风》只有"未见":

> 鴥彼晨风,郁彼北林。未见君子,忧心钦钦。如何如何,忘我实多!

这里只有离别,没有聚首,于是抒情主人公发出了"如何如何,忘我实多"的怨恨之声。声声似万箭穿心,抒情激越而震撼。

《唐风·绸缪》则直写相见:

> 绸缪束薪,三星在天。今夕何夕,见此良人?子兮子兮,如此良人何?

这里抒情主人公只让我们看到他见到"良人"的兴奋,他的惊叹,他的手足无措、不能自已,其喜悦之情表达得又是何等浓重而强烈。

相形之下,"未见"、"既见"型抒情,则显然因其将忧喜苦乐历时衔接、共时对举地和盘托出，而酿出一种悲喜交加、苦乐参半的情味格调，极其细腻、繁杂地表现出感情的历程和层面，但也因两极、二元的相合相抵，使情感变得冲淡而平和，"未见"的忧心苦痛会很快被"既见"的快乐所弥合，正所谓"我心则夷"，"夷"即和悦、平静；"既见"的兴奋又总被"未见"之苦的阴影所笼罩，"不我遐弃"就包含着种种酸甜苦辣，释然、放心的感觉远多于相见之乐。于是，抒情变的委婉、蕴藉，虽不震撼人心，却令你别有一番多味醇厚的感觉在心头。

"未见"、"既见"是如此，"未得"、"既得"之类何尝不是如此。像《关雎》那般"辗转反侧"的相思本是一种铭心刻骨的苦痛与伤感，"琴瑟"、"钟鼓"的和乐之声却平添出几分温馨与怡悦，于是增加了几缕亮色，淡化了那份忧苦，难怪孔子激赏其声乐的"乐而不淫，哀而不伤"；《汉广》的失意，本更可以是一种绝望的咏叹，一泄千里，无穷无尽，"之子于归"的介入，却缓冲了那种无羁，于是化成了深情的歌唱；《东山》式的回忆与想象，给你苦，又给你甜，当然不会有大喜大悲的过强刺激，却以哀婉动人的心理流动沁人心脾，引你共鸣。至于爱恨交织，自然不可能再是极情的发泄，《将仲子》的吞吞吐吐，瞻前顾后，也让人感到那只能是一位多情而温和的女性；而《采薇》之类，矛盾的兼容，总会是两相补充，亦两相消融，于是淡化了那份不满或哀怨，亦减弱了那份豪迈或激昂，这就看不到浓烈的热情，也不见强烈的愤懑，只有合情合理的行动和绵绵淡淡的哀思愁绪，一种沉郁、稳妥、悠悠的美。

说起来，"未见"、"既见"似乎只是一种表达方式，但正如一个人的说话可以见出他的性格和素养，或者一个人的性格素养会决定他的说话方式，《诗经》这种二元兼顾的抒情模式，也分明体现着一种文化性格，这就是持重中和，不偏不倚。作为我国第一部诗歌集，《诗经》的时期也就相当于人类的青少年时代，本该是极其冲动任性、爱走极端的，怎么会习惯于如此稳妥持重的表达，以至给人以少年老成的感觉？

（三）周文化与阴阳两仪思维范式之根

从上一节已经可以看出，无论是卦象还是爻位，《周易》对于其吉凶的判定其实都蕴含了阴阳刚柔两仪分合的观念，既两仪对举，又崇尚中和，也就是说，两仪对举及其中和的追求已经明显地存在于《周易》对于吉凶祸福的判断中了，《诗经》"未见""既见"模式则是在抒情范围内对阴阳两仪中和追求的一个具体体现。说起来，《周易》、《诗经》都是中国古代文明发展早期的作品，怎么会有如此稳妥的追求？

《周易》形成于殷末周初，是周人作的、周人用的占筮书，《诗经》中绝大部分是周人的歌唱，它们都是周文化的产物。

周文化是世界早期文化中的一个特例。说它特别，首先便来自它特有的生存环境和生产方式。不同于一般民族早期的游牧与狩猎，先周人似乎一开始便赖渭水流域的沃土而发展了农业耕作，其始祖特称"后稷"，是位农神，已经显示出农业与这个部族与生俱来的某种关系。其先公公刘迁豳后十世不迁都，古公亶父只因昆夷侵扰才又自豳迁岐，此后更无迁徙，也说明他们长期过着农耕式的定居生活。再看出现于西周初年的农耕诗，已有划定田界、建筑堤坝、挖掘沟渠（《大雅·绵》"乃疆乃理，乃宣乃亩"）、分别土质（田分"新"、"畬"）、择定良种（《大雅·生民》"诞降嘉种"）、深耕细耨等经验内容，这也只能是已经经历了长期农业实践的结果。春播秋收、日出而作的农作方式最宜培养人的常规性、稳定性和群体协作意识，从对天象自然规律和农作物生长的观察中，从对生产经验的总结中，也极易让人体悟出事物的二元对立、矛盾转换和"度"的关键性。

说周人特别，还来自他们以一"小邦周"取代"大邦殷"的特殊经历以及由此带来的文化变迁。首先他们在逐渐壮大进而代殷而立的过程中体悟到人为因素的重要，从而在对殷人至上神观念改造的基础上信奉了"以德配天"的天命观，迈出了从神治走向人治的第一步。人治，促使他们开始用心、谨慎地思考和建立各种人为政治的举措，让他们变得成熟、稳重，各方兼顾，不偏不倚，不走极端，等等，都是在这个过程中渐渐磨炼出的文化品格。此后建立的以世袭制、分封制、等级制为其组成部分的完备的宗法政治体系，以及与之相配合的文质彬彬的礼乐制度，也都是这种文化土壤所催生的必然成果。

特别的文化培养特别的人格，周人的理想人格是君子。偏激、任性、锋芒毕露的人成不了君子。君子最大的特点就在于对"度"的把握。就像《周易》《乾》九三爻辞所说，"君子终日乾乾，夕惕若"，既刚健有为，又谨慎反思；也像《诗经·大雅·卷阿》赞美君子似温润的美玉既温和肃敬又气宇轩昂（"颙颙卬卬，如圭如璋"）；还像《诗经·卫风·淇奥》赞美君子修养得恰到好处，既活泼风趣善于说笑逗乐，又稳重收敛而不粗狂无礼（"善戏谑兮，不为虐兮"），岂不都在说着一种"既……又……"或"既不……又不……"的不偏不倚、稳妥适度的举止风范？

四 筮人"掌三易"及《周易》在先秦的传播

中华文化阴阳两仪的思维范式由《周易》发端，因《易传》定型，这与该书作为周人占筮之书的特殊流传直接相关。但据文献可知，整个周代，卜筮同用，"三易"通用。既然如此，何以唯《周易》成为"六经"之一并在中华文化中源远流长，致其影响至深至远？本节即拟从传播角度，通过对《周易》在先秦存在状态的考察，对此作一初步探讨。

（一）周代筮人"掌三易"

《周礼·春官·宗伯》云："大卜……掌三易之法，一曰《连山》，二曰《归藏》，三曰《周易》。其经卦皆八，其别皆六十有四。""簭人：掌三易以辨九簭之名，一曰《连山》，二曰《归藏》，三曰《周易》。"簭通筮，簭人即占筮之人。

从上引文字可知，周代占筮用三易，即《连山》、《归藏》、《周易》，而且"其经卦皆八，其别皆六十有四"。这样，三易的区别就应该在于筮法的不同。关于"三易"中的《连山》、《归藏》，郑玄注云："名曰连山，似山出内云气也。归藏者，万物莫不归而藏于其中。"贾公彦疏云："名曰连山似山出内气也者，此《连山易》，其卦以纯艮为首，艮为山，山上山下，是名《连山》。云气出内于山，故名《易》为《连山》。《归藏》者，万物莫不归而藏于其中者，此《归藏易》。以纯坤为首，坤为地，故万物莫不归而藏于其中，故名为《归藏》也。"而我们知道，《周易》则是以《乾》为首。这样看来，三易筮法的区别起码在八卦乃至六十四卦的卦序排列上可能存在差异。此外，就传世文献和出土文献考察，三易的区别还应该在于用来释经解卦的筮辞有所不同。

据此，可以发现整个周代三易通用。

首先，《左传》、《国语》有大量周人占筮的记载，其中有的占筮，所说卦象与《周易》无异，所引筮辞却不见于今本《周易》。

《左传·僖公十五年》"秦晋韩之战"记载，秦在伐晋之前，曾使卜人占筮：

> 卜徒父筮之，吉。涉河，侯车败。诘之。对曰："乃大吉也。三败，必获晋君。其卦遇《蛊》☷，曰：'千乘三去，三去之余，获其雄狐。'夫狐蛊，必其君也。蛊之贞，风也；其悔，山也。岁云秋矣，我落其实，而取其材，所以克也。实落材亡，不败何待？"

卜徒父筮得之卦为《蛊》，并称"《蛊》之贞，风也；其悔，山也"；而《周易》之《蛊》巽下艮上，正也是内卦风，外卦山。然《周易·蛊》的卦辞为"元亨。利涉大川。先甲三日，后甲三日"，六爻爻辞也皆非卜徒父所引之辞。这说明卜徒父所用筮辞并非《周易》。

其次，《左传》、《国语》所记卜筮中，还常常出现断占不一的情况。比如《左传·襄公九年》记载，鲁公夫人穆姜死于东宫。当年因种种过失被迁往东宫时，曾就是否前往筮之，"遇《艮》之八"☷：

> 史曰："是谓《艮》之《随》☷。《随》其出也。君必速出！"姜曰："亡！是于《周易》曰：'《随》元亨利贞，无咎。'元，体之长也；亨，嘉之会也；利，义之和也；贞，事之干也。体仁足以长人，嘉德足以合礼，利物足以和义，贞固足以干事。然故不可诬也，是以虽随无咎。今我妇人，而与于乱。固在下位，而有不仁，不可谓元。不靖国家，不可谓亨。作而害身，不可谓利。弃位而姣，不可谓贞。有四德者，随而无咎。我皆无之，岂随也哉？我则取恶，能无咎乎？必死于此，弗得出矣。"

筮遇《艮》之八，筮史却云"是谓《艮》之《随》"。由此可知这是很特殊的一卦。该卦应是所占得的《艮》卦中，唯六二剩8，为不变之爻，其余均剩或9或6，为易变之爻。五爻皆变，便是《随》卦（《艮》艮下艮上，六二不变，其余皆变，即为震下兑上，即《随》）。这样，应该是既可以记作"遇《艮》之八"，以本卦卦辞占之；也可以因变爻居多而考虑所之之卦，以所之之卦卦辞占之。此处筮史即强调所之的《随》卦，并称"《随》其出也"，劝穆姜离开鲁国。但穆姜却引《周易》中《随》卦卦辞，指出若有"元亨利贞"四德，才会"随而无咎"，而自己"皆无之"，"能无咎乎？""必死于此，弗得出矣"。筮史解说"《随》其出也"，这应是仅就卦名而言，在《周易》《随》卦卦辞中找不到痕迹；而穆姜特别指出"是于《周易》曰"，玩其语气，也可知筮史所用应该不是《周易》，而是《连山》或《归藏》。

再比如《国语·晋语四》记载公子重耳即将返回晋国时的一次占筮：

> 公子亲筮之，曰："尚有晋国。"得贞《屯》、悔《豫》，皆八也。筮史占之，皆曰："不吉。闭而不通，爻无为也。"司空季子曰："吉。是在《周易》，皆利建侯。不有晋国，以辅王室，安能建侯？我命筮曰'尚有晋国'，筮告我曰'利建侯'，得国之务也，吉孰大焉！……其繇曰：'元亨利贞，勿用有攸往，利建侯。'……坤，母也。震，长男也。母老子强，故曰《豫》。其繇曰：'利建侯行师。'居乐、出威之谓也。是二者，得国之卦也。"

"贞《屯》、悔《豫》，皆八"，韦昭注云："内曰贞，外曰悔。震下坎上，《屯》。坤下震上，《豫》。得此两卦，震在《屯》为贞，在《豫》为悔。八，谓震两阴爻，在贞在悔皆不动，故曰皆八。谓爻无为也。"[①] 若按《周易》筮法，遇不动之爻以本卦卦辞占之，《屯》卦辞为"元亨利贞，勿用有攸往，利建侯"，《豫》卦辞为"利建侯行师"，皆无"不吉"之辞。筮史却"皆曰不吉"。很显然，筮史所用并非《周易》。所以韦昭又注云："筮史，筮人，掌以三易辨九筮之名。一夏，《连山》；二殷，《归藏》；三周，《易》。以《连山》、《归藏》占此两卦，皆言不吉。"[②] 而大夫司空季子却完全是用《周易》两卦卦辞占之，故称"吉"，"皆利建侯"。司空季子特别点出"是在《周易》"，也可见筮史所用非《周易》。

上引韦昭注提到的"一夏，《连山》；二殷，《归藏》，三周，《易》"，涉及的是"三易"的渊源。此乃汉代人颇为普遍的说法。《易》孔疏引郑玄《易赞》即云："夏曰《连山》，殷曰《归藏》，周曰《周易》。"(《周易正义》) 又《礼记·礼运》："孔子曰：'我欲观殷道，是故之宋而不足徵也，吾得《坤乾》焉。'"郑玄注曰："得殷阴阳之书也，其书存者有《归藏》。"(《礼记正义》) 高亨先生认为《礼运》之说殆战国儒生之言而

---

① 《国语》，上海古籍出版社1988年版，第362页。
② 《国语》，第363页。

托之孔子，然可以证明战国儒生曾见殷代筮书，郑氏以汉代仍存之《归藏》当之。而汉人所见之《归藏》，的确为筮书，故《归藏》"或可能作于殷代"。①

夏是否有筮事及筮书，目前尚难考稽；但考古资料显示，商殷时代确已出现表示八卦卦象的数字符号。比如河南安阳四盘磨发现的三组符号，一组被隶定为"七八七六七六曰隗"，若以阴阳爻表示，为"未济"卦；一组为"八六六五八七"，为"明夷"卦；一组为"七五七六六六曰畏"，为"否"卦。有学者即认为"以时间和族属推之，似应为《归藏》"。② 再比如商末山东平阴朱家桥9号墓陶罐上有"损"卦，殷墟陶篡上有"损"、"归妹"，也都是由六个数字组成的卦画。③ 殷墟一块卜骨上刻有三组卦画，一为"渐"卦，并有"贞吉"二字，一为"蹇"卦，一为"兑"卦。有学者分析，"兑"卦和"蹇"卦为先筮所得，结果不理想，于是又筮得"渐"卦，故刻上"贞吉"二字，这是就一件事进行了三次占筮的例证。④ 殷商人既然有筮事，他们有自己的筮书自在情理之中。周人原是殷商属国，陕西岐山凤雏村甲组周人建筑基址发现的甲骨文中有周人祭祀殷先帝的卜辞，诸如"王其刀隙成唐（汤）"⑤，其占卜袭用殷商之法，其筮事用商，也是可以想象的。

这样看来，上述占筮之事中，筮史未用《周易》，所用很可能就是更为古老的《归藏》或者《连山》。

其实，周人用三易，王家台周秦残简《归藏》的出土，可以给予更为有力的印证。

1993年湖北江陵王家台15号秦墓出土的竹简中，有一部分"易占"类残简⑥，不同于传世的《周易》。经学者比对研究，发现它们多见于严可均辑佚本《归藏》的前三部分，即(1)不著篇名的筮辞；(2)《归藏启筮》；(3)《归藏郑母经》。比如秦简336："□昔（晋）曰：昔者夏后启卜酳帝晋☒"，应即严氏辑本《归藏》第(1)部分"筮辞"的"昔者夏后启

---

① 高亨：《周易古经今注》，中华书局1984年版，第9页。
② 曹定云：《殷四盘磨易卦卜骨研究》，《考古》1989年第2期。
③ 王明钦：《试论〈归藏〉的几个问题》，《一剑集》，中国妇女出版社1996年版，第105页。
④ 肖楠：《安阳殷墟发现"易卦"卜骨》，《考古》1989年第1期。
⑤ 《陕西岐山凤雏村发现周初甲骨文》，《文物》1979年第10期。
⑥ 《江陵王家台15号秦墓》，《文物》1995年第1期。

筮享神于晋之墟，作为琼台，于水之阳"，秦简563："☐比曰：比之筴筴，比之苍苍，生子二人，或司阴司阳☐"这与严辑本《归藏》第(2)部分《启筮》中的"空桑之苍苍，八极之既张，乃有夫羲和，是主日月，职出入，以为晦明"相近，应是相同的母题。① 诸如此类，还有很多，这说明这批残简很可能就是周代所用三易之一的《归藏》。

周秦简本《归藏》的出土，说明古人所云《归藏》，确有其书。既然如此，"三易"之说绝非子虚乌有。尽管迄今还未发现《连山》之书，不过，正如有学者所说，"《连山》、《归藏》、《周易》是文献所记夏、商、周三代最重要的《易》书。现在我们先后挖出了《周易》、《归藏》，那么，是不是一定要等到挖出《连山》以后再来重新认识《连山》的意义呢？"②

当然，《连山》、《归藏》久已亡佚，辑佚及出土多属于断简残篇，难窥全豹，所以，上述材料只能说明周人占筮并非全用《周易》，而是"三易"通用。至于未用《周易》的部分，究竟是用了《连山》还是用了《归藏》，目前还是一个难以确考的问题。

（二）周人筮用《周易》

考稽文献还会发现，在周代占筮用三易中，卜筮之人常用《连山》或《归藏》，一般公侯贵族及文人学士则多喜用《周易》析卦释爻、说明事理。

上引出现断占不一情况的两条材料中，未用《周易》的恰恰都是卜人、筮人或筮史，而用《周易》的一为穆姜，一为司空季子。前者为鲁宣公之妻，国君夫人；后者为晋国大夫胥臣臼季，官为司空，皆非筮史。

再比如《左传·襄公二十五年》：

齐棠公之妻，东郭偃之姊也。东郭偃臣崔武子。棠公死，偃御武子以吊焉。见棠姜而美之，使偃取之。偃曰："男女辨姓，今君出自丁，臣出自桓，不可。"武子筮之，遇《困》䷮之《大过》䷛。史皆曰"吉"。示陈文子，文子曰："夫从风，风陨妻，不可娶也。且其

---

① 邢文：《秦简〈归藏〉与〈周易〉用商》，《文物》2000年第2期。
② 同上。

繇曰：'困于石，据于蒺梨，入于其宫，不见其妻，凶。'困于石，往不济也；据于蒺梨，所恃伤也；入于其宫，不见其妻，凶，无所归也。"

崔武子，即齐大夫崔杼，欲娶东郭偃之姊、棠公遗孀棠姜为妻，占筮遇《困》之《大过》。《困》坎下兑上，《大过》巽下兑上，按照《周易》筮法，应用变卦法，即用《困》六三爻辞占之。该爻辞分明言"凶"，但众史却皆曰"吉"，应该不是用《周易》。而齐大夫陈文子用的却是《周易》爻变《困》六三，兼及下卦所变之巽（巽即风）。

此外，《左传》中还记载有一般士官大夫亲自用《周易》占筮、再由卜筮、筮史给以解说的情况。比如《左传·昭公五年》：

初，穆子之生也，庄叔以《周易》筮之，遇《明夷》☷ 之《谦》☷，以示卜楚丘。楚丘曰："是将行，而归为子祀。以谗人入，其名曰牛，卒以馁死。《明夷》，日也。……《明夷》之《谦》，明而未融，其当旦乎，故曰'为子祀'。日之谦当鸟，故曰'明夷于飞'。明之未融，故曰'垂其翼'。象日之动，故曰'君子于行'。当三在旦，故曰'三日不食'。离，火也；艮，山也。离为火，火焚山，山败。于人为言。败言为谗，故曰'有攸往。主人有言'。言必谗也。纯离为牛，世乱谗胜，胜将适离，故曰'其名曰牛。'谦不足，飞不翔；垂不峻，翼不广。故曰其为子后乎？吾子亚卿也；抑少不终。"

穆子即叔孙豹，为鲁大夫庄叔得臣之子。得臣死，穆子之兄宣伯侨如嗣立为鲁卿，谋乱，穆子因此去鲁之齐。途中与一女子生有一子，后来相见时依梦呼之为"牛"，使为竖，史称竖牛。穆子与齐国氏婚得二子，即孟丙、仲壬。宣伯事败奔齐，穆子被鲁召回。宠用竖牛，竖牛以谗言害死孟丙，驱逐仲壬，后又饿死穆子。这里记载的是当初穆子刚出生时其父庄叔占筮之事。庄叔非卜非筮，却可以自用《周易》筮之。特别点出是"以《周易》筮之"，说明当时有多种筮法，而庄叔用的是《周易》。他是在占筮得出卦象后，才"以示卜楚丘"的。《明夷》离下坤上，《谦》艮下坤上，《明夷》之《谦》即《明夷》初九，卜楚丘解说即用了该爻爻辞；

同时，兼顾了下卦"离"与"艮"，即"火"与"山"的关系。这样看来，当时的卜史应是三易皆通，只是习惯上多用《连山》、《归藏》之属，而此次乃是因为庄叔用了《周易》，卜楚丘便也用《周易》筮辞解之。

再比如《左传·昭公七年》记载卫襄公夫人姜氏无子，嬖人婤姶先生孟絷，后又生元。孔成子与史朝皆梦康叔让他们"立元"，因此在立长还是立次问题上发生疑虑，于是：

> 孔成子以《周易》筮之，曰："元尚享卫国，主其社稷。"遇《屯》䷂。又曰："余尚立絷，尚克嘉之。"遇《屯》䷂之《比》䷇。以示史朝。史朝曰："'元亨'，又何疑焉？"成子曰："非长之谓乎？"对曰："康叔名之，可谓长矣。孟非人也，将不列于宗，不可谓长。且其繇曰：'利建侯。'嗣吉，何建？建非嗣也……"

这里，卫大夫孔成子也是"以《周易》筮之"。史朝之占，前用《周易·屯》卦辞"元亨"、"利建侯"；后用《周易·屯》初九"利居贞"、"利建侯"。其中的疑点只在于如何理解"元亨"的"元"字，孔成子顾虑是否是指长子，史朝却理解为就是指次子元的名字。

更值得注意的是，士官大夫们有时还用《周易》自筮自解。比如《左传·哀公九年》：

> 宋公伐郑。……晋赵鞅卜救郑，遇水适火，占诸史赵、史墨、史龟。史龟曰："是谓沈阳，可以兴兵，利以伐姜，不利子商。伐齐则可，敌宋不吉。"史墨曰："盈，水名也；子，水位也。名位敌，不可干也。炎帝为火师，姜姓其后也。水胜火，伐姜则可。"史赵曰："是谓如川之满，不可游也。郑方有罪，不可救也。救郑则不吉，不知其他。"阳虎以《周易》筮之，遇《泰》䷊之《需》䷄，曰："宋方吉，不可与也。微子启，帝乙之元子也。宋、郑，甥舅也。祉，禄也。若帝乙之元子，归妹而有吉禄，我安得吉焉？"乃止。

阳虎，原为鲁季氏家臣，作乱事败后奔齐，又奔晋。这里太史皆卜，唯阳虎"以《周易》筮之"，并自为解说。《泰》乾下坤上，《需》乾下坎上，阳虎所用正是《周易·泰》六五爻辞，即"帝乙归妹，以祉元吉"。

由上述情况可以推断,"三易"中似乎《连山》、《归藏》更为古老传统,并为太卜、筮人、筮史等职业占筮者所习用,不管它们原本是否真的是夏商筮书,对它们之所以有夏殷筮书的说法,应该与它们产生更早不无关系。而《周易》,则是在古老筮法基础上新创制的更加完备系统的筮书,并得到了超出职业筮者范围的社会上各个阶层的广泛喜爱、传播和使用。穆姜、司空季子、庄叔、阳虎等,能用《周易》占筮,能用《周易》卦辞、爻辞释卦析爻,如果不是研读过《周易》并烂熟于心,是不可能如此得心应手的。

与《周易》被一般公侯贵族、士官大夫筮用的情形不同,就今见材料而言,似乎很少见到《连山》、《归藏》被太卜筮人和筮史之外的人使用的情况。这样看来,《连山》、《归藏》似乎一直是被限定在职业筮者使用的范围内,没有泛化为一般人使用的筮书。

这一情况,从传播学的角度看,可以说"三易"中《周易》得到了更为广泛的传播,其"受众"不但有卜人、筮人和筮史,还有一般贵族士大夫;而且,似乎是在后者中,《周易》得到了更多的欢迎和使用。

(三) 周人语用《周易》

其实,《周易》在周人中的广泛传播,更明显的表现还在于至迟在春秋中叶,在它被周人广泛筮用的同时或稍后,就也开始被语用。《左传》中就记载有大量周人引用《周易》以说事析理的事例,可见《周易》很早就超出了筮书的范围,其中的义理、形象、格言等等,也成为人们感兴趣的内容和语用材料。比如《左传·宣公六年》:

> 郑公子曼满,与王子伯廖语,欲为卿。伯廖告人曰:"无德而贪,其在《周易》《丰》䷶之《离》䷝,弗过之矣。"间一岁,郑人杀之。

关于公子曼满与王子伯廖,杜注云:"二子,郑大夫。"不过,从郑公子曼满欲为公卿而向伯廖表达意思来看,伯廖为周王子的可能性应该更大一些。王子伯廖当时是如何回答曼满的,史书无载,但过后伯廖却对旁人讲,曼满为人无德,对郑人没有什么大的作为和贡献,却贪图更高的地位和权势,肯定没有什么好下场,其结果就写在《周易》《丰》之《离》的那条爻辞中,不会超过那个年限的。

《周易》《丰》䷶上六阴爻变阳爻,即为《离》䷝,则伯廖所指的爻辞即为《丰》上六,上面写道:

> 丰其屋,蔀其家,闚其户,阒其无人,三岁不觌,凶。

这里十分清晰地描写了一幅豪门巨室遭灭门之祸的图景。而《丰》上六在卦象中所居的位置,正是穷极必反,过中而败,与爻辞之象构成某种必然的因果关系和说明系统。果然,事间一年,贪欲过度的曼满为郑人所杀,连前带后,历时正应了爻辞里面出现的"三岁"之数。

不难发现,王子伯廖相当熟悉《周易》文本。更值得注意的是,他说话的对象,即王子伯廖所告的那位听者,应该同样熟知《周易》文本,因为王子伯廖并未引出《丰》上六,而只提到了爻辞所在的位置,就构成了传达和交流。

这里王子伯廖引用《周易》,并没有析卦释爻,只是借用《周易》描写的情景和提到的年数,《周易》更多的是用来做了语用材料。

再比如《左传·襄公二十八年》记载,子大叔,即郑大夫游吉,代表郑君前往楚国吊唁助葬,及汉水,楚人拒之,而要求郑君亲自前往。子大叔返回,对郑执政大夫子展建议姑且满足楚人的要求,以赢得休养生息的时机:

> 子大叔归复命,告子展曰:"楚子将死矣。不修其政德,而贪昧于诸侯,以逞其愿,欲久得乎?《周易》有之:在《复》䷗之《颐》䷚,曰'迷复凶',其楚子之谓乎!欲复其愿,而弃其本,复归无所,是谓迷复,能无凶乎?君其往也,送葬而归,以快楚心。楚不几十年,未能恤诸侯也,吾乃休吾民矣。"

《复》䷗上六阴爻变阳爻即为《颐》䷚,《复》上六爻辞为"迷复,凶,有灾眚。用行师,终有大败,以其国君凶,至于十年不克征"。子大叔这里并非为楚占卦,而是重在解析"迷复"之意及其与凶象的关系,并以此预示楚人的下场。其中也暗用了爻辞所提到的十年之数。

与此形成对照的是,在先秦典籍中,却几乎未见周人在占筮之外语用《连山》、《归藏》的情况。其实，如果注意一下，会发现上面提到周代筮用三易的材料中，凡用《周易》，多会提到卦辞、爻辞，凡用其他易，则重在分析上卦下卦本卦之卦的卦象关系。这样看来，筮辞应是《周易》的特点所在。贾公彦疏提到"夏殷易以七八不变为占，周易以九六变者为占"（《周易正义》），"变者"就将涉及爻位、爻辞，《周易》筮辞中的爻辞或许正是其较之以往习用之易有所发展、更新之处。而文辞，较之符号、卦象，具有更加确定、明晰的特点，并便于引用，这应该就是《周易》更为职业筮者之外的周人所热衷并进而语用的原因了。

周人大量语用《周易》，这更需要《周易》文本的广泛传播为基础。那么，《周易》在先秦是如何传播的？

（四）《周易》的传播及《易》学和《易》教

《周易》作为"三易"之一，本是周代太卜、筮人、筮史所掌所用的占筮之书，最初的传播自然是由这些专职占筮者在使用过程中展开的。

据史料可知，占筮在周代是礼制的组成部分，比如《仪礼》记载，士冠礼、士丧礼、特牲馈食之礼等等都首先有占筮一项。"士冠礼：筮于庙门。主人玄冠朝服，缁带素韠，即位于门东西面。有司如主人服，即位于西方，东面北上。筮与席，所卦者，具馔于西塾，布席于门中。……筮人执策抽上韇，兼执之，进受命于主人。宰自右……卦者在左。卒筮书卦，执以示主人。主人受视，反之。筮人还东面；旅占卒；进告吉。若不吉，则筮远日，如初仪。彻筮席。"（《士冠礼》）诸如此类，不一而足。这里虽未明言筮用文本，但《周易》也是其中之一。这样，《周易》文本的传播者即筮者，文本的"受众"会有两部分人，一部分是作为职业传承的习占者，一部分是筮礼的参与者，包括贞问者，即主人，也包括有司、宰乃至宾客。传播方式应以口头传播为主，筮者"旅占"的过程，也就是在场的主人、参与者"接受"的过程。应该说，这种传播方式贯穿于整个周代的始终。

除此之外，就今见传世文献考察，至迟在春秋前期，大约公元前700年前后，已经有《周易》书面文本在诸侯国传播。《左传·庄公二十二年》记载陈完逃奔齐。继而提到："其少也，周史有以《周易》见陈侯者，陈侯使筮之，遇《观》☷☴之《否》☷☰，曰：'是谓"观国之光，利用宾于王"。此其代陈有国乎？不在此，其在异国；非此其身，在其子孙。光远而自他有耀者也。坤，土也；巽，风也；乾，天也。风为天于土上，山也。有山之材，而照之以天光，于是乎居土上，故曰"观国之光，利用宾于王"。庭实旅百，奉之以玉帛，天地之美具焉，故曰"利用宾于王"。犹有观焉，故曰其在后乎！风行而著于土，故曰其在异国乎！若在异国，必姜姓也。姜，大岳之后也。山岳则配天。物莫能两大。陈衰，此其昌乎！'"就时间而言，庄公二十二年为公元前672年，假设陈完奔齐在三十几岁，占卜之事远在其少时，前推三十年，即前700年前后。这里分明是周史携书面文本传播，其中"是谓'观国之光，利用宾于王'"，显然为念诵文本语气。

《左传·昭公二年》则记载韩宣子聘鲁，在太史氏处"观书"，见到了《易象》：

> 二年，春，晋侯使韩宣子来聘，且告为政而来见，礼也。观书于大史氏，见《易象》与鲁《春秋》，曰："周礼尽在鲁矣，吾乃今知周公之德，与周之所以王也。"

这表明，《易》书有文本存于鲁大史氏处。此《易象》一定属于《周易》系统，因为韩宣子观书后感叹的是"吾乃今知周公之德，与周之所以王"。对于《易象》，过去有人据杜预注称"上下经之象辞"而认为此书就是《周易》卦爻辞，但又有学者认为应属《易传》之类。比如李学勤先生指出，"晋国也有《周易》流传，如果《易象》就是《周易》经文，韩宣子便不会赞叹了。《易象》应该是论述卦象的书"。[①] 郭沂先生认为它就是今见《易传》中的《象》："杜氏说的'上下经'即指《易经》，当然包括经文卦爻辞。因其分为上下篇，故称之为'上下经'。'上下经之象辞'，即为《象》传。因《象》传是对卦名、卦义和卦爻辞即《周易》经文的解释，故称之为'上下经之象辞'。杜氏称《象》传为'象辞'，犹《系辞》称《彖传》为'彖辞'。"[②] 易学问题容后再论，这里只是要

[①] 李学勤：《孔子以前的〈周易〉研究》，《失落的文明》，上海文艺出版社1997年版，第278页。

[②] 郭沂：《从早期〈易传〉到孔子易说》，《国际易学研究》第三辑，华夏出版社1997年版。

据以说明《周易》书面文本形式的存在和被观读的传播方式，因为《易传》也是要附于《周易》文本之后的。

上述两条材料都显示了太史与《周易》书面文本传播的直接关系。前条材料直称"周史有以《周易》见陈侯者"，这应该是《周易》出现在陈的开始；后条材料也显示了《周易》书面文本存于太史处的情形。

先秦时期《周易》书面文本的实物资料，即简本《周易》，今所知者，一是上面提到的汲郡人不准所盗魏王墓中的"与《周易》上下经同"的《易经》二篇，还有就是 2003 年 12 月由上海古籍出版社出版的《上海博物馆藏战国楚竹书（三）》中的《周易》。[①] 这两种简本均为战国墓葬所出，一在梁魏，一在荆楚之地；前者墓主为王侯，后者可能为战国诸子，均非专职太史。由此可知《周易》之书已经由初期的太史保存、传播演变为传抄流播的文本，而且已经遍布大江南北。

与《周易》以书面形式开始传播的同时，在各诸侯国，在一般士官大夫和文人学士中，还出现了专门研读《周易》的情形。

《左传·昭公十二年》记载，鲁季氏费邑宰南蒯叛季氏，此前，"南蒯枚筮之，遇《坤》䷁之《比》䷇，曰：'黄裳元吉'，以为大吉也。示子服惠伯曰：'即欲有事，何如？'"惠伯以为不可，并说了这样一段话：

> 吾尝学此矣，忠信之事则可，不然必败。外强内温，忠也；和以率贞，信也，故曰"黄裳元吉"。黄，中之色也；裳，下之饰也；元，善之长也。中不忠，不得其色；下不共，不得其饰；事不善，不得其极。外内倡和为忠，率事以信为共，供养三德为善，非此三者弗当。且夫《易》，不可以占险，将何事也？且可饰乎？中美能黄，上美为元，下美则裳，参成可筮。犹有阙也，筮虽吉，未也。

这里，子服惠伯对"黄、裳、元"给出了一大篇具体分析，认为唯有内忠信、下恭上、行善事才称得上"黄裳元"，才得吉祥。而这里特别值得注意的是他称"吾尝学此矣"，即曾专门学习研读过《周易》。子服惠伯，鲁大夫，并非太史，更非筮者，却曾专学过《周易》，可见《周易》已经

[①] 有关情况，详见陈仁仁《上海博物馆藏战国楚竹书〈周易〉研究综述》，《周易研究》2005 年第 2 期。

超出占筮职业传授的范围。

稍后提到学《周易》的还有孔子。《论语》中记有一条孔子称《易》的材料,即"子曰:'加我数年,五十以学易,可以无大过矣。'"(《述而》)关于此,过去曾因唐陆德明《经典释文》引郑玄注云"鲁读易为亦",并提到"《鲁论》'亦'字连下句读"(《论语正义》),对孔子是否是在谈论《周易》有所怀疑。其实,郑玄只是指出《鲁论语》"易"字写作"亦",并非认为这里"易"应作"亦",因为唐写本《论语郑氏注》郑玄注此章为:"加我数年,年至五十以学此《易》,其义理可无大过。"① 而且,唐写本《论语郑氏注》恰恰有一条《易》写作《亦》的用例,见于吐鲁番阿斯塔那三六三号墓出土的写本:②

> 子曰"《书》云:'孝乎唯孝,友〔于〕……政。'是亦为政,奚其为为政?"孝乎者,未(美)大孝之辞。仁(人)既有孝行,则能友于……母曰孝,善兄弟曰友。《亦(易)》曰:"家仁(人)为(有)严〔君〕……"……父母为严君,则子孙为臣人(民),故孝友施为政。

郑注引的《亦》恰恰出于《周易·家人》,全文为:"家人有严君焉,父母之谓也。"所以这里无疑是以《亦》为《易》,或抄者将《易》写成了《亦》。

孔子晚而喜《易》,在马王堆三号汉墓出土帛书中也得到了印证。据介绍,帛书《周易》有经有传,其中有《要》一篇,是帛书《易传》的一部分。而《要》中有一章,记载了孔子晚年研究《周易》的情况,说是"夫子老而好《易》,居则在席,行则在橐",随身携带。子贡对此提出疑问,孔子回答《周易》"有古之遗言焉。予非安其用,而乐其辞"。而且提到"后世之士疑丘者,或以《易》乎?"子贡问他:"夫子亦信其筮乎?"孔子讲他和卜筮者不同,"我观其德义耳","吾与史巫同途而殊归"。③

---

① 王素:《唐写本论语郑氏注及其研究》,文物出版社1991年版,第78页。
② 同上书,第13页。
③ 李学勤:《孔子的〈易〉学》,《失落的文明》,上海文艺出版社1997年版,第294页。

孔子称"乐其辞"、"我观其德义"、"吾与史巫同途而殊归",这的确代表了研习《周易》的另一种取向。从上引诸条释卦析爻、引用《周易》的材料也可看出,有些解说就已经偏于义理发挥。比如穆姜关于"随,元,亨,利,贞,无咎"的阐发,子大叔关于"迷复,凶"的分析,子服惠伯关于"黄裳元吉"的解说。而从子服惠伯在解说前声明"我尝学此矣"推断,他的解说似乎应有所本。这即是说,当时应该已经存在诸如《易传》之类的文本了。

种种迹象表明,这个推断是成立的。

前面提到韩宣子在鲁太史处观书见到《易象》,李学勤先生指出它们应是解释《易》的文字,郭沂先生更分析该书就是今见《易传》中的《象》,应该说都颇有道理。如果确如郭沂先生所言,则《易传》中有些部分早在孔子之前就已经存在了。

其实,据文献考察,当时应该还存在今见《易传》之外的一些《易》传文本。首先,上面提到一些关于《周易》卦辞爻辞的解说,它们多不见于今本《易传》,如果不是即兴发挥,而是有所本,就像子服惠伯所说的"我尝学此",那么所本的应该是其他易解易传。子服惠伯对"黄裳"的解说,就与《文言》有同有异,应别有所本。其次,《礼记·经解》记载有一条引《易》的材料,即"故礼之教化也微,其止邪也于未形,使人日徙善远罪而不自知也。是以先王隆之也。《易》曰:'君子慎始,差若毫厘,缪以千里。'此之谓也"。这段引文不见《周易》经文,也不像《连山》、《归藏》之文,而极像是阐发卦爻辞义理的易传之文。但又不见于今见《易传》,应该是征引了其他易传之文。引《易传》而单称"《易》曰",当时有此文例,比如《礼记·深衣》:"古者深衣,盖有制度……故规者,行举手以为容;负绳抱方者,以直其政,方其义也。故《易》曰:坤,'六二之动,直以方'也。"《深衣》所引《易》即为《周易·坤》六二《象传》之辞。

《易》传的出现意味着《易》学《易》教的存在。也就是说,早在春秋时代,《周易》的传播应该已经出现卜筮职业传习之外的教学研习这一途径。《礼记·经解》记载孔子曾提到"六教":"入其国,其教可知也。其为人也:温柔敦厚,《诗》教也;疏通知远,《书》教也;广博易良,《乐》教也;洁静精微,《易》教也;恭俭庄敬,《礼》教也;属辞比事,《春秋》教也。……是以先王隆之也。"这里的"六教",显然就是后来的"六经",《易》自是《周易》,也是其中的一经一教。那么,这六经六教是孔子始教,还是原有太学国学之教?从孔子称"是以先王隆之"看,似乎应该是原有的先王之教。问题是,就传世文献来看,其中的《诗》、《书》、《礼》、《乐》、《春秋》都有不少太学国学教授方面的记载,唯不见有《易》教方面的材料。《礼记·经解》中记载的孔子这段话迄今还只是孤证。也就是说,当时是否有太学国学教授《周易》还不能肯定。不过,据上面提到的《易》传、学《易》方面的材料,起码有一点可以确知,这就是《周易》已经在以经传文本的形式被传播、被研习。

由于史料阙如,先王《周易》之教尚无材料可寻,但自孔子始乃至其后,儒家的确有《周易》一门。今见《易传》载有多条孔子对《易》的讲解,就是明证。此外,《荀子·大略》中载有几条谈《周易》的材料:

《易》之《咸》,见夫妇。夫妇之道,不可不正也,君臣父子之本也。咸,感也,以高下下,以男下女,柔上而刚下。

《易》曰:"复自道,何其咎?"春秋贤穆公,以为能变也。

第一条是从义理角度讲解《周易·咸》。首先强调夫妇之道不可不正,引申到君臣父子。其次就《周易》卦象先下后上的爻序说之,所谓"阳唱阴和然后相成"(王先谦《荀子集解》)。而"柔上而刚下"一句与《象传》全同,应是引《象传》加以说明。第二条则是以历史上的秦穆公悔过,解说《易》之"复自道"。引文见《周易·小畜》初九。

按,《荀子·大略》不似荀子其他文章属于正论,而是杂记,应是弟子所撰,附于《荀子》一书。其中讲《周易》的几条,很可能就是《易》教的遗留。

综上可见,《周易》在先秦的传播呈现为逐渐超越单纯占筮的功能而泛化为义理之学之教的走势。"三易"中独《周易》获得更为广泛的接受并传世,这应该是主要原因之一。

五　从诸子看《周易》"阴阳两仪"思维范式的影响

"阴阳两仪"思维范式一旦产生，很快便被其后的诸子所吸纳，在各家中多多少少都能见到它的影响。

(一) "阴阳两仪"与《庄子》
1. "阴阳"概念在《庄子》中的使用

与《老子》少言阴阳不同，到了《庄子》中，阴阳概念被大量使用，其中不少部分已经透出"阴阳两仪"的含义。《天下》篇明确称"《易》以道阴阳"，那么《庄子》所使用的"阴阳"概念显然是受到了《易传》的影响。

首先，《庄子·内篇》中有两处用到"阴阳"，一见于《人间世》，一见于《大宗师》，都是在人的身体内部状态层面上使用的：

> 凡事若小若大，寡不道以欢成。事若不成，则必有人道之患；事若成，则必有阴阳之患。若成若不成，而后无患者，唯有德者能之。(《人间世》)

> (子舆)曲偻发背，上有五管，颐隐于齐，肩高于顶，句赘指天，阴阳之气有沴，其心闲而无事，跰𨇮而鉴于井，曰："嗟乎夫造物者又将以予为此拘拘也。"(《大宗师》)

所谓"事若不成，则必有人道之患"，指的是身体外部要受到刑罚；所谓"事若成，则必有阴阳之患"，指的是身体内部的心绪被成不成扰动得有喜有忧，不得安宁。所谓"阴阳之气有沴"，则直以阴阳指称身体状态，这些都是将身体内部也看作阴阳二气的组合，其前提应该是先有世界宇宙二气之分的概念，将其引入人的身体，人体内部也是一个小宇宙，才也有阴阳二气之和与不和。

《外篇》、《杂篇》也有许多表述是在人心状态层面上使用阴阳的，如《在宥》称"人大喜邪，毗于阳；大怒邪，毗于阴。阴阳并毗，四时不至，寒暑之和不成，其反伤人之形乎"；《列御寇》称"宵人之离外刑者，金木讯之；离内刑者，阴阳食之。夫免乎外内之刑者，唯真人能之"。

其次，较之《内篇》，《外篇》、《杂篇》有更多论及阴阳的部分，其中有的更出现了"阴阳"与"四时"并提的说法。天地宇宙，共时性只有阴阳二分，历时性分春夏秋冬。如《缮性》云："当是时也，阴阳和静，鬼神不扰，四时得节，万物不伤。"《知北游》云："阴阳四时，运行各得其序。"《则阳》云："是故天地者，形之大者也；阴阳者，气之大者也；道者为之公……阴阳相照，相盖相治，四时相代，相生相杀。"《渔父》云："阴阳不和，寒暑不时，以伤庶物。"

再次，《外篇》、《杂篇》中还有的用法，更直接将天地万物分为阴阳两端。如《在宥》假托广成子对黄帝曰："我为女遂于大明之上矣，至彼至阳之原也；为女入于窈冥之门矣，至彼至阴之原也。天地有官，阴阳有藏。慎守女身，物将自壮。"又如《庚桑楚》云："寇莫大于阴阳，无所逃于天地之间。"它如《天运》称"一盛一衰，文武伦经。一清一浊，阴阳调和"，阴阳与盛衰、清浊相配；《刻意》称"圣人之生也天行，其死也物化。静而与阴同德，动而与阳同波。不为福先，不为祸始"，阴阳与动静相配，阴阳也显然超出自然属性，上升为宇宙二分的概念范畴。《田子方》称"至阴肃肃，至阳赫赫。肃肃出乎天，赫赫发乎地。两者交通成和而物生焉，或为之纪而莫见其形。消息满虚，一晦一明，日改月化，日有所为而莫见其功。生有所乎萌，死有所乎归，始终相反乎无端，而莫知乎其所穷"，更不难看出其阴阳二元观与《周易》古经及《易传》的某种联系。

2.《庄子》的二元与齐物

如前所述，"阴阳两仪"思维范式的本质是两仪，是二分，是二元相对，较之使用阴阳概念，《庄子》中更多的是广用二元范畴。当然，《庄子》哲学从根本上是要抹杀二元的分别与差异，强调齐物、齐论，"万物皆一"，但此"齐物"是在充分揭示出客观存在的各种二元相对诸事相的前提下、基础上，强调主观意念中的泯差异、齐万物的。

首先，《庄子》多寓哲理于形象、故事的描绘之中，因此，其对二元两仪的认知和揭示有时是通过对两种相对的形象的描绘表现出来的。如《逍遥游》开篇展开了一场关于大鹏与小鸟孰为逍遥的思辨，鲲鹏之大是"不知其几千里"，其飞之高是"抟扶摇而上者九万里"；蜩与学鸠之小则是不过一尺，其飞之低是"决起而飞，枪榆枋，时则不至，而控于地而已矣"，形象地展示了大与小、高与低等的二元与相对。《齐物论》称"夫天下莫大于秋毫之末，而太山为小；莫寿于殇子，而彭祖为夭"，太山与秋毫之末、彭祖和殇子，又是大与小、长与短两极的形象表述。《骈拇》"臧穀亡羊"一节描述臧与穀二人"相与牧羊而俱亡其羊"，"问臧奚事，则挟策读书；问穀奚事，则博塞以游。二人者，事业不同，其于亡羊均也"，臧与穀，是苦读与佚游两极的典型。《骈拇》又称"伯夷死名于首阳之下，盗跖死利于东陵之上。二人者，所死不同，其于残生伤性均也"，伯夷、盗跖，又是善与恶两极的典型。

其次，《庄子》中还多有直接于论述中二元对举的情况，已经涉及天地自然人事等等许多两极相对的概念和方面。如《齐物论》：

大知闲闲，小知间间。大言炎炎，小言詹詹。

物无非彼，物无非是。……方生方死，方死方生；方可方不可，方不可方可；因是因非，因非因是。

有成与亏，故昭氏之鼓琴也；无成与亏，故昭氏之不鼓琴也。

其中涉及的两极、二元就有大知与小知、大言与小言、彼与是（此）、生与死、可与不可、是与非、成与亏等等诸多方面。

《德充符》中更是借仲尼之口直接说出一连串二元对举的事项和方面：

哀公曰："何谓才全？"仲尼曰："死生存亡、穷达贫富、贤与不肖、毁誉饥渴寒暑，是事之变、命之行也。日夜相代乎前，而知不能规乎其始者也。故不足以滑和，不可入于灵府。使之和豫通而不失于兑，使日夜无郤，而与物为春，是接而生时于心者也。是之谓才全。"

它如《在宥》称"何谓道？有天道，有人道。无为而尊者，天道也；有为而累者，人道也。主者，天道也；臣者，人道也。相去远矣，不可不察也"，涉及天道与人道、有为与无为、位尊而闲与位卑而累、主与臣等二元和相对；《天道》称"本在于上，末在于下；要在于主，详在于臣"，涉及本与末、上与下、要目与详情、主与臣等二元和相对；《天运》称"蛰虫始作，吾惊之以雷霆。其卒无尾，其始无首。一死一生，一偾一起，所常无穷，而一不可待。汝故惧也。吾又奏之以阴阳之和，烛之以日月之明。其声能短能长，能柔能刚，变化齐一，不主故常"，涉及卒与始、首与尾、死与生、偾（仆倒）与起、日与月、短与长、柔与刚等二元和相对；《秋水》称"万物一齐，孰短孰长？道无终始，物有死生，不恃其成。一虚一满，不位乎其形。年不可举，时不可止。消息盈虚，终则有始"，涉及短与长、终与始、死与生、虚与满、消与息（生长）等二元与相对；《知北游》称"是其所美者为神奇，其所恶者为臭腐。臭腐复化为神奇，神奇复化为臭腐"，涉及美与恶、神奇与臭腐等二元和相对。

（二）"阴阳两仪"与《荀子》及《礼记》

1.《荀子》中的"阴阳"说

儒家著作《论语》、《孟子》都不见"阴阳"一词，而到了战国后期的《荀子》，则出现了受到阴阳两仪观念影响的痕迹。如《天论》：

> 列星随旋，日月递照，四时代御，阴阳大化，风雨博施，万物各得其和以生，各得其养以成，不见其事而见其功，夫是之谓神。……所志于天者，已其见象之可以期者矣；所志于地者，已其见宜之可以息者矣；所志于四时者，已其见数之可以事者矣；所志于阴阳者，已其见知之可以治者矣……星队木鸣……是天地之变，阴阳之化，物之罕至者也；怪之可也；而畏之非也。

所谓"四时代御，阴阳大化"，所谓"是天地之变，阴阳之化"，这里的"阴阳"与宇宙空间概念上的天地、历时性轮转意义上的四时并称，显然也已具有万物共时性阴阳二分的意思。

此外，《礼论》云："故曰：天地合而万物生，阴阳接而变化起，性伪合而天下治。""阴阳"也是与"天地"、"性伪"这样宇宙、社会二分的概念范畴相提并论的。

《荀子·大略》中有一段说《易》的文字："《易》之《咸》，见夫妇。夫妇之道，不可不正也，君臣父子之本也。咸，感也，以高下下，以男下女，柔上而刚下。"而《易·咸》《彖传》曰："咸，感也。柔上而刚下，二气感应以相与，止而说，男下女，是以亨，利贞，取女吉也。天地感而万物化生，圣人感人心而天下和平。观其所感，而天地万物之情可见矣！"对照两段文字可以发现，《荀子》作者应该是读过《易传》这段文字。其中"咸，感也"与"柔上而刚下"两句完全相同。《荀子》中除此处出现刚柔二字外，通篇未再见刚柔对举，"柔上而刚下"应该是《荀子》取于《易传》而不应相反。只此一例，可知《荀子》确有受到《易传》的影响，起码见过《彖》之类《易传》中比较早出的篇章。那么，其阴阳学说或来自《易传》，就是很有可能的了。

2. 《礼记》中的"阴阳"说

《礼记》是孔子后学关于礼学的文章汇编。"记"指对经义的说明、补充和阐发，原附于《仪礼》之后一同流传，《汉书·艺文志》载录时即称："《礼古经》五十六卷，《经》（七十）〔十七〕篇。后氏、戴氏。《记》百三十一篇，七十子后学者所记也。"[①] 汉代传《礼》者有戴德、戴圣、庆氏三家，其中戴德将流传的说《礼》文章合为八十五篇，称《大戴礼记》；戴圣又加删辑，为四十六篇，称《小戴礼记》；东汉马融又为《小戴礼记》补充三篇进行传授，郑玄为之作注而大行。今见《十三经注疏》中所收《礼记》即四十九篇本《小戴礼记》。

作为儒家"七十子后学"之作，《礼记》诸篇非作于一时，亦非成于一手，包括了上自战国前期下至西汉时代的众儒生的释经文章，其中有的节录于诸子著作，如《隋书·音乐志上》称"《中庸》、《表记》、《坊记》、《缁衣》皆取《子思子》"[②]，郭店楚墓竹简出土的与子思有关的一批儒学著作中确有《缁衣》，印证了此说不虚；其中更有作者尚无可考的许多著述。总体说来以战国中后期至西汉的著述居多。

《礼记》中有些篇即可见出包括《易传》在内的《易》学中阴阳两仪观念的渗透和影响。

首先，有些篇仍是在占卜层面使用"阴阳"进而上升到对礼义观念及仪式设定等的解说。如《祭义》云：

[①] 《汉书》，中华书局1962年版，第1709页。
[②] 《隋书》，中华书局1973年版，第288页。

> 昔者圣人建阴阳天地之情，立以为《易》。易抱龟南面，天子卷冕北面，虽有明知之心，必进断其志焉。示不敢专，以尊天也。善则称人，过则称己。

《丧服四制》亦云：

> 凡礼之大体，体天地，法四时，则阴阳，顺人情，故谓之礼。訾之者，是不知礼之所由生也。夫礼，吉凶异道，不得相干，取之阴阳也。丧有四制，变而从宜，取之四时也。有恩，有理，有节，有权，取之人情也。恩者仁也，理者义也，节者礼也，权者知也。仁义礼知，人道具矣。

其次，值得注意的是，《礼记》中有些篇已经从阴阳两仪的哲学层面展开论说，有的可见与《易传》阴阳两仪观念的直接关系。如《礼运》中出现了以天为阳、以地为阴的明确说法以及阴阳四时的宇宙二分观念：

> ……故天秉阳，垂日星；地秉阴，窍于山川。……故圣人作则，必以天地为本，以阴阳为端，以四时为柄……
>
> 是故夫礼，必本于大一，分而为天地，转而为阴阳，变而为四时……

《礼器》中出现了从二元相对的视角释礼，以"君"与"夫人"、"大明"（日）与"月"、"礼"与"乐"对称，并将二元统称为"阴阳之分"：

> 君在阼，夫人在房。大明生于东，月生于西，此阴阳之分、夫妇之位也。君西酌牺象，夫人东酌罍尊。礼交动乎上，乐交应乎下，和之至也。礼也者，反其所自生；乐也者，乐其所自成。是故先王之制礼也，以节事，修乐以道志。故观其礼乐，而治乱可知也。

《郊特牲》则以阴阳之分解释祭祀之礼用乐与不用乐的设置，其中还直接称道"奇"、"偶"之别乃"阴阳之义"：

飨禘有乐，而食尝无乐，阴阳之义也。凡饮，养阳气也；凡食，养阴气也。故春禘而秋尝；春飨孤子，秋食耆老，其义一也。而食尝无乐。饮，养阳气也，故有乐；食，养阴气也，故无声。凡声，阳也。鼎俎奇而笾豆偶，阴阳之义也。……乐由阳来者也，礼由阴作者也，阴阳和而万物得。

《乐记》中更出现了与《易传·系辞》十分近似的表述：

在天成象，在地成形；如此，则礼者天地之别也。地气上齐，天气下降，阴阳相摩，天地相荡，鼓之以雷霆，奋之以风雨，动之以四时，暖之以日月，而百化兴焉。如此，则乐者天地之和也。化不时则不生，男女无辨则乱升，天地之情也。及夫礼乐之极乎天而蟠乎地，行乎阴阳而通乎鬼神；穷高极远而测深厚。

《系辞上》第一章与此相关的文字是："在天成象，在地成形，变化见矣。是故刚柔相摩，八卦相荡。鼓之以雷霆，润之以风雨；日月运行，一寒一暑。乾道成男，坤道成女……"鉴于其中有些语句过于相似甚至完全相同，必有转引关系。高亨先生在考察论证《易传》成文时代时用到这条材料，指出应是《乐记》摘抄《系辞》，可知《系辞》成于《乐记》之前[1]，这里则由此也可见出《礼记》出现阴阳两仪之说与《易》学影响的关系。

（三）"阴阳两仪"与《管子》

先秦两汉诸子中，论及阴阳，不得不提的还有《管子》。然而《管子》有两个问题比较棘手，一是究竟成书于何时，一是究竟属于哪家哪派。

《汉书·艺文志》于"诸子略·道家类"著录《筦子》八十六篇。自注："名夷吾，相齐桓公，九合诸侯，不以兵车也，有列传。"颜师古注曰："筦读与管同。"然自宋代朱熹始就怀疑该书是否管仲本人所作，称"仲当时任齐国之政，事甚多，稍闲时，又有三归之溺，决不是闲工

---

[1] 高亨：《周易大传今注》，齐鲁书社1979年版，第8页。

夫著书底人。著书者是不见用之人也"。当然这只是情理推断。其后学者们做过一些研究和论证，大多认定是战国中后期齐国稷下学者托名管仲而作，如顾颉刚认为《管子》"是一部稷下丛书"①，冯友兰认为是"稷下学士们的著作的总集"②，有学者则认为这种说法过于笼统，经分析认定应是稷下学宫中齐国本土佚名学者著述的汇集，因为那些著名的本土学者和更多著名的异国学者皆有著作，不当再被列入《管子》一书③，所言似乎有一定道理。另外，还有学者认定其中有些篇目成于西汉，如王国维提出《轻重篇》作于汉代："余疑《管子轻重》诸篇，皆汉文景间所作。"④有学者则从词汇角度补证，认为《管子·轻重篇》中存在的一些汉代以降通行的词语，如丁壮、树枝、治生、腐朽、游客、客舍、钱币、游子、役使等，为"汉代说"提供了语言学上的某些证据。⑤ 此外，还有学者比对《管子》与《吕氏春秋》中的有些篇目，发现两者记载了相同的故事，表述了相同的思想，甚至使用了几乎完全一致的语言，显然有前后相承关系，而从两书的编纂时代、地域、背景以及流传情况来判断，应该是《管子》受到了《吕氏春秋》的影响。⑥ 总之，由刘向收集整理的《管子》，其篇章非一时一人之作，大致成于战国中后期至秦汉之际。

关于《管子》的学派归属，自古也有不同的认定。《汉书·艺文志》列在"诸子略·道家"一派，"六艺略·孝经"中有《弟子职》一篇，应劭曰："管仲所作，在《管子》书。"《隋书·经籍志》著录《管子》十九卷，称"齐相管夷吾撰"，又列在法家。其实，《管子》作为以齐地稷下学派著述为主要部分的著作，原本就具有很强的包容性、综合性，吸纳了道家、儒家、法家等各学派的思想，同时，阴阳观念在其中也有相当明显的呈现，而且较之各家，对"阴阳"的定位在这里得到进一步提升，真正显示出"阴阳两仪"思维范式的特征。

---

① 顾颉刚：《"周公制礼"的传说和〈周官〉一书的出现》，载《文史》第6辑，中华书局1979年版。
② 《中国哲学史新编》第1册。
③ 白奚：《也谈〈管子〉的成书年代与作者》，《中国哲学史》1997年第4期。
④ 《月氏未西徙大夏时故地考》，《观堂别集》，见《观堂别集（外二种）》，河北教育出版社2003年版，第626页。
⑤ 王东：《〈管子·轻重篇〉成书时代考辨》，《郑州大学学报》2010年第4期。
⑥ 翟江月：《试论〈管子〉中的作品完成在〈吕氏春秋〉成书之后》，《管子学刊》2004年第3期。

《管子·乘马》中专有《阴阳》一节，"阴阳"成为天地万物一切变化的动因：

> 春秋冬夏，阴阳之推移也；时之短长，阴阳之利用也；日夜之易，阴阳之化也。然则阴阳正矣，虽不正，有余不可损，不足不可益也。

《庄子》中"阴阳"、"四时"并提，所谓"阴阳和静"、"四时得节"（《缮性》），"阴阳四时运行，各得其序"（《知北游》）。《荀子》中出现了"阴阳"所化的意思，但表述还不是很明确，所谓"四时代御，阴阳大化"（《天论》），而《管子》这里，直称"春秋冬夏"是"阴阳之推移"，"时之短长"是"阴阳之利用"，"日夜之易"是"阴阳之化"，这样根基上就只剩阴阳两端了。而从"有余不可损，不足不可益"这种直称损益的论述看，又很明显见出这里阴阳两端所受《周易》、《易传》影响的痕迹。

不只是天地自然，社会人生也最终受制于"阴阳两生"、"阴阳理"：

> 凡万物阴阳，两生而参视，先王因其参而慎所入所出。（《枢言》）

> 圣人者，阴阳理，故平外而险中。（《侈靡》）

> 请问形有时而变乎？对曰：阴阳之分定，则甘苦之草生也。从其宜，则酸咸和焉，而形色定焉，以为声乐。夫阴阳进退，满虚亡时，其散合可以视岁。唯圣人不为岁，能知满虚，夺余满，补不足，以通政事，以赡民常。（《侈靡》）

这些论述都在强调治理社会也要考虑到"进退"、"满虚"这些"阴阳之分定"，注意调和适中，论处合宜，从而"以通政事，以赡民常"。

总之，在《管子》这里，阴阳已经是诸物之因，诸事之本：

> 是故阴阳者，天地之大理也；四时者，阴阳之大经也；刑德者，四时之合也。刑德合于时，则生福，诡则生祸。（《四时》）

故曰，修阴阳之从，而道天地之常。（《势第》）

天地、四时、刑德、祸福、空间、时间、自然、社会，林林总总，已经全部根基于阴阳两端，"阴阳两仪"思维范式在《管子》中已经得到完全的体现。

（四）"阴阳两仪"与"阴阳家"及董仲舒的"阴阳五行说"

说到"阴阳两仪"，还有一个更值得一提的话题，这就是它与"阴阳五行"学说的关系。尽管"阴阳"与"五行"原本不是一回事，但在某一个时期它们毕竟被糅合到一起，又在后来的中华文化中留下或现或隐的痕迹。

要厘清阴阳两仪与"阴阳五行说"的关系，首先需要解决的是"阴阳两仪"思维范式与阴阳家中"阴阳五行说"的关系。就诸子而言，"阴阳家"当主要指战国后期以邹衍为代表的将阴阳与五行结合的学派。在此之前，西周至春秋，阴阳学说不断推衍，被有的学者称为早期阴阳家言。① 如果确实可以将这些言论和思想称为"早期阴阳家言"的话，那么无论是《易传》还是增补本《老子》，能够将"阴阳"提升到世界二分的"阴阳两仪"的哲学范畴，除《周易》本身已经二分的基础外，之所以还会在用"刚柔"给以定性外，又特别用"阴阳"加以指称，并最终落脚在"阴阳"范畴里，应该说也有受到阴阳家言相当重要的启发和影响。而后期阴阳家，或者说作为诸子学派的阴阳家，则应是在早期阴阳家言的基础上，同时受到"阴阳两仪"思维范式的影响，才又衍生出阴阳五行学说。

五行说起源甚早，今见材料始见于《尚书·洪范》，其后"五行"一词不常出现，但"五方"、"五材"、"五音"、"五味"、"五色"等等在春秋典籍中屡见不鲜，不过它们本都与阴阳观念不相关涉。直至战国后期，才出现了将两者糅合在一起的阴阳五行说。《汉书·艺文志》著录阴阳家二十一家，三百六十九篇，其中属于战国时期的有《宋司星子韦》三篇、《公孙发》二十二篇、《邹子》四十九篇、《邹

---

① 萧萐父：《〈周易〉与早期阴阳家言》，《江汉论坛》1984年第5期。

子终始》五十六篇、《乘丘子》五篇、《杜文公》五篇、《黄帝泰素》二十篇、《南公》三十一篇、《容成子》十四篇，可惜这些著作均不传。其中在《邹子》四十九篇后班固自注云："名衍，齐人，为燕昭王师，居稷下，号谈天衍。"在《邹子终始》五十六篇后颜师古注："亦邹衍所说。"

关于邹衍，《史记·孟子荀卿列传》称其"后孟子"，"睹有国者益淫侈"，"乃深观阴阳消息而作怪迂之变，《终始》、《大圣》之篇十余万言"，"如燕，昭王拥彗先驱，请列弟子之座而受业，筑碣石宫，身亲往师之。作《主运》"。①《封禅书》称"自齐威、宣之时，驺子之徒论著终始五德之运"，"驺衍以阴阳主运显于诸侯"。《文选》左思《魏都赋》李善注引刘歆《七略》云："邹子终始五德，从所不胜。土德后，木德继之，金德次之，火德次之，水德次之。"② 单就这些记述，还无法确知邹衍究竟是怎样将阴阳与五行结合搭配，但从位列阴阳家、"深观阴阳消息"、倡言"阴阳主运"、大谈"终始五德"看，应该已经初步完成了阴阳五行学说的建构。

《汉书·艺文志》所列战国阴阳家著述中还有《黄帝泰素》二十篇，班固自注云："六国时韩诸公子所作。"颜师古注云："刘向《别录》云或言韩诸公孙之所作也。言阴阳五行，以为黄帝之道也，故曰《泰素》。"③ 这里更明确称其"言阴阳五行"，所谓"黄帝之道"、"泰素"，又有"一阴一阳之谓道"的意思，也透露了后期阴阳家以将阴阳与五行糅合为其特色的消息。

从邹衍论五德终始看，后期阴阳家已经超出了早期阴阳家观星占筮的行业范畴，而将阴阳、五行拓展到了社会历史和政治的推衍与建构领域，据此可以推想，这是需要在"阴阳"已经上升到"阴阳两仪"的哲学范畴基础上才能完成的。

然而，由于阴阳家的著作已佚，它们究竟是如何将"阴阳"与"五行"糅合在一起的，又究竟糅合到什么程度，人们毕竟都只能是凭着史料的点滴记述和介绍加以推断，尚无法给出确定的结论。

---

① 《史记》，中华书局1959年版。
② （梁）萧统编、（唐）李善注《文选》，中华书局1977年版，第106页。
③ 《汉书》，第1734页。

就今见文本来看，真正系统完成"阴阳五行"学说建构的是西汉时期的董仲舒，这一建构在其著作《春秋繁露》中有完整的呈现。

关于董仲舒的著述，《史记·十二诸侯年表序》提到"上大夫董仲舒推《春秋》义，颇著文焉"；《汉书·艺文志》在"六艺略·《春秋》类"中著录称《公羊董仲舒治狱》十六篇，在"诸子略·儒家类"中著录"董仲舒百二十三篇"；《汉书·董仲舒传》称"仲舒所著，皆明经术之意，及上疏条教，凡百二十三篇。而说春秋事得失，《闻举》、《玉杯》、《蕃露》、《清明》、《竹林》之属，复数十篇，十余万言，皆传于后世"，均未提《春秋繁露》之名。至《隋书·经籍志》，始于"经部·春秋"载《春秋繁露》十七卷，称汉胶西相董仲舒撰。而《玉杯》、《竹林》则是《春秋繁露》中的篇名。因此《春秋繁露》当是后人辑录董仲舒遗文而成，书名亦是辑录者所加。

关于《春秋繁露》中的阴阳五行思想，首先值得一提的是"阴阳"作为二元两仪在该书中不但十分确定，且开始得到一定的阐发。阴阳二分如《阴阳义》称"天地之常，一阴一阳。阳者天之德也，阴者天之刑也"①，《如天之为》称"阴阳之气，在上天，亦在人。在人者为好恶喜怒，在天者为暖清寒暑"，《深察名号》称"天两有阴阳之施，身亦两有贪仁之性。天有阴阳禁，身有情欲栣，与天道一也"，天有阴阳，人亦有阴阳，而且就基本元素来说，天人只分为阴阳，可见二分囊括了自然和人事。《阳尊阴卑》更是不但对万物做了或阳或阴的归类，并揭示了根基于阳气暖、阴气寒而发展出二分归类的原理：

> 在上下，在大小，在强弱，在贤不肖，在善恶。恶之属尽为阴，善之属尽为阳。阳为德，阴为刑……故曰：阳天之德，阴天之刑也。阳气暖而阴气寒，阳气予而阴气夺，阳气仁而阴气戾，阳气宽而阴气急，阳气爱而阴气恶，阳气生而阴气杀……

阳的本义为朝阳面，引申为和暖之气，阴的本义为背阳面，引申为阴冷之气，于是，温暖、生长、宽厚、仁爱等等都可归于阳类，寒冷、

---

① （清）苏舆：《春秋繁露义证》，新编诸子集成本，中华书局1992年版。

杀戮、乖戾、凶恶等等都可归于阴类，天地万物分为阴阳二类的思路十分清晰。

其次，五方、五材等搭配及五行相生的观念在该书中也得到了最完整的表述：

> 天地之气，合而为一，分为阴阳，判为四时，列为五行。行者行也，其行不同，故谓之五行。五行者，五官也，比相生而间相胜也。故为治，逆之则乱，顺之则治。东方者木……故曰木生火。南方者火也……故曰火生土。中央者土……故曰土生金。西方者金……故曰金生水。北方者水……故曰水生木。（《五行相生》）

东方木、南方火、中央土、西方金、北方水，木生火、火生土、土生金、金生水、水生木……遗失的邹衍五行相生相胜说似在这里得以复现。"间相胜"正是火胜金、土胜水、金胜木、水胜火、木胜土……

再次，阴阳与五行在该书中常常放在一起并称总述。上引《五行相生》称"天地之气，合而为一，分为阴阳，判为四时，列为五行"，就隐含着五行乃阴阳二气所分布的意思。《天地阴阳》直称"天、地、阴、阳、木、火、土、金、水九，与人而十者，天之数毕也"，也将阴阳与五行放在了一起。

最后，该书中已经出现将阴阳与五行糅合配搭的论述：

> 金木水火，各奉其所主以从阴阳，相与一力而并功。其实非独阴阳也，然而阴阳因之以起，助其所主。故少阳因木而起，助春之生也；太阳因火而起，助夏之养也；少阴因金而起，助秋之成也；太阴因水而起，助冬之藏也。……春爱志也，夏乐志也，秋严志也，冬哀志也。……是故阴阳之行，终各六月，远近同度，而所在异处。（《天辨在人》）

将阴阳分成少阳、太阳、少阴、太阴，与春、夏、秋、冬四时及五行中的木、火、金、水四材配在了一起，而前面所引已知它们对应的是东、南、西、北五方中的四方，那么五行中唯一没有被配搭的是中方和土材,不过该书多次强调,"天地之气,合而为一,分为阴阳"(《五行相生》),"中者,天地之所终始也;而和者,天地之所生成也。夫德莫大于和,而道莫正于中。中者,天地之美达理也,圣人之所保守也","和者,天之正也,阴阳之平也,其气最良,物之所生也。诚择其和者,以为大得天地之奉也"(《循天之道》),那么阴阳之和就恰恰可以与中方和土材对应了吧。

第二章

"阴阳两仪"思维与儒家美学

一 "阴阳两仪"思维与儒家美学的关系

刘纲纪先生认为："在中国古代美学史上，美学与哲学是联为一体，不可分离的。"① 事实的确如此，这是由中国古代文、史、哲的交融状态决定了的。而本章要讨论的正是中国古代哲学与美学的关系问题。

（一）阴阳两仪学说与儒家思想的整合互动

阴阳的观念在中国由来已久，这源于古代依赖阳光的农耕社会对太阳的细致观察。其最初的基本意义是指"日光的有无或日光能否照射的地区"。② 而"阴阳，作为一对范畴，今存古籍当以《国语·周语》所载西周伯阳父以阴阳论地震为最早"。③ 其后，阴阳的思想逐渐普泛化，人们用这一思想解释自然与人类现象，尤其是各种灾难，包括地震、陨星、旱涝、疾病等。

《易经》中虽然没有出现"阴阳"对举的概念，但是"不能因《易经》中没有出现阴阳，就否认其中的阴阳思想"。④ 先秦儒家学者所作的《易传》，体现了儒家思想对当时阴阳两仪观念的整合和发扬，从而也推动了自身的理论建设，夯实了自身的哲学基石。《易传·系辞上》关于阴

---

① 刘纲纪：《美学与哲学》，湖北人民出版社1986年版，第281页。
② 杨庆中：《周易经传研究》，商务印书馆2005年版，第199页。
③ 张岱年：《中国古典哲学概念范畴要论》，中国社会科学出版社1989年版，第84页。也有学者认为："阴阳二字作为矛盾对立的概念连在一起使用，起码应当上推至周初。"（赵士孝《〈易传〉阴阳思想的来源》，《哲学研究》1996年第8期）
④ 杨庆中：《周易经传研究》，第198页。

阳两仪有精彩表述："一阴一阳谓之道"，"易有太极，是生两仪，两仪生四象，四象生八卦，八卦定吉凶，吉凶生大业"。认为宇宙原是一个混沌的整体，阴阳是最初的析分。宇宙的本原衍生为天地阴阳二仪，然后生发四时变化，而后有八卦，再由此预知吉凶，使人最终成就大事业。据周振甫先生考证，"《系辞》的基本部分是战国中期的作品，著作年代在老子以后，惠子、庄子以前"。[①] 那么，《系辞》中对宇宙人生高度形而上的认识论和朴素的辩证法思想，正是战国儒家对《周易》古经的创造性阐释。

（二）阴阳两仪观念赋予儒家的思想资源

第一，两两相应、相互作用的宇宙模式观。在儒家看来，《周易》古经中的阴阳观念是很明确的，《易传·说卦》云："昔者圣人之作《易》也，将以顺性命之理。是以立天之道曰阴与阳，立地之道曰柔与刚，立人之道曰仁与义。"也就是说，阴阳两面是事物自身的本性，《周易》是对这一本性的顺应。有学者还对《易传》的阴阳学说加以引申，指出《周易》中"阴阳这一对范畴，无论在哲学还是在美学中，都并非首先实指两个性质相反的物，而是指世界两种互对、互补、互动的随时态势，阴阳相互涵摄各以对方的存在运动为存在运动之条件，随时而变，《周易》所谓'一阴一阳之谓道'"。[②] 那么，这就将阴阳这对概念形而上的特色更加显豁地揭示出来。《周易》对世界的把握，可以用一个"变"字来概括。《说卦》云："水火相逮，雷风不相悖，山泽通气，然后能变化，既成万物也。"亦即事物的变化或态势的成功，需要两种对立因素的互相作用，也就是所谓的"阴阳相薄"（《说卦》）。

第二，生生不息的生命进取观。《易传·系辞下》云："天地之大德曰生。""生"是天地、阴阳最显著的本质。《系辞上》云："乾知大始，坤作成物。"也就是肯定乾坤二元，阴阳二气是生命实现的原动力。"天地絪缊、万物化醇，男女构精，万物化生。"（《系辞下》）整个《周易》就是建立在阴阳相感相交、生命流转不息的基础之上。《乾卦·象传》云："天行健，君子以自强不息。"又《象传》释"大有"卦曰："其德

[①] 周振甫：《周易译注·前言》，中华书局1991年版，第19页。本章有关《周易》的引文皆出自此书，不再一一注明。

[②] 王振复：《大易之美——周易的美学智慧》，北京大学出版社2006年版，第85页。

刚健而文明，应乎天而时行，是以元亨。"因此，在《易传》体系中，天的本质是刚健自强的。而这种"取法乎天"的进取不息的精神素质，亦成为儒家思想中最可宝贵的财富。

第三，"天人合一"的主客观。与西方世界"天人相分"的思维模式不同，对于人类与周围环境的主客观关系，中国古代的阴阳学家为后世提高了一种影响深远的思维方式，那就是"天人合一"，即承认主客观的融合关系，而且注目焦点始终在于人世。《史记·太史公自序》中评论阴阳家学说云："夫春生夏长，秋收冬藏，此天道之大经也，弗顺则无以为天下纲纪。"即认为阴阳家将天道四时与人间事理结合起来，以天的规则为人事之纲纪，司马迁又云："四时之大顺，不可失也。"他对阴阳家肯定的一面即在于此。汉代董仲舒"天人感应"之神学体系的建立，无疑是对这种思维方式淋漓尽致的发挥。

第四，适当合宜的时、位观。中国古人的思维总是与生活的人事密切相关，关于时间和空间的概念也是如此。人们通过观察日月的东升西落，四季的寒暑更迁来思考生命的时间，通过人们所在的处所、场合、阶层来思考生命的空间，在《周易》中称为"时"、"位"。

《周易》为了趋吉避凶的目的，主要在考察"时"、"位"的合宜与否，由此来预知吉凶，为人事提供参考。《周易》"时"、"位"观念不可截然分开，六爻在六个爻位的逆向秩序即代表着事情时间上的铺展。《艮卦·象传》云："时行则行，时止则止，动静不失时。"《系辞下》曰："变通者，趣时者也。"这种"与时偕行"的理念，就是"时中"的原则。再看"位"的概念，也有一个"当位"原则。所谓"当位"，系指阳爻居初、三、五位，阴爻居二、四、上位，反之是"不当位"。一般来说，当位则吉，不当位则凶，但往往也会根据上下卦阴阳刚柔的关系，产生不同的结果。在各位之中，《周易》极为推崇中位。所谓"中位"，指二、五两个爻位，其中九五既是中位，又是尊位，是最关键的位。《姤卦·象传》云："刚遇中正，天下大行也。"《萃卦·象传》曰："顺以说，刚中而应。"就是说，坤下兑上，顺下而悦上，九五是阳爻，六二是阴爻，阴阳得中而相应，因此"萃"卦总体是很吉利的。这种推变阴阳刚柔而形成的"尚中"思想，即成为儒家道德修养和伦理美学的重要内容。

(三) 阴阳两仪与儒家的美学观念

"阴阳两仪"在中国文化和美学观念中是一个非常重要的命题。"阴阳两仪""思想范式以《易》卦的两个符号'—'、'--'为义理基础"。[①]《周易》的阳爻、阴爻就是阴、阳。起初,《周易》中的阴阳用来象征或概括天地、日月、昼夜、君臣、父子这些相对立的事物。[②] 随着阴阳理论的发展,"阴阳"象征的事物也从早期的具体事物演变为后来的抽象事物,如动静、进退、贵贱、高低等,总结说来,"阴"多指代柔美的事物或其属性,而"阳"多指代刚健的事物或其属性。可以说,世界上的一切事物都囊括在"阴阳两仪"的范畴之中。阴阳成为构成世界的两极框架,世间万物都是阴阳及其演化。由此看来,"阴阳"经过了一系列的演变,"从指天时地理,发展为专指男女两性,并由这男女两性而上升为哲学、美学意义上事物两极的对立互补范畴,建构起一个既指天时地理又指男女父母等一切事物两极的互对互补性质、功能与态势的易之世界模式"[③],富于哲理美蕴。

"一阴一阳谓之道"是《周易·系辞上传》所提出的具有总结性的易学基本原理,这个原理对美学的影响很大。首先,它影响了中国古典美学的分类:阴、阳是世间万物的基础,因其分别代表刚健和柔美的事物,在其影响下,中国古典美学把美学区分为两大基本类型:壮美和优美。或者叫阳刚之美和阴柔之美。其次,它奠定了中国美学的审美理想:《系辞传》认为,宇宙万物变化的原因,是阴和阳(也就是刚和柔)这两种对立因素的互相作用的结果。所以说"刚柔相摩,八卦相荡","刚柔相推,变在其中矣"。阴、阳在事物的发展过程中相互作用,缺一不可,"一阴一阳"为始基形成了一个辩证的无限生长、循环的有机统一体。阴阳相合,产生和谐,万物才有了生机和发展。因此,"阴阳两仪"不仅反映了一种中国式的宇宙观念和人生哲学,也奠定了中国美学崇尚的一种具有中华特色的审美理想——"刚柔相济"。

在春秋战国百家争鸣的时代,各家学说与其他学说既争锋又交融,儒

[①] 仪平策:《论"阴阳两仪"思想范式的美学意涵》,《华中师范大学学报》(人文社会科学版)2007 年第 3 期。

[②] 关于"阴阳"的象征意义,详见高亨《周易大传今注》,第 31 页。

[③] 王振复:《大易之美——周易的美学智慧》,第 166 页。

家思想也是如此。它在保持自身"仁"、"礼"、"善"等核心价值理念之时，充分吸收了其他学说，包括阴阳家思想之长，这种做法使得儒家学说不仅弥补了在天道、宇宙观等抽象理论构建上的缺失，也使得儒家的学说透露出"阴阳相济"的"和谐"观念，从而使得儒家学说自身获得了旺盛而长久的生命力。

本章将把上述因素作为参照点，展开对先秦至汉代儒家美学的深入探讨。

二 "阴阳两仪"思维与孔子的审美意识

大多数学者认为孔子在政治学、伦理学、社会学等方面做出的建设较为突出，而缺少美学方面的贡献。但事实上，孔子的思想中暗含着强烈的审美意识——孔子的学说不管是"仁义"还是"礼乐"，其都有一个适度原则，追求着所谓的"中和"，即中庸、和谐。而"阴阳两仪"的思想范式中的"刚柔相济"理论着重强调的是在两两相对的矛盾因素之间实现一种不偏不倚的和谐，即强调的是一种中和之美。

（一）和谐——孔子思想中的"阴阳两仪"意识

在《周易》的"阴阳两仪"思维范式中，"中"是其核心范畴、理想境界。"中"的字面意思是中间。众所周知，《周易》六十四卦，每卦分六爻，六爻分处的六级等次，称为"爻位"。其中，初、二、三爻组成下卦，四、五、上爻组成上卦。由于二爻、五爻分居下卦与上卦之中，被称为中位。这两个中位均象征事物守持中道，行为不偏不倚。凡阳爻居中位，象征"刚中"，阴爻居中位，象征"柔中"。若阴爻处二位，阳爻处五位，则是既"中"且"正"，称为"中正"。根据学者研究，《易传》里谈"中"的地方很多，仅对"中"的称谓，如"中正"、"得中""中道"、"中行"等就有二十九种[①]，而且这些称"中"的卦爻都是吉卦、吉爻。《易经》所追求的理想境界，核心即一个美学意义上的"中"字。

---

① 详见仪平策《论"阴阳两仪"思想范式的美学意涵》，《华中师范大学学报》（人文社会科学版）2007年第3期。

刘大钧指出《易传》里这种崇"中"思想"实为继承《周易》古经而来"。① 如此说来，《周易》的"阴阳两仪"思想范式，以作为"美"之象征的"中"为最高境界。

这种持中的和谐实际上就是孔子提出的"中庸"思想。孔子曰："中庸之为德也，其至矣乎。"（《论语·雍也》）孔子把中庸看作道德的最高层面，虽然带有强烈的社会道德意义，但是也沾染上美学的色彩。孔子认为没有什么可以超越"中庸"，因而它是最高境界。"中和"是"阴阳两仪"美学和孔子审美思想的共通之处。

"仁"是孔子思想的核心，孔子的"仁"有很多含义，但是最基本的含义是"爱人"（《论语》樊迟问仁，子曰：爱人）。而孔子的爱人建立在血亲关系上，并非无条件的，由血亲之情推而广之，变"孝"为"忠"，移"弟"为"义"，使社会变为一个和谐的大家庭。这样具有"和"意义的社会才是孔子理想中的社会。

"礼"在孔子的思想中是仅次于"仁"的存在。中国封建社会的礼以规范化了的形式承载一定的政治或伦理功能，同时也有一定的审美功能。因为礼重形式、规范，而形式、规范本身就蕴含着美的标准。所以孔子在遵循礼的同时，也融入了他的审美理想。《论语·乡党》中记载：

> 君子不以绀緅饰，红紫不以为亵服。当暑，袗絺綌，必表而出之。缁衣羔裘，素衣麑裘，黄衣狐裘。亵裘长。短右袂。必有寝衣，长一身有半。狐貉之厚以居。去丧，无所不佩。非帷裳，必杀之。羔裘玄冠不以吊。吉月，必朝服而朝。

在孔子看来，遵循礼和美是统一的。礼对服饰有着严格的要求，符合礼规定的服饰才是美的。《论语·学而》中记载：有子曰："礼之用，和为贵。先王之道，斯为美。"孔子把礼和"和"统一在一起，认为只有达到"和"的礼才是美的。由此可见孔子的审美意识——与礼相合的事物是美的，而达到和的礼才是美的。孔子痛心、愤怒"八佾舞于庭"，并不是因为"八佾舞于庭"不赏心悦目，而是因为它违反了"礼"，没有与社会礼仪规定相"和"，因此不美。孔子的整个美学都在强调"和"。

---

① 刘大钧：《周易概论》，齐鲁书社1986年版，第31页。

孔子提出"和"这个审美范畴,不仅与社会道德审美有关,在文学艺术创作中也得到了体现。《论语·八佾》记载:"《关雎》乐而不淫,哀而不伤。"孔子在此提出了一个"度"的问题,要求艺术创作的感情要控制在一定的范围内,不能太强烈。孔子编订《春秋》就精确地掌握了这个度,使得《春秋》微言大义,感情蕴含其中,强烈饱满却不过分,微妙含蓄但不隐晦。"中和"的审美意识不仅适用于那个特殊的时代,也适用于当今的艺术创作。艺术创作者的情感既要热烈,又要冷静,应有所节制才能给人以美感,这是非常精辟的审美心理学说。[①]

所谓"发乎情,止乎礼义",儒家对人的感情虽然有条件要求,但明显是持肯定的态度的。在孔子看来"情"和"礼义"是一对两两相对的概念,儒家并不反对人的感情宣泄,但是主张用"礼义"来节制。这实际上也是一个"度"的掌握问题,只有不超过这个"度",在一定的程度中宣泄感情,情感和礼义才能达到一种和谐。中国的审美艺术要求艺术创作者既要宣泄自己的感情,也要有一定的章法,也无疑与儒家思想的"中和"审美意识有关。

"阴阳两仪"思想生发出的"和"意识,从孔子开始,影响着艺术创作者的心理和情绪,使艺术创作蕴含创作者的感情,却也有一定的规则,不至于杂乱无章。

除了审美心理,孔子思想中的"阴阳两仪"意识还体现在处理文和质的关系上。孔子在《论语》中提出:"质胜文则野,文胜质则史。文质彬彬,然后君子。"(《雍也》)"质"在这里一般解释为内容,"文"则为形式。文和质是一对矛盾,孔子并没有忽视它们中的一个,而是强调文质统一,实现一种和谐,才能成为君子,达到一种审美理想的高度。孔子奠定文质统一的思想后,成为中国美学和中国艺术学的重要传统,为后世所继承。后世对文质关系的言论中,在文质统一的观点上,基本是一致的。如扬雄、刘向、刘勰等所提出的文质观皆来源于孔子。"阴阳两仪"思想中的"和"这一观点子孔子开始,影响着中国的文学艺术创作。

在孔子的"中和"思想影响下,儒家经典《礼记》提出"温柔敦厚"的诗教。关于"温柔敦厚"的解释很多,实际上这四个字包含着一

---

① 关于"乐而不淫,哀而不伤"的审美心理学说,详见陈望衡《中国古典美学史》(上卷),武汉大学出版社2007年版,第105—106页。

个很简单的道理——中和之道。这与中国的诗教政治传统有关,在中国古代,诗文具有反映民意民情、表达政治见解、规谏君王等重要的政治责任,正因为政治色彩浓厚,往往不能直白表达,这就使得中国的艺术作品含蓄蕴藉,温婉柔约,尽是言外之意。这实际上是政治和艺术调和的一种办法,但这样的艺术作品并没有因此变得粗俗不堪,反而远韵有余味,散发出一种独特的艺术魅力,致使后来中国文学艺术多阴柔温婉之作。这些与孔子的审美意识都有着直接或间接的关系。

《论语》:"子谓《韶》'尽美矣,又尽善也'。谓《武》'尽美矣,未尽善也'。"(《八佾》)孔子虽然没有对美和善做过理论性的区分,但显然二者在他心目中的地位是不一样的,而"尽善尽美"则是孔子的审美理想。艺术不仅要有形式上的美,还要有内容上的充实高雅,才能称之为"中和"。孔子认为符合"中和"的艺术才是美的,才能用于教化大众。"中和"的艺术作品不仅"美",而且"善",具有社会伦理价值。孔子将"美"与社会伦理,以及人与人、人与社会之间的关系联系起来,使"中和"不仅成为做人的标准,要求人在自我人格修养中,做到内在美和外在美的和谐统一,而且成为审美的标准,要求事物在形式和内容上的和谐统一。儒家的这种"尽善尽美"的审美思想,不仅对塑造中华民族的人格精神产生了巨大的影响,而且影响着中国的文艺思想。

"一阴一阳谓之道",阴阳的相对相交是整个世界存在的规律,"天地不交,而万物不生",阴阳相交才有了生命,《周易》中这句富含哲理的话又引出了在中国哲学和美学领域有重要意义的概念——生命哲学和生命美学。

(二) 阳刚——儒家生生不息的追求

虽然"阴阳两仪"以"和"为核心思想,孔子的思想言论中也处处透露出和谐的审美意识。但大多数人认为既然孔子的思想以"仁"为中心,而这个概念带着慈爱、阴柔的色彩,因而孔子思想中的审美意识也必然偏向于阴柔一方(即偏向"阴"),于是就认定孔子对阳刚之美有所忽略。但所谓"一阴一阳谓之道",阴和阳都是"道"所不可缺少的;所谓"刚柔相济",阴和阳(即刚和柔)不是对立的,而是统一的,孔子追求着"中和之美",在注重阴柔美的同时自然也不会忽略阳刚之美。

孔子在《论语》中用了"大"这个范畴。

> 子曰:"大哉尧之为君也!巍巍乎!唯天为大,唯尧则之。荡荡乎!民无能名焉。巍巍乎!其有成功也。焕乎!其有文章。"(《泰伯》)

在这段话中,"大"是对尧的赞扬,是一个道德范畴,但是,孔子用"巍巍乎"、"荡荡乎"、"焕乎"来形容"大"这就包含有审美意味。所以"大"同时又是一个审美范畴。①

孔子的"大"虽然和"阳刚之美"(即"阳")并不是同一个范畴,但是也有相似之处,都是对阳刚的事物的赞叹和欣赏。

除此之外,《论语》中记载的孔子的言论中,有不少是对阳刚的赞叹和欣赏,如:

> 子曰:"志士仁人,无求生以害仁,有杀身以成仁。"(《卫灵公》)

> 子曰:"人能弘道,非道弘人。"(《卫灵公》)

> 子曰:"士而怀居,不足以为士矣。"(《宪问》)

儒家一向肯定生命积极进取的一面,孔子身体力行,十五"志于学"(《论语·为政》),一生学无常师,为了实现自己的政治理想周游列国,游说君王,"知其不可而为之",即使最后"累累若丧家狗"也没有放弃自己的理想。因此,《易传》中"天行健,君子以自强不息"为以孔子为首的历代儒家推崇。

由此可见,孔子对阳刚的人格、事物都是较为欣赏的。随着时代的发展,儒家学说的核心也在不停的变换,但是儒家对刚正不阿的坚守却从未

---

① 叶朗:《中国美学史大纲》,上海人民出版社1985年版,第54页。

改变,即使"无事袖手谈心性"者也能"临危以死报君王"①,而孔子思想中表现出来的对君子坚强性格的赞叹,可以视为历代儒家思想中表现出来的正直、刚健等品格的源头。

(三) 比德——天人合一思想中的阴阳两仪意识

孔子的学说绝大部分与政治、社会、人生有关,因此孔子谈的美大多带有社会美的意味,但孔子也谈过对自然美的欣赏,如:

> 子曰:"知者乐水,仁者乐山;知者动,仁者静;知者乐,仁者寿。"(《论语·雍也》)

> 子在川上曰:"逝者如斯夫,不舍昼夜。"(《论语·子罕》)

> 子曰:"岁寒,然后知松柏之后凋也。"(《论语·子罕》)

从表面上看,孔子的这些话只是表明对自然美的欣赏,但由于把自然物和人的道德品性联系在一起,被许多学者认为是"比德"的开始。自然物的本身并没有道德品性,而孔子的言论把人与自然物联系在一起,使得自然物沾染上道德的色彩,此后,一些特定的动植物有了特定的道德品性表达,自然与人紧紧联系在一起,达到"天人合一"的和谐。"天人合一"的观念中还可见"阴阳两仪"的思想:孔子把自然物的某些特点与人的道德属性类似的地方联系起来,把自然物作为人的道德属性的象征。这就使得人与物有共同之处,相互交错,从而达到一种和谐的效果。

孔子的思想有一个核心——"仁",孔子的审美意识也有一个重心——"和谐为美",儒家的终极目标有着强烈的政治意味,它"体现在治理国家和对社会的现实关怀中,要为社会培养出一批知识丰富,集善美于一身的'士人',并使他们在社会实践中实现人生价值"。② 儒家的这个终极目标完全可见"阴阳两仪"的审美意识,即不仅要求形式与内容的

---

① (清)颜元:《存学编》卷一,《学辨一》,《颜元集》(上),中华书局1987年版,第5页。

② 王磊:《以和为美》,四川文艺出版社2008年版,第22页。

统一，也有对"阴阳"和谐的追求。

由此可见，无论是谈社会规范还是文学艺术，儒家的审美意识都有着"阴阳两仪"的"和谐"色彩，而儒家的最终目的是借助具有"中和之美"的礼乐和其他思想，把人教育成符合"中和之美"的人，把社会变成一个符合"中和之美"的和谐社会。

三 "阴阳两仪"思维与孟子的审美意识

学术界在讨论《周易》阴阳美学智慧问题时，有一种"崇阳抑阴"之说[①]，认为《周易》在阴阳、乾坤、天地、男女、君臣、父母这一系列两相对互补的关系问题上，是重前者轻后者的。这一点在儒家的思想中并没有得到过多的体现。尽管在儒家的学说中，"阴阳"往往和"君臣"、"君子小人"联系在一起，而儒家宣扬的也是一种臣子服从君主、尊君子轻小人的思想，但是孔子更多地是追求"和"之美，可以看作是"阴阳相济"的审美意识，而孟子虽然较多地宣扬阳刚之美，但也秉着"刚柔相济"的理论基础。

（一）阳刚之美的强调

孟子的学说也以社会政治、伦理为主要内容，但《孟子》一书多处提到"美"这个概念，《孟子·尽心下》中，孟子曰："充实之谓美，充实而有光辉谓之大。"在先秦，"大"有类似于美的意义。孟子讲的"大"，重在"光辉"，相当于壮美。孟子还善养"浩然之气"，这个气"至刚至大"，也是壮美的一种表现，而《周易》中，乾卦所歌颂的天就是壮美的。《周易》以"刚健"来形容产生万物的"乾"的伟大与孟子"至大至刚"的"浩然之气"在理论上是相通的。

孟子除了善养"浩然之气"，还有很多刚健的言论，如"大丈夫"的标准，如"舍生取义"之说，"生"和"义"本来并不构成一对对立矛盾双方的两面，但是比起苟且偷生，"义"明显是阳刚的，而孟子毫无疑问地倾向于"义"。

[①] 关于"崇阳抑阴"说，详见王振复《大易之美——周易的美学智慧》。

（二）形式美的重视

孟子的美的概念尽管包含着社会伦理的意味，但也可从中见其审美意识。在孟子看来，人的充满仁义等美好品德的精神生命与相应的天赋容貌和谐统一就是美。孟子对美的本质看法基本上同于孔子，既强调美主要在内容的善，同时又不忽视形式的作用。孔子要求"文质彬彬"，孟子讲"充实之谓美"，比较起来，孟子更注重形式，孟子对"美"的外在有一种要求，对美的要求与孔子的侧重有所不同。

孟子曾说："牛山之木尝美矣，以其郊大于国也，斧斤伐之，可以为美乎？"（《孟子·告子上》）他认为树木的美在于它的外表茂盛，若遭到了砍伐，破坏了外表，就不美了，并没有考虑到树木的实用价值是否有所减少，就已经下了否定的结论。由此可见，孟子以"阳"为美，他是非常在意美的外在形式，而刚健的完备的外在，是美的一大关键。

（三）阴柔美的补充

"阴阳两仪"对美学的影响不仅在于对美进行了区分，更在于这两类美的统一。《系辞传》说："一阴一阳谓之道。"就是说阴和阳，刚和柔，不但不是对立的，而且是统一的，都是"道"所不可缺少的。[①] 在这种思想影响下，中国古典美学中等的壮美和优美的关系，不是分裂的，不是绝对独立的，而是相互渗透、相互统一的。

孟子虽然推崇"乾"卦所代表的刚健之美，但是也没有忽略"坤"卦所代表的阴柔之美。

仁爱是儒家思想的主旋律，《论语》多次为"仁"下定义，而孟子则通过对君主的劝说，为君主描述充满仁爱的社会。

> 五亩之宅，树之以桑，五十者可以衣帛矣；鸡豚狗彘之畜，无失其时，七十者可以食肉矣；百亩之田，勿夺其时，数口之家可以无饥矣；谨庠序之教，申之以孝悌之义，颁白者不负戴于道路矣。七十者衣帛食肉，黎民不饥不寒，然而不王者，未之有也。（《孟子·梁惠王上》）

---

① 叶朗：《中国美学史大纲》，第80页。

这个理想的社会充满仁爱，也充满和谐，是"阴阳"相济的表现，孟子的思想中既有对"充实"的赞赏，也有对仁爱的描述，二者并不相冲突，互相渗透，相互统一。

《孟子·离娄下》说："仁之实，事亲是也。"事亲即事父母，对父母"爱"即"仁"。"爱"关涉到美，《周易》中说道："安土敦乎仁，故能爱。范围天地之化而不过。"爱和仁都在天地之间，是一种美，这种美在"天、父的俯视下，也在地、母的怀抱之中"。①

（四）刚柔相济的追求

孟子理想中的社会是充满仁爱的和谐社会，他也像孔子一样力图创造一种和谐，并以和谐为美。所以，孟子追求着"大丈夫"的高尚人格，养着"浩然之气"，但是也有着"事亲为仁"的慈爱。他的"浩然之气"的养成要"配义与道"，阳刚之气的养成需要阴柔之力的协助，实际上就是"阴阳相济"思想的表现。

阳刚之美与阴柔之美不是孤立存在与发展的，它们在一定条件下相互转换。孟子所宣扬的"民贵君轻"的思想，不仅是对等级森严的封建社会的挑战，也转换了阴阳两仪的两个方面的内容。从阴阳两仪的角度，君为阳，民为阴，君贵而民轻。但是孟子企图建立一个和谐且充满仁爱的社会，因此在其理论中转变了这对立双方的地位。

孟子的学说是在继承孔子学说的基础上发展开来的，因此有很多相同的观点和侧重。孟子虽然没有纯粹的审美意识，但在其掺杂着社会美的言论中我们还是可以看出他的审美意识的最大特点——"刚柔相济"，这一点也与孔子非常的相似。

四 "阴阳两仪"思维与荀子的审美意识

荀子是先秦儒家思想的集大成者，他发展继承了由孔子创始的儒家学说。发展了美在善的儒家思想，把善定位在礼上，而礼又是后天学习的结果。荀子为人所熟知的理论有唯物主义的天命观和性恶论。这两个理论中

---

① 王振复：《大易之美——周易的美学智慧》，第180页。

透露着荀子的审美意识。

（一）生——荀子的生命美学

《易》卦的阴爻、阳爻两个符号是阴阳两仪的义理基础。高亨说："《易传》之解《易经》，常认为阳爻象阳性之物，即象刚性之物；阴爻象阴性之物，即象柔性之物。具体言之，《易传》以阳爻象男……以阴爻象女。"① 由此可见，阴阳是有"生"的意味，是生物产生生命力的两个基本元素。

"生"是一元范畴，从"生"派生出先是属于人之生殖观念的"阴阳"，进而是对"阴阳"生殖观念的超越，建构属于哲学与美学智慧层次的"阴阳"观，而儒家的一个基本思想就是"生"。梁漱溟云：

> 在儒家思想中，这一个"生"字是最重要的观念。②

《荀子·天论》论自然美："列星随旋，日月递炤，四时代御，阴阳大化，风雨博施，万物各得其和以生。"宇宙自然的变化，由阴阳交合而生，是"阴阳大化"之美的展现，用荀子的话来说，叫做"阴阳接而变化起"。显然是由《易传》所谓"阴疑（凝）于阳必战"的思想脱胎而来的。③在远古，古人因为自然条件和知识水平的限制，对其自身的命运总是深感把握不住，在变幻莫测的自然与不可预测的生命吉凶之间，就滋生出一种"变"的文化意识。《易传》云"易穷则变"，这中变的文化，由"阴阳"这一对偶范畴生成，也成为阴阳两仪文化的一个内容。

自然美的生成与本质，在古人看来始于《周易》的"生"之"阴阳"。"阴阳"这个概念虽然简洁，但蕴含着世界的全部美感和本质。一切事物之间及事物内部两相对立、对应、互相转化的性质、功能和态势，都可以用"阴阳"来概括，阴阳可以生成万物，也可以变化万物。

（二）变——荀子的天道观和性恶论

荀子的天道观是唯物主义的，在天人关系上，并不强调"天人合

---

① 高亨：《周易大传今注》，第31页。
② 梁漱溟：《东西文化及其哲学》，《梁漱溟全集》第一卷，山东人民出版社1989年版。
③ 王振复：《大易之美——周易的美学智慧》，第168页。

一"，而是他强调知天、胜天。荀子云："大天而思之，孰与物畜而制之；从天而颂之，孰与制天命而用之；望时而待之，孰与应时而使之。"（《荀子·天论》）这在一定程度上颠覆了古人崇天的思想。《周易·系辞上》："天尊地卑，乾坤定矣。卑高以陈，贵贱位矣。"在古人看来，天是很尊贵的，运载万物的大地在天的面前也是卑微的，更不用说人了。而荀子提出了"制天命而用之"的"天道观"，一方面反映了荀子并没有被"阴阳二元"所限制，而是利用一定的条件使"天尊"和"人卑"进行了转换；另一方面也反映了荀子"变"的意识。

荀子主张"性恶"，认为人性本恶，但可以通过后天的学习克服先天的恶，从而达到善。荀子曰："人之性恶，其善者伪也。"恶和善是一对对立的矛盾，但并不是不可以转化的。恶通过"伪"可以达到"美"，荀子强调"无伪则性不能自美"，把美的本质属性定在人后天的社会属性这方面，强调人的美是人后天学习的结果，是人工的产物。

《周易》的"阴阳"变化规律认为美是天地所生，自然万物符合规律的、和谐的运动变化本身就是美。

（三）和——荀子的礼乐思想

荀子主张性恶，而为了抑制人的恶，他又主张礼，"从人之性，顺人之情，必出于争夺，合于犯分乱理，而归于暴。故必将有师法之化，礼义之道，然后出于辞让，合于文理，而归于治"（《荀子·性恶》）。荀子认为礼是先王制定的一套道德规范，礼仪制度。礼是为了解决人与人之间的矛盾冲突，维护社会的安定、秩序，达到一种和谐。

荀子也赞成以礼治国，但同时也重法，他的"礼"和"法"是相通的，荀子的思想也开启了日后法家"严刑酷法"的局面，但是，荀子也寻求减缓"礼法"带来的不满，这就是荀子乐论产生的原因。

荀子曰："人之生，不能无群，群而无分则争，争则乱，乱则穷矣。"（《荀子·富国》）所以荀子推崇以礼治国，用礼法来约束人，但这样一来，就势必导致等级的森严，人心的隔阂，成为社会不安定的隐患因素，而"乐"能使人打破这个隔阂，使人"和"。

"乐在宗庙之中，群臣上下同听之，则莫不和敬；闺门之内，父子兄弟同听之，则莫不和亲；乡里族长之中，长少同听之，则莫不和顺。"（《荀子·乐论》）荀子虽然对音乐的社会功能有夸大的嫌疑，但是却体会了其和谐的理念。

　　荀子的乐论思想的深刻之处，在于他一方面肯定了音乐能引起欢乐，另一方面，荀子又把这中欢乐和社会伦理道德要求联系在一起，追求一种社会的和谐，认为只有达到了"和"，才是美的。这在相当的程度上体现了荀子的阴阳两仪思想中的"和"意识。

（四）刚柔相济——荀子的审美痕迹

　　《荀子·劝学》说："君子知夫不全不粹之不足以为美也。""全"和"粹"在荀子的思想中，是指完美的道德人格和"一种不能为任何东西所倾覆、转移、瓦解的坚定的'德操'"。[①] 荀子以"全"、"粹"为美，与《周易》"纯粹"观念有相通之处。《周易·上经》云："大哉乾乎，刚健中正，纯粹精也"，认为"乾"之所以"刚健中正"，是因为"纯粹"。"纯粹"表明了荀子认为美具有完善性，纯粹性，虽然这个理论涉及政治、道德，并不是一个纯粹的美学理论，但是也表明了荀子的审美意识。与"纯粹"相对的是"驳杂"，荀子并不把"粹"与"杂"对立起来，而主张"粹而能容杂"。没有把这二元对立起来，而是追求着一种和谐，这体现着荀子"阴阳相济"的思想。

　　《周易》所说的"坤"的美，"实际就是一种宽厚博大的母性之美，与儒家所言仁爱有密切联系"。[②] 如果说"乾"所强调的是"正义"，要"知进退存亡而不失其正"，有荀子所说过的那种不可动摇的"德操"，是儒家所说"舍生取义"的大无畏精神的表现，那么"坤"所强调的则是"厚德载物"，是儒家所说的"仁者爱人"的博大宽厚的精神的表现。这是人类感情的两个方面，而荀子的思想偏向"乾"，正直刚正，甚至有些冷酷无情，缺少"坤"的柔情。

　　"阴阳"是一对对立的概念，"阴"代表阴柔的事物，而"阳"则是阳刚事物的象征。它们不仅可以象征具体事物，也可以抽象为一些概念。"阴阳"的概念可以包含宇宙一切事物，由它生发出的美学意义影响了中国美学史的进程。

---

　　① 刘纲纪：《〈周易〉美学》，武汉大学出版社2006年版，第114页。
　　② 崔波、梁惠：《〈周易〉美学思想刍议》，《周易研究》2002年第1期。

纵观先秦儒家的审美意识，可以发现，他们对"和"的概念都有过阐释，他们以社会和谐为追求目标，对事物矛盾的双方并没有偏向，而是使之融合，"阴阳相济"的"和"思想在他们的思想中显露无遗。

五 "阴阳两仪"思维与董仲舒的审美意识

作为汉代大儒，董仲舒的思想既与先秦诸儒家保持着一脉相承的关系，又展现了自身理论构建的独特性。正如学者所说："他以开放的胸怀与时偕行，依据汉代社会形势的发展，融合名、法、阴阳、五行、道各家思想，而归宗于儒，光大、深化了儒家思想。"[①] 董仲舒的天人感应儒学体系，是西汉时期《春秋》公羊学说的集大成之作。政治功利性是其最为显著的特征，但是这一体系在建构中亦呈现出诸多美学因素。

（一）天地生成的对称美：万物有偶

在董仲舒观念体系中，万物有偶，这是事物的共同属性。《春秋繁露·基义》云："凡物必有合，合必有上，必有下，必有左，必有右，必有前，必有后，必有表，必有里；有美必有恶，有顺必有逆，有喜必有怒，有寒必有暑，有昼必有夜，此皆其合也。"[②] 苏舆《义证》云："合，即偶也。"又《楚庄王》云："百物皆有合偶，偶之合之，仇之匹之，善矣。"用这种两两相偶的方式来解释世界，无疑是显露了战国以来，儒家和诸家合流的大背景，同时也体现了西汉人认识世界之美的一种鲜明概念。《楚庄王》又云："然则《春秋》义之大者也，得一端而博达之，观其是非，可以得其正法，视其温辞，可以知其塞怨。"正因为万物有偶，所以董仲舒在解释《春秋》笔法之时，认为从其"显"可以达其"隐"。由此，在董仲舒看来，"物皆有匹"的概念是把握世界和认知事理的有效角度。

在各种对称的概念中，董仲舒选取"阴阳"作为规定事物两面属性、借以阐释自然与社会现象中各种错综复杂关系的核心范畴。《循天之道》

[①] 张立文：《董仲舒哲学核心话题探赜》，《河北学刊》2010年第1期，第7页。
[②] （汉）董仲舒：《春秋繁露》，中华书局2011年版，第160页。以下均只称具体篇名。

云："君臣、父子、夫妇之义，皆取诸阴阳之道。君为阳，臣为阴；父为阳，子为阴；夫为阳，妻为阴。"这种做法打破了形而上与形而下的界限，认为阴阳实质上体现在具体的现实世界之中。因此可以说，董仲舒在理性和感性世界中都发现了规则美。

这种规则美和对称美，体现了人们在认知世界上的自信心，也深刻影响了汉民族几千年的审美心理。虽然它并非董仲舒独创，但董生无疑有着重要的集大成之功。

（二）五行运转的秩序美：相生与相胜

董仲舒认为："天地之气，合二为一，分为阴阳，判为四时，列为五行。"（《五行相生》）也就是说，元气析分为阴阳二气，随后随阴阳二气的消长产生四时，随后阴阳、四时与五行相配，形成了五行运转的循环模式。这样就建立了一套解释天道的有序系统。这套循环系统是在战国时期逐步形成的。"战国后期的诸子百家程度不同地都参与了'五德终始'的再创造"① 把阴阳与五行结合起来，形成完整的五德终始学说，并用以说明朝代之更替，权力之构成以及王权之基础，是战国时期的齐人邹衍完成的。

在董仲舒的思想中，同时吸收了战国中期形成的五行相生以及战国后期形成的五行相胜学说。《五行之义》云："木生火，火生土，土生金，金生水，水生木，此其父子也。木居左，金居右，火居前，水居后，土居中央，此其父子之序，相受而布。"将五行相生比拟成父子关系，是董仲舒的独创。又《五行相生》中用具体历史政事阐释了五行相生的道理。其中有云"本朝者，火也，故曰木生火"。从而在汉初诸臣的水德、土德中之争提出"火德"之说。这是将五行之理用于政治的一种表现。在《五行相胜》中，董仲舒用孔子克季孙，齐太公克营荡等史实来比附五行相胜的道理，认为五行运转，某德失去则会被下一德所征服，这样对骄奢淫逸的统治者无疑有警示的作用。无论是相生还是相胜，董仲舒都将之贯通于天、地、人、万物之中。五行运转不息，周而复始，这即是一种形而

---

① 刘泽华：《中国王权主义》，上海人民出版社 2000 年版，第 135 页。而白奚认为：《黄帝四经》中虽对阴阳学说有重大发展，却没有出现五行思想，阴阳与五行的合流是在《管子》的《幼官》、《四时》、《五行》、《轻重己》四篇中实现的。见白奚《稷下学研究——中国古代的思想自由与百家争鸣》，生活·读书·新知三联书店 1998 年版，第 235 页。

上的、富有规律的秩序美。

（三）天道仁善的大化美：德主刑辅

"仁善"的天道论是是董仲舒学说建立的哲学预设，这是学说发生的中心也是起点，既是董仲舒学说的创新之处，也是其学说影响深远的必要素质。《王道通三》云："仁之美者在于天，天，仁也，天覆育万物，既化而生之，有养而成之，事功无已，终而复始，凡举归之以奉人，察于天之意，无穷极之仁也。"这段话深情礼赞了化育万物的天之"仁"美，认为上天滋养万物无穷无已，这种恩德乃是无限广博深远的，这样天就被赋予了人格。董仲舒认为"天之道以三时成生，以一时丧死"（《阴阳义》）四时中，春夏秋均是养生之季，而仅以冬季为杀伐之时，因此天的人格是"任阳不任阴，好德不好刑"（《阴阳位》）。"德主刑辅"进一步体现了上天之"仁善"。

"德主刑辅"从哲学意蕴上来讲，已经超越了先秦孔孟唯主仁义道德的藩篱，吸收了荀子的礼法结合的思路，同时还兼收了西汉初期流行的道家黄老学说的合理内核。其哲学核心虽然也是以"仁德"为主要诉求，但不废对刑法的适当运用，以达到国治的目的。

在阐释上天之德时，董仲舒还创造性地引申了孟子所提出的"经"、"权"观念。《阳尊阴卑》云："天以阴为权，以阳为经；阳出而南，阴出而北；经用于盛，权用于末；以此见天之显经隐权，前德而后刑也。故曰：阳，天之德，阴，天之刑也。……大德而小刑之意也。先经而后权，贵阳而贱阴也。"认为富有人格的天道也有"经"、"权"之变，这样就为人世间政治的德刑并用提供了绝好的理据。虽然在稷下学说中就已经出现"德主刑辅"说[①]，但是，董仲舒将"经"、"权"观念的引入，更加突出了上天的人格性、"仁义"性。从美学角度来看，董仲舒的学说为人们塑造了一个极为仁慈、又极有威严的上天形象，这个形象富有至圣之美的仁德，又有剪除祸患的魄力，因此这也是一种形而上的美的最高典范。

---

① 《黄帝四经·十大经·姓争》云："刑德皇皇，日月相望，以明其当。望失其当，环视其央。天德皇皇，非刑不行，缪缪天行，非德必顷。刑德相养，逆顺若成。刑晦而德明，刑阴而德阳，刑微而德彰。"见余明光校注《黄帝四经》，岳麓书社 2006 年版。

(四) 明德合圣的人性美

在天地万物中，董仲舒对人的生命价值给予了崇高的赞美："天地之精所以生物者，莫贵于人"，"物疢疢莫能为仁义，唯人独能为仁义；物疢疢莫能偶天地，唯人独能偶天地"。"仁与义也；以仁安人，以义正我。"（《仁义法》）在他看来，从"仁义"这个角度，只有人有与天地相匹配的资格，那么人是万物中最尊贵的生物。用"仁"的精神爱人，用"义"的精神端正自己，在董生的人性论中，"仁义"是人性最美的特征。

董生人性论的主要倾向还是孟子的"性善论"，"体莫贵于心，故养莫重于义，义之养生人大于利"，在义利观上，董仲舒也是提倡舍利取义。但是他与孟子有不同之处：董生将阴阳观念引入人性观。他说："天两，有阴阳之施，身亦两，有贪仁之性；天有阴阳禁，身有情欲桎，与天道一也。"（《深察名号》）认为人亦有贪、仁相反之性，可以说是部分吸收了荀子的"性恶论"思想。董生提出一套比较完整的教化体系，主张消除苟为生利的动物特征，成为效法于天的仁义之人。"正也者，正于天之为人性命也，天之为人性命，使行仁义而羞可耻，非若鸟兽然，苟为生，苟为利而已。"（《竹林》）"善与米，人之所继天而成于外，非在天所为之内也。"（《深察名号》）董生重提孔孟的心性理论，认为"人之受命于天也，取仁于天而仁也，是故人之受命天之尊，父兄子弟之亲，有忠信慈惠之心，有礼义廉让之行"（《王道通三》）。又"循三纲五纪，通八端之理，忠信而博爱，敦厚而好礼，乃可谓善。此圣人之善也"（《深察名号》）。在儒家体系中，美和善往往不可截然分开，因此，董生所提倡的人性论美学，其实就是以孔孟所提倡的"仁义"为主纲，包括忠、信、慈、惠、礼、义、廉、让等道德要求的儒家心性美学规范。

(五) 尊卑有序的人伦美

一般认为在《周易》古经中是没有明确的阳尊阴卑的观念，而《老子》为代表的道家学说甚至对将阴柔之美推为最高之母的地位。那么儒家思想发展到西汉时期，阳尊阴卑的思想是通过董仲舒的学说总结出来的。从现代思维来看，董仲舒阳尊阴卑的观念在某种程度上是荒谬的，不合理的，但是在当时政治与思想上人心思定的环境中，它的这种观念不仅是合理的，甚至是必要的。我们暂且搁置现代的价值评价，从美学的角度来审视董仲舒所提出的一整套阴阳尊卑秩序体系。

首先，董生对宇宙自然界的尊卑秩序进行了阐释。董生肯定了自然界的兴衰以阳气的长消为依凭。"阳始出，物亦始出；阳方盛，物亦方盛；阳初衰，物亦初衰；物随阳而出入"（《阳尊阴卑》），阳气初生的春天，万物萌动，阳气方盛的夏季，万物繁荣，阳气初衰的秋季，自然界也随之萧瑟，而阳气低伏的冬季，自然界生命也进入荒凉之境。因此，董生总结"贵阳而贱阴"也。

其次，董生以"人副天数"（《人副天数》）的思维模式规定了人世间各种伦理关系的尊卑秩序。"君臣、父子、夫妇之义，皆取诸阴阳之道。君为阳，臣为阴；父为阳，子为阴；夫为阳，妻为阴。"（《基义》）"丈夫虽贱皆为阳，妇人虽贵皆为阴；阴之中亦相为阴，阳之中亦相为阳，诸在上者皆为其下阳，诸在下者皆为其上阴"（《阳尊阴卑》）。这样君臣、父子、夫妻、上下阶层均有了明确的尊卑等级秩序。在董生看来，这种各安其位的社会规范就是一种最合理社会秩序。

（六）君贤国治的政治美

董仲舒将阴阳概念贯彻到对贤君的要求和对治国的策略中。首先，董仲舒将君王的地位推到极致："德侔天地者，皇天右而子之，号称天子"（《三代改制质文》），天子之名就已经暗示了君王在人世间无可匹敌的尊贵地位。"唯天子受命于天，天下受命于天子"（《为人者天》），天子受命于无上尊贵的天，因此他的尊贵是"天意"所致，不可侵犯。因此董仲舒认为君王刚健有为至关重要。他说："天不可以不刚，主不可以不坚；天不刚，则列星乱其行，主不坚，则邪臣乱其官；星乱则亡其天，臣乱则亡其君。故为天者，务刚其气，为君者，务坚其政，刚坚然后阳道制命。"（《天地之行》）因此董仲舒的政治理论首先是崇君。

同时，董仲舒用阴阳五行家的符应或天谴理论对人君进行了约束和规范，提醒人君要顺天乘时，以达到治国的目的。《汉书·董仲舒传》中记载汉武帝垂询："三代受命，其符安在？灾异之变，何缘而起？"董仲舒是这样回答的："臣闻天之所大奉使之王者，必有非人力所能致而自至者，此受命之符也。天下之人同心归之，若归父母，故天瑞应诚而至。《书》曰'白鱼入于王舟，有火复于王屋，流为乌'，此盖受命之符也。周公曰'复哉复哉'，孔子曰'德不孤，必有邻'，皆积善累德之效也。

及至后世，淫佚衰微，不能统理群生，诸侯背畔，残贼良民以争壤土，废德教而任刑罚。刑罚不中，则生邪气；邪气积于下，怨恶畜于上。上下不和，则阴阳缪盭而娇孽生矣。此灾异所缘而起也。"① 董生《春秋繁露·必仁且智》中也强调："凡灾异之本，尽生于国家之失，国家之失乃始萌芽，而天出灾害以谴告之；谴告之，而不知变，乃见怪异以惊骇之；惊骇之，尚不知畏恐，其殃咎乃至。"从上面董生的观点来看，符瑞和灾异主要取决于君主是否有德，施行德政。这样，董仲舒的神学体系对人间君王的限制，表现出其内在的一种自足性，崇君却不媚君，尊权却不畏权。因此，这种自足的品格和君贤国治的政治理想充分体现董仲舒学说在政治领域的鲜明特色。

六 "阴阳两仪"思维与扬雄的审美意识

扬雄是西汉后期著名的思想家、文学家。作为一名学识渊博，并且有着鲜明的学术个性的学者，他的思想呈现出多元混合的状态。有研究者指出："扬雄的思想既不是纯儒家，也不是纯道家，当然也不是纯阴阳五行家，他的思想与众不同，他熔天文学、历法知识和儒、道、阴阳五行于一炉，铸就了多元混融的理智型儒学。"②

的确，从《太玄》、《法言》等著作来看，扬雄虽然参汇诸子数家，但还是以儒家为主导思想，他服膺孔孟、推表五经，崇尚中道，讲求君子修身，提倡贤人治国，等等，都鲜明表露出扬雄思想的儒家特色。在汉代儒家思想史的纵向坐标上，扬雄可视为接续董仲舒，启发东汉儒家思想的中介人物。虽然他并不是后世所谓纯正的儒学，但是他对儒家哲学与美学的反思，却堪称深刻独到，足以启迪后人。

我们知道，阴阳两仪是汉代学术思想中的中心概念，它们主要来源于战国时期的阴阳五行家，但在汉代已经和诸家学说相汇融，成为普遍意义上的学术常识，几乎每个有建树的思想家都是以阴阳作为学术大厦的根基。在扬雄的美学思想中，阴阳两仪这对概念同样有着非常重要的价值。

首先，扬雄鲜明感受到万象中阴阳更替之大美。"阴敛其质，阳散其

---

① 《汉书》，中华书局1962年版，第2496—2500页。
② 万志全：《扬雄美学思想研究》，中国社会科学出版社2008年版，第6—7页。

文，文质斑斑，万物粲然。"① 在扬雄看来，眼中的世界万象峥嵘，无外乎阴与阳的交相辉映。又《太玄·玄告》中云："阳动吐而阴静翕，阳道常饶，阴道常乏，阴阳之道也。天强健而侨蹸，一昼一夜，自复而有余。日有南有北，月有往有来。日不南不北，则无冬无夏。月不往不来，则望晦不成。"阳气生动充溢，而阴气静逸缺亏，它们的运动移转，生成了春秋寒暑。扬雄认为，没有阴阳二者的交替运动，就不能成就万象之美。

其次，扬雄从阴阳交替中深刻体会出"中道"之美。《法言·先知》云："龙之潜亢，不获中矣。是以过中则惕，不及中则跃，其近于中乎！"② 又《太玄·玄文》云："龙出于中，法度文明。"长期沉潜于《周易》的扬雄，深深浸润了《周易》推变阴阳刚柔而形成的"尚中"的哲学观念。行中道，主中和，是扬雄论及修身、治国、文学等问题时最重要的标准。他以圣人之道为人生理想，认为过或不及均不能达到理想的标的。因为"圣人之道，譬犹日之中矣！不及则未，过则昃"（《法言·先知》）。扬雄推崇君子人格，讲求修身成德，"君子惟正之听；荒乎淫，拂乎正，沈而乐者，君子不听也"（《法言·寡见》）。要求君子听乐也要有中正的标准，这与孔子主张"思无邪"、排斥"郑卫之声"可谓一脉相承。扬雄对治国之道也有比较深入的思考。他说："甄陶天下者，其在和乎？刚则甈，柔则坏。"（《法言·先知》）即认为治理天下，也需要中和的技巧，太刚烈或太阴柔都会陷国家于危险的境地。他又说："什一，天下之中正也。多则桀，寡则貊。"（《法言·先知》）认为什一税收制是比较合宜的政策，太多太少都是不好的。比起董仲舒和后汉的班固，扬雄思想的政治功利性相对较少，因此，其思想的美学价值反而更加凸显，贯穿扬雄在政治领域思考的红线依旧是中和之理想。

再看扬雄的文艺思想，他推崇符合中和之美，即所谓"发乎情，止乎礼义"的文艺作品。他有个著名的论断："诗人之赋丽以则，辞人之赋丽以淫"，扬雄后来放弃了他所谓的"童子雕虫篆刻"，"壮夫不为"（《法言·吾子》）的辞赋创作，转而著书立说，与他追求中和法度之美有着很大的关系，因为中和法度，有补于人君、有补于世道。而辞赋在他看来，"恐不免于劝也"（《法言·吾子》）。他的"女恶华丹之

---

① （汉）扬雄撰，（宋）司马光集注：《太玄集注》，中华书局1998年版，第97页。
② （汉）扬雄：《法言》，中华书局2012年版，第252页。

乱窈窕也，书恶淫辞之淈法度"（《法言·吾子》），说的也是这样的道理。

再次，扬雄崇尚经典之美。伴随时代潮流，扬雄对五经极为推崇，这与他钦敬圣人是相辅相成的。他认为"圣人卬天则常穷神掘变，极物穷情，与天地配其体，与鬼神即其灵，与阴阳㢴其化，与四时合其诚"（《太玄·玄文》）。又"圣人察乎朓朒侧匿之变，而律乎日月雌雄之序，经之于无已也。故玄鸿纶天元，娄而拑之于将来者乎！"（《太玄·玄告》）只有圣人才能够参透天地阴阳之奥妙，并且践履配合这种神妙的规律。在扬雄看来，堪称圣人的只有孔子、孟子二人，在著作中，他多次表明了自己的欣欣向往之意。他说："好书而不要诸仲尼，书肆也。好说而不要诸仲尼，说铃也"（《法言·吾子》）。认为读书和言说若不以孔子为准的，那么自己就只是个没有灵魂的器具而已。他还说："后之塞路者有矣，窃自比于孟子。"（《法言·吾子》）把自己定位于像孟子一样为儒家学说扫除障碍的清道夫，其对儒家经典的尊崇可见一斑！其对孔孟的钦敬更是溢于言表！

他认为，五经正是圣人幽赞神明、参会阴阳铸就的经典，因此有着神圣的价值。扬雄对五经给予了深情的赞美："大哉！天地之为万物郭，五经之为众说郛。"（《法言·问神》）郭、郛二字，互文见义，表明了五经牢笼众说的非凡意义。扬雄又云："舍五经而济乎道者，末矣。"（《法言·吾子》）认为五经是领会"道"之奥妙的必由之路。扬雄认为"惟五经为辩。说天者莫辩乎《易》，说事者莫辩乎《书》，说体者莫辩乎《礼》，说志者莫辩乎《诗》，说理者莫辩乎《春秋》。舍斯，辩亦小矣"（《法言·寡见》）。因此，五经有着辨明天地万物、规范纲纪秩序、说理言志的巨大意义。五经即为沟通人世与天道的经典，在扬雄看来，是天人合一的产物，是所有学说中的最高最美的规范。

再次，扬雄推崇阴阳辩证之美。《法言·君子》中云："有生者必有死，有始者必有终，自然之道也。"这即是自然之道，也是阴阳之道。因为阴阳交替往复的运动中，到达一个极点，事情就会向相反的方向发展。所谓"极则反也"（《太玄·门致》），"阴不极则阳不生，乱不极则德不形"（《太玄·玄文》）。这是中国古人从《易经》开始就有的哲学智慧。扬雄思想中，辩证的视角表现得尤为鲜明。他说"福至而祸逝，祸至而福逃"（《太玄·玄图》）。语迹虽明显脱胎于《老子》，但其思维特色却明显来自于《易经》。

从阴阳的辩证哲学出发，他对刚柔、文质等概念都进行了深入的思考。"阴以武取，阳以文与，道可长久。"(《太玄·永》)，阴阳相为补充，万物才能长久，这是扬雄对于宇宙之理的哲学玄思。在个人修养方面，"君子于仁也柔，于义也刚"，"或问'君子似玉'。曰：'纯沦温润，柔而坚，玩而廉，队乎其不可形也。'"(《法言·君子》) 这就是扬雄理想的君子之美：刚柔相济，有着如玉一般的品质。扬雄曾醉心于美文的创作，因此他对"文"有着特殊的爱好。他认为万物文质互为表里，不可偏废。有人曾问扬雄："良玉不雕，美言不文，何谓也？"扬雄回答："玉不雕，玙璠不作器。言不文，典谟不作经。"(《法言·寡见》)即美好的质地还要好的外表来装饰，这样才能相得益彰。可见，扬雄很注重外饰之"文"。但是他也强烈反对过多的文饰，"今之学也，非独为之华藻也，又从而绣其鞶帨"(《法言·寡见》)。修饰的太多太过分，超越了中和之道，这是扬雄不能容忍的。在扬雄看来，还是孔子的那一句"文质彬彬"(《论语·雍也》)最为合宜，"实无华则野，华无实则贾，华实副则礼"(《法言·修身》)。刚柔相济、文质相彰、华实相副，就是事物最美的状态。

从上面分析我们可以看出，扬雄对阴阳两仪的思考更多地停驻在人生道德领域，他吸纳了道家、阴阳家的学说，却着力想恢复孔孟学说修身成德的原始意义。或许，他离政治比较远，但是，他离真正的孔孟比较近。从某种意义上看，他对于儒家思想的美学建设更加纯正。

七 "阴阳两仪"思维与班固的审美意识

有汉一代的思想学术界，阴阳五行学说影响甚为深远。在董仲舒《春秋繁露》中，阴阳五行学说、黄老道家与儒家相互融合，形成了一个完整的新儒学体系。到了东汉章帝时，谶纬之学与今文经学的纠结以及今、古文学说的纷争，造成了儒家思想内部的一些混乱，在这种情况下，章帝仿效汉宣帝石渠阁故事，召开了白虎观会议，"讲议《五经》同异"，"帝亲称制临决"[1]，阴阳五行学说与儒学进一步深度融合，其后班固根据

---

[1] 《后汉书·章帝纪》，中华书局1965年版，第138页。

讨论成果，整理出《白虎通义》，简称《白虎通》。

《白虎通义》既可看作是白虎观会议的整理文献，也可作为班固儒家学术思想的理论总结。其哲学基础依旧是董仲舒天人哲学体系，但也有诸多引申和强化之处，最显著的特点是实践性、严谨性、杂博性[①]增强。正如学者指出"东京之学不为放言高论，谨固之风起而恢宏之致衰，士趋于笃行而减于精思理想……故董、贾之书犹近孟、荀之迹，而东汉之学顿与晚周异术"。[②]班固《白虎通义》不仅仅是东汉朝廷对《五经》异同的一次学术清理，从实质上来看，是对社会礼制、伦理、习俗的一次全面规范。[③]

长期以来，儒家认为"制礼作乐"在规范社会关系、改善社会风气方面起着关键作用。孔子云："移风易俗，莫善于乐。安上治民，莫善于礼。"[④]《礼记》强调："礼之于正国也，犹衡之于轻重也，绳墨之于曲直也，规矩之于方圆也。"[⑤] 礼乐，尤其是礼，对于儒家体系来说举足轻重。没有礼，即没有儒家安邦治国之理想的实现。《白虎通义》的中心内涵就是制定规范社会的礼乐制度，并为这一制度提出最完备、最符合天意人情的解释，以确定这一制度的合理性。

《白虎通义》中，阴阳五行学说和流行于东汉的谶纬学说和儒学的礼乐教化观念更紧密地结合在一起，在某种意义上，使儒家礼乐教化的解释性更趋完满，使儒家思想追求的具有理想性的中和之美与具有终极意义的德善之美更为突出。

班固对战国以来的阴阳学说是相当服膺的，他在《汉书·艺文志》中云："阴阳家者流，盖出于羲和之官，敬顺昊天，历象日月星辰，敬授民时，此其所长也。"然而，班固也不满意有些阴阳家"不问苍生问鬼

---

① "作为一个社会的特定意识形态，只有'杂'才能包罗万象，只有'通'才可以解释一切，也就是说，意识形态本身的性质决定了其必须他那个过'杂博'来增强其解释现实的有效性。"（向晋卫：《〈白虎通义〉思想的历史研究》，人民出版社2007年版，第60页）

② 蒙文通：《论经学遗稿三篇》，《经史抉原》，上海世纪出版集团2006年版，第209页。

③ "白虎观会议表面上看来是为经说的统一而召开的，实际上，礼制人伦的制定才是最主要的目的。因为面对着大一统的帝国，在皇权专制之下，要建立人与人的合理关系，使每个人能过着有秩序而和谐的生活，只有集结整理儒家礼制的思想，以发挥各自的根据及教化的手段和目的。"（林丽雪：《〈白虎通〉"三纲"说与儒法之辨》，《中国哲学史研究》1984年第4期）

④ 《孝经·广要道章》。

⑤ 《礼记·经解》。

神"（李商隐《贾生》），"及拘者为之，则牵于禁忌，泥于小数，舍人事而任鬼神"。因此在《白虎通义》中，班固发展了董仲舒体系中的阴阳学说，把阴阳几乎贯彻到社会的任何一个领域，拓展了阴阳学说的现实关怀性。首先礼乐关乎阴阳。他在《白虎通义·礼乐》中说："夫礼者，阴阳之际也，百事之会也，所以尊天地，傧鬼神，序上下，正人道也。""故乐者天地之命、中和之纪、人情之所不能免焉也。"① 在班固看来，礼乐具有遵循天道、契合人情的特质，因此是非常重要的。不仅如此，班固还认为"乐以象天，礼以法地"。"乐者，阳也，阳倡始，故言作；礼者，阴也，阴制度于阳，故言制。乐象阳，礼法阴也。"（《礼乐》）礼乐是对应天地阴阳而作，因此更具有了神秘性和合理性。

在具体的礼制中，也有许多关乎阴阳观念的细致规范。比如《丧服》中论及孝子失去亲人后悲痛柱杖，"所以杖竹何？取其名也。竹者，蹙也，桐者，痛也。父以竹，母以桐何？竹者，阳也，桐者，阴也。竹何以为阳？竹断而用之，质，故为阳；桐削而用之，加人功，文，故为阴也"。这些阐释不难看出有牵强附会之嫌，但我们亦可以从中看出《白虎通义》阴阳观念的浓厚。

但不容忽视的是，在班固的礼乐学说中，崇尚中和之美是一以贯之的美学精神。"人无不含天地之气，有五常之性者，故乐所以荡涤，反其邪恶也，礼所以防淫佚，节其侈靡也。""礼贵忠何？礼者，盛不足节有余，使丰年不奢，凶年不俭，贫富不相悬也。乐尚雅？雅者，古正也，所以远郑声也。"（《社稷》）班固提出，礼乐之所以重要，是因为二者有一个"节"的尺度，让人自身保持"五常之性"，使人际关系呈现一种有节制的和乐之美。

和先秦儒学思想传统一脉相承，《白虎通义》中对德行的尊崇，对善美的追求依旧体现得淋漓尽致。这是一种对传统价值理念的珍视。当然，以汉代儒家承接《易经》而来的"推天道以明人事"②的思维方式，德行的根据依然是天道及阴阳五行之说。然而，《白虎通义》因其强烈的现实政治功利性，在对"善"与"德"的思考方面，与先秦儒家大异其趣。

---

① 班固：《白虎通义》，商务印书馆1937年版，第76页。以下只称具体篇名。
② 《四库全书总目·经部·易类一》云："故《易》之为书，推天道以明人事者也。"中华书局1965年版，第1页。

首先，更注重道德来源的探究。《圣人》云："圣人者何？圣者，通也，道也，声也。道无所不通，明无所不照，闻声知情，与天地合德，日月合明，四时合序，鬼神合吉凶。"在此，班固不再重申圣人的内在心性修养，而是强调圣人与天地阴阳和合的一面，将道德的来源明确地指向天地阴阳。

其次，"深察名号"，用训诂的方式，阐释礼制的合德性。《文质》云："大夫以雁为贽者，取其飞成行列。大夫职在以奉命之适四方，动作当能自正以事君也。""璧以聘问何？璧者，方中圆外，象地，地道安宁而出财物，故以璧聘问也。方中，阴德方也。圆外，阴系于阳也。阴德盛于内，故见象于内，位在中央。璧之为言积也，中央，故有天地之象，所以据用也。内方象地，外圆象天也。""深察名号"的做法，为《春秋繁露》所提倡，却在《白虎通义》中得到最广泛的应用。文字训诂，是古文经学的治学方法，在《白虎通义》中也成为引向道德阐释的工具。可以说《白虎通义》所规范的礼乐风俗制度体系，形成一套复杂的符号系统，其"所指"无一不是对人伦德性的诉求。其中虽然不乏穿凿附会的训释，但无可否认，其出发点依旧是追求和乐有序的社会秩序。这一点，鲜明显露出儒家以"德"、"善"为美的美学精神，也是儒家思想最可宝贵的价值。

自《易传》以来，儒家礼制等级秩序以"阳尊阴卑"的天道观念为理论依据，《白虎通义》更是将这一观念加以普泛化，《礼乐》云："有贵贱焉，有亲疏焉，有长幼焉。朝廷之礼，贵不让贱，所以明尊卑也；乡党之礼，长不让幼，所以明有年也；宗庙之礼，亲不让疏，所以明有亲也。此三者行，然后王道得，王道得，然后万物成，天下乐之。"班固发挥了董仲舒"君臣、父子、夫妇之义，皆取诸阴阳之道"（《春秋繁露·基义》）的观点，用阴阳五行来附会"三纲"。《三纲六纪》云："君臣，父子，夫妇六人也，所以称三纲何？一阴一阳谓之道，阳得阴而成，阴得阳而序，刚柔相配，故六人为三纲。"学者称"《白虎通》有关礼乐教化思想的论述，是紧紧地围绕着强化君父大义这一中心展开的"[1]，可谓一语中的。阳尊阴卑更成为社会礼制中处理两性关系时的最重要准绳。《嫁娶》云："礼男娶女嫁何？阴卑不得自专，就阳而成之，故《传》曰：'阳倡阴和，男行女随。'""女者，如也，从如人也。在家从父母，既嫁

---

[1] 苏志宏：《〈白虎通〉的礼乐教化观》，《四川师范大学学报》1990年第6期。

从夫，夫殁从子也。"可以说，在《春秋繁露》中，阳尊阴卑、"三纲"等观念还只是一种哲学建构与社会意识的提倡，但在《白虎通义》中，这些观念不仅得到了强化，更形成了现实实践的具体行为规则。从人类生命权利的这个角度看，这种观念是不合理的，甚至是荒谬的。但是在美学家看来，这种崇父意识，即崇阳之美是我们民族审美的特质，"它大加肯定的是宇宙和人生之间乾阳的顽强生命力，是民族的生生不息和伟大的团聚力，它所发展的，是以父亲为核心、灵魂的民族的审美群体意识，这群体意识，可以看作是整个中华民族自立于世界之林的民族主体意识"。① 或许评判古代"阳尊阴卑"的思想观念和行为实践，我们需要的不能仅仅是一种尺度。

班固《白虎通义》还对一些美学范畴进行了拓展，如文与质的关系。文，指礼之文，即礼的外在的形式，包括礼仪规范等。质指礼之质，即礼的内在精神，包括仁义理念等。在这一点上，孔子有著名的论断："质胜文则野，文胜质则史。文质彬彬，然后君子。"（《论语·雍也》）子贡云："文犹质也，质犹文也。虎豹之鞟犹犬羊之鞟。"（《论语·颜渊》）在孔子及其弟子看来，对于君子，文与质二者不可偏废，同样重要。到了汉代，文质说发展为两种不同的政教制度，因此文质说也具有了神秘的神学气息。《白虎通义·三正》曰："《尚书大传》曰：'王者一质一文，据天地之道。'"《春秋繁露·三代改制质文》云："主天法质而王，其道佚阳，亲亲而多质爱"；"主地法文而王，其道进阴，尊尊而多礼文"。董仲舒认为政教体系中应该文质兼备。班固《白虎通义》推进了董仲舒三正体系中的辩证法思想。"王者必一质一文者何？所以承天地，顺阴阳。阳之道极，则阴道受，阴之道极，则阳道受，明二阴二阳不能相继也。"认为三王之道是顺应阴阳变化的，两种相同性质的教化制度不能相继，因此三教就在文、质转换中"如顺连环，周而复始，穷则反本"。班固继承西汉以来文质政教观，将之更加系统化、明晰化，形成了一个完整的、循环的政教体系。班固的文质观打上了汉代政治深刻的印记，是西汉天人合一思想与阴阳学说综合作用的结果。在某种意义上，班固对文、质这对美学范畴的内涵与外延均做出了新的阐释。

---

① 王振复：《周易的美学智慧》，第280—281页。

第 三 章

"阴阳两仪"思维与道家美学

朱熹于《读易纲领》曰："天地之间无往而非阴阳，一动一静，一语一默，皆是阴阳之理。"① 正如朱熹所说，天下万物都可以纳入阴阳观念之内，而无一例外。而关于"阴阳两仪"，正如仪平策先生所说："'阴阳两仪'作为中国文化和美学中一种普遍而深刻的思维模式，其关键在这个'两'字，其所指涉的内涵是，世界万物无不由两两相对的矛盾关系所构成。"② 正因为阴阳两仪所涵盖的万物之间各种对立又相联的现象使道家在哲学以及美学思想上呈现出永恒的价值与生命力。而以老、庄为代表的道家对阴阳学说的弘扬及中国古典美学的发展中所发挥的作用更是不可或缺的："战国前期和中期，阴阳学说是由道家倡导起来的"③，"先秦是中国古典美学发展的第一个黄金时代。老子、孔子、《易传》、庄子的美学奠定了中国古典美学的发展方向。中国美学的真正起点是老子"④。本章所要讨论的正是阴阳两仪与道家美学的关系。

一 "阴阳两仪"思维与道家的互动关系

（一）"阴阳两仪"思维与道家思想的整合互动

"阴"与"阳"是中国古代哲学中一对非常重要的概念，而关于阴阳

---

① （宋）黎靖德，王星贤点校编：《朱子语类》，中华书局1986年版，第1604页。
② 仪平策：《论"阴阳两仪"思想范式的美学意涵》，《华中师范大学学报》（人文社会科学版）2007年第3期。
③ 朱伯崑：《易学哲学史》，昆仑出版社2005年版，第40页。
④ 叶朗：《美学原理》，北京大学出版社2009年版，第3页。

的含义，《说文解字》曰：阴，"暗也，水之南、山之北也"，阳，"高明也"。① 也就是说阴阳两个字的本义是背日和向日两个不同意义。而"阴阳两仪"则以《易》卦的阳爻（—）、阴爻（--）两个符号为其义理基础，而这两个符号则与事物本身的阴阳属性相关联。朱熹在《周易本义》序中是这样解释的："太极者，道也。两仪者，阴阳也。阴阳一道也，太极无极也。万物之生，负阴而抱阳，莫不有太极，莫不有两仪。"② 既然天地万物"莫不有两仪"，就可以将大自然和人类社会所有事物按照阴阳属性进行分类，如天地、男女、日月、刚柔、得失、君臣等，而这些事物之间所存在的相互对立而又相互作用的关系则为道家探索宇宙间万物的对立统一规律提供了资源及理论基础。

以老、庄为代表的道家对阴阳两仪的思想整合体现于《道德经》与《庄子》中所涵盖的大量阴阳两仪话语以及其中所蕴含的哲学、美学思想。《道德经》中所涉及的阴阳两仪方面的概念之多，范畴之广，"其中，有的是反映自然界的矛盾，如寒与热、大与小、轻与重、往与来、壮与老、死与生、雄与雌等；有的是反映社会现实生活领域中的矛盾，如强与弱、刚与柔、贵与贱、贫与富、祸与福、吉与凶、得与失、损与益、治与乱等；有的是反映思维领域中的矛盾，如是与非、辩与讷、智与愚、巧与拙等"。③ 这无疑促进了阴阳学说逐步走向成熟，"'阴阳'真正突破天地之气的实体性内涵而拓展为具有普遍意义的哲学范畴，由初期形态向成熟形态的转变，应当说是由春秋后期的道家学派始祖老子和春秋末年越国著名军事家范蠡促成的"。④《庄子》一书中"阴阳"一词出现二十多次，涉及阴阳两仪理论的论述也很多，比如，"本在于上，末在于下，要在于主，详在于臣。三军五兵之运，德之末也；赏罚利害五刑之辟，教之末也"（《庄子·天道》），仅仅一句话就涉及上与下、主与臣等多对阴阳两仪概念，对阴阳学说的发展亦起到不可或缺的作用。基于此，道家以阴阳两仪为基础，对大自然、人类社会等进行研究，逐步形成自己独具特色的哲学及美学体系。

---

① （汉）许慎：《说文解字》，第304页。
② （宋）朱熹撰，廖名春点校：《周易本义》，中华书局2009年版，第1页。
③ 孔智光：《中西古典美学研究》，山东大学出版社2002年版，第290页。
④ 侯宏堂：《阴阳学说的发展历程及其基本思想意蕴》，《东方丛刊》2004年第3辑。

(二)"阴阳两仪"思维赋予道家的思想资源

阴阳两仪学说反映了事物之间的相对属性及其相互关系，蕴含着丰富的辩证法思想，为道家朴素辩证法的形成提供了思想资源，辩证法的建立即始于《道德经》。早在《道德经》之前，《周易》中已经通过吉凶、进退等阴阳两仪概念以及它们之间的转变体现了辩证法思想，但只可以看作辩证法的萌芽，而老子则通过万事万物的阴阳两仪的对立及转变探索出它们之间的对立统一规律，从而建立了中国哲学史上第一个系统性的辩证法，主要包括阴阳交感、阴阳对立以及阴阳转化三个方面。

1. 相反相成

任何事物的发展变化都不是孤立存在的，阴阳对立的事物之间既相互对立又相互依赖。如天为阳，地为阴；实为阳，虚为阴。正是阴阳之间的相反相成关系赋予了道家思辨的方向，《道德经》曰："天下皆知美之为美，斯恶已；皆知善之为善，斯不善已。故有无相生，难易相成，长短相较，高下相倾，音声相和，前后相随"，（第二章）正是对万物相反相成关系的论述。《庄子》一书中的"祸福相生"以及"聚散相成"等词语同样体现了阴阳之间的相反相成的特点。

2. 相互转化

相互对立的阴阳两仪，随着时间的推移不断发生转变，当双方经历从量变到质变的过程后，就会向其对立面转变，这也就是日常所说的"物极必反"。如果说在阴阳两仪之间儒家更关注"中庸之道"，而道家则更关注阴阳两仪的对立面，也就是说从阴极找到它的对立面阳极。《道德经》中"祸兮，福之所倚；福兮，祸之所伏"（第五十八章）的至理名言，蕴含着老子关于阴阳矛盾双方相互转化的辩证法思想。"臭腐复化为神奇，神奇复化为臭腐"（《知北游》）是《庄子》中的一句至理名言，臭腐的东西可以重新转化为神奇，神奇的东西可以重新转化为臭腐，这正是对立双方相互转化的思想，比喻将没用的化为有用的，变坏为好，变废为宝，这是庄子继承老子朴素辩证法的积极的一面，也体现了《庄子》一书中美丑相互生成的辩证主义美学观。

3. 交感生物

古代的思想家认为阴阳交感是万物产生和变化的根本条件，道家学派的创始人老子在《道德经》中说："道生一，一生二，二生三，三生万物。万物负阴而抱阳,冲气以为和。"(第四十二章)老子认为,正是由于阴阳二气交感激荡才能形成万物,达成和谐。《庄子·田子方》曰:"至阴肃肃,至阳赫赫。肃肃出乎天,赫赫发乎地。两者交通成和而物生焉,或为之纪而莫见其形",表达了天地阴阳交通和合而化生万物的世界观。并于《达生》曰:"天地者,万物之父母也。"《庄子》的万物生成论与老子的不同之处在于,《庄子》明确指出宇宙万物由天地之间的阴阳之气交感而成,而以老庄为代表的道家万物生成论的思想基础正是阴阳两仪中阴阳交感所赋予的。

正是因为阴阳双方存在这种相反相成、相互转化以及交感生物的特点,才使世间万物保持相对和谐的状态,而追求对立的双方保持平衡、和谐状态正是阴阳两仪学说所追求的目标,同时阴阳两仪学说赋予了道家丰厚的思想资源,为道家辩证思想的形成奠定了思想基础。

(三) 道家于"阴阳两仪"中体现的美学思想

老子美学是中国古典美学的起点,而庄子在继承老子美学的基础上,形成了自成一家的美学思想,以老、庄为代表的道家于阴阳两仪中所体现的美学思想主要包括以下几点:

1. 崇尚阴柔之美

阴柔和阳刚,作为中国美学范畴一对非常重要的概念,经历了从非美学向美学转化的漫长发展演变过程。从《周易·系辞上》"一阴一阳之谓道"开始,"阴柔"与"阳刚"这两个相对的概念就各有千秋。作为道家学派的创始人老子则继承了《周易》中阴柔的一面,并在此基础上进行探索形成自己玄机独具的至理名言——"柔弱胜刚强"。虽然老子没有明确将"柔弱"作为审美概念,但"柔弱胜刚强"所蕴含的美学价值则是毋庸置疑的。从哲学的范畴来看,阴阳的概念比刚柔的概念重要,但以审美的视角来进行审视,则刚柔的概念远比阴阳的概念重要得多。尤其是以"上善若水"为代表的"阴柔美"通过它独有的魅力在《道德经》中熠熠生辉,使其不仅成为老子思想观点的重中之重,更成为道教所推崇的教义。

2. 追求和谐之美

和谐,是人类的共同追求,全世界各族人民都在孜孜不倦为之而奋斗。毕达哥拉斯被称为西方第一位美学家,曾提出"美是和谐"这一著名美学论题。以"和"为美,更是中国从古到今世世代代人所追求的目标。从古代《周易·乾·彖传》中对"保合太和"的憧憬到现代社会主义核心价值观中对"和谐"的崇尚,这些无疑都是体现了中国人民对和谐的追求。道家对和谐的倡导更是其中不可或缺的一部分。老子提出的"万物负阴而抱阳,冲气以为和",体现了刚柔相济的和谐观。庄子则提出"与天和"以及"与人和"的重要理论,反映了庄子寻求人与自然、人与社会相和谐的哲学及美学思想。以老庄为代表的道家和谐观到现代依然熠熠生辉,而从美学的角度则体现了阴阳两仪的和谐之美。

3. 颂扬生命之美

重人贵生,是道家重要的哲学思想。《道德经》曰:"名与身孰亲?身与货孰多?"(第四十四章)体现了老子轻物重生的思想。庄子于《秋水》中曰:"吾将曳尾于涂中",表明了庄子决定效仿那为了保全性命而曳尾于涂中的神龟,展现了他对生命的热爱和珍惜之情。《吕氏春秋》中也体现了道家重人贵生的思想,曰:"圣人深虑天下,莫贵于生"(《贵生》),明确提出了"尊生"、"贵生"的观念,并指出人们日常生活所向往的饮食以及娱乐活动都应以不损害健康为前提。《吕氏春秋》还从贵贱、轻重方面论述了生命的重要性,同时更告诫人们,生命一旦失去,将不可复得,其曰:"论其贵贱,爵为天子不足以比焉;论其轻重,富有天下不可以易之;论其安危,一曙失之,终身不复得。此三者,有道者所慎也。"(《重己》)道家尊重生命、爱惜生命的哲学思想,无疑是中国传统文化的重要组成部分。

4. 展现通变之美

"老子重变,指出存在世界为恒动不居。此即'反者道之动'。在这个基础上,老子更进一步提出'观复'的概念,在恒动的变化中探求恒常不变的规律。庄子也认为宇宙'无动而不变'(《秋水》),并求在大化流行中如何能安顿自己。这不仅可看做是对《易经》'重变'特点的继承,更将其中的人生哲理加以进一步发挥,提升至哲学的层次。"[①] 道家在继承《周易》通变思想的同时,对阴阳两仪之间事物的变化形成了自成一家的理论,详细而准确地说明了事物转变的真谛,并留下了许多千古传诵的至理名言,如:在策略上,"将欲夺之,必固与之"(第三十六

---

① 陈鼓应:《乾坤道家易诠释》,《中国哲学史》2000年第1期。

章）；在道德上，"善复为妖"（第五十八章）；在个人修养上，"甚爱必大费，多藏必厚亡"（第四十四章）……老子用一句"反者道之动"（第四十章）概括了天下万物转化的必然结果。受老子影响，《淮南子》中也提出："夫祸福之转而相生，其变难见也"（《人间训》），"故福之为祸，祸之为福，化不可极，深不可测也"（《人间训》），由福转变为祸或者由祸转变为福体现了事物阴阳属性的变化，蕴含着阴阳矛盾双方相互转化的辩证法思想。另外庄子的"臭腐复化为神奇"以及《淮南子》中"塞翁失马，焉知非福"的寓言故事也体现了积极乐观的审美人生观及人生态度。这些无不反映了道家阴阳两仪转化的通变之美。

二 "阴阳两仪"思维与老子的审美意识

老子作为道家学派的始祖，同时也是道家美学思想的奠基者，他的美学思想往往于阴阳两仪的互动的交融与转化中得以体现。在"阳刚"与"阴柔"这一对重要的美学范畴中，他崇尚阴柔；在阴阳的各种状态中，他倡导中和之美；在阴阳转化的过程中，他权衡通变；在阴阳的相反相成中，更饱含着强烈的审美意识。老子美学思想对中国古典美学的发展具有重大意义。

（一）阴阳对立的阴柔之美

阴柔之美与阳刚之美，是美的两种不同的形态，是阴阳对立在审美领域的具体展现，更是我国文艺学及美学领域一对非常重要的范畴。历代儒家推崇以"天行健，君子以自强不息"（《周易·乾》）为代表的积极进取、阳刚的一面，而道家则推崇阴柔不争之美，秉持"柔弱胜刚强"（《道德经》第三十六章）的观点，此观念在《道德经》中反复被论及。

1. 生命力与阴柔美

老子所讲的"柔"是与生命力联系在一起的，老子之所以提倡柔弱，是因为有生命力的事物所表现出来的属性是柔弱的，一句"柔弱者生之徒"（第七十六章），反映了老子浓郁的生命情怀。"人之生也柔弱，其死也坚强，万物草木之生也柔脆，其死也枯槁"（第七十六章），的确，草木在活着的时候是柔弱的，而人在活着的时候身躯也是柔软的，死后则都会变为僵硬。通过这两个例子，老子给我们诠释了柔弱是生命力的象征。

紧接着，老子还表达了"坚强者死之徒"（第七十六章）的观点，他认为：勇于表现坚强的人容易丧生，勇于表现柔弱的人反而容易生存，即"勇于敢则杀，勇于不敢则活"（第七十三章）。此处的"敢"指的是"坚强、妄为"，而"不敢"指的是"柔弱、谨慎"。同样是勇，但是当分别与"敢"或"不敢"相结合的时候，其结果却大相径庭。其实，现实生活中这种事情屡见不鲜，当面对别人飞扬跋扈的挑衅时，我们能否因考虑到长远利益而采取忍让回避的态度，或者说以柔弱之术来应对，这需要更大的勇气。所以苏轼曾说："天下有大勇者，卒然临之而不惊，无故加之而不怒。此其所挟持者甚大，而其志甚远也。"[①] 正因为志向高远，才能表现出"勇于不敢"的"大勇"，也才能更容易赢得生存的机会。而那些自恃强横的人或统治者，却往往成为别人心中排挤和打击的对象，所以片面坚持以刚强行事，就会招来杀身之祸或自取灭亡，自然界尚且"飘风不终朝，骤雨不终日"（第二十三章），那些凶狠残暴、残忍不义的逞强好胜的人怎么可能长久存活呢？于是，老子强调："强梁者不得其死。"（第四十二章）的确，有些人本来可以活得长久，但因为没有掌握好自己的生命而死，"人之生，动之死地"（第五十章）中的那些"强梁者"比比皆是。老子通过举反例的方式告诫人们要秉持柔弱的品性，并再一次重申了"坚强者死之徒，柔弱者生之徒"（第七十六章）的观点。总之，"柔弱"代表着生机，是生命力的象征，相反"坚强"则容易成为衰亡丧生的前奏。老子肯定并颂扬生命"柔弱"的一面，无疑体现了老子对生命力的珍惜和关怀，而"贵生"正是道家的重要哲学命题之一，从中反映出道家的生命美学，而其宗旨则在于达到生命力的绵延不息。

2. 求强取胜与阴柔美

阴柔不但是生命力的象征，更是取得胜利，日益强大的一种方式。老子早在两千多年前就提出了"柔弱胜刚强"的观点，中国有句俗语是"以柔克刚"，可以说是受到了老子贵柔守雌思想的巨大影响。另外，就军国大事而言，"柔弱胜刚强"也是兵法战术之一，越王勾践战胜吴王夫差就是典型案例。

魏晋皇甫谧所著的《高士传》中记载了老子刚柔之道的渊源，老子

[①] （宋）苏轼：《留侯论》，傅成、穆俦标点：《苏轼全集》，上海古籍出版社2000年版，第715页。

之师商容临终前，老子前去探望，他们之间的一段对话，反映了老子是如何体悟出"道"之精华之所在的：

> 老子曰："先生无遗教以告弟子乎？"……容张口曰："吾舌存乎？"曰："存。"曰："吾齿存乎？"曰："亡。""知之乎？"老子曰："非谓其刚亡而弱存乎？"容曰："嘻。"①

商容张开自己的嘴巴，让老子看他的舌头和牙齿，于是老子悟出了：等人老了，牙齿已经脱落了，但舌头还在。舌头之所以存在，"难道不是刚强的灭亡而柔弱的存在吗？"《说苑》以及《世说新语》中也有相关记载，这就是老子"柔弱胜刚强"之理论渊源。

为了说明"柔弱胜刚强"的道理，老子在《道德经》中反复以水为例进行阐释。其一，"天下莫柔弱于水，而攻坚强者莫之能胜"（第七十八章），天下没有比水更柔弱的，但攻打坚强之物时，却没有能胜过水的，能支持此观点的典型例子则是大家耳熟能详的"水滴石穿"，而至若洪水，当其气势汹汹席卷而来，更是无可抵挡。此处，老子以水为喻，重点强调的是柔弱与刚强较量结果中的"胜"字，所以老子此处的"柔"并不是柔弱无力，因为它可以"胜刚强"。其二，"天下之至柔，驰骋天下之至坚"（第四十三章）。水可以随物赋形，在天下最坚硬的东西间腾跃穿行，王弼在给《道德经》作注之时，以"水"和"气"作为天下"至柔"的东西。他认为，"气无所不入，水无所不经"②，这就是水的一个很重要的品质——"柔德"。事实上老子对于柔弱的事物的推崇莫过于水了，正因为水的这种品质，老子提出："弱之胜强，柔之胜刚"（第七十八章）的观点。的确，刚强的事物表面上很厉害，但事实上很容易被摧折："是以兵强则不胜，木强则兵"（第七十六章），用兵逞强反而不能取胜，树木高大反而易遭到砍伐，这两个例子恰恰反映了刚强的弊端，老子通过自然界和人类社会的具体现象阐释了阴柔才是求强取胜的方式。

"柔弱"才是最终的胜利者，这一点在《淮南子》中阐释为："强胜

---

① （魏）皇甫谧：《高士传》，中华书局1985年版，第24页。
② （魏）王弼注：《老子道德经注》，楼宇烈校释：《王弼集校释》，中华书局1980年版，第120页。

不若己者，至于若己者而同；柔胜出于己者，其力不可量。"(《原道训》)也就是说以强力只能胜过那些力量不如自己的敌人，而碰到与自己旗鼓相当的对手则只能势均力敌了，而用柔弱之术却可以胜过力量大于自己的对手，这种"柔力"才是无法计量的，这才是老子提出"柔弱胜刚强"的根本原因。

那么如何才能做到持守柔弱之术呢？老子提出："知其雄，守其雌，为天下溪。为天下溪，常德不离，复归于婴儿。知其白，守其黑，为天下式。为天下式，常德不忒，复归于无极。知其荣，守其辱，为天下谷。为天下谷，常德乃足，复归于朴。"(第二十八章) 每个人都知道雄强的好处，知道光明的好处，知道荣耀的好处，但老子则强调守住雌弱的地位，安于暗昧的地位，安于卑辱的地位。老子强调守雌、守黑、守辱，无疑并不是被动的，而是一种主动的选择，当然此处的"守其雌"并非逃避或者退缩，更非软弱或懦弱，这只是一种通过秉持柔弱而获取强大的方式，即"守柔曰强"(第五十二章)。而这种贵柔守雌的目的是为了成为天下溪，成为天下的范式，成为天下的山谷，这样才能维持相对的长治久安。同时，这也正是老子的以柔克刚的艺术性策略，是通过外柔内刚的形式达到"无为而无不为"的目的。《淮南子》继承老子的观点，认为："是故欲刚者，必以柔守之；欲强者，必以弱保之；积于柔则刚，积于弱则强"(《原道训》)，而这种积弱之势一旦强大起来，则万物莫之能敌。结合事物发展曲折性原理，老子所提倡的"柔弱"，是一种积极向上的力量，是一种独特的求强取胜之术。事实证明，柔弱之术的确是一种行之有效的方法和武器，它通过一种温和的方式达到心中的理想目标。换句话说，秉持柔弱的方式才容易得以长久。反之，如果一个人到处争强好胜、锋芒毕露，不谙柔弱之术的真谛，则更容易遭受挫败。

3. 谦下之德与阴柔美

"谦下"是一种柔弱的态度，而这"柔弱"之中蕴含着积极向上的深刻哲理，老子将它作为一种超越阳刚的手段和一种韬光养晦的方式进行强调。具体到自然现象，水给人以"柔弱"之感，而且停留在众人都不喜欢的低洼之处，但正因为水"处众人之所恶"(第八章)，才能达到"洼则盈"(第二十二章)的效果。具体到江海而言，江海处于海拔最低的位置，但正因为江海的这种避高趋下的柔弱之势，以及它本身所具有的这种谦下之德，才使江海能够海纳百川，成为百谷王，即"江海所以能为百谷王者，以其善下之，故能为百谷王"（第六十六章）。自然现象之外，生存于复杂社会之中的统治者、圣人、国家同样需要谦下之德。

其一，统治者要有谦下之德。生活中很多人都殷切期盼自己身居高位，但却不理解"贵以贱为本，高以下为基"（第三十九章）的道理，从本质上来说卑贱才是高贵的根本，低处才是高处的基础。光耀千古的"赵威后问齐使"的故事作为千古佳话流传至今。赵太后首先问收成，其次问百姓，最后才问候君王，导致齐国的使者不悦，说她是"先贱而后尊贵"。赵太后的做法不正是"以贱为本邪"（第三十九章）？在老子眼中，那些统治者已经意识到这个问题的重要性并且从称呼上践行了这个理论，"人之所恶，唯孤、寡、不穀，而王公以为称"（第四十二章），"孤、寡、不穀"这些被普通人所厌恶的称号，统治者却用来自我称呼，这些统治者的做法也体现了以贱为本的道理。况且王公、侯王本来就是地位尊贵之人，他们本身不必再借用咄咄逼人之气来增加他们的气势，如果他们能以言辞谦居万民之下，以低调之举持守柔弱之术，反而更能获得老百姓的拥戴，"是以侯王自谓孤、寡、不穀"（第三十九章）。《韩诗外传》卷七"孙叔敖遇狐丘丈人"中，孙叔敖曰："不然。吾爵益高，吾志益下。吾官益大，吾心益小。吾禄益厚，吾施益博。可以免于患乎？"[①] 孙叔敖可以做到爵位越高，越放低身份；官位越大，越小心谨慎；俸禄越多，越拿出去施舍，孙叔敖不但自己做到了这些，还教育儿子也这样做，使其家族一度避免祸患，这才是统治者的谦下之德，而这也正是一种阴柔之美，这些统治者就是要通过这种方式避免因张扬跋扈而自取其辱，进一步赢得老百姓的信任与认可。

其二，圣人要有谦下之德。老子称："是以欲上民，必以言下之；欲先民，必以身后之。是以圣人处上而民不重，处前而民不害，是以天下乐推而不厌。以其不争，故天下莫能与之争。"（第六十六章）此处的"处下"、"处后"并不是消极避世，而是一种智慧，其智慧的精华在于老子明白事物的发展是曲折性和前进性的统一，而它的终极目标则在于如果圣人要想高居万民之上，需要将自己的利益放在百姓之后。圣人要想身居万民之先，必须把自己的利益放在所有人的后边，最后达到"是以圣人后其身而身先，外其身而身存。非以其无私邪？故能成其私"（第七章）的

[①] （汉）韩婴撰，许维遹校释：《韩诗外传集释》，中华书局1980年版，第254页。

理想目标。圣人的"处下"、"居后"表面看是一种柔弱的方式，而正因为这种具有阴柔之美的谦下之德才能使圣人赢得万民拥戴而永不被厌弃，不敢居于天下之先，反而成为众人的领袖："不敢为天下先，故能成器长"（第六十七章）。老子所强调的这种谦下之德是与儒家思想中"己欲立而立人，己欲达而达人"是一致的：只有"处下"、"处卑"，成全别人的同时也成全了自己，才能使自己立于不败之地。

其三，国家要有谦下之德。高到国家关系层面，也同样适用大者宜下的谦下的规律。大国对小国谦下，就能取得小国的信赖，小国对大国谦卑就能见容于大国，"故大国以下小国，则取小国；小国以下大国，则取大国"（第六十一章）。老子为了说明这个问题，采用了类比的方法，他先说雌性能够以安静胜过雄强，"牝常以静胜牡"（第六十一章），那么大国就要拥有"天下之牝"的胸怀，也就是以雌柔的态度去对待小国，这样就会避免各诸侯国之间的群雄争霸，避免生灵涂炭。如果国与国之间的关系总是处于剑拔弩张的氛围之中，战争就在所难免，故老子提出："夫两者各得其所欲，大者宜为下"（第六十一章），为了达到大国和小国之间互相见容的愿望，两者都应该谦下忍让，但其中的关键还是大国，即"大者宜下"，这就是国家层面贵柔守雌的谦下之德。

总之，老子一再强调阴柔之美，他所提出的"柔弱"是指柔韧、内敛、含藏，这种"柔弱"是生命力的象征，也是一种求强取胜的方式，更是一种为人处世的谦下之德。老子这种贵柔守雌的智慧影响了中外无数人的人生态度和生活方式，为他们达到"无为而无不为"（第三十七章）的目标立下了汗马功劳。

（二）阴阳平衡的中和之美

老子认为世间万物通过阴阳相互调和，能够达到一种理想的和谐状态，即："万物负阴而抱阳，冲气以为和"（第四十二章），而中和之美作为《道德经》的核心美学范畴涵盖广泛，既包括生态自然之间的和谐，也包括人类社会之间的和谐。就自然和谐而言，老子将自然界的法则比喻为拉弓射箭，弦高了就放低一点，弦低了就举高一点；拉得过满了就放松一些，拉得不够就补充一些，即"天之道，其犹张弓与？高者抑之，下者举之；有余者损之，不足者补之"（第七十七章）。下面谨就《道德经》中的和谐社会观提出四点看法。

1. 从少私寡欲到身心和谐

在老子所处的时代，统治者穷奢极欲，老百姓则过着食不果腹的贫苦生活，老子指出其原因："民之饥，以其上食税之多，是以饥。"（第七十五章）因此，针对当时的社会现状，老子提出了："见素抱朴，少私寡欲"（第十九章）的观点，其原因在于："五色令人目盲，五音令人耳聋，五味令人口爽，驰骋畋猎令人心发狂，难得之货令人行妨。是以圣人为腹不为目，故去彼取此。"（第十二章）"五色"、"五音"、"五味"乃至"驰骋畋猎"刺激了人的各种感官的欲望，令人欲罢不能，甚至处心积虑地聚敛财富，然而这种财富是很难守住的，即："金玉满堂，莫之能守"（第九章），甚至有可能在聚敛财富的过程中因富贵而骄傲，如果富贵到了骄横的程度，反而会导致更为惨重的损失，所聚敛的财富自然会"多藏必厚亡"（第四十四章），甚至为自己招来杀身之祸，故曰："祸莫大于不知足，咎莫大于欲得"（第四十六章），这就要人们减少甚至消除心中对物质的贪念，懂得满足，懂得适可而止，这样就不会受到侮辱，也不会遇到危险，只有理解并掌握了"知足不辱，知止不殆"（第四十四章）的真谛，才能真正在物质上做到"少私寡欲"。

物质上的"少私寡欲"只是身心和谐的一部分，内在的和谐才是最重要的。老子提出在精神上要做到"涤除元览"（第十章），所谓"涤除元览"，就是要人们排除内心的欲望，只有没有欲望或者减少欲望才能保持身心和谐的状态，而"涤除元览"是一种审美心胸，"审美心胸的理论是一个影响很大的理论。这种审美心胸的理论虽然是由庄子建立的，但它的最早的源头，却是老子'涤除玄鉴'的命题"。[①] 因此，要达到身心和谐首先要从物质上少私寡欲，更重要的是从精神上做到涤除玄鉴，最后达到身心的和谐。

2. 从行善积德到人际和谐

"善"不仅是中华民族的传统美德，更是社会和谐的核心点之一，而"上善若水"更是老子关于"善"提出的最高境界，体现了老子的处世哲学。老子认为，"善"应成为日常生活所秉持的原则，而行善积德不仅是一种报怨以德的胸怀，更是一种乐善好施的美德。

首先，从以德报怨到人际和谐。老子曰："善者，吾善之；不善者，

---

① 叶朗：《中国美学史大纲》，上海人民出版社1985年版，第41页。

吾亦善之，德善。信者，吾信之；不信者，吾亦信之，德信。"（第四十九章）老子提倡，不管是善良的人还是不善良的人都要给予善待，这样就可以做到人人行善；不管是守信的人还是不守信的人，都要给予信任，这样就可以做到人人守信。善待善者，自是人之常情，而要善待不善者，所需要的胸襟和气魄却是常人难以企及的，这种"报怨以德"的方式体现了老子的博大胸襟和境界。同时，老子认为那些不善的人是不能被抛弃的，提出了"人之不善，何弃之有"（第六十二章）的观点，并以圣人无弃人无弃物为榜样："是以圣人常善救人，故无弃人；常善救物，故无弃物。"（第二十七章）老子对不善之人这种不抛弃、不放弃的态度，正是构建和谐社会所需要的品质。

其次，从乐善好施到人际和谐。老百姓的基本物质生活需要得到满足，"是以圣人之治，虚其心，实其腹，弱其志，强其骨"（第三章），圣人应该排空百姓的心机，填饱百姓的肚腹，减弱百姓的竞争意识，增强百姓的筋骨体魄。老百姓之所以出现食不果腹的情况，是因为"民之饥，以其上食税之多，是以饥"（第七十五章）。老子提出了具体而可行的解决方案："是以圣人执左契，而不责于人。有德司契，无德司彻。"（第七十九章）所以，有道的圣人虽然保存借据的存根，但并不以此强迫别人偿还债务。有"德"之人就像持有借据的圣人那样宽容，没有"德"的人就像掌管税收的人那样苛刻，针对这些没有"德"的统治者，老子曰："既以为人，己愈有；既以与人，己愈多。"（第八十一章）老子告诉统治者适当的给予并不等于舍弃，而是为了更多的收获，也就是"既以与人，己愈多"。老子提倡通过乐善好施的方式来实现社会"和"的目标，"乐善好施"凭借道德的力量改善人际关系，对形成和谐的人际关系发挥了不可替代的作用。

"天道无亲，常与善人"（第七十九章），这无疑是一种人格美。《易·坤·文言》曰："积善之家，必有余庆。积不善之家，必有余殃。"不管是以德报怨，还是乐善好施，都是老子引导人行善积德的一种方式，其终极目的无疑是为了实现社会的和谐。

3. 从无为而治到政治和谐

老子主张"无为而治"的政治观，因为："民之难治，以其上之有为，是以难治。"（第七十五章），人民之所以难于治理，是因为统治者政令繁苛、喜欢有所作为，老子曾用一个比喻来说明这个道理："治大国若烹小鲜。"（第六十章）如果一个统治者整天三令五申，那么百姓将疲惫不堪，相反"无为而治"的方式反而更有助于社会和谐，"我无为而民自化，我好静而民自正，我无事而民自富，我无欲而民自朴"（第五十七章）。我无为，人民就自我化育。我好静，人民就自然富足。我无欲，而人民就自然淳朴。此处"无为"并非毫无作为，更非消极避世，而是给人民留出自我化育、自然富足、自然淳朴的空间，达到"为无为，则无不治"（第三章）的目标，这是一个从"无为"到"有为"的转化过程。老子倡导"无为"其实是一种生存的大智慧，也正是凭借"无为而治"使统治者与人民达到政治上的和谐。

4. 从弭兵反战到天下和谐

"师之所处，荆棘生焉。大军之后，必有凶年。"（第三十章）战争的灾难会让老百姓每天战战兢兢，统治者也会为了各自的利益而忧心忡忡，而这是提倡"知和曰常，知常曰明"（第五十五章）的老子所不愿见到的。老子反对战争，认为"虽有甲兵，无所陈之"（第八十章），其一，"兵者不祥之器，非君子之器"（第三十一章），兵器是不祥的东西，有道的人不使用它。其二，"以道佐人主者，不以兵强天下"（第三十章），在老子看来，依照"道"来辅佐君主的人，不应该用兵力来逞强于天下。其三，"天下有道，却走马以粪。天下无道，戎马生于郊"（第四十六章），战事是"天下无道"的一种象征，而将"道"作为其核心思想的老子断然是弭兵反战的。如果不发生战争，就不会有生灵涂炭，就可以给老百姓提供一个和平的环境。

但如果迫不得已发生战争，老子主张："不得已而用之，恬淡为上"（第三十一章），而"以无事取天下"（第五十七章）才是最好的解决方案。这是老子对统治者提出的殷切期盼，只有世界和平，各国人民才能安居乐业，过上幸福美满的生活。

"和"是老子美学价值的体现，展示了道家的和谐观，并且经过传承成为道教的教义。阴阳两仪之间保持和谐平衡既可以达到自然和谐之美，还可以彰示社会和谐之美。

（三）阴阳相反相成中蕴含的美学意识

《道德经》在对阴阳两仪的把握中出现了一些相反相成的美学形态，而这些美学形态在互动中又形成了一些重要的美学理论，其中，老子对虚实、有无的论述无疑成为中国美学有无相生、虚实结合的理论基础。

具体到"有无相生",老子从物的产生谈起,天下万物源自于有,而有又源自于无,即"天下万物生于有,有生于无"(第四十章)。一个人从孕育到死亡的整个过程就是一个"有生于无"的过程,在生命孕育之前,可以称之为"无",而当人呱呱坠地的那一刻起,便有了人的身体,这就是"有",而当人死亡之后,就又成了另一种形式的"无",这就是一个"有无相生"的过程。老子在第二章中也提到"有无相生"。而将"有无相生"运用到生活中,则有"三十幅共一毂,当其无,有车之用;埏埴以为器,当其无,有器之用。凿户牖以为室,当其无,有室之用。故有之以为利,无之以为用"(第十一章)。正是因为有了车子轴心处的空虚处,才有了车的作用;有了器皿中间的空虚处,才有器皿的作用;有了房屋中间的空虚处,才有房屋的作用,而这些空虚之处,恰巧就是"无",也就是说车子、器皿、房屋所体现的"有"的便利,正是通过"无"来实现的,老子通过举例说明了"有"与"无"相互依存、相互转化的特点,即:"有之以为利,无之以为用。"(第十一章)老子"有无相生"的辩证法,对中国美学的发展有很大的影响,主要体现在应用于书画艺术中的"计白当黑"原则以及应用于文学、绘画、舞蹈等多领域的"虚实相生"的美学原则上。除此之外,"老子的'有无相生'的朴素辩证法,被工匠具体运用到工艺品的制作中,形成了最初的工艺美学思想"[①]。

"虚实相生"是中国重要文艺思想之一,探究其源头,可以追溯到老子的"有无相生"理论。中国古典美学对虚实关系有很多精辟的论述,老子也论证了这个观点:"天地之间,其犹橐籥乎,虚而不屈,动而愈出。"(第五章)天地之间,正像一个大风箱,空虚方不致枯竭,一鼓动就源源不绝,正因为有空虚的存在,才产生了更多的风。物体只有虚空才能容纳万物,天地间只有虚实相结合,才能使物尽其用。在老子看来,有无虚实是宇宙万物产生并发挥其作用的基本条件,而它的文学及美学思想对后代的文学创作及艺术作品的设计及评价方面发挥了很大的作用。

(四) 阴阳转化的通变之美

《周易》强调变化,其中蕴含着阴阳、吉凶的转变。老子继承了《周

---

① 朱志荣主编:《中国美学简史》,北京大学出版社2007年版,第106页。

易》重变的特点，其中"祸兮，福之所倚；福兮，祸之所伏"（第五十八章）就体现了吉凶之间的一种转变，而《道德经》中其他自然界或人类社会中阴阳两仪相互转化的现象及规律，同样体现了老子的辩证法思想，展现了老子的审美判断和道德价值观，蕴含了一种通变之美。而老子依据阴阳相互转化的特点指导人们趋利避害、逢凶化吉，让事物朝着我们心中的方向转化，毛泽东在《矛盾论》中指出："事情不是矛盾双方互相依存就完了，更重要的，还在于矛盾着的事物的互相转化。……向着它的对立方面所处的地位转化了去。"[①]

1. 把握过程　曲折前进

阴阳之间的转变需要一定的过程，"天下难事必作于易，天下大事必作于细"（第六十三章），也正因为事物的转化需要一定的过程，也才有"九层之台，起于累土；千里之行，始于足下"（第六十四章）的至理名言。基于此，老子提出"将欲歙之，必固张之；将欲弱之，必固强之；将欲废之，必固兴之；将欲夺之，必固与之"（第三十六章）的观点，主张曲折前进。《郑伯克段于鄢》中，郑庄公表面上容忍弟弟增强实力，其实是在等待弟弟"多行不义必自毙"的下场，这正体现了"将欲弱之，必固强之；将欲废之，必固兴之"的道理。《道德经》中的"故物或损之而益，或益之而损"（第四十二章）一句与"将欲歙之，必固张之；将欲弱之，必固强之；将欲废之，必固兴之；将欲夺之，必固与之"有异曲同工之妙。所以，我们看待事物时不能囿于表面现象，有时表面上受到损害反而最终得到益处，有时表面上有利于事物却反而使它遭受损失。老子关于"损"、"益"的相互转化的观点，被历史上和现实生活中无数的例子验证。只有通过更深层次的了解和判断，才能看清楚事物的本质。

2. 委曲求全　藏巧守拙

在现实生活中，每个人都不可能会一帆风顺，在遇到各种困难时要根据阴阳转化所蕴含的辩证思想让自己随时保持弯曲的姿态，先受点委屈，然后逐步将事情向有利于自己的方向发展，老子提出"曲则全，枉则直，洼则盈，敝则新，少则得，多则惑"（第二十二章），就揭示了委曲求全的真谛，也只有这样才能得到最终的伸展。而藏巧守拙无疑是委曲求全的

[①] 《毛泽东选集》第一卷，人民出版社1991年版，第328页。

一种很好的方式，为了长远考虑，老子不提倡将自身的"大成"、"大盈"、"大直"、"大巧"、"大辩"展现出来，却展示的是相反的方面，故曰："大成若缺，其用不弊。大盈若冲，其用不穷。大直若屈，大巧若拙，大辩若讷。"（第四十五章）郑板桥的"难得糊涂"就是这方面的典范，孙武更是探究阴阳转化的奥妙，提出了"军争之难者，以迂为直，以患为利。故迂其途，而诱之以利"[①]的计策，孙子的"迂直之计"同样也体现了阴阳转化的通变之美，正像老子所说："'曲则全'者，岂虚言哉！诚全而归之。"（第二十二章）。

总之，老子的哲学思想和美学思想博大精深，他的"道"、"气"、"象"等美学思想也对中国古典美学的发展起到了至关重要的作用，但《道德经》中所体现的阴柔之美、中和之美、通变之美等无疑成为中国古典美学的重要范畴，对中国后代美学思想以及文学艺术的发展具有深远的影响及意义。

三 "阴阳两仪"思维与庄子的审美意识

《庄子》一书中"阴阳"一词出现了二十多次，涉及阴阳两仪的范畴更是不一而足，庄子[②]以其丰富而深邃的哲学思想对道家及后代的哲学和美学思想做出了很大的贡献。《庄子》的美学思想主要涉及他的和谐观、美丑观，另外还涉及自由、"坐忘"、"心斋"等方面，在此主要涉及庄子的和谐观及美丑观。

（一）阴阳平衡的和谐之美

追求和谐，是中华民族的优秀文化传统，《庄子》于阴阳两仪的阐述中饱含了他的和谐意识，体现了他的中和之美。庄子的中和之美又可分为"与天和"、"与人和"以及与自身和谐三方面。"夫明白于天地之德者，此之谓大本大宗，与天和者也；所以均调天下，与人和者也。与人和者，谓之人乐；与天和者，谓之天乐。"（《天道》）"与天和"，就是人与自然

---

① 刘国建、戴庞海注译：《孙子兵法 孙膑兵法》，中州古籍出版社2008年版，第42页。
② 《庄子》一书的作者问题不是本章讨论的重点，所以本章出现的"庄子"并不局限于庄子本人。

和谐相处，这样才会体会到"天乐"，所谓"天乐"就是人与自然和谐相处时的快乐；而"与人和"指的是协调人与人以及人与社会之间的关系，进而维护整个社会的和谐状态，所谓"人乐"，就是与人和谐相处时的快乐。除此之外，庄子还关注人本身阴阳的和谐，通过对人自身阴阳和谐的论述，对医学理论及生命美学的发展具有很大的价值。

1. 阴阳和谐之"与天和"

大自然为人类提供了生存、发展的前提条件，因此人要与大自然和谐相处，基于此，庄子提出"与天和"的观念。如果大自然能够保持阴阳和谐宁静，四季的变化才会顺应时节，万物就不会受到侵害，即："阴阳和静，鬼神不扰，四时得节，万物不伤"（《缮性》），"阴阳和静"就是天下生灵赖以生存、得以顺畅生长的前提条件。反之，如果阴阳不调和，寒暑变化不合时令，那么就会伤害、妨碍万物的生长，即："阴阳不和，寒暑不时，以伤庶物"（《渔父》），那么生存于其中的人类自然也会遭到伤害。既然阴阳和谐对大自然以及人类如此之重要，那么人们就要遵循自然规律，不要破坏生态平衡，《天道》提出："'知天乐者，其生也天行，其死也物化。静而与阴同德，动而与阳同波。'故知天乐者，无天怨，无人非，无物累，无鬼责。故曰：'其动也天。'"其中的"其生也天行"以及"其动也天"，就是指人们的行为要符合自然规律，要顺应自然规律而活动，达到安静时与阴气一样沉寂，活动时与阳气一样活跃，将自己的活动与阴阳契合，当静则静，当动则动，这样才能天下太平，从而"无天怨，无人非，无物累，无鬼责"，并从中体会自然之乐，达到"与天和"的理想目标。

但现实生活中，人们为了谋取一时的利益，去征服自然，改变自然，造成严重的环境污染，使人类赖以生存的自然遭到严重破坏，人与自然的关系严重失衡，这就是人为因素对大自然的破坏，其实早在两千多年前，《应帝王》中就提出应该顺应万物的自然状态，即："顺物自然而无容私焉。"并于《大宗师》中提出"不以人助天"，反对用人为的因素去改变自然。然而，人们以前并没有意识到与自然和谐相处的重要性，导致对自然平衡的破坏已经超过了它的自我调节能力，反而使生活于其中的人类本身自受其害。《知北游》曰："圣人处物不伤物。不伤物者，物亦不能伤也。唯无所伤者，为能与人相将迎。"只有人类不去破坏大自然并与之和谐相处，大自然才不会报复人类，这样才符合庄子的"与天和"思想。

"与天和"思想不但给予人与自然、人与环境之间如何和谐相处以很大的启示，而且对生态美学等美学范畴产生很大的影响。

2. 阴阳和谐之"与人和"

"与人和"是指人与人之间关系和谐，"与人和"是社会和谐的前提条件，而阴阳是否和谐对社会和谐具有很大的决定性作用。为了达到"与人和"的目的，庄子从个人、家庭以及社会等角度进行了探讨。从个人角度来说，庄子不断调节自己，完全以能够与万物和谐相处为原则，该上的时候就上，该下的时候就下，即"一上一下，以和为量"（《山木》）。从家庭角度来说，庄子希望家庭成员之间美满幸福，庄子对《则阳》篇中父子之间的和谐关系表示赞同，他希望世人受到感化，让人与人之间如同父子一样和谐："故或不言而饮人以和，与人并立而使人化，父子之宜。"同时，他希望家庭中的每个成员都要摆正自己的位置，避免"妻妾不和，长少无序"（《渔父》）的不和谐事件的发生。从社会角度来说，如果阴阳失衡，使人喜怒失却常态，居处没有定规，考虑问题不得要领，办什么事都半途失去章法，于是天下就开始出现种种不平，而后便产生盗跖、曾参、史鰌等各种不同的行为和作法。即庄子所说："使人喜怒失位，居处无常，思虑不自得，中道不成章。于是乎天下始乔诘卓鸷，而后有盗跖、曾、史之行。故举天下以赏其善者不足，举天下以罚其恶者不给。故天下之大，不足以赏罚"（《在宥》），所以阴阳平衡是社会和谐的基本条件。庄子心目中的圣人则可以使万物和谐而无冲突，因为得道之人可以泯灭是非矛盾，使物我各得其所，所以他于《齐物论》中说："是以圣人和之以是非，而休乎天钧，是之谓两行。"《天下》篇中认为古代的圣贤的德行很完美，能够做到效法天地自然，养育万物，使天下太平和乐，能够做到"和天下"："古之人其备乎！配神明，醇天地，育万物，和天下，泽及百姓。"

3. 阴阳和谐之与自身和谐

庄子关注人与自然、人与社会和谐的同时，也关注人自身阴阳的和谐。人体自身的阴阳和谐是健康的基本保障，一旦人体的阴阳消长失去平衡，疾病就有可能随之而来。《大宗师》中的子舆生病就是由于阴阳之气不和谐所致，即"阴阳之气有沴"，庄子将他描述成腰弯背驼，五脏穴口朝上，下巴隐藏在肚脐之下，肩部高过头顶，弯曲的颈椎形如赘瘤朝天隆起的形象，可见阴阳不和酿成如此祸患。此处，阴阳和谐对身体健康的重要性是不言而喻的。

那么影响人体内阴阳的因素有哪些呢？"人大喜邪，毗于阳；大怒邪，毗于阴。阴阳并毗，四时不至，寒暑之和不成，其反伤人之形乎！"（《在宥》）人们过度欢欣，定会损伤阳气；人们过度愤怒，定会损伤阴气，阴与阳相互侵害就会伤害人自身的健康，此处庄子通过反例来说明阴阳和谐的重要性，这无疑是庄子对医学的重要贡献。在《淮南子》中也认为，人大发脾气则会破坏阴气，人过分高兴则会损伤阳气，即："人大怒破阴，大喜坠阳。"（《精神训》）《黄帝内经·素问》对喜怒忧恐等情绪对人身体健康的影响进行了阐述："怒伤肝"、"喜伤心"、"思伤脾"、"忧伤肺"、"恐伤肾"，可见，人的喜怒哀乐情绪会直接影响体内的阴阳是否和谐，所以人们要保持平和的心态。

庄子认为保持内心的平和需要做到："安时而处顺，哀乐不能入也"（《大宗师》），就是安于时机，顺应自然，悲痛和欢乐都不会进入心中。事实上，"哀乐不能入"是很难做到的，人生在世，总有很多事情需要解决，"事若不成，则必有人道之患；事若成，则必有阴阳之患。若成若不成而后无患者，唯有德者能之"（《人间世》）。事情如果办不成，必然会有人为祸患，如果办成了，也难免会因焦虑过度而生病，而真正有德的圣人，无论事情是否办成，都能泰然处之，安之若素。有德的圣人能做到："自事其心者，哀乐不易施乎前，知其不可奈何而安之若命，德之至也"（《人间世》），他们可以保持内心情绪的平静，不被哀伤和欢乐左右自己的心情，面对那些无可奈何的事情能够做到安之若素，才能使自己身体阴阳和谐，而这也正是最高的精神境界。

总之，"中国美学以'中和'为最高境界和理论范式，乃源于独特而深厚的民族思维文化。其一，'中和'范式以审美矛盾因素的两面、两极、两端……（即'两'）为基本架构，这正贯彻了中国传统以'物生有两'观念为基点的'耦两'型或以《易》为范本的'阴阳两仪'型思维模式"[①]，而庄子的和谐观念就通过阴阳两仪之间的平衡或失衡状态，体现了庄子的和谐观念，既包括实现自然和谐、生态平衡的"与天和"的和谐观，也包括实现社会和谐的"与人和"的重要内容，以及与自身和

[①] 仪平策：《"中和"范式·"阴阳两仪"·"一两"思维》，《周易研究》2004年第1期。

谐的理论，创造了一套自成一家的和谐美理论体系。

（二）庄子的美丑观

"美""丑"的概念由来已久，但从老子将"美"、"恶"作为一对相反相成的概念出现后，使"美"作为独立的美学范畴得以呈现。及至庄子，他对于美丑的审视，形成了自己的独特的审美标准，主要涉及重视内在精神美，以大为美以及推崇自然美等几个方面。《庄子》的这种审美观在审美客体、审美主体以及审美标准等方面对后代的文学艺术以及美学都产生了很大的影响。

1. 德有所长而形有所忘

庄子在对人进行评价时，对内在品行美的重视程度要明显高于外在容貌，达到"德有所长而形有所忘"（《德充符》）的程度。在《庄子·山木》中，庄子借旅店老板对两位小妾美丑的评价标准，展现了他自己的审美标准，而庄子的这种审美标准的关键之所在就是"德"。

> 阳子之宋，宿于逆旅。逆旅有妾二人，其一人美，其一人恶。恶者贵而美者贱。阳子问其故，逆旅小子对曰："其美者自美，吾不知其美也；其恶者自恶，吾不知其恶也。"阳子曰："弟子记之，行贤而去自贤之行，安往而不爱哉！"

阳子到了宋国的一家旅店，看到旅店主人的两个小妾，其中一个长得美丽，而另一个长得丑，但那个长得丑的小妾地位尊贵，而长得美丽的小妾地位却低贱。阳子问其中的原因，旅店主人回答说："那个容貌美丽的总是自以为美，而我一点也不感到她美，而那个容貌丑的总是自以为丑陋，我从来不以为她丑。"这里的"美"和"恶"有两个含义，其中"其一人美，其一人恶"显然是从两个小妾的容貌的客观情况来进行评价的，而那个长的美丽的小妾自我炫耀美丽而被视为低贱，被旅店主人评为："吾不知其美也"；长得丑陋的小妾却因为谦恭而地位尊贵，被旅店主人评为："吾不知其恶也"，显然这里庄子对美丑的评价标准是与道德相关的。同时，《庄子》通过"阳子"表达了推崇贤良品德的价值取向，认为人即使做了贤良的事情，也不能自以为是、自我炫耀，这样才能受到别人的爱戴，这与老子的"不自见故明，不自是故彰"（《道德经》第二十二章）的观点如出一辙。也正因为这种"不自见"的"德"的存在，使得旅店主人的两位小妾的美丑在人们心目中发生了改变，这也正体现了庄子心目中美丑评价标准是"德"。

在《人间世》和《德充符》篇中，庄子塑造了一大批外貌丑陋的人，而这些人最后都通过自己的内在美德赢得了别人的爱戴和尊敬。在《德充符》中就有这样一位外貌极丑，但却处处受人喜欢的名叫哀骀它的男子。男人与哀骀它相处时，"思而不能去也"，因留恋而舍不得离去。女人与哀骀它相见后便决定"与为人妻，宁为夫子妾"，并自己请求父母去给他做小妾。鲁哀公与哀骀它相处不到一年，竟以宰相之职相委任，但最终哀骀它选择主动离开，导致鲁哀公"恤焉，若有亡也，若无与乐是国也"，哀骀它的离去使鲁哀公闷闷不乐，若有所失。庄子以哀骀它为例，说明崇高的精神境界比外貌有更强的感人力量。庄子借孔子之口表达了自己推崇美德的观点："德者，成和之修也。德不形者，物不能离也。"美德，是形成平和心境的一种修养，不对外炫耀这种美德，人们自然会受到感染而凝聚在他的身边。庄子还列举了很多这样相貌丑陋而获得赏识的人，如驼背跛脚、体形难看、没有嘴唇的名叫闉跂支离无脤的人被卫灵公所喜欢，而另外一位脖子上长了一块坛子大小的瘤子的叫瓮㼜大瘿的人被齐桓公所喜欢，从而再次强调了内在美重于外在美的观点。"外貌丑的人内心可以很美，这就为后世艺术家创造貌丑心美的艺术形象准备了理论基础。五代画家贯休就创作了许多这样的人物。中国戏曲舞台上亦有许多这样的艺术形象如钟馗、崇公道等。"① 如果一个人的精神境界崇高，那么他形体上的缺陷就会被忽略，从而达到"德有所长而形有所忘"的境界，这就是庄子评价美丑的标准，这对后代不以貌取人的审美观形成了很大的影响。

2. **以大为美**

"以大为美"的美学思想是《庄子》美学思想的核心内容，在《庄子》中多处论及，于《知北游》篇中直接称为"大美"，而于《秋水》及《天道》中则以"大"和"美"分别言之，但从"美则美矣，而未大也"（《天道》）一句来判断，"美"和"大"是有程度差别的，或者从某种程度来讲，"美"达不到"大"的程度。"大"与"美"作为美学范

---

① 陈望衡：《中国古典美学史》，武汉大学出版社2007年版，第135页。

畴，在中国美学思想史上出现较早，而"大美"是庄子最早提出的一个美学范畴，它的出现无疑使中国古典美学的发展迈上了一个新台阶，并对后代文艺学及美学的发展产生了重大而深远的影响。

（1）"不言"及"无为"之谓"大美"

《知北游》中是这样论及"大美"的：

> 天地有大美而不言，四时有明法而不议，万物有成理而不说。圣人者，原天地之美而达万物之理。是故至人无为，大圣不作，观于天地之谓也。

"天地有大美而不言"一句，《庄子集解》是这样阐释的："利及万物不言所利。"① 天地又是如何"利及万物"呢？首先，天地创生万物，曰："至阴肃肃，至阳赫赫。肃肃出乎天，赫赫发乎地。两者交通成和而物生焉，或为之纪而莫见其形。"（《田子方》）其次，天地化育万物，曰："天无为以之清，地无为以之宁，故两无为相合，万物皆化。……故曰：天地无为也而无不为也。"（《至乐》）天地创生万物并化育万物，但天地从来没有以此居功自傲，反而"生而不有，为而不恃，功成而弗居。夫唯弗居，是以不去"（《道德经》第二章），天地的这种"不言"成就了天地的"大美"。天地除了"不言"之美外，另外一点就是"无为"，"是故至人无为，大圣不作，观于天地之谓也"，至人和圣人"无为"是由于他们效法天地自然的缘故，所以"无为"是天地的重要特征，而恰恰是"无为"使天地达到了"无为而无不为也"的程度（《至乐》）。无疑，"无为"也是成就"天地大美"的一个很重要的因素。《庄子》中"无为而无不为"正体现了道家的哲学及美学价值观，而这种"无为而无不为"所体现的审美心胸是与审美精神高度一致的。

（2）"美"合于天道之谓"大"

尧与舜在探讨治理国家的时候，尧的勤政治民只被舜评为"美"，并没有达到舜心目中"大"的程度，尧勤政治民的方式包括不轻慢无依无靠之人，不抛弃走投无路之人，悲悯死者，爱护小孩等。《天道》篇记载如下：

---

① （清）王先谦：《庄子集解》，《诸子集成》，第138页。

昔者舜问于尧曰："天王之用心何如？"尧曰："吾不敖无告，不废穷民，苦死者，嘉孺子而哀妇人。此吾所以用心也。"舜曰："美则美矣，而未大也。"尧曰："然则何如？"舜曰："天德而出宁，日月照而四时行，若昼夜之有经，云行而雨施矣。"尧曰："胶胶扰扰乎！子，天之合也；我，人之合也。"

为什么舜认为尧的治理没有达到"大"的程度呢？因为尧的勤政爱民只达到了"人之合"的程度，却并没有达到"天之合"的程度，所谓"天之合"就是要符合自然规律，日月的嬗替、四时的运行、昼夜的更替都有其自身的规律，尧所做的济世救民的善举只符合人为的原则，并不符合自然的原则，或者说只符合人道，而不符合天道。《在宥》篇关于"天道"、"人道"是这样阐释的："无为而尊者，天道也；有为而累者，人道也。"所以这段话中，舜本质上提倡的是"无为而治"的观点，而尧与舜的这段话选自《天道》，该篇有很大一部分内容论及"上必无为而用天下，下必有为而为天下用"的相关内容，而《至乐》篇亦曰："天地无为也而无不为也"这就与上一论点"'不言'及'无为'之美之谓'大美'"相一致了。

（3）"大"而不自大之谓"美"

"以大为美"作为庄子美学中重要的审美范畴，除了以"大美"二字相结合的形式出现，还有"大"和"美"分别出现的形式，《秋水》曰："秋水时至，百川灌河；泾流之大，两涘渚崖之间不辩牛马。于是焉河伯欣然自喜，以天下之美为尽在己。"河伯看着自己浩浩汤汤的水势，欣赏着自己偌大的泾流，而以为"天下之美尽在己"，河伯之所以觉得自己美，关键字就是文中的"大"字，于是有了美不胜收的感觉。此处，庄子表达了以大为美的观点，而当河伯顺流而东抵达北海之时，看到一望无际的北海，顿觉惭愧，而此时北海给河伯的评价是："今尔出于崖涘，观于大海，乃知尔丑"，此时用一个"丑"字来形容河伯，其关键自然也是北海比黄河大，使河伯相形见绌，于此处，庄子再一次强调了"以大为美"的观点。

然而庄子此处的以大为美，并不囿于"大"字的本义，这里的"大"还有一层深刻的含义就是"不自大"，河伯曰："野语有之曰：'闻道百，以为莫己若者。'我之谓也"，这是源自河伯曾经的自大。而北海的"不自大"更是溢于言表："天下之水，莫大于海……而吾未尝以此自多者"，正因为北海的不自大，才能海纳百川，成就了自己的"大美"。

《庄子》中"大美"蕴含着丰富的美学价值，它通过天地自然的无限广大表现了古人对气势磅礴的大自然的喜爱之情，更体现出古人的美学智慧和独特的审美气质，对中国古典美学的发展具有积极的推动作用。

3. 美因审美主体不同而存在差异

《庄子》中的美除了跟"德"、"大"相关外，也因为审美主体不同而发生变化，"毛嫱、丽姬，人之所美也，鱼见之深入，鸟见之高飞，麋鹿见之决骤。四者孰知天下之正色哉？"（《齐物论》）毛嫱和丽姬，是被大家所称赞的美女，可是鱼儿见了她们却潜入水底，鸟儿见了她们便飞向天空，麋鹿见了她们很快地逃离。人、鱼、鸟和麋鹿四者究竟谁才懂得天下真正的美色呢？人们所认为的美女，可是鱼、鸟和麋鹿三种动物并不认为美，这就体现了庄子思想中美丑的相对性，同时也体现了美因审美主体的不同会存在审美效果的差异的特征。

4. 推崇自然美

庄子提倡自然纯真之美，摒弃矫揉造作的举动，著名的"丑女效颦"就体现了这一点。《天运》篇曰："故西施病心而颦其里，其里之丑人见而美之，归亦捧心而颦其里。其里之富人见之，坚闭门而不出；贫人见之，挈妻子而去之走。"邻里丑女皱着眉效仿西施，结果邻里的有钱人看见了，闭门而不出；贫穷的人看见了，携着妻女远远地跑开了。西施皱眉之美是源自自然，而丑女却一味模仿，反而被大家所厌恶。这个故事体现了《庄子》一书注重自然美的观点。中国古代美学崇尚自然美，道家美学对自然美的追求深深影响着中华民族的审美准则及价值取向。然而正是这种自然而然的美，才能达到"淡然无极，而众美从之"（《刻意》）的程度。

庄子的哲学思想和美学思想博大精深，他的"心斋"、"坐忘"、"物化"等美学思想也对中国美学的发展起到了至关重要的作用，但《庄子》中所体现的阴阳和谐之美以及庄子的美丑观无疑成为中国古典美学的重要范畴，对中国后代美学思想以及文学艺术的发展具有深远的影响及意义。

结　语

　　道家的哲学思想深深植根于中国固有的文化传统的沃土之中，反映了中国的文化传统和民族特色，其思想博大、深邃，极具美学意蕴。道家哲学思想的最早起源可追溯到老庄，除此之外，道家的代表人物还有关尹、彭蒙、田骈等，主要著作除了《老子》、《庄子》外，还有《黄帝四经》、《文子》、《列子》、《管子》、《鹖冠子》、《吕氏春秋》和《淮南子》等。道家对阴阳学说的弘扬以及其美学思想、审美意识中那种鼓舞人积极向上、追求和谐的思想影响了无数文人墨客，对于美学思想的发展具有积极的意义。老庄美学作为道家美学的起点及核心，影响了中国古代文学甚至现当代文学的面貌与格局，影响了中国美学的发展，并通过中西文化交流逐步走向世界。

第四章

"阴阳两仪"思维与中国诗学

一 "阴阳两仪"思维与中国诗学的内在关系

（一）"中国诗学"概念的限定

在西方，"诗学"的概念由狭义到广义，可作诗歌理论、文学理论、文艺理论三层理解，而更多的是作为"文学理论"来使用。[①] 比如瑞士学者埃米尔·施塔格尔（Emil Staiger，1908—1987年）在《诗学的基本概念》（*Grundbegriffe der Poetik*）中从西方文学传统出发，着重探讨了叙事式的（episch）、抒情式的（lyrisch）、戏剧式的（dramatisch）这三个概念，来取代传统的长篇叙事诗（Epos，或"长篇诗体作品"）、抒情诗（Lyrik，或"篇幅较小的诗"）、戏剧（Drama，或"舞台作品"）的韵文三分法。[②] 亚里士多德（前384—前322年）的 *Peri Poiētikēs*，朱光潜、罗念生、陈中梅诸位先生均译作《诗学》，原名直译应为《论诗的》，也即《论诗的艺术》。[③] 亚里士多德划定的讨论范围，主要是悲剧和史诗，而没有抒情诗。[④] 杜国清先生把刘若愚先生的 *The Art of Chinese Poetry* 译作《中国诗学》[⑤] 而非《论中国诗歌艺术》，翻译书名的思路相若，但两相

---

① 关于西方诗学领域的清楚划定和简单阐述，可以参看［法］达维德·方丹著《诗学：文学形式通论》，陈静译，天津人民出版社2003年版。

② 参见［瑞士］埃米尔·施塔格尔著《诗学的基本概念》，胡其鼎译，中国社会科学出版社1992年版。

③ 参见袁行霈、孟二冬、丁放著《中国诗学通论·绪论》，安徽教育出版社1994年版，第3页；罗念生《译后记》，［古希腊］亚里斯多德著《诗学》，罗念生译，人民文学出版社1962年版。

④ 参见罗念生《译后记》，［古希腊］亚里斯多德著《诗学》，第110—111页。

⑤ 参见袁行霈、孟二冬、丁放著《中国诗学通论·绪论》，第3页。

比较，显然"中国诗学"与"西方诗学"的讨论范围是不一致的。

在中国文学理论批评传统中，鲜有"诗学"之谓。中国的诗歌创作虽然蔚为大国，诗歌批评却主要付诸感发散漫的诗话而非构造严密的诗学。朱光潜先生说过："中国向来只有诗话而无诗学，刘彦和的《文心雕龙》条例虽缜密，所谈的不限于诗。"[①] 朱光潜先生的这句话可以发挥两个意思：其一，中国传统的诗学不同于西方诗学，缺乏"谨严的分析与逻辑的归纳"[②]；其二，中国古典诗学的讨论范围应限于诗。蔡镇楚先生在《诗话研究之回顾与展望》一文中指出："中国虽然亦早有'诗学'之名，但其概念内涵大凡有二：一是'《诗》学'，即'《诗经》之学'，以《诗三百》为研究对象，是研究《诗经》的专门学问，属于经学范畴，与现代意义上的'诗学'大相径庭。中国早在西汉时代出现的'诗学'，乃指'诗经学'，是一个特定的'诗学'概念。二是诗格之类诗学入门著作，如元人杨载《诗学正源》1卷，范梈《诗学正窍》1卷；明人黄溥《诗学权舆》22卷，溥南金《诗学正宗》16卷，周鸣《诗学梯航》1卷，等等。这些名为'诗学'者，实皆为诗格之类诗学入门著作，与唐人诗格、诗式、诗法之类无异，与现代意义上的'诗学'有别。"[③] 因此，现代意义上的中国诗学，应该是对上述"《诗》学"、"诗学"以及诗论、诗话和部分文论等中国传统诗歌（甚或文学）理论批评的整编，并兼及现代汉语语境下诗学的沿承与新变。近代以来，中西文化交通影响深远，中国诗学的理论建构趋于成熟，但似乎仍未形成明晰的学科界说。杨义先生在《中国诗学的文化特质和基本形态》中认为："中国的诗学是一种生命的诗学，是一种文化的诗学，是一种感悟的诗学，是一种综合着生命的体验、文化的底蕴和感悟思维的非常有审美魅力的多维的诗学。"[④] 这仍

---

① 朱光潜：《抗战版序》，《诗论》，安徽教育出版社1997年版，第1页。朱光潜先生的见解虽然是正确的，但是在本章的论述中，《文心雕龙》将是最主要的参考文献之一。刘勰在《文心雕龙》中阐发"文"这一范畴，非但超出广义诗学即文学理论的范围，更由"人文"、"地文"、"天文"上升到哲学的至高层面。然而刘勰对于纯文学的具体论述，却主要是围绕当时的文学主流——诗与赋而展开的。所以本章论述具体的诗学范畴时对于《文心雕龙》的征引，应该是恰切的。

② 朱光潜：《抗战版序》，《诗论》，第1页。朱光潜先生认为："谨严的分析与逻辑的归纳恰是治诗学者所需要的方法。"

③ 蔡镇楚：《诗话研究之回顾与展望》，《文学评论》1999年第5期。

④ 杨义著：《重绘中国文学地图——杨义学术讲演集》，中国社会科学出版社2003年版，第33页。

主要是描述性的一家之言。谢桃坊先生在《怎样认识中国诗学的文化特质——与杨义先生商榷》一文中则认为："诗学作为一个学科，它是中国古典文学的分支。任何学科都有自己的研究对象和专业规范，诗学亦是如此。诗学是以传统的诗论、诗评、诗话等诗歌理论形态为对象的，是诗体文学中高层次的理论研究，它包括诗论、诗评、诗史、诗体、诗法等几个方面，而诗歌理论体系的体现的美学观念是研究的核心，诗体和诗法等专门知识则是研究的基础。这在中国诗学建设过程中，其学科性质是基本上取得共识的。"① 谢桃坊先生对中国诗学的概念作出了较为明确的阐释，但仍存在能够引起聚讼之处。

张少康先生有一番客观的分析，他说："中国古代的文学理论批评是以诗论为主体的，这是与中国古代是一个诗的国家、中国古代的文人都会写诗这种状况分不开的，而中国古代诗论的发展又深刻地受到各种艺术理论批评的重大影响，同时，它也反过来影响各种艺术理论批评。"② 这句话虽然是针对中国古代文论的整体而发的，但却间接道出了中国诗学以诗歌批评为核心而发散开去且吸收进来的动态存在。必须看到，原点（origin）的差异注定了中西"诗学"发展历程的分歧。西方"诗"的本义是"制作"，"诗学"的讨论范围也由史诗、戏剧等各种文学的"制作"而开拓得更广；中国的"诗"则是"诗言志"，"在心为志，发言为诗"，"诗者，持也，持人情性"③，或者说是"寺人之言"④，"诗学"总体上还是围绕诗骚之末裔而展开的。也就是说，虽然各种文学体裁之间有着"形如胡越、实则肝胆"的互涉性（在中国文学尤为明显），而关于各种文学体裁的理论批评也具有一定的互涉性（在中国文学批评尤为明显），但是从诗学研究的对象——"诗"的本义来看，西方的"诗"与"诗学"无疑有着更广阔的指涉。因此，虽然不可避免地要援引中国文史哲各方面的文本，在本章的讨论中，"中国诗学"这一概念将被大致限定为关于中国诗歌的中国理论批评，即诗歌文本大致限定为《诗经》、《楚辞》等先秦的早期诗歌、由秦汉到晚清以降的四五七言诗与杂体诗、唐宋以来

---

① 《中华读书报》2002 年 10 月 23 日。
② 张少康著：《文心与书画乐论》，北京大学出版社 2006 年版，第 133 页。
③ 以上三论见于《文心雕龙·明诗》的总结。"诗言志"出自《尚书·舜典》，"在心为志，发言为诗"出自《毛诗序》。
④ 参见叶舒宪《"诗言寺"辨——中国阉割文化索源》，《文艺研究》1994 年第 2 期。

的词和宋元以来的散曲。由于文学体裁的扩展性与互涉性，对于赋、骈文等其他文体也会有涉及。理论批评文本则由于中国文学理论固有的发散思考和分散论述，除了着重论诗的曹丕（魏）《典论·论文》、陆机（晋）《文赋》、刘勰（梁）《文心雕龙》和专门论诗的钟嵘（梁）《诗品》、司空图（唐）《二十四诗品》、王国维（民国）《人间词话》等诗话、词话，既包括《易》、《尚书》、诸子百家、二十四史等文史哲典籍，也包括《毛诗序》、萧统（梁）《文选序》等诗文序跋和白居易（唐）《与元九书》、姚鼐（清）《复鲁絜非书》等书信，此外还有以诗论诗的杜甫（唐）《戏为六绝句》、元好问（金）《论诗三十首》等诗作和诗人词客相为酬答评鉴的诗作。① 可以这么说，狭义的中国诗学乃是中国文论的核心，一方面它以诗歌、诗论为本位向内吸收、鉴取所有相关联的文学与文化批评及理论；另一方面它以诗学之意见指导、启发、反哺其他的文学与文化批评及理论。

中国诗学与西方诗学相较，大概本来就不以缜密的逻辑演绎和精严的理论建构争胜。中国诗学一方面是模糊散漫的，一方面又是博大精深的。《庄子·应帝王》云："南海之帝为倏，北海之帝为忽，中央之地为浑沌。倏与忽时相与遇于浑沌之地，浑沌待之甚善。倏与忽谋报浑沌之德，曰：'人皆有七窍以视听食息，此独无有，尝试凿之。'日凿一窍，七日而浑沌死。"② 用西方诗学的思维和架构来规划中国诗学，其得失成败，恐怕也不能容易讨论清楚。然而，与其以西方的诗学或文学理论作为标尺和范式来框架中国的诗学或文学理论，不若在遵循中国传统诗学和文论生成和发展的天性的基础上，将西方理论（乃至东方其他国度的理论）引入比较视域，在对比中渐次地考量和吸收，"择其善者而从之，其不善者而改之"，如是，则能"各美其美，美人之美，美美与共，天下大同"。这比起一味主观、生硬地拽着中国诗学向西方诗学靠拢或将两者画上等号，恐怕更为合情合理。由于论题和学力的限制，本书无法在此对中国诗学进一步作学理上的探讨和研究。因此，仅在此对研究范围作一大致的狭义限定，希望随着研究的深入，使其义渐能浮现。

---

① 参见袁行霈、孟二冬、丁放著《中国诗学通论·绪论》，第4—7页。
② 王叔岷撰：《庄子校诠》，中华书局2007年版，第301页。本章所引《庄子》，皆出于此书，不一一注明。

（二）中国诗学范畴的澄清

程琦琳先生在《中国美学是范畴美学》一文中写道："西方美学是建理论立范畴，而中国美学则是建范畴立理论。建理论立范畴，意谓着美学体系依靠理论的煌煌阐述才得以完成，而范畴只是理论的标签。建范畴立理论，则意谓着美学体系仅需范畴的勾勒就足以完成，范畴是理论的筋骨。所以，西方美学是理论的体系，而中国美学则是范畴的体系。"[①] 这番论断很大程度上反映了学界对于中西哲学、美学比较的通识。考察西方诗学与中国诗学的差别，似乎也有类于此。仅以粗率的印象，西方诗学乃受日神精神/现实主义与酒神精神/浪漫主义之驱使，处在一个理论被不断建构、颠覆与翻新的进程当中。古希腊就有从苏格拉底—柏拉图的"理念论"到柏拉图—亚里士多德的"模仿说"的演进。文艺复兴及启蒙运动以来，新古典主义、浪漫主义、自然主义、象征主义、现代主义、形式主义、（西方、新）马克思主义、结构主义、解构主义、后现代主义等各种主义理论更是踵继不绝。西方诗学的几个重要范畴，比如理念（Idea）、意象（Imagery）、象征（Symbol）、隐喻（Metaphor）、优美（Grace）、崇高（Sublime）、荒诞（Absurd）等，只是主义与理论的零件与注脚。中国诗学则不然，它是基于诗学范畴不断的衍生与合成（比如意、境与意境，神、韵与神韵，兴、味与兴味）、相互的通释和转化（比如道、气、神、风、骨、力、情、志、意）而逐渐生成并充实的。中国诗学的许多重要观点和问题，例如诗言志说、诗缘情说、言意之辨、心物感应等，都是围绕范畴而联动展开的，范畴是中国诗学的精义所在。西方诗学的范畴固守在一个个并峙的理论城邦之中，各自服从于一个自足的体系，各司其职，各守其域；中国诗学的范畴则富有开放性和流动性，如"江上之清风，与山间之明月，耳得之而为声，目遇之而成色，取之无尽，用之不竭。是造物者之无尽藏也，而吾与子之所共适"（苏轼《赤壁赋》）。

所以，西方诗学自其发端，便有亚里士多德《诗学》、贺拉斯《诗艺》等诗学理论的杰作，即便行文散漫率性如当代的哈罗德·布鲁姆之《影响的焦虑》（*The Anxiety of Influence*），也以"一种诗歌理论（A Theory

---

[①] 程琦琳：《中国美学是范畴美学》，《学术月刊》1992年第3期。

of Poetry）"为副题，秉有逻辑织构的理论内核。而中国哲学虽有《墨经》、《荀子》、嵇康《养生论》及《声无哀乐论》等衍逻辑、重理论的论著，但在诗学与文论领域，却如朱自清先生论断："系统的自觉的文学批评著作，中国只有钟嵘的《诗品》；刘勰的《文心雕龙》，现在虽也认为重要的批评典籍，可是他当时的用意还是在论述各体的源流利病与属文的方法，批评不过附及罢了。这两部书以外，所有的都是零星的，片断的材料。"①

可以说，范畴乃是考虑中西哲学、美学与诗学各自在历史中形成的质量并使双方相互观照的关键。那么，什么是范畴，尤其是作为诗学范畴的范畴？为了论述的展开和立论的稳当，有必要在中西比较的视域中对诗学范畴作一番较为清晰的界定。

张岱年先生对何为范畴有过精辟的阐释："所谓概念，所谓范畴，都是来自西方的翻译名词，在先秦时代，思想家称之为'名'，宋代以后有的学者称之为'字'。南宋陈淳著《字义》，清代戴震著《孟子字义疏证》，其所谓'字'即概念范畴之义。'名'和'字'是从其表达形式来讲的；'概念'、'范畴'是从其思想内容来讲的。范畴二字取自《尚书·洪范》的'洪范九畴'。所谓洪范九畴，意谓基本原则九类，这一含义与西方所谓范畴有相近之处。在西方哲学史上，从亚里士多德以来，各家对所谓范畴亦有不同的理解，直至今日，仍有学者加以新诠。简单说来，概念是表示事物类别的思想格式，而范畴则指基本的普遍性的概念，即表示事物的基本类型的思想格式。"② 这是在哲学意义上，对于范畴的一种汇通中西古今的说法。

成中英先生认为西方哲学范畴（Category，希腊文 Kategoria）可作三层解："'Category'可以被了解为本体论或形上学的基本观念，也可以了解为知识的基本观念以及语言表象或意义表象的基本观念。在本体论的层次范畴指的是本体（或实体）的特性，在知识论的层次范畴指向知识的特性或知识形成的条件。在语言的层次，范畴则是表达本体论思想或知识

---

① 朱自清：《评郭绍虞〈中国文学批评史〉上卷》，朱自清著：《诗言志辨》，凤凰出版社2008年版，第220页。
② 张岱年著：《中国古典哲学概念范畴要论·自序》，中国社会科学出版社1989年版，第1—2页。

论思想的语言述辞。"① 这里把范畴看作形上、认知、表意的三层,是对于苏格拉底—柏拉图—亚里士多德以来的西方哲学范畴界说的全面而深入的剖析。

西方哲学范畴可以亚里士多德和康德的相关论述为代表。亚里士多德在《范畴篇》中列举了实体（Substance）、数量（Quantity）、性质（Quality）、关系（Relation）、何地（Place）、何时（Time）、所处（Position）、所有（State）、动作（Action）、承受（Affection）十类范畴。② 康德在《纯粹理性批判》中提出了判断的量（全称的、特称的、单称的）、判断的质（肯定的、否定的、无限的）、判断的关系（定言的、假言的、选言的）、判断的模式（或然的、实然的、必然的）四类十二项范畴。③ 可见,西方哲学范畴乃是各家在一个完备自足的解释宇宙的理论系统之中对各项内容的概念性分野,建范畴是为了立理论,标举新说而非祖述先贤才是西方哲人的用心所在,新旧范畴的取舍要看是否能表述与填充理论。

中国哲学意义上的范畴早在商周时期便有了雏形。《尚书·洪范》中举出九个范畴：

> 初一曰五行,次二曰敬用五事,次三曰农用八政,次四曰协用五纪,次五曰建用皇极,次六曰乂用三德,次七曰明用稽疑,次八曰念用庶征,次九曰向用五福,威用六极。④

其中,五行范畴是先民对于自然现象互动关系的抽象提炼,另八个范畴进而涵盖了天文、历数、卜筮、政事、农用、德性等社会与人生的各个层面。成中英先生指出:"中国哲学中的范畴反映的是一种自然宇宙中事物

---

① ［美］成中英:《中国哲学范畴问题初探》,《中国哲学范畴集》,人民出版社1985年版,第44页。

② 苗力田主编:《亚里士多德全集》第一卷《范畴篇》,中国人民大学出版社1990年版,秦典华译,第5页。参见汪子嵩著《亚里士多德关于本体的学说》,生活·读书·新知三联书店1982年版,第18—19页。

③ ［德］康德著:《康德三大批判合集》,邓晓芒译,杨祖陶校,人民出版社2009年版,第58—59页。参见［德］康德著《纯粹理性批判》,蓝公武译,商务印书馆1960年版,第81页。

④ 《尚书正义·洪范》,阮元校刻《十三经注疏》,中华书局1980年版,第188页。本章所引《尚书》,皆出于此书,不一一注明。

的机体性关连,因而其范畴之间也产生一种机体性关连的结构,是与西方哲学中范畴,以抽象独立的观念形成逻辑的关系不一样。"① 我们看《易经》、《尚书》等古代典籍中的哲学文化的相关论述,始终是以阴阳两仪、阴阳五行等理念将自然与社会中的万事万物作连模拟附,把具象与抽象共同归置在宇宙大道的序列之中。正因为中国哲学范畴始终不脱与具象的自然与人生之关系,故而中国哲人对其作抽象之凝思和具象之衍化时始终难以出离补充与通释之惯性。

纵观中国哲学发展的脉络,主要讨论的还是源自《易经》、《尚书》的道、气、太极、天地、阴阳、有无、五行等范畴。后世的儒、墨、法、道等诸子百家围绕着这些范畴代相推衍,从这些范畴衍生出新的范畴或者以新的范畴诠释这些核心范畴。中国哲学由是形成了盘根错节的范畴网络。

成中英先生对中西哲学范畴做过一番比较:"中国哲学的中心观念与用辞在历史发展中具备较大的稳定性与通用性,此即显示了中国哲学范畴的延续性与广含性。综观西洋哲学,自希腊亚里士多德提出十大范畴,此后哲学体系的建立比比皆是,且均各树一帜,标新立异,异军突起,很难看到历史传统长时期的直接递承,而个人玄思的发挥则并非少数。"② 中西哲学范畴的这一差异,也即中西哲学不同发展模式的差异。

诗歌(文学)、音乐、绘画、建筑等诸类艺术本是同根蘖生的,许多哲学与美学范畴也可以作为诗学范畴,例如康德的美、崇高、悲剧性、戏剧性四大美学范畴(黑格尔又加入了"丑"这一范畴)。当然,同一个范畴,当其分别作为诗学范畴、美术(以及其他艺术部类的研究)范畴、美学范畴或更广泛的范畴时,所具有的意义涵盖面又是有差别的,当一个范畴从哲学与美学进入到诗学领域时,必须凸显其诗性特质。而对于诗学范畴的清晰界定,尤其是就中国诗学来说,恐怕还有待更为深入的发掘梳理与归纳分析。比如就中国诗学的"元范畴"、"母范畴"或"中心范畴"来讨论,就有"道"、"气"、"味"、"和"、"意境"等多种说法。此外如何在学理上对其他诗学范畴进行择取、归并、分序,不论是按照历史发展衍化的顺序,还是按照形上本体、创作

---

① [美]成中英:《中国哲学范畴问题初探》,《中国哲学范畴集》,第52页。
② 同上书,第43页。

机理、鉴赏批评、作品体格、社会功用等逻辑划分，都有很多歧见需要辨析和统一。

蔡钟翔先生曾说过中国文学或美学范畴的研究有三难："一是阐释难。古人大多只运用范畴而不作阐释。要为古代文论范畴找到一种准确完满的现代诠释，同时避免以古释古和简单附会，也很困难。二是贯通难。一是纵向的，指范畴源流演变历史的贯通。一是横向的贯通，指各门艺术理论之间的贯通。这两种贯通都需要下很大的功夫，非常困难。三是辨析难。古汉语中单音词组词灵活，范畴词语组合的可能性几乎是无限的。要辨析其细微的同中之异就相当不易。"① 但是中国传统的范畴固然因其简略而模糊泛化，实则能起到统率囊括、提纲挈领的作用。义理一出，人人皆可获之，且各凭禀赋而充实之。恰如人人心中皆可有佛，而佛学光辉之明暗，可随各人阅历而逐渐增长，各自广大。这种中国式的哲学／文化范畴阐释方法，使后学能够方便抓住前贤心得之该要，如航于汪洋，虽艰险遥阻，却始终能有明灯在目。

中国诗学的各种范畴纷然杂陈，在网状织布中有着特定的序列。这一看法不仅基于学术研究的理念，也因为中国诗学范畴的结构本来如此，只是有待进一步的发掘和探察。本章认为道乃是中国诗学、美学、哲学的元范畴，处于核心和统率地位——只要不持偏执一端的儒家之政治伦理或者道家之形上审美的观念，或者将道的内涵作求全求大的过度诠释，这一点是可以成立的。当年王国维标举"意境"，一是对陈腐的道学的反叛，一是对纯文学的艺术追求的张扬。他的这种理论倾向，是和当时引进西学反思传统的时代背景相关联的。我们今天重拾"道学"，亦与反思西学重拾传统的时代要求不可分。自传统的语境来看，从"道"中蕴藏生发的"阴阳两仪"思维范式，对于其他范畴的分布与孕生，实在有着或浅或深的影响。

需要在此强调的是，不管是如本章所尝试的，从"阴阳两仪"思维范式这一角度切入来观照，还是从其他角度加以考察或者全盘审视，都不可能，也不必要使中国诗学的众多范畴各适其位，构建起一个精密规整的中国诗学体系。西方的理论家们善于从西方文化的大树上采伐素材，各各营建起精美绝伦的宫宇。中国的品鉴者们却不劳斧斤，将中国文化的大橹

---

① 详见蔡钟翔、涂光社、汪涌豪《范畴研究三人谈》，《文学遗产》2001年第1期。

"树之于无何有之乡，广莫之野，彷徨乎无为其侧，逍遥乎寝卧其下"，赞叹其自然生发之美。我们今天开展对于中国诗学范畴的研究，固然应该积极借鉴西方诗学理论构建的经验来使中国诗学学理化、明晰化，但也不能为了追求形式框架上的圆整，削足适履，损害中国诗学的本来面貌和丰富内涵。

（三）"阴阳两仪"思维的说明

"阴阳两仪"思维的雏形，诞生于原始社会。《易传·系辞下》中说：

> 古者包牺氏之王天下也，仰则观象于天，俯则观法于地；观鸟兽之文，与地之宜；近取诸身，远取诸物；于是始作八卦，以通神明之德，以类万物之情。①

这段话反映了"阴阳两仪"思维孕生的过程：先民在生活实践中看到天地、日月、昼夜、鸟兽雌雄、人类男女之间共同的关联，依此类推，将自然的万象万物置于阴阳的序列当中，得到了原初的阴阳宇宙观。在这种"阴阳两仪"思维的模式里，包含了强烈的繁衍意识和生命意识。《易传·系辞上》有言："乾道成男，坤道成女。"《系辞下》也说："男女构精，万物化生。"《说卦》写道："有天地，然后有万物；有万物，然后有男女；有男女，然后有夫妇；有夫妇，然后有父子。"《礼记·礼器篇》则说："大明生于东，月生于西，此阴阳之别，夫妇之位也。"② 这种"近取诸身，远取诸物"的模拟，使人类的繁衍意识成为契合宇宙机理的一部分。钱玄同先生说："我以为原始底《易》卦，是生殖器崇拜时代底东西，'乾'、'坤'二卦即是两性底生殖器底记号。"③ 郭沫若先生也说："八卦的要柢，我们很鲜明地看出是古代生殖器崇拜的孑遗。画一以像男根，分而为二以像女阴，所以由此而演出男女、父母、阴阳、刚柔、天地的观念。"④ 由此可见，"阴阳两仪"思维虽然最终发展出了无所不包的宇

---

① 《周易正义·系辞下》，阮元校刻《十三经注疏》，中华书局 1980 年版，第 86 页。本章所引《周易》，皆出于此书，不一一注明。
② 《礼记正义·礼器》，阮元校刻《十三经注疏》，中华书局 1980 年版，第 1440—1441 页。
③ 顾颉刚编著：《古史辨》第一册，上海古籍出版社 1982 年版，第 77 页。
④ 《郭沫若全集·历史编》第一卷，人民出版社 1982 年版，第 33 页。

宙哲学，其最初的起点，却源于人对于自身在茫茫宇宙中的定位的思考。

"阴阳两仪"思维在宇宙生成论这一根本的思想基点上就确立了指导意义。《淮南子·天文训》中有具体的阐述：

> 道始于虚霩，虚霩生宇宙，宇宙生气。气有涯垠，清阳者薄靡而为天，重浊者凝滞而为地。清妙之合专易，重浊之凝竭难，故天先成而地后定。天地之袭精为阴阳，阴阳之专精为四时，四时之散精为万物。积阳之热气生火，火气之精者为日；积阴之寒气为水，水汽之精者为月；日月之淫为精者为星辰。天受日月星辰，地受水潦尘埃。①

《精神训》亦记载道：

> 古未有天地之时，惟像无形……有二神混沌生，经天营地，孔乎莫知其终，滔乎莫知其所止息。于是乃别为阴阳，离为八极，刚柔相成，万物乃形。

三国时吴国徐整的《三五历纪》也说：

> 未有天地之时，混沌如鸡子，盘古生其一中，一万八千岁，天地开辟，清阳为天，浊阴为地，盘古在其中。……轻清者上为天，重浊者下为地，冲和者为人。故天地含精，万物化生。②

在宇宙本体论上，古人"天圆地方"的观念也并不是字面义上的浮浅印象，而是深刻探讨了宇宙运行的规律。靳之林先生就指出："中国传统哲学宇宙本体论的天圆地方的实质不是几何地理学的概念，天圆地方的实质是天动地静的阴阳相合、生生不息的本体论哲学观。圆天之意在于圜天。圜者，旋转之天也。通天观的核心是天'周行而不殆'、'天行健，君子以自强不息'和'生生谓之易'。《吕氏春秋》云：'天道圆，地道

---

① （汉）刘安等编著，（汉）高诱注：《淮南子·天文训》，上海古籍出版社1989年版，第26—27页。本章引文皆出自本书，不再一一注明。

② （三国吴）徐整撰：《三五历纪》，（清）马周翰辑：《玉函山房辑佚书》第三册《史编·杂史类》，上海古籍出版社1990年版，第2397页。

方，圣人所以主天下。天圆谓精气圆通，周而无杂，故曰圆。地方谓万物殊形，皆有分职，不能相为，故曰方。''天地车轮，终则复始，极则复反。'"①《淮南子·天文训》里也说：

> 天不发其阴，则万物不生；地不发其阳，则万物不成。天圆地方，道在中央。日为德，月为刑。月归而万物死，日至而万物生。

意即天以阴之力量创生万物，地以阳之力量成就万物（《易传·系辞上》里说"乾知大始，坤作成物"，乾卦代表纯阳之天，坤卦代表纯阴之地，把阳作为创生力量，把阴作为化育力量。这两种说法虽然有具体的分歧，但都强调了阴阳在生成万物中的重要性）。天作斗转星移之运转，地作山川鸟兽之分布，都有道在其中主宰。日为厚生之德，月为杀生之刑。在先民"阴阳两仪"的思维观照中，天地宇宙以及其中的万事万物都处在"阴阳相合、生生不息"的运动进程中。

"阴阳两仪"思维的深化和演进，是一个具象与抽象、感性和理性互生的过程。《论衡·正说》回顾了《易》的演变轨迹：

> 夫圣王起，河出图，洛出书。伏羲王，河图从河水中出，易卦是也；禹之时，得洛书，书从洛水中出，洪范九畴是也。故伏羲以卦治天下，禹案洪范以治洪水。古者黄帝氏之王得河图，夏后因之曰连山；烈山氏之王得河图，殷人因之曰归藏；伏羲氏之王得河图，周人因之曰周易。其经卦皆六十四。文王周公因彖十八章，究六爻。②

《朱子语类》里也说："八卦之画，本为占筮。方伏羲画卦时，止有奇偶之画，何尝有许多说话！文王重卦作繇辞，周公作爻辞，亦只是为占筮设。到孔子，方始说从义理去。"③朱熹清楚地指出了蕴含"阴阳两仪"

---

① 靳之林：《绵绵瓜瓞与中国本原哲学的诞生》，广西师范大学出版社2002年版，第105页。
② （汉）王充撰：《论衡》，上海古籍出版社1992年版，第327—327页。本章引文皆出自本书，不再一一注明。
③ （宋）黎靖德编，王星贤点校：《朱子语类》卷六十六《易二·纲领上之上·卜筮》，中华书局1994年版，第1622页。本章所引《朱子语类》皆出于此书，不一一注明。

思维的卦爻由简至繁、从宗教到伦理的意义上的不断丰富与深化。

"阴阳两仪"的思维范式由"—""--"这对最基本的符号，演绎出更多的象征符号，在原理上有了阴阳的对应，在数理上有了奇偶的区分，并进而上升到政治伦理的意蕴层面，成为处理人际关系、组织管理社会、适应与改造自然的指导方略。

"阴阳两仪"思维的重要发展，在于商周之际《易经》阴阳八卦和《尚书·洪范》阴阳五行的融合。《洪范》里说：

> 五行：一曰水，二曰火，三曰木，四曰金，五曰土。水曰润下，火曰炎上，木曰曲直，金曰从革，土爰稼穑。润下作咸，炎上作苦，曲直作酸，从革作辛，稼穑作甘。

这里举出了自然界的主要五类事物，指出其机能，并进而衍生出"五味"的概念。先民"一阴一阳之谓道"的"阴阳两仪"思维，既包括了"两仪生四象，四象生八卦，八八六十四"的偶性思维，也包括了"一生二，二生三，三生万物"的奇性思维，并借此对宇宙间的万事万物形成了完满、互洽的解释。比如，先民对于方位的考察中，日月出没的东西方位对应于两仪，进而观察到的东西南北四面对应于四象，加上观察者视野的东南西北中五个方位对应于五行，继而添加了东南、西南、西北、东北而成的八方对应于八卦，再加上自我的观察中心则对应于九宫。①

《易经》—《洪范》（河图—洛书/八卦—五行）这一统一的理论框架，成为后世诸子百家共同的学说基点，因为"阴阳两仪"思维固有的归序性和推演性，可以适用于思想文化的各个领域。我们可以发现，古人著书立说，往往以对"道"、"阴阳"、"气"等范畴的阐释来作为开篇纲领或立论要据。比如《淮南子》开篇就是《原道训》，《文心雕龙》也以《原道》作为纲领。试举一例，讨论音乐这样纯粹的精神产品，《吕氏春秋·大乐》就从"阴阳两仪"的宇宙生成观说起：

> 音乐之所由来者远矣。生于度量，本于太一；太一出两仪，两仪出阴阳；阴阳变化，一上一下，合而成章；混混沌沌，离则复合，合

---

① 参见靳之林著《绵绵瓜瓞与中国本原哲学的诞生》，第147页。

则复离：是谓天常。……万物所生，造于太一，化于阴阳。萌芽始震，凝滾以形。形体有处，莫不有声。声出于和，和出于适。合适，先王定乐，由此而生。①

古人这种心照不宣的默契，主要因为"阴阳两仪"思维从其孕生初期就兼有无所不包的宏观概括性与验证不爽的具体合理性。人们在面对这种思维范式时，难免会有这样的体会：将之推翻而另立新说很难，但对其印证充实却水到渠成、顺理成章。"阴阳两仪"思维模式在中国人不断的思索和论述中变得丰富而完备，与西方文化传统相比较，我们不禁要发问：这究竟是一种思维惰性，还是真正契合宇宙大道的真理？定论或许永远没有，因为思想的历史相对人类的历史太过短暂，而人类的历史相对苍茫宇宙更是一瞬的时间。

东汉郑玄在《易论》中认为："易一名而含三义：易简一也；变易二也；不易三也。"意谓"易"具有无所不包的囊括性、更迭转换的代继性以及各称其位的有序性这三重含义。②"阴阳两仪"思维范式也可以概括为"一（统一）、二（对应）、三（化生）"三个层面。

首先是阴阳对应的关系，即"二"。这里又有两层关系：阴阳的对待并立和阴阳的更迭转化。③正如太极两仪图中的阴阳双鱼，首尾相衔，既有黑白的鲜明对照，又有交互的动感。《易传·系辞上》说：

刚柔相摩，八卦相荡，鼓之以雷霆，润之以风雨，日月运行，一寒一暑，乾道成男，坤道成女。乾知大始，坤作成物。乾以易知，坤以简能。

可见阴阳乾坤相对相替，司职明确。《春秋繁露·阴阳出入上下》说：

---

① （秦）吕不韦等著，（汉）高诱注：《吕氏春秋》，上海古籍出版社1989年版，第40页。本章所引《吕氏春秋》，皆出于此书，不一一注明。
② 具体的征引论述可参考蒋伯潜著《十三经概论》第一编《周易概论》第一章《周易解题（上）》首段"'易'有三义"，上海古籍出版社1983年版，第32—33页。
③ 在此有必要对"对立"、"对待"、"对应"这三个术语略作说明，以免混淆。这三个术语皆描述事物之间两两相对的关系，"对立"强调其冲突，"对待"强调其持衡，"对应"强调其互动，在具体运用上，其用意有微妙差异。

> 天道大数，相反之物也，不得俱出，阴阳是也。春出阳而入阴，秋出阴而入阳；夏右阳而左阴，冬右阴而左阳。阴出则阳入，阳出则阴入，阴右则阳左，阴左则阳右。①

这是强调阴阳对立的一面。《春秋繁露·阳尊阴卑》则说：

> 阳气暖而阴气寒，阳气予而阴气夺，阳气仁而阴气戾，阳气宽而阴气急，阳气爱而阴气恶，阳气生而阴气杀。是故阳常居实位而行于盛，阴常居空位而行于末。②

这就在阴阳对立之上更分出尊卑优劣，成为一种虽不恰切却影响深远的阴阳对待观。

邵雍《观物内篇》云：

> 天生于动者也，地生于静者也。一动一静交，而天地之道尽之矣。动之始则阳生焉，动之极则阴生焉。一阴一阳交，而天之用尽之矣。静之始则柔生焉，静之极则刚生焉。一柔一刚交，而地之用尽之矣。③

---

① （汉）董仲舒著：《春秋繁露·阴阳出入上下》，上海古籍出版社1989年版，第71页。本章所引《春秋繁露》，皆出于此书，不一一注明。

② （汉）董仲舒著：《春秋繁露》，上海古籍出版社1989年版，第68页；此本以清赵曦明等据卢文弨校本重校的浙江书局本为底本，本段文字在《王道通三》中。又见于苏舆撰，钟哲点校《春秋繁露义证》，中华书局1992年版，第327页；此本以1910年长沙王先谦原刻本为底本，参校卢文弨校本和凌曙注本，本段文字在《阳尊阴卑》中。按，本段文字前后文有"土若地……此皆天之近阳而远阴"，卢本在《王道通三》"天有寒有暑"与"天固有此"之间，苏本移至《阳尊阴卑》"恶者受之，善者不受"与"大德而小刑也"之间。卢本《阳尊阴卑》"恶者受之，善者不受"与"大德而小刑也"之间为"夫喜怒哀乐之发……而人资诸天"，苏本移至《王道通三第》"天有寒有暑"与"天固有此"之间。苏舆在《阳尊阴卑第》"恶者受之，善者不受"和《王道通三》"天有寒有暑"后注明依张惠言说从凌本移。察前后文意，苏本所移为是。董仲舒过分夸大了阴阳间的对立，并尊阳抑阴，服务于君权的意图十分明显。后世对这种阴阳观的利用，主要在强调君权、父权、夫权等社会政治伦理层面。实际上更普遍的观念是，古人承认阴阳的差异与分工，但不强调势同水火般的抗争，阴阳之间更多的是更迭交替或者转化互生的运动，并归于和谐自然的整体。

③ （宋）邵雍著，郭彧整理：《邵雍集》，中华书局2010年版，第1页。

天地、动静、阴阳、刚柔构成相交相生的复杂对待。又《朱子语类》卷六十二云：

> 东之与西，上之与下，以至于寒暑昼夜生死，皆是相反而相对也。天地间物，未尝无相对者。（《中庸一·纲领》）

朱熹浅显的说法代表了较为普遍流传的阴阳对待观念，即天地万物都处在阴阳对待的序列当中。

其次是阴阳化生的进程，即"三"。《系辞下》云："天地絪缊，万物化醇；男女构精，万物化生。"《老子》里说："道生一，一生二，二生三，三生万物。万物负阴而抱阳，冲气以为和。"①《论衡·自然》也说："天地合气，万物自生，犹夫妇合气，子自生矣。"在阴阳的相互作用中，有了新生命、新事物的孕生。这点很容易理解，无须赘述。更为重要的是在此基础上产生的中国人"与天地参"的参与意识。《尚书·泰誓》里武王说："惟天地，万物父母；惟人，万物之灵。"《易传·系辞下》中说：

> 有天道焉，有人道焉，有地道焉。兼三材而两之，故六。六者非它也，三材之道也。

这里明确提出了"天道"、"地道"、"人道"并列的三才之道。人作为天地孕生的精英，具备了顶天立地、参天两地的荣耀。《说卦》中也说：

> 是以立天之道，曰阴曰阳；立地之道，曰柔曰刚；立人之道，曰仁与义。兼三才而两之，故易六画而成卦。

这些论述都把人纳入了天地阴阳的理论体系当中，把人作为不可或缺的一大要素。《荀子·王制篇》云：

> 水火有气而无生，草木有生而无知，禽兽有知而无义；人有气，

---

① （汉）河上公注：《道德真经·道化第四十三》，上海古籍出版社1993年版，第24页。本章引文皆出自本书，不再一一注明。

有生，有知，亦且有义，故最为天下贵也。①

《春秋繁露·天地阴阳》提出：

> 人之超然万物之上，而最为天下贵也。人，下长万物，上参天地，故其治乱之故，动静顺逆之气，乃损益阴阳之化，而摇荡四海之内。

东汉的《太平经》认为：

> 元气有三名，太阳、太阴、中和；形体有三名，天、地、人。
>
> 元气恍惚自然，共凝成一，名为天也；生而分阴而成地，名为二也；因为上天下地，阴阳相合施生人，名为三也。②

这些观念，如靳之林先生所说："天、地、人三者合一，主要在'中和之气'，即在于人，天、地、人的合一，就是自然和社会的合一。'天人合一'虽然说的是人和整个宇宙的关系，但它把人看做是宇宙的中心和主宰。"③ 对人自身作为主体的肯定，可以说是中国文化始终不移的信念。《老子》说："故道大，天大，地大，人亦大。"④《庄子·齐物论》讲："天地与我并生，而万物与我为一。"《礼记·礼运》："故人者，其天地之德，阴阳之交，鬼神之会，五行之秀气也。""故人者，天地之心也，五行之端也。"汉许慎《说文》："天地之性最贵者也。"⑤ 僧肇《肇论》之

---

① （战国）荀况著，（唐）杨倞注：《荀子》，上海古籍出版社1989年版，第48页。本章引文皆出自本书，不再一一注明。
② 《太平经》，上海古籍出版社1993年版，第11、54页。
③ 靳之林：《绵绵瓜瓞与中国本原哲学的诞生》，第126页。
④ （汉）河上公注：《道德真经·象元》，第14页。此本"人亦大"作"王亦大"。五千言流传版本众多，多有不一致之处。汉墓帛书《老子》、楚墓竹简《老子》河上公本、王弼本等版本作"王亦大"。按，究竟作"人亦大"还是"王亦大"，学者歧见纷出。作"人亦大"，则与下文"人法地"云云较为合拍，且现出《老子》形上一面；作"王亦大"则更多政治意味，凸显老子尊君治人之术。但不论如何，王亦是人间的统治者，作为凌驾于人民者与天地对话，亦入于三才之道。
⑤ （汉）许慎撰，（清）段玉裁注：《说文解字注》，上海古籍出版社1988年版，第365页。

《涅盘无名论》也说:"天地与我同根,万物与我一体。"① 程颢更是强调孟子的"万物皆备于我",《遗书》卷二中记载其言曰:"仁者,以天地万物为一体,莫非己也。认得为己,何所不至?"② 对人的重视,载之简策,实在是不胜枚举。

最后起统摄作用的,则是阴阳统一的原理,即"一"。阴阳和合,归于一个和谐统一的整体。《系辞下》云:"天地之动,贞夫一者也。"《老子》曰:"昔之得一者,天得一以清,地得一以宁,神得一以灵,谷得一以盈,万物得一以生,侯王得一以为天下正。"《淮南子》说:"一也者万物之本也,无敌之道也。"《皇极经世·邵伯温系述》云:"天地万物,莫不以一为本原,于一而衍之,以为万穷天下之数,而复归于一。一者何也?天地之心也,造化之源也。"③《正蒙》如是说:"义命合一存乎理,仁智合一存乎圣,动静合一存乎神,阴阳合一存乎道,性与天道合一存乎诚。"④ 可见"阴阳两仪"思维中"一"这层意蕴随着文化的进程而辐射弥广、无远弗届,同时其内聚的向心力也更为强劲。《朱子语类》卷六十五《易一》开首《纲领上之上·阴阳》曰:

  阴阳只是一气,阳之退,便是阴之生。不是阳退了,又别有个阴生。〔淳〕
  阴阳做一个看亦得,做两个看亦得。做两个看,是"分阴分阳,两仪立焉";做一个看,只是一个消长。〔文蔚〕

在"阴阳两仪"思维体系中,"一"即是万事万物滋生的起点,也是万事万物存在之合理性的归宿。

作为"阴阳两仪"思维范式之邦国的"阴阳五行"的观念也可以"一、二、三"三层来解释。其中,既包含了"胜"也就是相互制衡的关系,也含有"生"也就是相互促成的关系,五行又统一于整一的阴阳之

---

① (东晋)僧肇著,张春波校释:《肇论校释·涅槃无名论·妙存》,中华书局2010年版,第209页。
② (宋)程颢、程颐撰:《二程遗书》卷二上《二先生语二上》,上海古籍出版社2000年版,第65页。
③ (宋)邵雍著,郭彧整理:《邵雍集》,第1页。
④ (宋)张载撰,(清)王夫之注:《张子正蒙》卷三《诚明篇》,上海古籍出版社2000年版,第130—131页。本章引文皆出自本书,不再一一注明。

道。周敦颐完整地梳理了阴阳五行的衍化层次：

> 无极而太极。太极动而生阳，动极而静，静而生阴，静极复动。一动一静，互为其根；分阴分阳，两仪立焉。阳变阴合，而生水火木金土。五气顺布，四时行焉。五行一阴阳也，阴阳一太极也，太极本无极也。五行之生也，各一其性。无极之真，二五之精，妙合而凝。①

笔者认为，"阴阳两仪"思维范式主要包括了两方面的哲学精神：其一是对应性。"阴阳两仪"思维不论是处理物物还是物我的对待关系，都采取了一种"和合"的策略，即矛盾双方是对应而非对立的关系，在和谐的相互沟通和转化中，并存于一个整体当中。其二是开放性。"阴阳两仪"思维从最简单的二元对应关系出发，渐次生成有序的认识，而非在一个精密织布而纷繁错综的体系中作茧自缚，充满了丰富而灵活的诠释性。这样，"阴阳两仪"思维不但具备了理念内部的圆融，又充满了不断向外开拓的可能。所以，伏羲设八卦，文王演六十四卦；有关的理念图式有太极图、太极两仪图、河图、洛书②；《三易》历经三代分别有夏之《连山》、商之《归藏》、周之《周易》；程朱理学，陆王心学，更是新知日见。需要注意的是，中国哲学的机要虽然是"阴阳两仪"的思维观念，但如欲强辨一切命题以孰阴孰阳，则又折回了二元对立的歧路上。"阴阳两仪"这种哲学思维，从深层上运用并不是为了将万物划分为阴阳两大阵营，若学步止于陈列周易各卦所属之物象，实为皮相。机械的、物化的"象"，只是为了通往"道"，舍道而取象，仅能得到镜花水月，而由此归纳而得的阴阳观念，也是经不住推敲的。

行文至此，虽然拉杂许多，但如此篇幅，似乎仍未将"阴阳两仪"思维交代透彻。另一方面，所述与本章有关中国诗学的主题相去甚远，似乎已然离题万里。但诚如钱穆先生在《中国文化史导论》中所说："因此我们若说中国古代文化进展，是政治化了宗教，伦理化了政治，则又可说

---

① （宋）朱熹、吕祖谦撰：《朱子近思录》卷一，上海古籍出版社2000年版，第28页。此书以周敦颐这段话为开篇。

② 明代易学家来知德的"圆图"、"太极河图"，更是明确无疑的个人发挥创造。

他艺术化或文学化了伦理，又人生化了艺术或文学。"① 文史哲不分家，这种现象在中国文化史上由来已久，论中国文学，必要顾及哲学与史学之传统。专门的具体的研究固然紧要，但考察盘根错节的其他脉络却是不可或缺的环节。深入与博采或许不可兼美，但研究中国文化的任一部类，却不能不存此奢望。应该看到，这种伦理与审美互为表里的紧密依存状态，一方面使中国文学呈现出严肃、不活泼的面目，一方面却又深刻反映了中国文化思维整一圆通的形态。下面将要展开的具体论述，就是要在基本的学理得到大致说明的基础上，勉力对"阴阳两仪"思维在中国诗学中的衍化做诗学化的阐发。

二 "阴阳两仪"思维与诗歌机能的分合与变迁

中国古典诗学的发展，不论是其总体还是细目，在漫长的中国文化进程中，一直处于不断的变化修正中，如举若干以概整体，总不免偏欹。以"阴阳两仪"这一中国古代的思维范式来统筹审视，庶几类于将各种诗学范畴放进有着不同形状，但总体分为阴阳两类的格子的模具的工作。这与小孩子的游戏很类似，也难免会有削除、挤压甚至圆凿方枘的不自然的人工损减，但当一切各就其列并成一整体之时，却可以在统揽之下有一些收获。这和西方"mosaic"的传统艺术很像，不同色彩、不同形状的细小部分，在完成时却是一个浑然的图案，有了它自己的故事与生命，甚至与那云上的上帝或者道有着同步的吐纳呼吸。

但需要注意的是，中国诗学的一些范畴，虽与"阴阳两仪"思维相关联，可以进行一定程度上的比附，却并非直接与"阴阳"构成对应从属的关系。扬雄《太玄》云："阴敛其质，阳散其文，文质斑斑，万物粲然。"② 这与其说成是质⊆阴、文＝阳或质∈阴、文∈阳这般的简单规划，毋宁说是在"阴阳两仪"思维的潜在影响之下产生了如是一种观念："阴"与"阳"两股"气"或"力"各为作用（即"敛"与"散"这两种强力）于"质"与"文"这一体（"道"）中的表里两层。其中要旨，

---

① 钱穆著：《中国文化史导论》，商务印书馆1994年版，第74页。
② （汉）扬雄撰，（宋）司马光集注，刘韶军点校：《太玄集注》卷四《文》，中华书局1998年版，第97页。本章所引《太玄》皆出于此书，不再一一注明。

不在文质之区分，不在敛散之运动，亦不在流布驱使之阴阳，而在于呈现"文质斑斑，万物粲然"之态的丰富而谐一的"道"。诚如植物之根入地而叶向日，其生机关键不在根、叶、地、日四者，而在使这四者谐一于动态的存在（Being）的规律或"道"。

且让我们再回想一下柏拉图那著名的三张床的款式吧。古人与吾人以言语所表达论述的"阴阳两仪"思维范式，正是建构与承载我们民族的某些核心文化理念的一张床。而诗学领域的另一张床，虽然形状上要具体些、特别些，但它打造组装的机理，仍与前一张床是相承相通的。本章第一节中已经讲到，中国诗学是通过诗学范畴的构建与衍化来扩充与深化其本身的。因此，从一些关键性的中国诗学范畴切入，能够大致把握住中国诗学的机理，从而窥见"阴阳两仪"思维或隐或显的影响。笔者才庸气弱，学浅习郑，所能仿而造之者，唯床沿床腿，但是眼力敏锐的读者，是能从材质与凿枘想见营造更为精巧、质量更为牢靠的床的式样的吧。

如前面第一节对"阴阳两仪"思维的说明所认为的那样，由至上的核心的"道"到"天文"、"地文"，是由"一"的层面到"二"的层面，再具体到"人文"再到诗歌，则是"三"的化生。诗歌作为"人文"中的一种，包含着审美诉求与伦理寄托，由"一"至"二"，则体现为"志"中情与理两面的相反相成。雅与俗之间的互动，一方面反映了情与理两厢的交战进退（"二"），另一方面则体现了诗歌（文学）通变（由"一"至"三"）的进程。尤其是通变中保守与创新的粘连，一方面难免有其迟缓甚至滞后的缺憾，一方面却也避免了此生彼死、此兴彼灭的紧张对立甚至"误操作"与"误删除"，展示出更为自然的对待相生的延续性。因此本章所关注的文与道、情与理、雅与俗三对范畴，着眼于诗歌在"人文"中所处的位置、所承载的机能间的互弈及其发展中的沿袭与新变两面，庶几可以发现"阴阳两仪"思维所施的隐性影响。

（一）文与道

子曰：必也正名，名不正则言不顺，言不顺则事不成。这是说，万事万物不管是在自然宇宙中，还是在社会生活中，都必须名实相符、各在其位，遵照有序的安排。而有序列性，也就要求确立一个核心、一个主脑。中国文化观念里最为核心的概念与范畴，不是人自身，也不是皇天后土，不是太极，也不是更隐奥的无极，而是道。老子曰：

> 有物混成，先天地生。寂兮寥兮，独立而不改，周行而不殆，可以为天下母。吾不知其名，字之曰道，强名之曰大。(《象元第二十五》)

道这一范畴如日中天般照彻了中国文化的各个领域，使中国文化凝为一个发散但不零散的整体。孔子在《中庸》中说："道也者，不可须臾离也，可离非道也。"(《礼记》)中国传统的政治与道德讲忠信仁义孝悌，文艺讲情志气韵风骨，但总是以道作为主心骨。这不是抹杀文化各层面的特性——毕竟文化各层面的深广内涵都有丰富的诠释，而是如孔子所谓"吾道一以贯之"，通过道这一主线，艺术与人生，艺术与政治，艺术与自然，艺术与宇宙，都成为可以相互沟通的观照与存在。《说文》曰："道，所行道也。"道是探寻之所借，也是探寻之所抵。因此，"道"范畴既是万岳朝宗的纲领，又是海纳百川的涵括。这也可以看作是先民发明的"阴阳两仪"思维中"一"的层面，中华文化绵延至今而能固守精神家园，受惠于此夥矣。

那么回到本章的主题，道与诗，道与诗学，又是怎样相联结的呢？传统广义上的文涵括了所有的言语文辞[1]，因此，明晰了传统的文道关系这一命题，也就把握了道如何在诗与诗学中贯通的脉络。刘勰在《文心雕龙》首篇《原道》即探讨了文道之间的沟通，深刻影响了后世的文道观。

《说文解字·文部》："文，错画也，象交文。"《周易·系辞下》："物相杂，故曰文。"原初意义上的文乃是花纹、符号等物象表征。刘勰首先阐明了天文、地文、人文同源于道的观念。他说：

> 日月叠璧，以垂丽天之象；山川焕绮，以铺理地之形，此盖道之文也。仰观吐曜，俯察含章，高卑定位，故两仪既生矣。[2]

就是说日月光华是"天文"，山川锦绣是"地文"，上天下地，是为阴阳

---

[1] 清末国学大师章炳麟先生曰："凡云'文'者，包络一切著于竹帛者而为言。"见章炳麟著《国故论衡·文学总略》，《章氏丛书》中卷，浙江图书馆刊本。

[2] (南朝梁)刘勰著，范文澜注：《文心雕龙注·原道》，人民文学出版社1958年版，第1页。本章引文皆出自本书，不再一一注明。

两仪;"一阴一阳之谓道",所以"天文"、"地文"也就是"道之文"。这些还只是天地之文与道的联系,刘勰又接着说:

> 惟人参之,性灵所钟,是谓三才。为五行之秀,实天地之心。心生而言立,言立而文明,自然之道也。

人类居于天地的中心,吸取五行的灵气,是三才之一,通过天地与道相沟通。而"言"属于"人文","人文"与道的联系也是契合自然的。令狐德棻在《周书·王褒庾信传论》中即谓:"两仪定位,日月扬晖,天文彰矣;八卦以陈,书契有作,人文详矣。"① 白居易在《与元九书》中概括了刘勰的表述:"三才各有文。天之文,三光首之;地之文,五材首之;人之文,六经首之。"② 把日、月、星三种天体的光芒作为天文的代表,把金、木、水、火、土五种自然元素作为地文的代表,把《诗》、《书》、《礼》、《易》、《乐》、《春秋》文化经典作为人文的代表。程珌《吴安抚竹洲集序》说:"云汉昭回,日星光洁,天之华也;川岳之融峙,草木之织秾,地之华也;天秩地叙之彝,皇坟帝典之经,人之华也,然皆一本于自然耳。"③ 这显然是继承了刘勰的观念,认为天文、地文、人文是一体的。又徐增《而庵诗话》曰:"花开草长,鸟语虫声,皆天地间真诗。"④ 这不仅仅是一种诗意的审美感悟,而且是对于天地之文、动植之文和人文同归于自然之道的真切体认。

刘勰又说:

> 人文之元,肇自太极,幽赞神明,《易》象为先。庖牺画其始,仲尼翼其终。而《乾》《坤》两位,独制《文言》。言之文也,天地之心哉!若乃《河图》孕乎八卦,《洛书》韫乎九畴,玉版金镂之实,丹文绿牒之华,谁其尸之,亦神理而已。(《文心雕龙·原道》)

---

① 《周书》卷四十一,中华书局1971年版,第742页。
② (唐)白居易著,朱金城笺校:《白居易集笺校》卷四十五,上海古籍出版社1988年版,第2790页。
③ (宋)程珌撰:《洺水集》卷八,景印文渊阁四库全书本,台北:台湾商务印书馆1986年版,第343页。
④ (清)徐增撰:《而庵诗话》,续修四库全书本,上海古籍出版社2002年版,第7页。

刘勰认为《易》的卦象乃是最初的"人文",源自太极;孔子的《文言》体现了言语之"文",与天地息息相通;《河图》之阴阳八卦,《洛书》之洪范九畴,都参悟了隐秘的道的机理。可以说,"人文"从其初始就渗透了"阴阳两仪"的思维,与天地相沟通,与道相贯通。

由刘勰的论述可以得出两点:文来自道;文体现道。故而文在其肇始阶段便充盈着神圣的光辉。刘勰列举了仓颉造字而结束人类结绳记事(绳有结无结,也可视为阴阳二爻的雏形)之后出现的世代的述作者,有神农氏、伏羲氏、唐虞、大舜、伯益、后稷、夏禹、文王、周公、孔子,都属于帝王圣贤。他总结道:

> 道沿圣以垂文,圣因文而明道,旁通而无滞,日用而不匮。(《文心雕龙·原道》)

即"道"需要通过"圣"所作之"文"来彰显,"圣"又要凭借"先圣"的"文"去明白"道",或者自己创述"文"来阐明"道";"道"、"圣"、"文"三者间的沟通与互动才使得"道"能够无阻无碍、无穷无尽地运转。当然,刘勰强调"圣",只是为了树立典范,因此在《原道》之后又以《征圣》作为次篇,概举了应向圣贤之经典学习的体制、风格等文辞的各方面楷则。从《文心雕龙》全篇的论述来看,他并没有否认圣贤之外的"人文"的存在。

《周易·贲·彖传》云:"文明以止,人文也。观乎天文,以察时变;观乎人文,以化成天下。"这是说"人文"的核心作用是社会教化的功能。《礼记·经解》开头便说:

> 孔子曰:入其国,其教可知也。其为人也,温柔敦厚,诗教也;疏通知远,书教也;广博易良,乐教也;絜静精微,易教也;恭俭庄敬,礼教也;属辞比事,春秋教也。

可见人文的六部经典,对于化育人民、陶冶性情,各有各的功用。孔颖达疏曰:"温谓颜色温润,柔谓情性和柔,诗依违讽谏,不指切事情,故云温柔敦厚是诗教也。"(《礼记正义·经解》)其中,《诗》的教化功能是使人养成平和含蓄的心态。这些都是利用人文得当的积极方面。同时经解也补充说明了人文教化不当的消极影响，即"诗之失愚，书之失诬，乐之失奢，易之失贼，礼之失烦，春秋之失乱"。(《礼记·经解》) 对任何一部经典的教化功能要是利用过头，就会造成不良的社会风尚。比如诗教的温柔敦厚过了头，做人混沌处世，善恶不辨、喜愠不发，就同愚民无异了。所以，对人文的利用必须深谙其道，"其为人也，温柔敦厚而不愚，则深于诗者也；疏通知远而不诬，则深于书者也；广博易良而不奢，则深于乐者也；絜静精微而不贼，则深于易者也；恭俭庄敬而不烦，则深于礼者也；属辞比事而不乱，则深于春秋者也"。(《礼记·经解》) 这种如很多论者指出的"A而不B"的"中和"审思，亦属于"阴阳两仪"思维方式的一种体现，即既考虑到事物积极的方面，又注意到事物消极的方面，并进而将事物作为整体做全盘的审视。这种辩证全面的思维方式，是我们民族自古有之的一种思想惯性。

"文以载道"、"文以贯道"，不可避免地包含了自上而下的社会教化和政治倡导的意图。《诗大序》说"风以动之，教以化之"，在诗学层面，"风"① 是体现文道观的一个重要范畴。吕祖谦《吕氏家塾读诗记》载："程氏曰：'《诗》有四始，而风居首。风，风也。其风动于人，犹风之吹物入物，故曰风。'"② 可见"风"乃是《诗》载道的一种重要方式，是人道互动的主要管道之一。《毛诗序》曰：

> 上以风化下，下以风刺上。主文而谲谏，言之者无罪，闻之者足以戒，故曰风。③

张纲《经筵诗讲义》剖析得更为清楚：

> 臣闻诗之为风，政教之本也。上以是而化其下，无非躬行之德；下以是而讽其上，无非爱君之诚。是二者皆有巽入之道，而不见于行迹。故曰上以风化下，下以风刺上。……夫天之有风，披拂于万物之

---

① 这里的"风"有别于"风骨"的"风"。
② (宋) 吕祖谦：《吕氏家塾读诗记》卷一，景印文渊阁四库全书本，台北：台湾商务印书馆1986年版，第332页。
③ 《毛诗正义》卷一，阮元校刻《十三经注疏》，中华书局1980年版，第271页。本章所引《诗经》，皆出于本书，不一一注明。

上，而其功微密。诗之温柔笃厚，而所以感动于人者似之。故序诗者言诗之功用必先之，以故曰风。①

风是流动的，所以"风"既包括了自上而下的"风化"，也包括了自下而上的"讽刺"，而且是"有巽人之道，而不见于行迹"的温柔和谐的"和风"。

（二）情与理

情与理，即审美情感与价值伦理在诗文中的要求本来是一体的，即《诗大序》所说："诗者，志之所之也，在心为志，发言为诗。"《左传正义·昭公二十五年》疏中孔颖达就讲："在己为情，情动为志，情、志一也。"② 萧统《文选序》说："诗者，盖志之所至也，情动于中而形于言。"③ 还是遵循《诗大序》的意思。刘勰在《文心雕龙·明诗》中说：

> 诗者，持也，持人情性；三百之蔽，义归"无邪"，持之为训，有符焉尔。

是则兼及志中情与理两方面。陆机《文赋》说"诗缘情而绮靡"，诗歌艺术的发展使情从志中独立而得张扬，但并未造成缘情与明志的并立。妥当而符合历史的看法应该是抒情与明理相对，统一于言志。宋代家铉翁《志堂说》云：

> 然昔日读诗，深有味于《诗序》"在心为志"之旨，以为在心之志，乃喜怒哀乐欲发而未发之端。事虽未形，几则已动，圣贤学问，每致谨乎此。故曰："在心为志。"若夫动而见于言行，而见于事，则志之发见于外者，非所谓在心之志也。是以夫子他日语门弟子曰："《诗》三百，一言以蔽之，曰'思无邪'。"无邪之思，在心之志，

---

① （宋）张纲：《华阳集》卷二十四，景印文渊阁四库全书本，台北：台湾商务印书馆1986年版，第144页。
② 《春秋左传正义》卷五十一，阮元校刻《十三经注疏》，中华书局1980年版，第2108页。本章所引《左传》，皆出于此书，不一一注明。
③ （南朝梁）萧统编，（唐）李善注：《文选》，中华书局1977年版，第1页。

皆端本于未发之际，存诚于几微之间。迨夫情动而言形，为雅，为颂，为风，为赋，为比，为兴，皆思之所发、志之所存、心之精神实在于是，非外袭而取之也。①

家铉翁说"志"乃是"欲发而未发"的"喜怒哀乐"，既要"端本"，又要"存诚"，牵乎情而系乎理，可见在诗文分轸发达的宋代，也仍存在将情理合一于诗歌之志的看法。

李庆本先生在《钱钟书对〈诗大序〉的跨文化阐释》一文中，对"志"这一诗学范畴进行了跨文化的中西比较与互释之后认为："笔者倾向于认定'志'为一个更为根本的诗学范畴，它含有'道'与'情'，即理性与感性的多重含义，或者更确切地说，是一种理智与情感、理性目的与感性欲望尚未分化的源初混沌状态。"② 这一番既还原了传统语境，又进行了跨文化参证的论断是十分恰切的。

诗中情的方面，则有各种自然而发的喜怒哀乐之情感。《荀子·正名》曰："生之所以然者谓之性。性之和所生，精合感应，不事而自然谓之性。性之好恶喜怒哀乐谓之情。"《礼记·礼运》则说："何谓人情？喜怒哀惧爱恶欲七者，弗学而能。"李翱《复性书》云："情者，性之动也。"③ 人情乃是天性自然的萌动。④ 欧阳修说："诗原乎心者也，富贵愁怨，见乎所处。"⑤ 生命之疾苦、亲友之离分，发而为诗。钟嵘《诗品序》云：

嘉会寄诗以亲，离群托诗以怨。至于楚臣去境，汉妾辞宫，或骨横朔野，或魂逐飞蓬；或负戈外戍，或杀气雄边；塞客衣单，孀闺泪尽；或士有解佩出朝，一去忘返；女有扬蛾入宠，再盼倾国。

---

① （宋）家铉翁撰：《则堂集》卷三，景印文渊阁四库全书本，台北：台湾商务印书馆1986年版，第319页。
② 李庆本：《跨文化视野：转型期的文化与美学批判》，中国文联出版社2003年版，第278页。
③ （唐）李翱撰：《李文公集》卷二，景印文渊阁四库全书本，台北：台湾商务印书馆1986年版，第106页。
④ 对于先秦文献中"情"字出现情况的统计及其意义演变的梳理，可参看舒也著《中西文化与审美价值诠释》第三章《"别材别趣"与"唯美主义"》第三节第一小节，上海三联书店2008年版。
⑤ （宋）魏庆之著，王仲闻点校：《诗人玉屑》卷十《富贵·诗原乎心》，中华书局2007年版，第311页。

凡斯种种，感荡心灵，非陈诗何以展其义？非长歌何以骋其情？故曰：《诗》可以群，可以怨。使穷贱易安，幽居靡闷，莫尚于诗矣。①

钟嵘讲诗歌中寄寓的情义，嘉会之亲一笔带过，离群之苦则层层渲染，且以孔子的"群"、"怨"之说作注，是则将群居切磋的伦理和睦及怨刺上政的政治要求转释为感人之怨情。宋代陈振孙《直斋书录解题》附录《玉台新咏集后序》言："夫诗者，情之发也。征戍之劳苦，室家之怨思，动于中而形于言，先王不能禁也。"② 这些人的正常情感，发乎自然，是政治教化所不能也最好不要禁止的。

诗中理的方面，一是政治诉求。欧阳修《答李诩第二书》："《诗》三百五篇不言性，其言者政教兴衰之美刺也。"③ 他在《本末论》里又说："《诗》之作也，触事感物，文之以言，美者美之，恶者刺之，以发其愉扬怨愤于口，道其哀乐喜怒于心，此诗人之意也。"④ 但是，传统的诗教与诗学最主要的主张之一就是"温柔敦厚"，颂美与讽刺，尤其是讽刺，要求委婉含蓄。因此，杨时《龟山先生语录》说：

> 作诗不知风雅之意，不可以作诗。尚讽谏，唯言之者无罪，闻之者足以戒，乃为有补。若谏而涉于毁谤，闻者怒之，何补之有。观苏东坡诗，只是讥诮朝廷，殊无温柔敦厚之气，以此，人故得而罪之。若是伯淳诗，则闻之者自然感动矣。因举伯淳《和温公诸人禊饮》诗云"未须愁日暮，天际乍轻阴"，又《泛舟》诗云"只恐风花一片飞"，何其温厚也。⑤

---

① 王叔岷撰：《钟嵘诗品笺证稿》，中华书局2007年版，第77页。本章引文皆出自本书，不再一一注明。
② （宋）陈振孙撰，徐小蛮、顾美华点校：《直斋书录解题》，上海古籍出版社1987年版，第710页。
③ （宋）欧阳修著，李逸安点校：《欧阳修全集》卷四十七，中华书局2001年版，第669页。
④ 《欧阳修全集》卷六十一，第892页。
⑤ （宋）杨时撰：《龟山集》卷十，景印文渊阁四库全书本，台北：台湾商务印书馆1986年版，第204页。

杨时认为苏轼因诗中政治讽刺的意味过于外露而致罪，是不可取的；程颢的诗则在审美意象中所有隐喻，符合"温柔敦厚"的诗学宗旨。

二是伦理及其对于情感的节制。南宋辅广《诗童子问》卷首《诗传纲领》注"大师教六诗"云：

> 以六德为之本，本犹根也。中和，性情之正也。祗敬庸常，又所以存守其中和也。孝友则为仁之本根也，故太师之教世子以六诗，必以是六德为之本焉。人倘无是六德，则虽强聒以六诗，无益也。此即舜之命夔以乐教胄子，必因其直宽刚简，而使之无过之意。以六律为之声，此即舜之所谓律和声之意，不言吕者，言律足以该之也。故先生以为其教之本末，犹舜之意本在德性，末谓声音。①

由此可见伦理道德的教化寓意在古典诗歌中的核心价值。又南宋唐仲友《诗解钞·四始六义》曰：

> 夫诗者，有感而作，心之发也。先王之民，虽甚卑贱而僻陋者，其言犹若是也。一言以蔽之，曰思无邪，夫子删诗之法也。发乎情，故有思；止乎礼义，故无邪。诗非必圣人之所作，而圣人断之者也。②

且注意说斋先生这段话里出现了"蔽"、"删"、"止"、"断"四个表示强制动作的字眼，此实即人为的"理"对于自然的"情"的节制。姜夔《白石道人诗说》言："吟咏情性，如印印泥，止乎礼义，贵涵养也。"③这里的"涵养"，就是一种节制。道璨《莹玉涧诗集序》也说："诗主性情，止礼义，非深于学者不敢言。"④ 这些说法，都审慎地对以礼止情作

---

① （宋）辅广：《诗童子问》卷首，景印文渊阁四库全书本，台北：台湾商务印书馆1986年版，第274页。
② （宋）唐仲友：《诗解钞》，续修四库全书本，上海古籍出版社2002年版，第287页。
③ （宋）魏庆之著，王仲闻点校：《诗人玉屑》卷一《白石诗说》，第14页。
④ （宋）释道璨：《柳塘外集》卷三，景印文渊阁四库全书本，台北：台湾商务印书馆1986年版，第816页。

了强调。

三是物理与哲理，包括"多识于鸟兽草木之名"[1] 的物理和叩问天地与人生的哲理，所包甚多，在此不再赘引。

总的来说，在传统诗学的主流观念中，志乃是对于诗歌情与理两方面要求的统一与中和。《论语》中就有记载：

> 子曰：小子何莫学夫《诗》。《诗》可以兴，可以观，可以群，可以怨。迩之事父，远之事君，多识于鸟兽草木之名。[2]

孔颖达疏曰："《诗》可以兴者，又为说其学《诗》有益之理也，若能学《诗》，《诗》可以令人能引譬连类，以为比兴也；可以观者，《诗》有诸国之风俗盛衰，可以观览知之也；可以群者，《诗》有如切如磋，可以群居相切磋也；可以怨者，《诗》有君政不善则风刺之，言之者无罪，闻之者足以戒，故可以怨刺上政。……《诗》有《凯风·白华》，相戒以养，是有近之事父之道也；又有《雅》、《颂》，君臣之法，是有远之事君之道也。言事父与君皆有其道也。多识于鸟兽草木之名者，言诗人多记鸟兽草木之名以为比兴，则因又多识于此鸟兽草木之名也。"张载在《正蒙·乐器篇》中如是诠释："兴己之善，观人之志，群而思无邪，怨而止礼义。"又李如篪《〈诗〉亡然后〈春秋〉作》言："孔子所传闻之世，所作虽变风居多，亦本于人情，而止乎礼义，先王之泽未泯也。"[3] 这些说法都和《诗大序》的"发乎情，止乎礼义"一致，要求诗歌在由内向外感发的情和由外向内约束的理之间"执其中"。如白居易《与元九书》便说："圣人感人心而天下和平。感人心者莫先乎情，莫始乎言，莫切于声，莫深乎义。诗者，根情，苗言，苗言，华声，实义。"[4] 通过与植物生长的自然形态相比附，实际上仍意在说明诗是从性情出发而抵达义理的圆融而无偏

---

[1] 许慎曰："识，常也。"段玉裁注："常当为意字之误也。……意者，志也。志者，心所之也。意与志，志与识，古皆通用。心之所存谓之意，所谓知识者此也。"《说文解字注·言部》，第92页。

[2] 《论语注疏·阳货》，阮元校刻《十三经注疏》，中华书局1980年版，第2525页。本章引文皆出自本书，不再一一注明。

[3] （宋）李如篪：《东园丛说》卷上，景印文渊阁四库全书本，台北：台湾商务印书馆1986年版，第184页。

[4] 《白居易集笺校》卷四十五，第2790页。

倚的回环。又如赵孟坚《赵竹潭诗集序》所说："诗非一艺也，德之章、心之声也。其寓之篇什，随体赋格，亦犹水之随地赋形。……概虽不同，要之，同主忠厚，而同归于正。"①

王夫之在《古诗评选》中说：

> 唯此窅窅摇摇之中，有一切真情在内，可兴可观，可群可怨，是以有取于诗。然因此而诗，则又往往缘景缘事，缘以往缘未来，经年苦吟，而不能自道。以追光蹑影之笔，写通天尽人之怀，是诗家正法眼藏。②

王夫之所说"写通天尽人之怀"，乃是以诗穷情尽理，这是书写自我、上下求索的情理之融合，而非传统诗教使个人与社会和谐一律的情理之中和，可谓暗含了突破传统诗教过度拘缚的诉求。然而有一种突破"温柔敦厚"、"发乎情，止乎礼义"的心志是鲜受指摘的，那便是屈原《离骚》以降的家国之恨。③ 宋代的林希逸在《少作·策·离骚》里说：

> 悲夫，原之不遇也。原，宗臣也，楚，宗国也。其爱君则《鸱鸮》也，其伤谗则《巷伯》也；怀《黍离》靡靡之忧，有《柏舟》悄悄之念。遭诗人之所遭，怀诗人之所怀，放言遣辞，写心寄意。非惟以鸣一身之忧，亦以鸣宗国之恨；非惟以鸣一身之不平，亦以鸣吾国之不幸。④

屈原骚赋中所寄之志是复杂的，既有忠君美政的政治道德与理想，又有遭受政治迫害的剖白和不满；既有君死臣辱的亡国之恨的悲鸣，又有受谗遭逐的个人幽怨的释放。屈原在《离骚》中谈君国政治，也谈人生命运，

---

① （宋）赵孟坚：《彝斋文编》卷三，景印文渊阁四库全书本，台北：台湾商务印书馆1986年版，第330页。

② （清）王夫之评选，张国星校点：《古诗评选》卷四《五言古诗一·阮籍二十首》，文化艺术出版社1997年版，第170页。

③ 虽然有贾谊等名家的批评，但随着时代推进，中华民族御辱历史的不断沉重，屈原为表率的家国之恨愈以得到表彰。有关屈原之诗学、文化批评甚多，在此不作赘述。

④ （宋）林希逸：《竹溪鬳斋十一稿续集》卷八，景印文渊阁四库全书本，台北：台湾商务印书馆1986年版，第635页。

情理交织，悱恻凄婉，将深情至理抒发至极限。这就大大突破了诗教的劝箴，但是美政之理想、亡国之哀思、生命之绝唱，又是人们所难以批评，也不忍批评的。屈原此志经过后世的发扬和深化，便成了"感时花溅泪，恨别鸟惊心"的亡国之悲情恨意，以及"壮志饥餐胡虏肉，笑谈渴饮匈奴血"的破虏之壮志雄心。

刘永济先生在《十四朝文学要略》中有"四事"的说法："诗必有关于一代政教得失也；诗必有关于作者情思邪正也；诗必有感化之力也；诗必有追琢之美也。"① 这里就包含了对于诗歌情理两方面的要求：政教得失，这是传统诗教中政治教化的一部分；作者情思，是情的寄寓，但有邪正之分，所以又有伦理的成分；感化之力，则既有情感上的感染力，又有道德上的化迁力；追琢之美，则源于艺术审美的情怀。

对于志，还有一个要求，便是言情要真、说理要实。王柏《跋郑北山梅花三绝句》曰："诗言志，志者，事之符也。"② 即说诗应当志与事符，较诸情事，验证不爽。李衡《乐庵语录》云："文章以意为主，亦以诚为主。苟不出于诚意，便是乱道。且如做诗，老便说老，贫便说贫，若未老说老，不贫说贫，便不是诚意。"③ 这是用理学上的"诚意"来解说诗中之志，赋予诗以伦理道德的约束。这一要求体现在文艺追求上，便是下文要讲到的文质相符、言意相称等话题。

（三）雅与俗

刘勰在《文心雕龙·体性》中指出："典雅者，镕式经诰，方轨儒门者也；……新奇者，摈古竞今，危侧趣诡者也；……"并说"雅与奇反"，实际上就是指雅与俗这两种相反的文学审美倾向。典雅就是师法儒家经典，经包括《易》、《书》、《诗》、《礼》、《春秋》等典籍，诰指《商书》中的《仲虺之诰》、《汤诰》，以及《周书》中的《大诰》、《康诰》、《酒诰》、《召诰》、《洛诰》、《康王之诰》等告诫之文。刘勰在《宗经》篇中说："经也者，恒久之至道、不刊之鸿教也。故象天

---

① 参见刘永济《十四朝文学要略》，中华书局2007年版，第30—36页。
② （宋）王柏撰：《鲁斋集》卷十三，景印文渊阁四库全书本，台北：台湾商务印书馆1986年版，第196页。
③ （宋）李衡撰，（宋）龚昱编：《乐庵语录》卷四，景印文渊阁四库全书本，台北：台湾商务印书馆1986年版，第310页。

地，效鬼神，参物序，制人纪。洞性灵之奥区，极文章之骨髓者也。"把经书奉为诗文的至高标准，认为经文是深入探讨天地人三才之道的"三极彝训"。"百家腾跃，终入环内"，诸子百家的著述从思想到体制都无法超脱经书的圈子。经书是正体，而"楚艳汉侈，流弊不还"，楚辞汉赋就属于末流。

我们知道，所谓雅正，往往是经过世代的陶冶和删选的；所谓流俗，常常是传统的变体，即"摈古竞今"，追求新颖奇巧的风尚，即"危侧趣诡"。雅俗的区分，倒不一定是庙堂文学和江湖文学的高低贵贱之别。比如《诗经》中的《国风》，就有许多市井与田陇的吟讴；写作《离骚》的楚辞代表作家屈原是楚国的三闾大夫，汉大赋是向朝廷和帝王歌功颂德的。但是以刘勰等批评者的观点来看，前者为雅，后两者反倒为俗。

那么，判定雅俗的标准究竟是什么？起主要作用的恐怕还是不可逆的时间。《宗经》篇中讲："皇世《三坟》，帝代《五典》，重以《八索》，申以《九丘》，岁历绵暖，条流纷糅。自夫子删述，而大宝咸耀。"这就是说，作品经过世代的积累，有缺失也有杂糅，需要历代的有识之士在伦理和审美的双重标准下，进行有选择的删汰，才能促使一部分的文本成为经典。所以众多诸侯国的邦风，经过孔子的删选，只有那些既能进入审美领域又能进行伦理诠释的，才被列入了《诗经》；兴起于市野的曲子词，经过文人士大夫的修饰，具备了更高的审美情调，并剔除了逾越伦理规范的鄙俗风尚，才有了优雅的宋词。以从四言到五言的诗体革新来看，《文心雕龙·明诗》说："若夫四言正体，则雅润为本；五言流调，则清丽居宗。"可见在当时，《诗经》为代表的四言诗是雅正之体，而新兴的五言诗还是流俗之调。但是，五言诗也在逐渐进入"雅"的行列，所以刘勰也承认了五言"清丽"的审美优点。钟嵘《诗品序》则说：

　　夫四言文约意广，取效《风》、《骚》，便可多得。每苦文繁而意少，故世罕习焉。五言居文辞之要，是众作之有滋味者也，故云会于流俗。岂不以指事造形、穷情写物，最为详切者邪！

钟嵘认为，随着人们描情状物的需要日渐丰富，四言变得不利于表意，而五言传述详细贴切,便于阅读,广受欢迎,开始变为文辞的主流。比较同时代刘勰和钟嵘的说法,进而可以发现时间向度在判定雅俗中的深刻作用:一部分"俗"经过时间的考验成其为典雅,但时间也使一部分"雅"退化为陈腐。天道由质而趋文,复由文而趋质;人道由约而趋盈,复由盈而趋约;诗道由雅而趋靡,复由靡而趋雅。人对于自身与宇宙的探询随时间推移而渐新、渐广,对于自身与宇宙的认知与欣赏之表述也更加华丽、丰富而至于俗滥,正如新生细胞之活跃增生,病变几率也随之变大。但是自然而自发的代谢与删汰也继而启动,俗滥向雅正之反动,丰富向精约之反动,华丽向质实之反动,也是势在必返。

雅俗之间交替革新的动态进程,也就是刘勰在《文心雕龙》中阐述的"通变","通"为继承,"变"为继承基础上的创生。"阴阳两仪"的转化、交替与化生,也可以归结为"通变"二字。故而《周易·系辞》中说:"爻者,言乎变者也。""日新之谓盛德。生生之谓易……通变之谓事,阴阳不测之谓神。""是故阖户谓之坤,辟户谓之乾。一阖一辟谓之变,往来不穷谓之道。""易,穷则变,变则通,通则久。"日月叠璧,昼夜更始,天地阴阳,万物生灭,就在这些转化、交替与化生的进程中构成了无穷之变,并进而通向神妙不测的大道。庞垲《诗义固说》谓:"天地之道,一辟一翕;诗文之道,一开一合。"[①] 诗歌乃至文学艺术的演进,也就是一个在变通中创新的进程。叶燮《原诗》就说:

> 盖自有天地以来,古今世运气数,递变迁以相禅。古云:天道十年而一变。此理也,亦势也,无事无物不然,宁独诗之一道,胶固而不变乎?[②]

在《黄叶村庄诗序》中,他又说:

> 今夫天地之有风雨、阴晴、寒暑,皆气候之自然,无一不为功于世,然各因时为用而不相仍。实施仍于一,则恒风恒雨、恒寒恒

[①] (清)庞垲:《诗义固说》上,郭绍虞编选,富寿荪校点:《清诗话续编》,上海古籍出版社1983年版,第729页。

[②] (清)叶燮:《原诗·内篇》,人民文学出版社1979年版,第4页。

暑，其为病大矣。诗自《三百篇》及汉魏、六朝、唐、宋、元、明，惟不相仍，能因时而善变，如风雨、阴晴、寒暑，故日新而不病。①

叶燮将诗道与天地阴阳之道相贯通，气候"因时而为用"，诗歌则"因时而善变"，在变通中日新。

诗体代变乃是中国古典诗学中的共识。萧子显《南齐书·文学传论》强调"变"之重要：

> 习玩为理，事久则渎，在乎文章，弥患凡旧。若无新变，不能代雄。②

《文心雕龙·通变》云：

> 黄歌"断竹"，质之至也；唐歌在昔，则广于黄世；虞歌《卿云》，则文于唐时；夏歌"雕墙"，缛于虞代；商周篇什，丽于夏年。至于序志述时，其撰一也。暨楚之骚文，矩式周人；汉之赋颂，影写楚世；魏之策制，顾慕汉风；晋之辞章，瞻望魏采。

胡应麟《诗薮》开篇即云：

> 曰风、曰雅、曰颂，三代之音也；曰歌、曰行、曰吟、曰操、曰辞、曰曲、曰谣、曰谚，两汉之音也；曰律、曰排律、曰绝句，唐人之音也。诗至于唐而格备，至于绝而体穷，故宋人不得不变而之词，元人不得不变而之曲，词胜而诗亡矣，曲胜而词亦亡矣。③

"变"与"通"是交并的，变化中有传袭，踵继尔后增替。但虽然胡应

---

① （清）叶燮：《己畦文集》卷八，民国七年梦篆楼刊本。
② 《南齐书》卷五十二，中华书局1972年版，第908页。"若无新变，不能代雄"这一说法，不禁让人饶有兴味地联想到 T. S. 艾略特的《传统与个人才能》和哈罗德·布鲁姆的《影响的焦虑》（尤其是后者）中的有关论述。
③ （明）胡应麟：《诗薮·内编》卷一，上海古籍出版社1958年版，第1页。

麟说"词胜而诗亡矣,曲胜而词亦亡",倒并不真的意味着宋以后无诗、元以后无词,诗词就此消亡了。王国维先生在《人间词话》中说道:

> 四言敝而有《楚辞》,《楚辞》敝而有五言,五言敝而有七言,古诗敝而有律绝,律绝敝而有词。盖文体通行既久,染指遂多,自成习套。豪杰之士,亦难于其中自出新意,故遁而作他体,以自解脱。一切文体所以始盛终衰者,皆由于此。①

又《宋元戏曲考序》语:

> 凡一代有一代之文学,楚之骚、汉之赋、六代之骈语、唐之诗、宋之词、元之曲,皆所谓一代之文学,而后世莫能继焉者也。②

如王国维先生所论,一代有一代之文学,文体之迁变,很大程度上即由于某一体裁中境界的变化、开拓已臻于极致,新的题材、新的风尚、新的意蕴、新的境界,在有创造力的诗人那里,便很自然地遁离、迁徙到新的体裁之中。但这并不表示对过去的完全否弃。正如大到爱欲生死、小到衣食住行,我们终究还是延续着先辈的轨迹,楚辞、汉赋、唐诗、宋词、元曲,永远地定格在那些时代,确实是亡而不能复生了,但是诗词曲赋仍在后来的每一时代延续着它们的生命力。在诗的王国里,我们所见所为的是开枝散叶、开疆拓土,而非斩草除根、另起炉灶。

王思任《李贺诗解序》谓:"然而变起于智者,又通于智者。《三百篇》,诗之大常也,一变之而骚,再变之而赋,再变之而《选》,再变之而乐府而歌行,又变之而律,而其究也,亦不出《三百篇》之范围。"③ 这并不是说要持孙猴子跳不出如来佛的五指山一般厚古薄今、令人泄气的观点,而是指要把握住"诗之大常"的规律性、形而上的"道"。这正如那个著名的悖论"忒修斯之船"(The Ship of Theseus),

---

① 王国维:《人间词话》卷上,《王国维遗书》第15册,上海古籍书店1983年版,第7页(此版以一张两页标一页码,引文在后页)。
② 王国维:《宋元戏曲考》,《王国维遗书》第15册,第1页(前页)。
③ (明)王思任著,任远点校:《王季重十种》,浙江古籍出版社2010年版,第9页。

即便经过不断的修理和调换部件之后，再无原来船上的一块木板，数百年后，忒修斯之船依旧是忒修斯之船。再如我们每个人自生命孕育以来，身体不断地新陈代谢，头脑不断地遗忘与学习，虽然今日之我不复昨日之我，但是明日之我仍是今日之我。后世的读者们仍能理解《诗经》之用心，诗人们仍在学习《离骚》之笔意，正因为变化不已的诗歌之机理是一脉相通的。

袁宏道《雪涛阁集序》曰：

> 《骚》之不袭《雅》也，《雅》之体穷于怨，不《骚》不足以寄也。后之人有拟而为之者，终不肖也，何也？彼直求《骚》于《骚》之中也。至苏、李述别及《十九》等篇，《骚》之音节体致皆变矣，然不谓之真《骚》不可也。①

所以，诗歌之代变乃是随时代与个人情结与意志之开拓而脱离旧体制之束缚的进程。《骚》不谓之真《雅》不可，《十九》不谓之真《骚》不可，因为它们有着同样的与天地生长、化育相谐一的诗歌生命力！清代学者钱泳云："诗之为道，如草木之花，逢时而开，全是天工，并非人力，溯所由来，萌芽于三百篇，生枝布叶于汉魏，结蕊含香于六朝，而盛开于有唐一代，至宋、元则花谢香消，残红委地矣。"② 人与天地参，诗与万物共，诗歌的发展轨迹，原来是宇宙运行规律中的一部分。

袁宏道在《叙小修诗》中，更由衷地赞赏"俗"所孕发的真情和新意：

> 大都独抒性灵，不拘格套，非从自己胸臆流出不肯下笔。有时情与境会，顷刻千言，如水东注，令人夺魄。其间有佳处，亦有疵处，佳处自不必言，即疵处亦多本色独造语。然予则极喜其疵处；而所谓佳者，尚不能不以粉饰蹈袭为恨，以为未能尽脱近代文人气习故也。……故吾谓今之诗文不传矣。其万一传者，或今闾阎妇人

---

① （明）袁宏道著，钱伯城笺校：《袁宏道集笺校》卷十八，上海古籍出版社2008年版，第709页。

② （清）钱泳：《履园丛话·谭诗·总论》，中华书局1979年版，第206页。然笔者以为，今日"残红委地"，焉知明日不能重绽新枝。

> 孺子所唱《擘破玉》、《打草竿》之类，犹是无闻无识真人所作，故多真声，不效颦于汉魏，不学步于盛唐，任性而发，尚能通于人之喜怒哀乐嗜好情欲，是可喜也。①

袁宏道认为，所谓佳者、雅者，不免蹈袭陈词滥套，使人产生审美疲劳；所谓疵处、俗处，虽难免有不符合审美习惯之处与新生的缺憾，但却能率性而发，充满本色独创，是应该珍惜而非抹杀的。

但是俗也往往有其弊端，即以声色之新奇炫人耳目；而雅也往往有其优势，即以情理之深远启人情思。姚勉《汪古淡诗集序》云：

> 虽然，诗而已哉！有道味，有世味，世味今而甘，道味古而淡。今而甘，不若古而淡者之味之悠长也。食大羹、饮玄酒，端冕而听琴瑟，虽不如烹龙庖凤之可口、俳优郑卫之适耳，而饫则厌，久则倦矣。淡之味则有余而无穷也。为今之人，甘可也，欲为古之人，其淡乎？惟古则淡，惟淡则古。周子曰："淡则欲心平。"子欲追古人之淡，夫苟无欲，则道庶几矣，诗安足论哉。张籍岂足为哉！②

唯有那些不论时代的审美风尚如何移易，不论被世人评判为雅抑或俗，都无法消磨其内在的真情至理的作品，才堪称伟大的经典。时间，漫长的时间，是最好的见证者。

三 "阴阳两仪"思维与诗歌的表层文辞和深层意蕴

如果说第二节还是出入于诗歌内外来进行探讨的话，第三节则更为专注于在诗歌内部衡量"阴阳两仪"思维的影响。不难发现，本节所讨论的范畴，可都与斐迪南·德·索绪尔（Fardinand de Saussure）提出的能指（signifier）/所指（signified）图式进行联想。当然，中国诗学范畴自

---

① （明）袁宏道著，钱伯城笺校：《袁宏道集笺校》卷四，第187—188页。
② （宋）姚勉撰，（宋）姚龙起编：《雪坡集》卷三十七，景印文渊阁四库全书本，台北：台湾商务印书馆1986年版，第259页。

有独立而丰富的意蕴，中国诗学也自有圆足的诠释模式。由前引扬雄"阴敛其质，阳散其文"，可见文与质是阴阳表里的一对范畴，同时文与质各自还包含有阴阳刚柔的差异。这里讨论的文质对待中的文，自然进一步从文道互彰的广义的文中抽离，呈现出诗歌专有的文采与纹理。再进而细究言与意这一对更为具体的范畴，两者之间互融互生的微妙繁杂的变化，虽不待明言阴阳，其机要却与"阴阳两仪"思维相深契。而虚与实（及其时时相依附的动静、有无）这一组范畴，正是在言与意乃至文与质之间隐显、内外的翻转幻变中，显现了"阴阳两仪"思维的和合、对待、化生的变动不居与恒久谐一。要之，本节所拈出的文与质、言与意、虚与实三对范畴，正是从诗歌这一体中的表层文辞与深层意蕴两面反映了"阴阳两仪"思维的潜移默化。

（一）文与质

子曰："质胜文则野，文胜质则史，文质彬彬，然后君子。"（《论语·雍也》）又曰："虞夏之质，殷周之文，至矣。虞夏之文，不胜其质；殷周之质，不胜其文。"（《礼记·表记》）孔子所说的是个人风貌和朝代风尚，但其文质相称的思想，却深刻影响了人们对于诗文风格的批评。同时，文质之间的协调，又各依其性质而有主次、内外之分。《韩非子·解老》曰：

> 礼为情貌者也，文为质饰者也。夫君子取情而去貌，好质而恶饰。夫恃貌而论情者，其情恶也；须饰而论质者，其质衰也。……夫物之待饰而后行者，其质不美也。①

质为内在的主干，文为外在的润饰，这一理念亦深入人心。

前面分析文道关系时提到了《文心雕龙·原道》里说的"道沿圣以垂文，圣因文而明道"，具体到诗学领域，则有《尚书·舜典》"诗言志，歌永言"的重要观念。只要不把"道"看成死板的教条，而是符合人性、契合自然的至上真谛，则"诗言志"不但不与文道观相抵牾，反倒是文

---

① （战国）韩非：《韩非子·解老》，上海古籍出版社1989年版，第48页。本章引文皆出自本书，不再一一注明。

道观的重要补充和辅弼。《诗大序》说"在心为志，发言为诗"，是则心之志为先在之内蕴，诗之言为后发之外形。沈约《宋书·谢灵运传论》谓："民禀天地之灵，含五常之德，刚柔迭用，喜愠分情，夫志动于中，则歌咏外发。"① 这是用"阴阳两仪"的观念来解释"志"的生成，人之灵气禀自天地，德性含有五行，刚柔、喜愠等阴阳要素相化合，于是情志内动，歌咏外发。文天祥《罗主簿一鹗诗序》也说："诗所以发性情之和也。性情未发，诗为无声；性情既发，诗为有声。闷于无声，诗之精；宣于有声，诗之迹。"②

文以载道，道为体，文为用；诗以言志，志为体，诗为用。姑摘引几例为证。北宋陈襄（1017—1080年）《同年会燕诗序》：

> 善作诗者，以先务求其志，持其志以养其气。志至焉，气次焉，志气俱至焉，而后五性诚，固而不反，外物至，无动于其心。虽时有感触，忧悲愉怿、舞蹈咏叹之来，必处乎五者之间，无所不得正，夫然后可以求为诗也。③

陈师道（1053—1102年）《答江端礼书》：

> 言以述志，文以成言。约之以义，行之以信，近则致其用，远则致其传，文之质也；大以为小，小以为大，简而不约，盈而不馀，文之用也。正心完气，广之以学，斯至也。④

刘安节（1068—1116年）《以六律为之音》：

> 学诗之道，有本有用，志之所之谓之诗，此其本也；声成文谓之音，此其用也。⑤

---

① 《宋书》卷六十七，中华书局1974年版，第1778页。
② （宋）文天祥：《文山先生文集》卷九，《文天祥全集》，中国书店1985年版，第226页。
③ （宋）陈襄：《古灵先生文集》卷十一，北京图书馆古籍珍本丛刊，书目文献出版社1987年版，第95页。
④ （宋）陈师道：《后山居士文集》卷十，上海古籍出版社1984年版，第539—540页。
⑤ （宋）刘安节：《刘左史集》卷三，景印文渊阁四库全书本，台北：台湾商务印书馆1986年版，第87页。

南宋魏庆之（生卒年不详，约公元 1240 年前后在世）《诗人玉屑》卷十三中也引韩驹语云：

> 诗言志，当先正其心志，心志正，则道德仁义之语、高雅淳厚之义自具。三百篇中有美有刺，所谓"思无邪"也，先具此质，却论工拙。

包恢（1182—1268 年）《答曾子华论诗》：

> 诗自志出者也，不反求于志而徒外求于诗，犹表邪而求其影之正也，奚可得哉？志之所至，诗亦至焉，岂苟作者哉！①

从上引有宋一代的情况可见传统的诗学理念大都认为志为诗本。

扬雄在《法言·吾子》中说："诗人之赋丽以则，辞人之赋丽以淫。"② 言下之意即文辞的铺张应有限度。他又认为："事胜辞则伉，辞胜事则赋，事辞称则经。"只有文质相称，才能称得上是经典。《文心雕龙·附会》云：

> 夫才量学文，宜正体制，必以情志为神明，事义为骨髓，辞采为肌肤，宫商为声气；然后品藻玄黄，摛振金玉，献可替否，以裁厥中：斯缀思之恒数也。③

在刘勰看来，文与质都很重要，但有主次、先后、表里之区分。"情志"与"事义"是质，是"神明"与"骨髓"；"辞采"与"宫商"是文，是"肌肤"与"声气"。萧子显《南齐书·文学传论》也说："文章者，盖

---

① （宋）包恢：《敝帚稿略》卷二，景印文渊阁四库全书本，台北：台湾商务印书馆 1986 年版，第 718 页。
② 汪荣宝撰，陈仲夫点校：《法言义疏》，中华书局 1987 年版，第 49 页。
③ （南朝梁）刘勰著，范文澜注：《文心雕龙注》，第 651 页。范文澜先生在此书第 653 页注二中认为："量疑当作优，或系传写之误。殆由学优则仕意化成此语。"周振甫先生则认为"量"字为"童"字之讹，将"才童学文"译作"学童习作"。参见周振甫著《文心雕龙今译》，中华书局 1986 年版，第 378 页。两说皆可解，存疑。

情性之风标，神明之律吕也。"杜牧在《答庄充书》中亦有类似的意见："凡为文以意为主，气为辅，以辞采章句为之兵卫，未有主强盛而辅不飘逸者，兵卫不华赫而庄整者。"[1] 吕本中《童蒙训》更说："初学作诗，宁失之野，不可失之靡丽。失之野，不害气质；失之靡丽，不可复整顿。"[2] 陈师道《后山诗话》则曰："宁拙毋巧，宁朴毋华，宁粗毋弱，宁僻毋俗，诗文皆然。"[3] 都认为宁可放弃文的润饰，也要着重于质。但是，"夫文变多方，意见浮杂……且才分不同，思绪各异"（《文心雕龙·附会》），各人禀赋不同、识见各异，在诗作中文与质的比例调配不同，就形成了不同的风格体貌，这在《文心雕龙·体性》一篇中有具体的论述。

刘勰云："夫情动而言形，理发而文见，盖沿隐以至显，因内而符外者也。"（《文心雕龙·体性》）这讲的是一般规律，在诗歌创作中，即内隐的情理之志转化为外显的诗歌之言；读者在诗歌鉴赏中领略到的，就有了质（志）与文（言）两方面。孔子曰：盍乃各言其志哉！道也许是精微而难以言传的，但是一旦进入言志的诗歌领域（或其他文学创作领域），就出现了具体的参差多态的景观。正如刘勰所说："然才有庸俊，气有刚柔，学有浅深，习有雅郑，并情性所铄，陶染所凝，是以笔区云谲，文苑波诡者矣。……各师成心，其异如面。"（《文心雕龙·体性》）因为个人才能、气质、学识、习染的差异，使作品呈现出因人而异、千人千面的文心与诗品。所以"诗言志"说究其本质必然导向一种"各言其志"的诗歌追求，也必然充满了对于"温柔敦厚"的诗教和统一刻板的道学的突破。

刘勰总结了八种体性，分为四对："熔式经诰，方轨儒门"的典雅与"摈古竞今，危侧趣诡"的新奇；"馥采典文，经理玄宗"的远奥与"辞直义畅，切理厌心"的显附；"博喻酿采，炜烨枝派"的繁缛与"核字省句，剖析毫厘"的精约；"高论宏裁，卓烁异采"的壮丽和"浮文弱植，

---

[1] （唐）杜牧著，陈允吉校点：《杜牧全集》，上海古籍出版社1997年版，第124页。
[2] （宋）张镃：《仕学规范》卷三十九，景印文渊阁四库全书本，台北：台湾商务印书馆1986年版，第196页。此条亦见于《文渊阁四库全书》中《诗人玉屑》卷五及《修辞鉴衡》卷一，而子部·儒家类《童蒙训》无此条。
[3] （宋）陈师道：《后山诗话》，景印文渊阁四库全书本，台北：台湾商务印书馆1986年版，第286页。"母"通"毋"。

缥缈附俗"的轻靡。其中，典雅则文质相符或质胜于文，新奇则文胜于质；远奥则质隐于文，显附则质见于文；繁缛则博文，精约则简文；壮丽则文采激扬，轻靡则文采轻浮。刘勰继而说道："若夫八体屡迁，功以学成，才力居中，肇自血气；气以实志，志以定言，吐纳英华，莫非情性。"（《文心雕龙·体性》）也就是说，八种体性的变迁，最后的形成要看学识，而才能是关键，气质又是本源，即气质影响才能，才能影响学识；同时，气质充实情志，情志决定言辞，文之华采，基于情性之质。内心的积淀要是充分，甚至能够驾驭多种风格。宋代的道璨在《送然松麓归南岳序》中便说：

> 或问诗以何为宗，予曰：心为宗。苟得其宗矣，可以晋魏，可以唐，可以宋，可以江西，投之所向，无不如意。有本者如是，难与专门曲学、泥纸上死语者论也。①

陈望道先生在《修辞学发凡》第十一篇《文体或辞体》上认为刘勰所谓的"体性"就是语文的体式在"表现上的分类"。他说体性上的分类，约可分为四组八种，兹列如下：（1）组——由内容和形式的比例，分为简约和繁丰；（2）组——由气象的刚柔和柔和，分为刚健和柔婉；（3）组——由于话里辞藻的多少，分为平淡和绚烂；（4）组——由于检点工夫的多少，分为谨严和疏放。②

陈望道先生又指出语文体式的情况是繁复的："其实语文的体式并不一定是这两端上的东西：位在这两端的中间的固然多，兼有这一组两组三组以上的体性的也不少。例如简约而兼刚健，或简约而兼刚健又兼平淡，繁丰而兼柔婉，或繁丰而兼柔婉又兼绚烂，都属可能。所难以相兼的，恐怕只有一组中互相对待的两体，如简约兼繁丰、刚健兼柔婉之类。照此看来，体式之多，也就可以想见。今试用图显示它那繁复的情况在这里（图中实线表示可以相兼，虚线表示难得相兼）。"③（见图4-1）

---

① （宋）释道璨：《柳塘外集》卷三，景印文渊阁四库全书本，第818页。
② 参见陈望道编《修辞学发凡》，上海教育出版社2001年版，第263—264页。
③ 同上书，第283页。

简约—繁丰

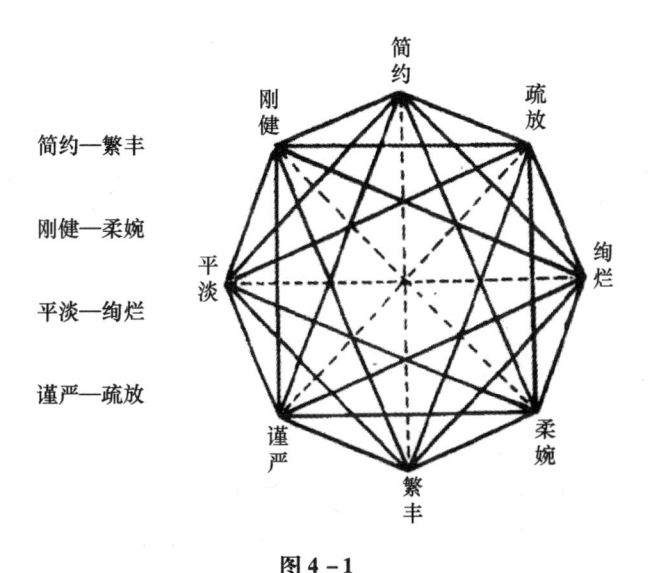

刚健—柔婉

平淡—绚烂

谨严—疏放

图 4-1

陈望道先生的阐释是和刘勰相符的，就诗歌体裁来说，由于"言志之诗人"的才、气、学、习的差异，导致了"诗所言之志"的内容——质上的差异，也导致了"诗言志之言"——文上的差异。比如鲍照把谢灵运和颜延之的诗相比较，说谢诗如"初发芙蓉，自然可爱"，颜诗则"铺锦列绣，雕缋满眼"。[1]《诗品》里也说："汤惠休曰：谢诗如芙蓉出水，颜诗如错彩镂金。颜终身病之。"[2] 这两种体性，是当时人们从诗歌中发现的两种典型的相对待的美感。用刘勰的八体来看，则谢诗不入其类，颜诗可说是繁缛甚或轻靡；用陈望道的八体来看，则谢诗不同程度地兼有简约、柔婉、平淡、疏放，而颜诗大概兼有繁丰、绚烂和谨严。简而言之，谢诗胜在自然之质，颜诗要在雕饰之文。李白有句诗"清水出芙蓉，天然去雕饰"，可以很好地解释谢诗和颜诗的差异：谢诗达到了发乎自然之性情、文质相互贯通的境界，而颜诗则花功夫在堆砌辞藻之上，以致文绮丽而质偏枯。近代王国维先生在《人间词话》中提出了诗"隔"与"不隔"的划分，便是着眼在文与质能否自然贯通这一方面。

---

[1] 参见《南史》卷三十四，中华书局1975年版，第881页。"延之尝问鲍照己与灵运优劣，照曰：'谢五言如初发芙蓉自然可爱；君诗若铺锦列绣，亦雕缋满眼。'"

[2] 王叔岷撰：《钟嵘诗品笺证稿·诗品卷中·宋光禄大夫颜延之诗》，第276页。

《周易·贲》曰："贲，亨，小利有攸往。彖曰，贲亨，柔来而文刚，故亨；分刚上而文柔，故小利有攸往。"孔颖达疏："正义曰，贲，饰也，以刚柔二象交相文饰也。贲亨者，以柔来文刚而得亨通，故曰贲亨也；小利有攸往者，以刚上文柔，不得中正，故不能大有所往，故云小利有攸往也。"[①] 是则讨论了刚质柔文和柔质刚文两种情况，乃关于阴阳刚柔对应于文质的论述。

文质之间的损益互动，体现在作品的气象上，则容易造成刘勰所说的壮丽与轻靡、陈望道所说的刚健与柔婉两种审美风格，也就是姚鼐提出的阳刚阴柔之说。他在《海愚诗钞序》中说：

> 吾尝以谓文章之原，本乎天地；天地之道，阴阳刚柔而已。苟有得乎阴阳刚柔之精，皆可以为文章之美。阴阳刚柔，并行而不容偏废。有其一端而绝亡其一，刚者至于偾强而拂戾，柔者至于颓废而阗幽，则必无与于文者矣。然古君子称为文章之至，虽兼具二者之用，亦不能无所偏优于其间，其故何哉？天地之道，协合以为体，而时发奇出以为用者，理固然也。其在天地之用也，尚阳而下阴，伸刚而绌柔，故人得之亦然。文之雄伟而劲直者，必贵于温深而徐婉；温深徐婉之才，不易得也。然其尤难得者，必在乎天下之雄才也。[②]

诗文之美，与阴阳刚柔的天地之道同源相通，乃阳刚之气与阴柔之气的杂糅且有一者偏胜。他在《复鲁絜非书》中的阐释更为详切：

> 鼐闻天地之道，阳刚阴柔而已。文者，天地之精英，而阴阳刚柔之发也。惟圣人之言，统二气之会而弗偏，然而《易》、《书》、《论语》所载，亦间有可以刚柔分矣。值其时其人，告语之体各有宜也。自诸子而降，其为文无弗有偏者。其得于阳与刚之美者，则其文如霆，如电，如长风之出谷，如崇山峻崖，如决大川，如奔骐骥；其光也，如杲日，如火，如金镠铁；其于人也，如冯高视远，如君而朝万众，如鼓万勇士而战之。其得于阴与柔之美者，则其文如升初日，如

---

① 《周易正义·贲》，阮元校刻《十三经注疏》，中华书局1980年版，第37页。
② （清）姚鼐：《惜抱轩文集》卷四，《惜抱轩全集》，中国书店1991年版，第35页。

清风，如云，如霞，如烟，如幽林曲涧，如沦，如漾，如珠玉之辉，如鸿鹄之鸣而入寥廓；其于人也，漻乎其如叹，邈乎其如有思，暖乎其如喜，愀乎其如悲。观其文，讽其音，则为文者之性情形状，举以殊焉。且夫阴阳刚柔，其本二端，造物者糅而气有多寡。进绌则品次亿万，以至于不可穷，万物生焉。故曰：一阴一阳之为道。夫文之多变，亦若是也。糅而偏胜可也，偏胜之极，一有一绝无，与夫刚不足为刚，柔不足为柔者，皆不可以言文。①

姚鼐认为文源自天地间的阳刚与阴柔二气，唯有圣人的经典能够把握二气的平衡，但也时有偏欹。诸子以下的诗文则有些偏于阳刚之美，有些偏于阴柔之美；文风如此，人格也是如此。而阳刚与阴柔调和的比例不同，则造成了"品次亿万"的多变文风。中兴桐城一派的曾国藩在姚鼐的基础上，复分出了八种文境之美："余昔年常慕古文境之美者，约有八言：阳刚之美，曰雄、直、怪、丽；阴柔之美，曰茹、远、洁、适。"② 这便对阳刚阴柔两种文风作了更精细的分辨。

桐城派的阳刚阴柔理念，其实早有先声。曹丕《典论·论文》就说：

文以气为主，气之清浊有体，不可力强而致。譬诸音乐，曲度虽均，节奏同检，至于引气不齐，巧拙有素，虽在父兄，不能以移子弟。③

前引《淮南子》、《三五历纪》等书④里说清轻者上升为阳之天，浊重者下沉为阴之地，魏文帝将作者的气质、作品的气象分为清浊，亦是"阴阳两仪"思维无形中潜入文学领域的体现。⑤ 宋代晁补之《石远叔集序》云：

---

① （清）姚鼐：《惜抱轩文集》卷六，《惜抱轩全集》，第71—72页。
② （清）李瀚章编纂，（清）李鸿章校勘：《曾国藩全集》第十一卷《日记·同治四年正月廿二日》，中国致公出版社2001年版，第4081页。曾国藩并为八言各作十六字的"赞"，详参此书同页。
③ 魏宏灿校注：《曹丕集校注》，安徽大学出版社2009年版，第313页。
④ 参见本书第176—177页相关引述。
⑤ 曹丕所说"清浊"当不包括清爽与污浊、轻巧与拙重这样的价值判断，而是审美风格上无关好恶的区分。

> 文章视其一时风声气俗所为，而巧拙则存乎人，亦其所养有薄厚，故激扬沉抑，或侈或廉，秾纤不同，各有态度，常随其人性情刚柔、静躁、辩讷，虽甚爱悦其致，不能以相传知。①

这差不多是引申曹丕的意思。

《周易·贲》卦里又说："六四，贲如，皤如，白马翰如。""上九，白贲，无咎。"贲本来是华采文饰，但是爻辞由下至上，变为素白之饰，再变为素质而不劳文饰，可谓繁华落尽，终归平淡。所以孔子也说："绘事后素。"刘向《说苑》卷二十《反质》载："孔子卦得贲……孔子曰'……吾亦闻之：丹漆不文，白玉不雕，宝珠不饰。何也？质有馀者，不受饰也。'"② 这也是发挥《贲》卦的意思。刘熙载《艺概》言："白贲占于贲之上爻，乃知品居极上之文，只是本色。"③ 文饰的极品，便是现出本质。宋代袁燮《题魏丞相诗》曰：

> 古人之作诗，犹天籁之自鸣尔，志之所至，诗亦至焉。直己而发，不知其所以然，又何暇求夫语言之工哉？故圣人断之曰：思无邪。心无邪思，一言一句，自然精纯，此所以垂百世之典刑也。④

诗歌创作如能全神贯注于真情实意的表达而忘却言语修辞的刻意而为，便是一种理想的境界。

刘勰在《文心雕龙·情采》中分析文质关系，一是"文附质"，即文采依附于实质，质为内在的实体；一是"质待文"，即实质需要文采，文采是外在的形式。刘勰曰：

---

① （宋）晁补之撰，（宋）晁谦之编：《鸡肋集》卷三十四，景印文渊阁四库全书本，台北：台湾商务印书馆1986年版，第663页。
② （汉）刘向撰，向宗鲁校证：《说苑校证》，中华书局1987年版，第511页。
③ （清）刘熙载著，袁津琥校注：《艺概注稿》卷一《文概》，中华书局2009年版，第202页。
④ （宋）袁燮撰：《絜斋集》卷八，景印文渊阁四库全书本，台北：台湾商务印书馆1986年版，第96页。

> 故立文之道，其理有三：一曰形文，五色是也；二曰声文，五音是也；三曰情文，五性是也。五色杂而成黼黻，五音比而成韶夏，五情发而为辞章，神理之数也。

这就是说，视觉艺术主要靠各种色彩来表现，听觉艺术主要靠各种音律来表现，情感思想则主要靠各种性情来表达。刘勰举了两个例子来说明文质之间的紧密联结："《孝经》垂典，丧言不文，故知君子常言，未尝质也。"《孝经》传下的典范是居丧中的言谈不假文采，可知君子平日的言语并不质朴；"老子疾伪，故称'美言不信'，而五千精妙，则非弃美矣"，老子说漂亮话不足信，但他自己的《道德经》五千字却精妙绝伦。刘勰认为应该在文质两端取其中正，兼其好处，相辅相成：

> 文采所以饰言，而辩丽本于情性。故情者文之经，辞者理之纬，经正而后纬成，理定而后辞畅，此立文之本源也。

皎然在《诗式》中也持同样的意见：

> 或云：诗不假修饰，任其丑朴，但风韵正，天真全，即名上等。予曰：不然。无盐阙容而有德。曷若文王太姒有容而有德乎？[①]

举一实例，建安风骨一直为人所赞誉，在某种程度上就因其文质中和，如北宋范温《潜溪诗眼》"诗宗建安"条语：

> 建安诗辩而不华，质而不俚，风调高雅，格力遒壮。其言直致而少对偶，指事情而绮丽，得风雅骚人之气骨，最为近古者也。[②]

建安诗歌能够"辩而不华，质而不俚"，说明其能把握好诗歌中文与质两者的度，守好两者中和的尺规，虽然言辞直率而少了偶对，但写事陈情丰

---

① （唐）释皎然：《诗式》卷一《取境》，四库全书存目丛书本，齐鲁书社1997年版，第20页。

② 郭绍虞辑：《宋诗话辑佚》，中华书局1980年版，第315页。

富多彩，正如《诗经》之风雅、《楚辞》之骚赋，都是文质兼美，毋需削弱一者来成就另一者的。

刘勰更进而指出了创作之得失乃在于以质还是文作为标的：

> 昔诗人什篇，为情而造文；辞人赋颂，为文而造情。何以明其然？盖风雅之兴，志思蓄愤，而吟咏情性①，以讽其上，此为情而造文也；诸子之徒，心非郁陶，苟驰夸饰，鬻声钓世，此为文而造情也。故为情者要约而写真，为文者淫丽而烦滥。（《文心雕龙·情采》）

创作贵在从真情实感出发，加以适当的润饰；炫耀文采而志不在焉，作品则显得浮夸，成了庄子所谓"言隐荣华"。"繁采寡情，味之必厌。"② 文采丰腴而情思偏枯，亦无法引人入胜。至于"志深轩冕，而泛咏皋壤。心缠几务，而虚述人外。真宰弗存；翩其反矣"，言不由衷，文质悖反，这种人品与文格的巨大反差最是要不得的。"是以'衣锦褧衣'，恶文太章；贲象穷白，贵乎反本。"（《文心雕龙·情采》）文辞可以华丽但不能没有节制，质而无华乃是返璞归真。刘勰的文艺观和《易经》及孔子对于贲象的阐发是一脉相承的。他总结道：

> 夫能设模以位理，拟地以置心，心定而后结音，理正而后摛藻；使文不灭质，博不溺心，正采耀乎朱蓝，间色屏于红紫，乃可谓雕琢其章，彬彬君子矣。③

意即根据情理来织构音韵辞藻，使文质相称，才是君子创作文辞的风范。

此外，《易经》中的《离》卦，"彖曰：离，丽也，日月丽乎天，百谷草木丽乎土。……象曰：明两作离"，包涵了文附丽于质的文艺观，体现了阴阳对应、骈俪对称的观念。《咸》卦，"彖曰：咸，感也，柔上而刚下，二气感应以相兴"，也与"阴阳两仪"思维相关，涉及文质表里的

---

① 严羽《沧浪诗话·诗辩》便直谓："诗者，吟咏情性也。"
② 《情采篇》"赞"的结语。
③ （南朝梁）刘勰著，范文澜注：《文心雕龙注·情采》，第538—529页。范文澜注："纪（昀）评曰'此一篇之大旨。'"

文艺理念。限于篇幅，在此不再赘述。

(二) 言与意

言与意是密不可分的，萧统在《文选序》中就说："事出于沉思，义归乎翰藻。"但是言意之间又往往出现龃龉。中国文化史上一个由来已久的辩题，便是"言尽意"与"言不尽意"之争。实际上，言意之间的关系呈现出五种形态：(1) 言尽意；(2) 言不尽意；(3) 言尽意，且有别指；(4) 言不尽意，且有别指；(5) 言不称意（见图 4-2）。

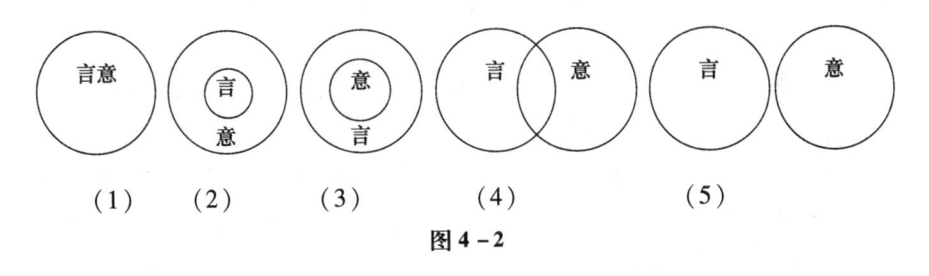

图 4-2

这五种言意的形态有没有优劣之分呢？恐怕还是要视情形而定。言尽意好处在于简洁明了，但也可能让人觉得淡乎寡味，缺少生气和趣味；言不尽意或许会让人一头雾水，但也可能造成想象的空间，耐人寻味；言尽意，且有别指，则可能一语双关，使意义变得丰富，但也可能造成歧义，引出不必要的误会，也就是庄子在《齐物论》中讲的"言隐于荣华"；言不尽意，且有别指，则可能南辕北辙，所要表达的既未清楚，更旁生枝节，但也可能歪打正着，引发"误读"和"点铁成金"的再创造，子曰"书不尽言，言不尽意"，比如某些易之爻辞，表达既未尽致，言之隐晦复又生出旁义；言不称意，往往是不知所云，言意之间风马牛不相及，如老子所说"知者不言，言者不知"，但也可能给人以别样的启示，发挥"反讽"及"黑色幽默"的效用。言意实际上的具体呈现往往十分复杂，如果加上历时的因素，也就是考察当时时代语境之中和当下时代语境之中言意二者的微妙变迁，总共就能推出二十五种形态。比如某一文辞在昔人的语境中是言尽意的，在今人的语境中可能同样是言尽意的，但也可能呈现为另外四种形态中的某一种。

言意互动既然如此复杂，要使言意和洽，殊非易事。扬雄就在《法言·问神》中感慨："言不能达其心，书不能达其言，难矣哉！惟圣人得言之解，得书之体。"似乎只有圣人才能协调处理言意之间的纷错。陆机在《文赋》中也有"恒患意不称物，文不逮意"[①] 的感触，并探讨了言意不协调的几种情况：

> 或仰逼于先条，或俯侵于后章，或辞害而理比，或言顺而义妨。离之则双美，合之则两伤。

一是前后文的修辞或情理不协调，一是言辞粗劣但义理妥帖，或者言辞畅达但义理悖乱，再一是言和意分开来看都是美好的，但合起来就互相妨害了。

庄子深知言意之间关系的复杂变异，在《齐物论》中他诘问道：

> 夫言非吹也，言者有言，其所言者特未定也。果有言邪？其未尝有言邪？其以为异于鷇音，亦有辩乎，其无辩乎？道恶乎隐而有真伪？言恶乎隐而有是非？道恶乎往而不存？言恶乎存而不可？

庄子对于言意问题采取的是一种简化而不纠缠的策略。在《外物》篇中他说：

> 筌者所以在鱼，得鱼而忘筌；蹄者所以在兔，得兔而忘蹄；言者所以在意，得意而忘言。吾安得夫忘言之人而与之言哉！

这是一种"登岸舍筏"的做法，言辞仅仅是传情达意的工具与载体，义理情怀既已顺畅地发挥或洞悉，就可以忘却言语。所以刘勰在《文心雕龙·情采》中说："固知翠纶桂饵，反所以失鱼。'言隐荣华'，殆谓此也。"不专注于钓取意之鱼，反倒费大心思去修饰言之筌，就太荒谬了。但是调遣文字表达意思能够随心所欲，从言说中获得真情妙道而毫不费力，这都是超然的智者才能达到的境界。所以王弼在《周易略例·明象》中对庄子的意思又作了另外的发挥，他说道：

---

① （晋）陆机撰，张少康集释：《文赋集释》，上海古籍出版社1984年版，第1页。

> 夫象者，出意者也；言者，明象者也。尽意莫若象，尽象莫若言。言生于象，故可寻言以观象；象生于意，故可寻象以观意。意以象尽，象以言著。故言者所以明象，得象而忘言；象者所以存意，得意而忘象。犹蹄者所以在兔，得兔而忘蹄；筌者所以在鱼，得鱼而忘筌也。然则，言者，象之蹄也；象者，意之筌也。是故存言者，非得象者也；存象者，非得意者也。象生于意而存象焉，则所存者乃非其象也；言生于象而存言焉，则所存者乃非其言也。然则，忘象者，乃得意者也；忘言者，乃得象者也。得意在忘象，得象在忘言。故立象以尽意，而象可忘也；重画以尽情，而画可忘也。①

跟庄子的不落言筌相比这是一种笨而老实的做法，即在言意之间，点出象这层存在，循序渐进。得意忘言的跨度既然太大，就先得象忘言，再得意忘象，有了象的接力，最后意的获致就比较牢靠了。这其实也源自先民"仰则观象于天，俯则观法于地"的遗范。所以在指点法门的意义上讲，王弼的见地还是十分高明的，尤其是象的概念引入文艺领域，对于意象、意境等理念的提出，是十分重要的基垫。

针对言意之间的矛盾，刘勰则提出了镕裁的概念，他说：

> 规范本体谓之镕，剪截浮词谓之裁。裁则芜秽不生，镕则纲领昭畅，譬绳墨之审分，斧斤之斫削矣。骈拇枝指，由侈于性；附赘悬疣，实侈于形。一意两出，义之骈枝也；同辞重句，文之疣赘也。（《文心雕龙·镕裁》）

其中，"镕"是对意的提炼，使所要表达的意思明了通畅；"裁"是对言的裁剪，使行文不至于空洞冗沓。他又说：

> 句有可削，足见其疏；字不得减，乃知其密。精论要语，极略之体；游心窜句，极繁之体。谓繁与略，随分所好。引而申之，则两句敷为一章；约以贯之，则一章删成两句。思赡者善敷，才核者善删。善删者字去而意留，善敷者辞殊而意显。字删而意阙，则短乏而非

---

① （魏）王弼著，楼宇烈校释：《王弼集校释》，中华书局1980年版，第609页。

核；辞敷而言重，则芜秽而非赡。

刘勰所谓"镕裁"，不是一味地压缩精简，只要言与意能够"合之则双美"，就是成功的诗文。比如《诗经》中常见的重章叠句，表面上看好像是累赘，实则有利于一幅幅画景的呈现和一层层感情的深化。再如这一首古诗：

> 江南可采莲，莲叶何田田，鱼戏莲叶间。鱼戏莲叶东，鱼戏莲叶西，鱼戏莲叶南，鱼戏莲叶北。

表面上好像第三句已经讲了"鱼戏莲叶间"，之后四句重复，"句有可削"，可以悉数删去，以成其"精论要语"。或者"游心窜句"，如陆龟蒙所作《江南曲》：

> 鱼戏莲叶间，参差隐叶扇。鸹鹊鹕鹀窥，潋滟无因见。鱼戏莲叶东，初霞射红尾。傍临谢山侧，恰值清风起。鱼戏莲叶西，盘盘舞波急。潜依曲岸凉，正对斜光入。鱼戏莲叶南，欹危午烟叠。光摇越鸟巢，影乱吴娃楫。鱼戏莲叶北，澄阳动微涟。回看帝子渚，稍背鄂君船。

这种浓墨重彩的铺染，绘出了一幅赏心悦目的美景。但回过头去用心重读古曲，就会有"字不得减，乃知其密"的体会。因为这首古诗本是民间的谣曲，所以不必陆龟蒙这种文人士大夫的笔法。实则民歌既然诉诸咏唱，在保持其文辞质朴的风格同时，也自有其生发独特美感之处。这后四句歌词，便是向欣赏者呈现了四幅全方位的鱼戏图，望向莲叶之东，有鱼戏焉，再左右上下地望向莲叶之西、之南、之北，又有不同的游鱼嬉戏，复将南北东西合于眼前，满眼田田的莲叶，跃动的游鱼，这是何等的美景！或者，我们也可以随着诗辞将视线随着一尾小鱼，看它忽焉莲叶东、忽焉莲叶西地游弋，也别是一番兴味。回头来看刘勰的意思，"极略之体"可以如同春秋笔法，一字而寓褒贬（或者留出开放的审美空间）；"极繁之体"可以如同《左传》，详述本末，将言语事情娓娓道来，使事理清晰（或者营造圆足的审美境象）。所以，《左传》显示了"思赡者善敷"的一面,《春秋》则体现了孔子"才核者善删"的一面(当然,《左传》之繁,还由于其作为史书详其事情的目的;《春秋》之简,还由于其删述者孔子彰显道义的用意)。

王夫之说:

> 论画者曰:"咫尺有万里之势。"一"势"字宜着眼。若不论势,则缩万里于咫尺,直是《广舆记》前一天下图耳。五言绝句以此为落想时第一义。唯盛唐人能得其妙,如:"君家住何处,妾住在横塘。停船暂借问,或恐是同乡。"墨气所射,四表无穷,无字处皆其意也。①

船山先生所说的"势",也就是言意之间的巨大落差,像他所举的崔颢《长干曲》第一首,短短二十字,只如电影里一个几秒的片段,诗人的描述突兀而起、戛然而止,既没有铺叙引入的前情,也没有后话,言犹未尽,意更无穷,便留给读者充分的遐想空间。张镃《仕学规范》云:"诗以意义为主,文词次之,或意深义高,虽文词平易,自是奇作。世人见古人句平易,仿效之而不得其意义,随便入鄙野可笑。"②《长干曲》正与此语相合。看它的文辞,直如脱口而出,却有无尽的韵味。但是语言的平淡清新不等于粗野拙易,诗句的平易应该和意味的直指人心相一致,不然就如寿陵愚童,学步不成,反倒把诗歌的艺术性否弃了。

林景熙《王修竹诗集序》言:

> 古者闾巷小夫、闺门贱妾,其诗往往根情性而作,后之士大夫反异焉,何也?诗,一言以蔽之,曰思无邪。无邪者,诚之发,当喜而喜,当怒而怒,当哀而哀,当乐而乐。《匪风》、《下泉》之思是也。③

---

① (清)王夫之著,戴鸿森笺注:《薑斋诗话笺注》卷二《夕堂永日绪论内编》第四二条,人民文学出版社1981年版,第138页。本章引文皆出自本书,不再一一注明。
② 郭绍虞辑:《宋诗话辑佚》,第613页。此本题作《诗学规范》,系从《仕学规范》卷三十六至卷四十摘出,题名当以《仕学规范》为正。
③ (宋)林景熙撰,(元)章祖程注《霁山文集》卷五,景印文渊阁四库全书本,台北:台湾商务印书馆1986年版,第750页。

意谓民间的歌讴往往率性而发，不矫饰文辞；文人士大夫则雕琢字句，反倒将情意弄晦暗了。但是，这并不意味着要放弃言语上的艺术追求，把诗歌统统变成大白话、口水诗。文人士大夫基于自身丰富的艺术修养和深厚的品格积淀，学习民间的谣曲，不可能不对于其加以发挥和改造，但是正如前面探讨文质关系时所提的《贲卦》爻辞所指示的，一个真正的诗人，是能够驾驭藻绘，妥置文辞，"从群众中来，到群众中去"的。因为作诗到工时，是能够"从心所欲而不逾矩"的，诗辞不论金碧辉煌还是朴素无华，都不会掩盖诗意的自然显现。吴可《藏海诗话》云：

> 凡文章先华丽而后平淡，如四时之序，方春则华丽，夏则茂盛，秋冬则收敛，若外枯中膏者是也。盖华丽茂盛已在其中矣。①

这大抵是诗艺精进的三层境界，遣词造句之初，爱用华丽新颖的字句，如春华绚烂；习之渐久，语言的武库既已丰赡，便能信手拈来，如夏实丰茂；调遣文字已经游刃有余，就能在那些平凡的字眼中发现新意与真美，乍看仿佛干枯，再品才能体味到那份开花结果之后的深沉积淀。这也正如陈元晋《跋宋常父诗后》所语："作诗如学道，时至自纯熟，平夷而有远思，淡泊而有馀味，则至矣。"②曹彦约《池塘生春草说》评论谢灵运的"池塘生春草"这句诗时也说："古人用意深远，言语简淡，必日锻月炼，然后洞晓其意，及思而得之，愈觉有味，非若后人一句道尽也。"③这句诗看如口语，实则有意象锤炼、字句推敲的积淀过程，所以能浅白而不流于庸常。

与"言语简淡"、"平夷"、"淡泊"相匹配的是"用意深远"、"有远思"、"有馀味"，即诗言平淡而诗意蕴藉。范温《潜溪诗眼》曰：

> 自《论语》、六经，要以晓其辞，不可以名其美，皆自然有韵。

---

① （宋）吴可：《藏海诗话》，景印文渊阁四库全书本，台北：台湾商务印书馆1986年版，第4页。
② （宋）陈元晋：《渔墅类稿》卷五，景印文渊阁四库全书本，台北：台湾商务印书馆1986年版，第817页。
③ （宋）曹彦约：《昌谷集》卷十六，景印文渊阁四库全书本，台北：台湾商务印书馆1986年版，第199页。

左丘明、司马迁、班固之书，意多而语简，行于平夷，不自矜衒，故韵自胜。自曹、刘、沈、谢徐、庾诸人，割据一奇，臻于极致，尽发其美，无复馀韵，皆难以韵与之。①

前面讲的是语言平易晓畅而意义丰富、韵味层生的情况，后面讲的则是言语的雕饰过度而变得过剩的弊病。范温继而分析了陶潜之所以为古今诗人最高者的原因：

> 惟陶彭泽体兼众妙，不露锋铓，故曰：质而实绮，臞而实腴，初若散缓不收，反覆观之，乃得其奇处；夫绮而腴、与其奇处，韵之所从生，行乎质与臞，而又若散缓不收者，韵于是乎成。

从范温对苏轼"质而实绮，臞而实腴"之语的发挥中，我们可以了悟诗歌意韵对于言辞的主导和反馈作用。

姚勉《送黄强立序》亦云：

> 文之所以妙者，意也。意不足而文有馀，不若文有尽而意无穷也。夫意无穷而后文有味，意非文之所以妙乎？虽然，意必至于理，理至焉，意次焉。②

文辞省净即可，意味方面的要求则有"意无穷"、"文有味"、"意必至于理"，简约的文辞要有深广的传达效度。

这种对平易的诗歌语言的追求，与易的第一义——"易简"有关。诗言如能易简，则能以其平常单纯而赋予诗意以更大的涵括性和引申性。罗大经《鹤林玉露》甲编卷三《简易》曰：

> 郭冲晦谓刘信叔曰："处事当以简易，何则？简以制繁，易以制难，便不费力。乾坤之大，所以使万物由其宰制者，不过此二字，况

---

① 郭绍虞辑：《宋诗话辑佚》，第373页。
② （宋）姚勉撰，（宋）姚龙起编：《雪坡集》卷三十八，景印文渊阁四库全书本，第265页。

于人乎！"冲晦此论，可谓洞见天地万物之理。且以用兵言之，韩信多多益办，只是一简字。狄武襄夜半破昆仑关，只是一易字。①

譬如"池塘生春草"一句，人人读之如在眼前，而偏偏由谢康乐道出，足见其不凡的诗心与道心。王柏《汪功父知非稿》言："朱文公独爱韦苏州诗，以其无声色臭味为近道。此言不特精于论诗，尤学道者之要语也。自《三百篇》以来，独平澹闲雅者为难得。"② 是谓平淡之诗，最为接近道之平易近人的本色。

所以高超的诗人，非但不是"为文而造情"，以刻意的雕琢来摆设虚假的情理，而且也不是"为情而造文"，因其已经超越了造作的艺术阶段。黄裳《乐府诗集序》谓："然君无意乎为诗也，寓其诚而已。故虽难言之物，君亦以无意而得之意。其言优游而有断，放肆而有节，不可为畔岸也。"③ 即便是难以言传的情事物象，也能从容得之，这一境界乃是做诗与做人的合一，修身体道，既在诗外也在诗中。荷尔德林所谓"人，诗意地栖居在大地上"，便是如此。

言意问题一方面体现在诗人的运思和创作过程中，另一方面则体现在读者的鉴赏及批评活动中。诗人在诗中所倾注的心意和读者在诗中所体悟的情理是很难完全一致的。如果说一首诗是一盏灯，那么诗人之思的显现非唯受制于他所点燃的这盏灯的明暗，也受制于这盏灯所存处的时代环境的明暗，更受制于读者目力的强弱。又如果说一首诗是一面镜子，读者揽镜自照，那么随诗人所造之镜面的凹凸，亦由读者之情思浓烈或兴味阑珊，读者之心境意念与作者之情怀思致相触发激荡，或则读者得古人之深衷如晤古人之面，或则读者在镜中看到的全然是自己心意，将古人诗意内化于心了。不管如何譬喻，诗之文辞正是将诗人之志和读者之意隔在两面、两端，二者之间难以贯通如一，从而使言意之辩变得更为复杂。孟子就这一问题曾有思考，他说："故说诗者，不以文

---

① （宋）罗大经：《鹤林玉露》，中华书局1983年版，第55—56页。
② （宋）王柏：《鲁斋集》卷九，景印文渊阁四库全书本，台北：台湾商务印书馆1986年版，第144页。
③ （宋）黄裳撰，（宋）黄玠编：《演山集》卷二十一，景印文渊阁四库全书本，台北：台湾商务印书馆1986年版，第153页。

害辞，不以辞害志；以意逆志，是为得之。"① 姚勉在《诗意序》中对此有详切的解说：

> 文之为言，字也；辞之为言，句也；意者，诗之所以为诗也。在心为志，发言为诗，诗者，志之所之也。《书》曰"诗言志"，其此之谓乎？古今人殊，而人之所以为心则同也。心同，志斯同矣。是故以学诗者今日之意，逆作诗者昔日之志，吾意如此，则诗之志必如此矣。诗虽三百，其志则一也。②

"人同此心，心同此理。"陈藻《策问十二首·诗》亦云："诗，情性也。情性，古今一也。说《诗》者以今之情性求古之情性，则奚有诸家之异同哉？"③ 人具体的诉求肯定是不同的，不同时代先不论，就是同一时代，你要阳春白雪，我要下里巴人，也是各各不同。但是基本的人性，那些维系人类社会至今的核心情感与伦理，却必定是古今一致的。老杜有诗"安得广厦千万间，大庇天下寒士俱欢颜"，虽然老杜那时是置地容易筑房难，当下是高楼易起无钱买，但是老杜所要传达的，和我们所能感受的，都是那份不恤己身、忧心黎元的拳拳心意。这份情怀，不论在千载之前，还是千载之后，都是有人薪火相传而不熄的。

但读者读诗和解诗，也应该防止过度的穿凿附会。从诗中读出新意、作出新解，有时候是一种再创造，而如果人云亦云，使诗歌背上沉重的集体盲思（Groupthink）之成见的负荷，如腐儒所注解的那样，凡诗歌必有政治伦理之教诲，是则把诗学作为政治学和伦理学的注脚了。黄震《黄氏日钞》中《读本朝诸儒理学书·晦庵语类·毛诗》便力摈陈说，道出了诗歌的独立审美价值：

> 今人不以《诗》说《诗》，却以《序》解诗。大率古人作诗与

---

① 《孟子注疏·万章上》，阮元校刻《十三经注疏》，中华书局1980年版，第2735页。本章引文皆出自本书，不再一一注明。
② （宋）姚勉撰，（宋）姚龙起编：《雪坡集》卷三十七，景印文渊阁四库全书本，第252页。
③ （宋）陈藻撰，（宋）林希逸编：《乐轩集》卷六，景印文渊阁四库全书本，台北：台湾商务印书馆1986年版，第83页。

今人作诗一般，亦自有感物道情，吟咏情性，几时尽是讥刺他人？只缘序者立例，篇篇要作美刺，将诗人意思尽穿凿坏了。郑卫诗正是淫昏相戏之辞，岂有刺人之恶而反自陷于流荡？《子衿》词意轻儇，亦岂刺学校之辞？《有女同车》等作，皆以刺忽。考之于忽，所谓淫昏暴恶，皆无其实。至目为狡童，岂诗人爱君之义？……尽涤旧说，诗意方活。①

刘永济先生在《十四朝文学要略》中提出了"三准"的说法："书不尽言，言不尽意，文理之当然也；言以足志，文以足言，作者之良法也；不以文害辞，不以辞害志，读者之要术也。"② 这是从作品、作者、读者三方面考察言意关系的规律性总结。言意之间，确然存在着复杂而微妙的互动与变化，其交错纷织，恐怕如阴阳爻象的变易一般耐人寻思吧。

（三）虚与实

阴阳两仪思维模式还包含了中国哲学和艺术上相互联系的几对重要范畴，即动静、虚实、有无。《系辞传》说："易之为书也不可远，为道也累迁，变动不居，周流六虚。"③ 意思是易作为变动不居的道，通过阴阳两仪的变更互动而充实于静处的虚者。老子说"有无相生"、"虚而不屈，动而愈出"，意即有无处于动态的更迭化生当中，有虚有实，时静时动。所以，阴阳之间的对待，实乃包括了有无、动静、虚实这三对关系。庄子说："静而与阴同德，动而与阳同波。"孟子曾说"我善养吾浩然之气"，强调身心内蕴的充实，但也说"充实而有光辉之谓大，大而化之之谓圣，圣而不可知之之谓神"。质足则能充实，文益则易蹈虚。"充实而有光辉之谓大"相当于孔子说的"文质彬彬，然后君子"，即内心之质与外表之

---

① （宋）黄震撰：《黄氏日钞》卷三十七，景印文渊阁四库全书本，台北：台湾商务印书馆1986年版，第106页。
② 刘永济：《十四朝文学要略》，第28页。
③ 《周易正义·系辞下》，阮元校刻《十三经注疏》，中华书局1980年版，第89页。孔颖达疏曰："正义曰不可远者，言易书之体皆仿法阴阳拟议而动，不可远离阴阳物象而妄为也。"又曰："正义曰其为道也屡迁者，屡，数也，言易之为道皆法象阴阳，数数迁改，若乾之初九则潜龙，九二则见龙，是屡迁也。变动不居者，言阴阳之更互变动，不恒居一体也，若一阳生为复，二阳生为临之属是也。周流六虚者，言阴阳周遍流动在六位之虚。六位言虚者，位本无体，因爻始见，故称虚也。"

文要兼美，但充实之后是蹈虚，由圣到神，就由涵括广大的实在变为"不可知之"的虚化了。

"阴阳两仪"思维的微妙之处，在于阴阳、虚实、动静、有无的合一不可分。老子说："道之为物，唯恍唯忽。恍兮忽兮，其中有物。忽兮恍兮，其中有象。窈兮冥兮，其中有精。其精甚真，其中有信。"（《虚心第二十一》）庄子有言："瞻彼阕者，虚室生白。"（《庄子·人间世》）苏轼也有诗云："静故了群动，空故纳万境。"苏辙在《论语解》中阐释得更为详尽："贵真空，不贵顽空。盖顽空则顽然无知之空，木石是也。若真空，则犹之天焉，湛然寂然，元无一物。然四时自尔行，百物自尔生。粲为日星，渝为云雾。沛为雨露，轰为雷霆，皆自虚空生。而所谓湛然寂然者，自若也。"① 现代科学已经证明，与中国古代哲学的智慧吻合，小到原子，大到宇宙，都是在无比广大的空旷中才容纳了运动之微光、孕育出生命的星火。实在之宇宙，形上之至道，就在既动且静、虚实互见、亦有亦无中展现丰富多变而又亘古如一的物象。

这些哲学的思维进入文艺领域，则为虚实相生的文艺观。特别是在魏晋时，玄学与文学相为印发，尤以"崇有"与"贵无"两说的消长，使得有无、虚实、动静的理论思辨与审美探求深入人心。② 对于虚实相生的审美实践，自然在绘画领域体现得更为明显，但在文学领域亦是一大关键。尤其是以精粹的文辞收纳丰富的世界、以有限来反映无限的诗歌，更以虚实问题为一大难题。

刘勰对于虚实问题的探讨有"隐"这一概念的阐发。他在《文心雕龙·隐秀》中提到"隐也者，文外之重旨者也；……隐以复为工"，作者之文辞所传述的明显的、实在的意味只是第一重意，作者期待读者发现的，或者作者之意与读者之感相触发而生的晦隐的、虚化的意味则是更为宝贵的第二重意、第三重意。刘勰说：

> 夫隐之为体，义生文外，秘响傍通，伏采潜发，譬爻象之变互体，川渎之韫珠玉也。

---

① （宋）罗大经：《鹤林玉露》乙编卷六《无思无为》，第225页。
② 对于这一问题详细的评述，可以参见汤用彤撰《魏晋玄学论稿》，上海古籍出版社2005年版。

诗文中这一重隐微的意象，譬若变化无端的易象，又如黄帝所遗之玄珠，是最为神妙的。故而刘勰在《隐秀》篇"赞"中总结道："深文隐蔚，馀味曲包；辞生互体，有似变爻。"借此，刘勰将"隐"这一诗学概念，导向了隐含其后的人文观念。

宋代范晞文在《对床夜语》中引到：

> 《四虚序》云："不以虚为虚，而以实为虚，化景物为情思，从首至尾，自然如行云流水，此其难也。"①

以虚为虚，便是静止不动，便是庸手的俗套，而在实在的景物中蕴以虚化的情思，使情境流转合一，则是难得的传神境界。

由宋入元的张炎在《词源》中提出了"清空"一说：

> 词要清空，不要质实。清空则古雅峭拔，质实则凝涩晦昧。姜白石词如野云孤飞，去留无迹；吴梦窗词如七宝楼台，眩人眼目，碎拆下来，不成片断。此清空、质实之说。②

张炎标举"清空"，以"质实"与之相对，是否是将虚实置于对立当中？细审张炎之语，其所谓"清空"，是"如野云孤飞，去留无迹"、实中生虚的审美境界；而所谓"质实"，则是"如七宝楼台，眩人眼目"的诸多意象拘限甚至掩抑了审美意境的超拔升华，使整首词的审美格局中实化的空间排挤了虚化的空间。所以，张炎所倡的"清空"，是一种基于实而化于虚的审美造境。

明"后七子"中的谢榛在《四溟诗话》中认为：

> 凡作诗不宜逼真，如朝行远望，青山佳色，隐然可爱。其烟霞变幻，难以名状；及登临非复奇观，惟片石数树而已。远近所见不同，妙在含糊，方见作手。③

---

① （宋）范晞文：《对床夜语》卷二，景印文渊阁四库全书本，台北：台湾商务印书馆 1986 年版，第 865 页。

② （南宋）张炎著，夏承焘校注：《词源注》，人民文学出版社 1963 年版，第 16 页。

③ （明）谢榛著，宛平校点：《四溟诗话》卷三，人民文学出版社 1961 年版，第 74 页。

谢榛此处所描述的诗法或曰诗艺追求，近观唯"片石数树"之实，远望如"眼下变幻"之虚。如此造诣可作两层理解：其一，诗歌在其酝酿及创制阶段，所依据的不过是一己所感知的"片石数树"的有限风物与情思，待到诗人完工，将作品交付读者鉴赏与批评时，则要求其审美境象具有"烟霞变幻"般的张力与丰富性，能够触发不同读者的繁复多变的审美体验；其二，诗人所依凭的，自然只有"片山数树"的有限文字材料，既非仓颉，不能独标新异，但是优秀的诗人却能通过"远近高低各不同"的艺术运筹，使旧文字焕发新情采，形成"烟霞变幻"的艺术魅力。这两层意思合起来说，就是诗歌不可"逼真"、坐实，而要虚空灵动，寓无限于有限，使有限生发无限。

明末清初的诗论家叶燮在《原诗·内篇下》中有云：

> 诗之至处，妙在含蓄无限，思致微渺，其寄托在可言不可言之间，其指归在可解不可解之会，言在此而意在彼，泯端倪而离形象，绝议论而穷思维，引人于冥漠恍惚之境，所以为至也。[①]

叶燮所描绘的这种诗歌至境，不是一味的隐晦，而是指诗歌中虚实相兼、动静无常的多层次艺术空间。读者愈是玩味，愈是能在诗中探寻到更为丰富的意味，言辞与意蕴之间，文本与读者之间，充盈着不固定性与互动性。

清人蔡宗茂在《拜石山房词钞叙》中形容词的三层境界云：

> 夫意以曲而善托，调以杳而弥深。始读之，则万萼春深，百色妖露，积雪缟地，馀霞绮天，一境也；再读之，则烟涛顽洞，霜飙飞摇，骏马下坡，泳鳞出水，又一境也；卒读之，而皎皎明月，仙仙白云，鸿雁高翔，坠叶如雨，不知其何以冲然而澹，翛然而远也。[②]

[①]（清）叶燮：《原诗》，第30页。
[②]（清）顾翰：《白石山房词钞》卷一，续修四库全书本，上海古籍出版社2002年版，第110页。

江顺诒评道："始境，情胜也；又境，气胜也；终境，格胜也。"① 这三层境界，江顺诒归纳为简洁明了的"三胜"，而蔡宗茂则拟为生动鲜活的自然物象，这是在诗学鉴赏和批评中，把难以言传的审美体验由虚化实了。我们看第一层境界，乃是由词意牵动审美情感，而在脑海中浮现出一幅美不胜收的画景，所以是"情胜"；第二层境界则是随着心灵的更深投入，使得这一幅画景由静而动，乃在胸臆中开辟出一方草长莺飞的小天地来，所以是"气胜"；第三层境界则指向形而上的升华，更由动而静，归于杳远虚静的冥冥之道，所以是"格胜"。

从前引古人吉光片羽可以发现，不论在哲学还是在文艺中，或隐或显的，或是有意或是无意，诗人与哲人们似乎都把"虚"看成是比"实"更高的境界。而朱庭珍《筱园诗话》则说：

> 至虚实尤无一定。实者**运**之以神，**破**空**飞行**，则死者活，而**举**重若轻，笔笔超灵，自无实之非虚矣。虚者**树**之以骨，**炼**气**镕**滓，则薄者厚，而积虚为浑，笔笔沉着，亦无虚之非实矣。又何庸固执乎？……六祖语曰："人转《法华》，勿为《法华》所转。"此中消息，亦如是矣。②

朱庭珍是把虚实当作平等的艺术范畴来审视的。他所引慧能禅语，道出了虚实背后的妙谛。诚如两仪对位，在平衡（一）、互动（二）、创发（三）中涌动着生之活力，虚实之间存在的、也是虚实得以存在的，就是生命主体的运动与创造。③

而王国维先生提出的"无我之境"与"有我之境"的这两重境界，也能在阴阳虚实的范式中得到阐释。王国维先生语："无我之境，人惟于静中得之；有我之境，于由动之静时得之。故一优美，一宏壮也。"④ "无我"与"静"意味着"我"的隐退与凝寂，导向了彼处虚无缥缈的优美

---

① （清）江顺诒：《词学集成》卷七，续修四库全书本，上海古籍出版社 2002 年版，第 41 页。
② 《筱园诗话》卷一，郭绍虞编选，富寿荪校点：《清诗话续编》，第 2337 页。
③ 笔者在上面引文中加粗若干动词，以证循朱庭珍之意，虚实之诗学范畴之上，有诗人之诗心、读者之诗心、宇宙之诗心周流不已，充盈着诸般创造力与生命力。
④ 王国维：《人间词话》卷一，《王国维遗书》第 15 册，第 1 页（后页）。

之境;"有我"与"由动之静"意味着"我"的投入与收揽,导向了此在充实丰盈的壮美之境。前者主以静、无、虚,后者主以动、有、实,前者涵以孕生而莫测之审美,后者显以化育而勃发之审美。两者岂有孰优孰劣之分、此兴彼灭之争?恐怕它们是在对位与谐一当中,各美其美、互见其美,并最终共成大美吧。

四 "阴阳两仪"思维与"天人合一"的诗歌追求

不论是赋诗言志的创作主体,还是诗歌中承载的情怀思致,以及鉴赏的收受与批评的应答,都绕不开人本身及其在社会自然中所处的位置。"阴阳两仪"思维的孕生与深化,即来自人向内与向外的诘问,从而塑成并确认了人独立于自然又依归于自然的信念。统观中国传统诗歌的基本理念与及艺术追求,是与这一信念相一致的。"阴阳两仪"思维来自"法天象地"的理式,又返而寻求对乾坤大道的理解,而诗人也正是用心于将天人合一于诗歌,又致力于以诗歌来通天尽人。这一诗学追求的具化,则体现为诗歌中情景之间的交融、心物之间的感应。再加以细化,则为诗艺上所面对的诗歌文本所映射的形神之间遮蔽与超越的矛盾,能否超越具象的拘缚而达致风神的驰骋,正隐喻了人能否超离沉重的肉身而使灵魂自由谐一于天地的千古疑问。所以本节在"天人合一"这一大命题的覆盖下,对于心与物、形与神这两对既相对立又相呼应的范畴进行思考,意在探询传统诗歌在最深层的文化心理与艺术追求上对"阴阳两仪"思维的反映。

(一)天人合一

第一节中论述"阴阳两仪"思维时提到了《易传·系辞下》中的一段话:"古者包牺氏之王天下也,仰则观象于天,俯则观法于地;观鸟兽之文,与地之宜;近取诸身,远取诸物。"可以说,炎黄子孙在情感和智慧的萌芽阶段,就有了在天地自然之间发现美与哲理的强烈意识。故而《诗经》中随处可见富有生机的鸟兽草木,《楚辞》中每每出现令人企慕的奇芳异兽,汉赋中的峰峦河泽、飞禽走兽更是怪奇迭出,令人眼花缭乱。

第一节中讲到"阴阳两仪"思维中阴阳化生即"三"的层面时,曾提到了其中彰显人之重要性的"三才之道"等思想，这里就衍生出了"天人合一"这一重要理念。但是最初天人之间乃是一种类比和参照的关系，天人是否能够谐一，天人在哪些层面能够合一，这些问题都经过了漫长的消化过程。诸子百家基于不同的视域，就发表过不同的见解。《文子·十守》载："头圆法天，足方象地。天有四时、五行、九曜、三百六十日，人有四支、五藏、九窍、三百六十节；天有风雨寒暑，人有取与喜怒。胆为云，肺为气，脾为风，肾为雨，肝为雷。人与天地相类，而心为之主。耳目者，日月也；血气者，风雨也。"① 这是对原始的天人形象比附思维更为具体的发挥。孟子曰："尽其心者，知其性也。知其性，则知天矣。存其心，养其性，所以事天也。"（《孟子·尽心上》）天乃对人作伦理道德之由上而下的规范，人遵命于天。《庄子·秋水》中北海若曰："天在内，人在外，德在乎天。知天人之行，本乎天，位乎得；蹢躅而屈伸，反要而语极。"且说："牛马四足，是谓天；落马首，穿牛鼻，是谓人。故曰，无以人灭天，无以故灭命，无以得殉名。谨守而勿失，是谓反其真。"是则外在的人事依从于内在的天性。所以庄子讲"天地一指也，万物一马也"，"天地与我并生，而万物与我为一"，并不是向外去"齐物"，而是在内心开辟宇宙，再作向外的发散。荀子在《天论》中说："天行有常，不为尧存，不为桀亡。"好像在说天与人无涉。"强本而节用，则天不能贫；养备而动时，则天不能病；修道而不贰，则天不能祸。"仿佛人能够超离天的限制。且说："大天而思之，孰与物畜而制之？从天而颂之，孰与制天命而用之？"甚至于人应该驾驭天。他说："故明于天人之分，则可谓至人矣。"荀子的观点，似乎离"天人合一"远矣，是在强调"天人之分"。然而实际上荀子是以更高境界的道来统合天人。他说："天不为人之恶寒也辍冬，地不为人之恶辽远也辍广，君子不为小人之匈匈也辍行。天有常道矣，地有常数矣，君子有常体矣。"（《荀子·天论》）天人虽分，却有至上而不易的道来贯通天人。待到董仲舒把儒学和阴阳五行等学说镕为一炉，则正式标明了"天人合一"的理念。他在

---

① （元）杜道坚注：《文子》第三卷《十守》，上海古籍出版社1989年版，第17页。后世哲人循此物化比拟的思维有更详切的阐发，如邵雍《观物外篇》相关章节，不复举证。具象思维乃"阴阳两仪"思维及全部人类智慧之大要，寓天人感应之心、敬天遵道之信念，亘古弥新。吾人若以物质消费时代之所谓科学、物理矜夸于古人，焉知古人有灵，不嗤笑吾人为行尸走肉欤！

《春秋繁露·为人者天》中说：

> 为生不能为人，为人者，天也，人之人本于天，天亦人之曾祖父也，此人之所以乃上类天也。人之形体，化天数而成；人之血气，化天志而仁；人之德行，化天理而义；人之好恶，化天之暖清；人之喜怒，化天之寒暑；人之受命，化天之四时；人生有喜怒哀乐之答，春秋冬夏之类也。……天之副在乎人，人之情性有由天者矣，故曰受，由天之号也。为人主也，道莫明省身之天，如天出之也，使其出也，答天之出四时，而必忠其受也，则尧舜之治无以加，是可生可杀，而不可使为乱，故曰：非道不行，非法不言。此之谓也。

《王道通三》中则说：

> 仁之美者在于天，天仁也，天覆育万物，既化而生之，有养而成之，事功无已，终而复始，凡举归之以奉人，察于天之意，无穷极之仁也。人之受命于天也，取仁于天而仁也，是故人之受命天之尊，父兄子弟之亲，有忠信慈惠之心，有礼义廉让之行，有是非逆顺之治，文理灿然而厚，知广大有而博，唯人道为可以参天。

董仲舒所谓"天人合一"，在下之人乃是在上之天的投影和微缩，淡化了人的主动性和创造力。但是不论如何，"天人合一"思想的发展和成熟，终究使人确立了自身在冥冥宇宙之中的位置。

而真正深入发现自然之美之真，使对自然的审美与哲思熔冶为心灵一部分，进而使"天人合一"呈现为更加自然和谐的审美形态的关键阶段，则在魏晋南北朝时期。这一时期山水画、山水诗、田园诗的独立与开拓，首先源于晋人对于自然山水与心灵无间的诚挚体验。《世说新语》中记载：

> 简文入华林园，顾谓左右曰："会心处不必在远，翳然林水，便

自有濠、濮间想也。不觉鸟兽禽鱼，自来亲人。"①

顾长康从会稽还，人问山川之美，顾云："千岩竞秀，万壑争流，草木蒙笼其上，若云兴霞蔚。"(《言语》)

王子敬云："从山阴道上行，山川自相映发，使人应接不暇。若秋冬之际，尤难为怀。"(《言语》)②

王子猷尝暂寄人空宅住，便令种竹。或问："暂住何烦尔？"王啸咏良久，直指竹曰："何可一日无此君！"(《任诞》)

更为可贵的是，晋人还能将对自然的亲近和赞叹进而升华，将对有限的人生和无限的宇宙的感触融为悲天悯人的命运之悲戚：

王长史登茅山，大恸哭曰："琅邪王伯舆，终当为情死！"(《任诞》)

(阮籍)时率意独驾，不由径路，车迹所穷，辄恸哭而反。③

初唐陈子昂在《登幽州台歌》中道出的至深体验，晋人早已深刻地体悟了。《世说新语》等书所记载的魏晋风度，包括其臻于"天人合一"的审美境界的这一面，真足以使任何后世的注解与效仿失色！

---

① （南朝宋）刘义庆撰，（梁）刘孝标注，朱铸禹汇校集注《世说新语汇校集注·言语》，上海古籍出版社2002年版，第110页。本章引文皆出自本书，不再一一注明。朱铸禹案：《文选·逸民传论》注引无"不"字，又句末"亲人"下有"尔"字。本段另见余嘉锡笺疏《世说新语笺疏》，中华书局2007年版，第143页。此本无"不"字。余嘉锡注："觉鸟兽""觉"上影宋本及沈本俱有"不"字。

② 按：朱本作"王子敬云"，余本作"王子敬曰"。朱本以宋董氏本为底本，以明袁氏本为主要校本，兼采商务袁本后所附之沈严据传是楼之校记；余本采用王先谦重雕纷欣阁本，以影宋本、袁本、沈本砚本对校。又《会稽志》载："王逸少又云：'山阴路上行，如在镜中游。'"《太平御览》载："王羲之云：'每行山阴道上，如镜中游。'"

③ 《晋书》卷四十九，中华书局1974年版，第1361页。

"天人合一"进入审美领域,最为引人注目的是魏晋时期人物品藻的理念。《论语·子罕》中孔子就说过:"岁寒,然后知松柏之后凋也。"此乃以物性来比拟人品。魏晋时期则把这种道德评价进一步放大为对人物的整体鉴赏,将形貌与品格、外形与内神相统一:

> 嵇康身长七尺八寸,风姿特秀,见者叹曰:"萧萧肃肃,爽朗清举。"或云:"肃肃如松下风,高而徐引。"山公曰:"嵇叔夜之为人也,岩岩若孤松之独立;其醉也,傀俄若玉山之将崩!"(《世说新语·容止》)

> 海西时,诸公每朝,朝堂犹暗;唯会稽王来,轩轩如朝霞举。(《容止》)

> 有人叹王恭形茂者,云:"濯濯如春月柳。"(《容止》)

> 刘尹云:"清风朗月,辄思玄度。"(《言语》)

《世说新语》中的此类譬喻,将人归还于自然风物,读来格外的清新隽永,令人企慕,却又有难以攀模之感。

简言之,从人之"天人合一"到诗之"通天尽人",乃依循了天人对待由生活而哲学,由哲学而伦常而审美,进而转入艺术,精冶为诗歌的脉络。黄震《书刘拙逸诗后》:"一太极之妙,流行发见于万物,而人得其至精以为心,其机一触,森然胥会,发于声音,自然而然,其名曰诗。"[1]这番话虽然有理学的味道,但其实还是以"天人合一"的思维来说明诗的创制。郑思肖《所南翁一百二十图诗集自序》:"昔尝序汤西楼先生《壮游集》云:天地之灵气为人,人之灵气为心,心之灵气为文,文之灵气为诗。盖诗者,古今天地间之灵物也。"[2] 这是将三才之道进一步加以发挥,认为诗乃是天地间最有灵气的事物。宋祁《〈淮海丛编集〉序》

---

[1] (宋)黄震:《黄氏日钞》卷九十二,景印文渊阁四库全书本,第965页。
[2] (宋)郑思肖:《所南翁一百二十图诗集》,续修四库全书本,上海古籍出版社2002年版,第111页。

云："诗为天地缊，予常意藏混茫中，若有区所。人之才者能往取之。取多者名无穷，少者自高一世，顾力至不至尔。"① 黄震《张史院诗跋》语："诗本情，情本性，性本天，后之为诗者，始凿之以人焉。"② 这三种说法类似，不过后两种将诗外化于人了。

（二）心物感应

前面探讨了"诗言志"的诗学观念，然而，诗歌的生成除了"诗者，持也，持人性情"之外，还有待于外界事物的触发。《周易·咸卦》：

> 《彖》曰：咸，感也。柔上而刚下，二气感应以相与。……天地感而万物化生，圣人感人心而天下和平。观其所感，而天地万物之情可见矣。

阴阳刚柔，天地万物，莫不处在互相感应的关系当中。所以刘勰又说："人秉七情，应物斯感，感物吟志，莫非自然。"（《文心雕龙·明诗》）诗乃外物与内心相触发的情志。《诠赋》篇认为："《诗》有六义，其二曰赋。……总其归途，实相枝干。刘向明'不歌而颂'，班固称'古诗之流'也。……赋也者，受命于诗人，拓宇于楚辞也。"因此赋也可归于广义的诗歌范围。"赋者，铺也，铺采摛文，体物写志也。"是则赋的特点是描情状物、穷形尽相，通过详尽地体察外物来写照内心的情志。刘勰还说："原夫登高之旨，盖睹物兴情。情以物兴，故义必明雅；物以情观，故词必巧丽。"这里就探讨了情与物之间互动的机制：外物既是触发情志的媒介，又是流通情志的载体，既能引发他人之同感，又能含蓄不直白；此外，情物相感，外物就染上了情志之色彩，也即外物由自然之客观存在进入了艺术审美的领域，平添了文饰之美感。《物色》一篇中，刘勰对于心物感应的论述更为详尽：

> 春秋代序，阴阳惨舒，物色之动，心亦摇焉。盖阳气萌而玄驹步，阴律凝而丹鸟羞，微虫犹或入感，四时之动物深矣。若夫珪璋挺

---

① 栾贵明辑：《四库辑本别集拾遗》，中华书局1983年版，第16页。
② （宋）黄震：《黄氏日钞》卷九十二，景印文渊阁四库全书本，第970页。

其惠心，英华秀其清气，物色相召，人谁获安？是以献岁发春，悦豫之情畅；滔滔孟夏，郁陶之心凝。天高气清，阴沉之志远；霰雪无垠，矜肃之虑深。岁有其物，物有其容；情以物迁，辞以情发。一叶且或迎意，虫声有足引心。况清风与明月同夜，白日与春林共朝哉！

刘勰的这一段文字，既是对心物感应的细腻阐析，又是心物感应的传神写照，我们可以领会其中的思理，但更多领略到的，是那融化在自然的生气中的满满的诗情！

李梦阳《梅月先生诗序》语："情者，动乎遇者也。……故遇者物也，动者情也，情动则会，心会则契，神契则音，所谓随遇而发者也。……契者，会乎心者也。会由乎动，动由乎遇，然未有不情者也，故曰：情者，动乎遇者也。……天下无不根之萌，君子无不根之情，忧乐潜之中，而后感触应之外，故遇者因乎情，诗者形乎遇。"[①] 这种心物间的契会有赖于内心对外物的触动，相对观之，似乎还只是情动而物不动的。杨万里《答建康府大军库监门徐达书》则说："我初无意于作是诗，而是物、是事适然触乎我，我之意亦适然感乎是物、是事。触焉，感焉，而是诗出焉，我何与哉，天也！斯之谓兴。"[②] 这种心物间的感触相对看来又似乎只是物动而意不动的。而王夫之《薑斋诗话》云："情景虽有在心在物之分，而景生情，情生景，哀乐之触，荣悴之迎，互藏其宅。""情、景名为二，而实不可离。神于诗者，妙合无垠。巧者则有情中景、景中情。""夫景以情合，情以景生，初不相离，唯意所适。"王船山指出心物之间不仅有感应，而且感应之中，心与物往往是彼此包容、难分你我的。晚清朱庭珍《筱园诗话》亦言：

夫律诗千态百变，诚不外情景虚实二端。然在大作手，则一以贯之，无情景虚实之可执也。写景，或情在景中，或情在言外。写情，或情中有景，或景从情生。断未有无情之景、无景之情也。又或不必言情而情更深，不必写景而景毕现，相生相融，化成一片。情即是

[①] （明）李梦阳撰：《空同集》卷五十一，景印文渊阁四库全书本，台北：台湾商务印书馆1986年版，第470—471页。

[②] （宋）杨万里撰，（宋）杨长孺编：《诚斋集》卷六十七，景印文渊阁四库全书本，台北：台湾商务印书馆1986年版，第639页。

景,景既是情,如镜花水月,空明掩映,活泼玲珑。其兴象精微之妙,在人神契,何可执行迹分乎?①

这种情景虚实圆融一体的境界,就是"天人合一"这一理念在诗歌这一艺术领域的完美呈现。

《文镜秘府论·南卷·论文意》曰:

> 夫置意作诗,即须凝心,目击其物,便以心击之,深穿其境。如登高山绝顶,下临万象,如在掌中。以此见象,心中了见,当此即用。如无有不似,仍以律调之定,然后书之于纸,会其题目。山林、日月、风景为真,以歌咏之。犹如水中见日月,文章是景,物色是本,照之须了见其象也。②

心如灯烛,燃犀下视,了然洞彻;又如水镜,照物映景,收揽毕肖。这里强调的是以澄净的心灵观照物象。又曰:

> 诗贵销题目中意尽,然看当所见景物与意惬者相兼道。若一向言意,诗中不妙及无味;景语若多,与意相兼不紧,虽理道亦无味。

心物之间,不是如画匠般机械的模仿,而须景意互见互生、融洽相与。

心物之间的对待,如王国维先生所论,有"以我观物"和"以物观物"两种。他在《人间词话》中说道:"有我之境,以我观物,故物皆著我之色彩;无我之境,以物观物,故不知何者为我,何者为物。"③ 诗学上对待心物关系的这种分歧,与哲学上的不同看法相呼应。理学家与诗人邵雍在《观物外篇》中有言:"以物观物,性也;以我观物,情也。性公而明,情偏而暗。"④ 以物观物,即遵循外在自然的客观的物性,所以公允而明晰;以我观物,则着眼于内心世界的主观的情思,所以偏倚而

---

① 《筱园诗话》卷一,郭绍虞编选,富寿荪校点:《清诗话续编》,第 2337 页。
② [日]遍照金刚(弘法大师)原撰,王利器校注:《文镜秘府论校注》,中国社会科学出版社 1983 年版,第 285—286 页。本章引文皆出自本书,不再一一注明。
③ 王国维:《人间词话》卷上,《王国维遗书》第 15 册,第 1 页(前页)。
④ (宋)邵雍著,郭彧整理:《邵雍集》,第 152 页。

隐晦。

心学大师王守仁在《与王纯甫》中说：

> 夫在物为理，处物为义，在性为善，因所指而异其名，实皆吾之心也。心外无物，心外无事，心外无理，心外无义，心外无善。吾心之处事物，纯乎理而无人伪之杂谓之善，非在事物有定所之可求也。处物为义，是吾心之得其宜也。义非在外，可袭而取也。格者，格此也；致者，致此也。必曰事事物物上求个至善，是离而二之也。①

理学大师朱熹看自然万物自有其情理，所以要以"格物致知"的方法去发现；而王阳明则认为物序当合于心理，万事万物都可以对应于心中的体系。

"以我观物"，如《文镜秘府论南卷·论文意》所云：

> 取用之意，用之时，必须安神净虑。目睹其物，即入于心；心通其物，物通即言。……语须天海之内，皆入纳于方寸。……意欲作文，乘兴便作，若似烦即止，无令心倦。常如此运之，即兴无休歇，神终不疲。

这就是王子猷雪中访戴的"乘兴而行，兴尽而返"，后来王阳明所说的"心外无物"。取用物象，须在心中先收拾一方安净天地，兴高则生，兴倦则止。心就好像门户开阖，开则"窗含西岭千秋雪，门泊东吴万里船"，"语须天海之内，皆入纳于方寸"，"寂然凝虑，思接千载；悄焉动容，视通万里；吟咏之间，吐纳珠玉之声；眉睫之前，卷舒风云之色"（《文心雕龙·神思》），阖则一片混沌黑暗。所以王夫之说："身之所历，目之所见，是铁门限。"（《薑斋诗话》卷二）"以我观物"的最高境界，乃"万物皆著我之色彩"，物之景象都被置于心之情理的统摄下，物随心遣，莫不含情蕴理。"以物观物"，就是将天地宇宙内化于心，心之所发，

---

① （明）王守仁撰，（明）钱德洪原编，（明）谢廷杰汇集：《王文成全集》卷四，景印文渊阁四库全书本，台北：台湾商务印书馆1986年版，第132页。

便是物景。"以物观物"的最高境界,就是"物我两忘","不知何者为物,何者为我",仿佛庄周梦蝶一般的超然体验。

前边引述"道沿圣以垂文,圣因文而明道",即圣人与至道之间的交通要靠人文来实现。同样,心物之间的感应,也受到文的牵制。所以刘勰在《神思》篇中讲:

> 故思理为妙,神与物游。神居胸臆,而志气统其关键;物沿耳目,而辞令管其枢机。枢机方通,则物无隐貌;关键将塞,则神有遁心。

"神与物游"固然是妙事,但是表情状物,却必须通过"辞令"这一枢纽。文辞通畅与否,乃是写物传神是否充分的关键。因而他说:

> 登山则情满于山,观海则意溢于海,我才之多少,将与风云而并驱矣。方其搦翰,气倍辞前,暨乎篇成,半折心始。何则?意翻空而易奇,言征实而难巧也。是以意授于思,言授于意,密则无际,疏则千里。或理在方寸而求之域表,或义在咫尺而思隔山河。

心物之驰骋一落实在言路上,便受制于表达的巧拙难易了。刘勰又说:"人之禀才,迟速异分,文之制体,大小殊功。"文辞的限制,一方面由于作者本身才能思力的缓疾丰寡,一方面由于体裁修辞固有的修短朴华。因而他感慨道:

> 若情数诡杂,体变迁贸,拙辞或孕于巧义,庸事或萌于新意;……至于思表纤旨,文外曲致,言所不追,笔固知止。至精而后阐其妙,至变而后通其数,伊挚不能言鼎,轮扁不能语斤,其微矣乎!

在本篇的"赞"中他则总结:"神用象通,情变所孕。物心貌求,心以理应。"心之为审美主体,物之为审美客体,两者互通相应,呈现在诗赋这些审美介质上,便呈现出变化多姿的面貌。

(三) 形神之间

"阴阳两仪"思维的创生,来自俯仰天地、远近物我的形象的萃取;"阴阳两仪"思维的丰圆,在乎万象森罗、不离两仪①的形象的具化。《系辞上》语:"圣人有以见天下之赜,而拟诸其形容,象其物宜,是故谓之象。"孔颖达疏曰:"赜谓幽深难见,圣人有其神妙,以能见天下深赜之至理也。而拟诸形容者,以此深赜之理,拟度诸物形容也。见此刚理,则拟诸乾之形容;见此柔理,则逆诸坤之形容也。象其物宜者,圣人又法象其物之所宜,若象阳物,宜于刚也;若象阴物,宜于柔也,是各象其物之所宜也。"② 形与象乃是思与理的载体,心有所思,寄诸形象;所见形象,所思情理。形象与思理便这样在阴阳刚柔的序列里自由而有规律地收放。"阴阳两仪"思维里这种"观物取象"的近乎本能的意识,对于理解艺术中的形神关系有莫大的助益。善于在艺术象征和表现中发见艺术内蕴和余韵,几乎是中国人的天赋。

《庄子·齐物论》中有这样一则寓言:

> 南郭子綦隐几而坐,仰天而嘘,嗒焉似丧其耦。颜成子游立侍乎前,曰:"何居乎?形固可使如槁木,而心固可使如死灰乎?今之隐几者,非昔之隐几者也。"子綦曰:"偃,不亦善乎,而问之也!今者吾丧我,汝知之乎?女闻人籁而未闻地籁,女闻地籁而未闻天籁夫!

庄子在这里探讨的,便是哲学意义上的形神关系。颜成子游认为人之形容可以枯槁,但心灵不可失去生气。但是南郭子綦以为自己不过是超离"人道",升华到"地道"与"天道"的境界了。庄子笔下许多怪树与畸人,也都寓含了神超然于形的高论。

刘勰在《文心雕龙·神思》中引《庄子·让王》篇中古人的话说:"形在江海之上,心存魏阙之下。"就点出了形表与心神那种超越时空

---

① (南朝梁)陶弘景《茅山长沙馆碑》曰:"夫万象森罗,不离两仪所育。"(唐)欧阳询等奉敕撰:《艺文类聚》卷七十八,景印文渊阁四库全书本,台北:台湾商务印书馆1986年版,第612页。

② 《周易正义·系辞上》,阮元校刻《十三经疏疏》,第79页。

的微妙关系。他还在《物色》篇的"赞"中说:"目既往还,心亦吐纳。……情往似赠,兴来如答。"是则天人、物我都消弭了时空的拘囿,在审美心灵的主导之下,万物悉备于我。王船山云:"右丞妙手能使在远者近,抟虚作实,则心自旁灵,行自当位。"① 说的也就是诗歌创作中打破形神拘囿的自由境界。

苏轼在《书鄢陵王主簿所画折枝二首》诗中开篇便说:"论画以形似,见与儿童邻。赋诗必此诗,定非知诗人。"强调神对形的超越。但是,形神又是互相依存的,成人之智慧,亦由童蒙而来,离形说神,则乃虚妄的空中楼阁。因此时人与后人对苏轼的观点多有补充。

金人王若虚在《滹南诗话》卷二中对苏轼的说法详加辨析:

> 夫所贵于画者,为其似耳;画而不似,则如勿画。命题而赋诗,不必此诗,果为何语!然则,坡之论非欤?曰:论妙于形似之外,而非遗其形似;不窘于题,而要不失其题。如是而已耳。世之人不本其实,无得于心,而借此论以为高。画山水者,未能正作一木一石,而托云烟杳霭,谓之气象;赋诗者,茫昧僻远,按题而索之,不知所谓,乃曰格律贵尔。一有不然,则必相嗤点,以为浅易而寻常。不求是而求奇,真伪未知,而先论高下,亦自欺而已矣,岂坡公之本意也哉!②

明初王绂复又评道:

> 东坡此诗,盖言学者不当刻舟求剑、胶柱而鼓瑟也。然必神游象外,方能意到寰中。今人或寥寥数笔,自矜高简;或重床叠屋,一味颟顸。动曰不求形似,岂知古人所云不求形似者,不似之似也。③

---

① (清)王夫之评选,王学太校点:《唐诗评选》卷三《五言律·王维十二首》,文化艺术出版社1997年版,第98页。
② (金)王若虚:《滹南集》卷三十九,景印文渊阁四库全书本,台北:台湾商务印书馆1986年版,第473页。
③ (明)王绂辑:《书画传习录》,西山层云阁,清嘉庆十八年(1813年)本。

杨慎则谓：

> 此言画贵神、诗贵韵也。然其言有偏，非至论也。晁以道和公诗曰："画写物外形，要物形不改；诗传画外意，贵有画中态。"其论始为定。盖欲以补坡公之未备也。[①]

苏轼的这两句诗，正如前边探讨言意问题时指出的那样，因其语焉未尽，所造成的"误读"既可能是"正误"，又可能是"反误"。上引这些评论，不论是"岂坡公之本意"的回护，还是"其言有偏，非至论也"的直言，都说明追求神的高超并非对形的否弃，真正的神妙，乃是在言与形基础上更上一层的得意忘言、由形化神。不然，则是装神弄鬼、故弄玄虚的自欺欺人之举。诚如毕加索的杰作兴象万千，也是他凭借精湛的写生素养，对形象加以洞彻之后才提炼化冶而成的。由此我们也可以联想到，"平典似道德论"的玄言诗难以进入传统鉴赏者的审美视域，谢灵运的山水诗由于玄言的尾巴而成白璧微瑕，一点重要的原因，便是它们不能与形象、神思融洽谐一的"阴阳两仪"思维完全合辙。超乎形象而又不脱形象，是中国诗歌传统，也是中国文化传统的一大根柢。

五 "阴阳两仪"思维与诗歌的体裁技法

　　诗、歌、乐、舞在上古时期本都属于乐事，而乐正是承载并传袭"阴阳两仪"思维的重要文化部类。随着文明的进程，诗从乐分化独立出来，这既是由于文化功能上的分化，也是由于艺术特性上的彰显。考察诗乐之间的历史关联与各自机理，正可以发现"阴阳两仪"思维的始终相伴的强力影响。而诗歌本身也在秉承、转化乐舞体制与技艺的基础上，渐次出现了四五七言、古风律诗乃至诗词歌赋种种体裁与技法上的衍生。其中，音韵平仄与形制偶对是诗歌所以为诗歌的形式上最鲜明的诗性特征，也显而易见地反映了"阴阳两仪"思维的影响。"形而上者谓之道，形而下者谓之器。"与前面的章节不同，这里讨论的"平仄"与"偶对"是更

[①] （明）杨慎撰，（明）张士佩编：《升庵集》卷六十六，景印文渊阁四库全书本，台北：台湾商务印书馆1986年版，第647页。

为具体实在的诗学范畴，它们所反映的是"阴阳两仪"思维对诗学影响"皮相"的层面，但恰恰证明了"阴阳两仪"思维的影响是贯穿表里、深入浅出的。乐黛云先生曾谈道："在日本文化与汉文化的接触中，日本诗歌大量吸取了中国诗歌的词汇、文学意象、对生活的看法，以至某些表达方式，但在这一过程中，日本诗歌不是变得和中国诗歌一样，恰恰相反，日本诗歌的精巧、纤细、不尚对偶和声律而重节奏、追求余韵、尊尚闲寂、幽玄等特色就在与中国诗歌的对比中得到进一步彰显和发展。"① 固然中国诗歌中也有不尚偶对声律的部分，日本诗歌中也有讲求偶对声律的部分，但是事物在得以与他者并存的共相之外，必有得以在他者中间自立的殊相，因此日本诗歌在交流中体现出的特性也正反过来说明了中国诗歌通过偶对声律之尚求得诗艺与诗意的中和与生发的特性。通过观览中国古典诗学之床的漆色纹理，庶几可以作为笔者对本章论题的粗糙制作的收束。潜海探骊龙之珠而未得，复又浮于海面，看海天相映的波光日影，聊为茫然之余的收获。

（一）诗歌乐舞

《尚书·舜典》记载：

> 帝曰："夔，命汝典乐，教胄子。直而温，宽而栗，刚而无虐，简而无傲。诗言志，歌永言，声依永，律和声。八音克谐，无相夺伦，神人以和。"夔曰："於！予击石拊石，百兽率舞。"

可知自上古始，诗、歌、乐、舞皆属乐事，共同承担着伦理教化和天人感应的功能。注曰："诗言志以导之，歌咏其义以长其言。""声谓五声，宫商角徵羽；律谓六律六吕，十二月之音气。"疏曰："诗言人之志意，歌咏其义以长其言，乐声依此长歌为节，律吕和此长歌为声。"② 歌是将诗配乐演唱，适当加以增改，声律则在节奏和曲调上对歌进行配合与规范，舞乃是随着器乐演奏应节而舞。

《诗大序》也说："情动于中，而形于言；言之不足，故嗟叹之；嗟

---

① 乐黛云：《跨文化、跨学科文学研究的当前意义》，《社会科学》2004年第8期。
② 《尚书正义·舜典》，阮元校刻《十三经注疏》，中华书局1980年版，第131页。

叹之不足，故永歌之；永歌之不足，不知手之舞之，足之蹈之也。"① 是则诗、歌、舞的联系出于自然的人性。"情发于声，声成文，谓之音。"是则寓托了情思的歌声婉转有致，焕乎若纹彩，成其为艺术审美。②"治世之音安以乐，其政和；乱世之音怨以怒，其政乖；亡国之音哀以思，其民困。"是则音乐中寄寓的思想情感可以间接反映民风国情。由诗成歌，便于传唱，诗的美刺功能就被最大化了，"故正得失，动天地，感鬼神，莫近于诗。先王以是经夫妇，成孝敬，厚人伦，美教化，移风俗"。诗歌介入道德伦理、社会政治、哲学宗教的各个层面，几乎无所不包、无所不能。我们应该理解，虽然诗歌的一部分审美内涵因此受到了限制和损失，诗歌却由此进入民族文化心理的核心，成为中国文化精神不可或缺的一部分。③

《礼记·乐记》对声、音、乐的不同进行了详细的辨析：

> 音之起，由人心生也；人心之动，物使之然也；感于物而动，故形于声；声相应，故生变；变成方，谓之音；比音而乐之，及干戚羽旄，谓之乐。

即心性与事物相感应，则有了各种悲戚欢乐之声。疏曰："既有哀乐之声，自然一高一下，或清或浊，而相应不同，故云生变。"心物感应不同，就有相互对待、变化不一之声，这是对于"声"的解释。疏曰："方谓文章，声既变转，和合次序，成就文章，谓之音也，音则今之歌曲也。"对"声"进行调和统合、文饰润色，成其为歌曲，就是"音"。疏曰："以乐器次比音之歌曲，而乐器播之，并及干戚羽旄，鼓而舞之，乃谓之乐也。"④ 用乐器配合歌曲演奏，并用道具作舞蹈表演，就是歌舞器

---

① 本段引文皆引自《毛诗正义》卷一，阮元校刻《十三经注疏》。
② 关于"声成文"的具体阐释，可参见李庆本著《跨文化视野：转型期的文化与美学批判》，中国文联出版社2003年版，第273—277页。
③ 《诗大序》的说法借鉴了《礼记·乐记》中的两段记载：（一）"故歌之为言也，长言之也。说之故言之，言之不足故长言之，长言之不足故嗟叹之，嗟叹之不足，故不知手之舞之，足之蹈之也。"（二）"凡音者，生人心者也。情动于中，故形于声，声成文，谓之音。是故治世之音，安以乐，其政和；乱世之音，怨以怒，其政乖；亡国之音，哀以思，其民困。声音之道，与政通矣。"循此，可知诗从乐中分，诗论亦从乐论中来。
④ 《礼记正义·乐记》，阮元校刻《十三经注疏》，中华书局1980年版，第2527页。

乐一体的"乐"了。声、音、乐所对应的伦理政治等社会文化层面的意义也有小大之分：

> 凡音者，生于人心者也；乐者，通伦理者也。是故知声而不知音者，禽兽是也；知音而不知乐者，众庶是也；唯君子为能知乐。（《礼记·乐记》）

因而"知声"、"知音"、"知乐"相当于弗洛伊德所说的"本我"（id）、"自我"（ego）、"超我"（superego）三个层面，代表着个人修养上的层次高下。《乐记》进而论道：

> 是故审声以知音，审音以知乐，审乐以知政，而治道备矣。是故不知声者，不可与言音；不知音者，不可与言乐；知乐则几于礼矣。礼乐皆得，谓之有德，德者，得也。……是故先王之制礼乐也，非以极口腹耳目之欲也，将以教民平好恶，而反人道之正也。

可知声、音、乐虽然有高下之等级，但须层层递进、环环相扣，逐渐上升到"知政"、"有德"的层面，虽从"口腹耳目之欲"出发，却最终归返于中正的"人道"，从而与"天道"、"地道"和谐相称。《乐记》本段文字之后还讲到"乐自中出，礼自外作"，"大乐与天地同和，大礼与天地同节"，"乐者，天地之和也；礼者，天地之序也"，"乐由天作，礼以地制"，"乐着大始，而礼居成物"。云云，将礼乐作为互补而共益于德道的一对事用，也与"阴阳两仪"的思维相关联，并且将乐置于比诗更为崇高的地位，足见"阴阳两仪"思维在文艺领域无形而无不在的影响。

《乐记》中的一段记载则更为集中地反映了"阴阳两仪"思维的隐性影响：

> 是故先王本之性情，稽之度数，制之礼义，合生气之和，道五常之行，使之阳而不散，阴而不密，刚气不怒，柔气不慑，四畅交于中，而发作于外，皆安其位而不相夺也。然后立之学等，广其节奏，省其文采，以绳德厚。律小大之称，比终始之序，以象事行。使亲

疏、贵贱、长幼、男女之理，皆形见于乐，故曰，乐观其深矣。

音乐的创生与诗歌相类似，在内要遵循自然的性情①，在外则要按艺术之度数和伦理之礼义进行裁制，并合乎和谐合一、五行融洽的"道"的至高理念。展开来说，就要使阳气跃动而不流散，阴气幽静而不闭塞，阳刚而不至于躁怒，阴柔而不至于畏缩，阴、阳、刚、柔四者内聚外发都能各适其位，和谐共处。对于音乐的具体做法，则要根据习乐之人的才性区分音乐的等级，增广丰富音乐的节奏，细审音乐的声律曲辞，并以道德的仁厚作为准绳。律吕的运用方面，乐器的大小、次序的前后，都要合乎体统。② 乐声有清浊高下，对应于贵贱长幼；有阴阳刚柔，对应于男女。所以说，在"阴阳两仪"思维影响下，对于音乐的传统理解是深广的，既承认音乐与自然人性的紧密联系，又要诉诸严肃的礼义道德；既承认其参差多态的变化，又有审美鉴赏和价值判断上的原则和标准；既能分二生三，又能和合统一。子曰："兴于诗，立于礼，成于乐。"（《论语·泰伯》）把乐看作人之修为的最高素养，不无道理。

前面论述文道关系时谈到了"诗教"的观念，即诗的教化功能，而《礼记》中的《乐记》三卷③也对"乐教"展开了详尽的论述。而另一面，国情民风、伦理德政也都间接反映在乐（包括诗、歌、舞）中，可资鉴察。《左传·襄公二十九年》记载：

> 吴公子札来聘……请观于周乐。使工为之歌《周南》、《召南》，曰："美哉！始基之矣，犹未也，然勤而不怨矣。"为之歌《邶》、《鄘》、《卫》，曰："美哉！渊乎，忧而不困者也。吾闻卫康叔、武公之德如是，是其卫风乎！"为之歌《王》，曰："美哉！思而不惧，其周之东乎！"为之歌《郑》，曰："美哉！其细已甚，民弗堪也，是其先亡乎！"为之歌《齐》，曰："美哉！泱泱乎，大风也哉，表东海者，其大公乎！国未可量也。"为之歌《豳》，曰："美哉！荡乎，乐

---

① 孔颖达疏曰："自然所感谓之性，因物念虑谓之情。"《礼记正义·乐记》，《十三经注疏》，第1535页。
② 黄钟为宫，大吕为角，大蔟为徵，应钟为羽。宫象君，商象臣，角象民，徵象事，羽象物。参见郑玄注与孔颖达疏。
③ 即《礼记》四十九篇中的《乐记第十九》，分为卷第三十七、第三十八、第三十九。

而不淫，其周公之东乎！"为之歌《秦》，曰："此之谓夏声。夫能夏则大，大之至也，其周之旧乎！"为之歌《魏》，曰："美哉！沨沨乎，大而婉，险而易，行以德辅，此则明主也！"为之歌《唐》，曰："思深哉！其有陶唐氏之遗民乎？！不然，何忧之远也！非令德之后，谁能若是！"为之歌《陈》，曰："国无主，其能久乎？！"自《郐》以下，无讥焉。为之歌《小雅》，曰："美哉！思而不贰，怨而不言，其周德之衰乎？！犹有先王之遗民焉。"为之歌《大雅》，曰："广哉！熙熙乎，曲而有直体，其文王之德乎！"为之歌《颂》，曰："至矣哉！曲而不屈，迩而不逼，远而不携，迁而不淫，复而不厌，哀而不愁，乐而不荒，用而不匮，广而不宣，施而不费，取而不贪，处而不底，行而不流。五声和，八风平，节有度，守有序，盛德之所同也。"见舞《象箾》、《南籥》者，曰："美哉！犹有憾。"见舞《大武》者，曰："美哉！周之盛也，其若此乎！"见舞《韶濩》，曰："圣人之弘也，而犹有惭德，圣人之难也。"见舞《大夏》者，曰："美哉！勤而不德，非禹其谁能修之！"见舞《韶箾》者，曰："德至矣哉！大矣，如天之无不帱也，如地之无不载也。虽甚盛德，其蔑以加于此矣。观止矣。若有他乐，吾不敢请已。"

季札在鲁国所观览的，可谓历朝列国的诗歌舞乐之汇总；而他所发的感慨，也可说是兼顾审美、历史与政治的全面而细致的评述。孔颖达疏曰："正义曰：乐之为乐，有歌有舞。歌则咏其辞，而以声播之；舞则动其容，而以曲随之。歌者，乐器同而辞不一，声随辞变，曲尽更歌，故云为之歌风、为之歌雅。及其舞，则每乐别舞，其舞不同。季札请观周乐，鲁人以次为舞，每见一舞各有所叹，故以见舞为文，不言为之舞也。且歌则听其声，舞则观其容，歌以主人为文，故言为歌也；舞以季札为文，故言见舞也。"（《春秋左传正义》）是则完整的乐应该是歌与舞的统一。但是歌舞最后还是要表诸言语文辞，以辞为最终的落脚点。所以歌是为了咏唱辞，歌声是为了播广歌辞；同样的乐器演奏不同的声乐，随着歌辞而变化更换；歌可以寓含文辞，舞则要靠鉴赏者的文辞来传达意蕴。

孔颖达随后又讲道："乐有音声，唯言舞者，乐以舞为主。"《象箾》、《南籥》是文王之乐，《大武》是武王之乐，《韶濩》是汤之乐，

《大夏》是禹之乐，《韶箾》是舜之乐，但《左传》里都说是"见舞"而不是"观乐"，是因为"乐"的最主要表达形式乃是"舞"。季札所见之舞有文舞，有武舞，形式十分丰富。在中国古代，不管是上古巫祝祈祷的"葛天氏之乐"，还是唐代扬威曜武的《秦王破阵乐》，从有限的文字记载中，都能让人想见其歌声之抑扬、舞姿之疾徐，以及观乐之人收受的审美之欣喜和灵魂之升华。但是，历史的限制使得当时的人们无法完整地记录那些美妙的音画，即便图画以传神，卷轴翰墨所限，也无法充分地展示歌舞之美，而只能以文字的记述来留给后人驰骋想象的广阔空间。所以"舞以季札为文"，乐的功能内涵最终都向诗辞集中，诗非唯以文辞承载政治、伦理、审美等方面的意蕴，更以其整饬之格式、错落之排列、和谐之声韵，间接地传达了那曾与诗完美融合为一体的歌、舞之韵味。是以王夫之在《夕堂永日绪论内编序》中说：

> 世教沦夷，乐崩而降于优俳。乃天机不可式遏，旁出而生学士之心，乐语孤传为诗。诗抑不足以尽乐德之形容，又旁出而为经义。经义虽无音律，而比次成章，才以舒，情以导，亦所谓言之不足而长言之，则固乐语之流也。二者一以心之元声为至。舍固有之心，受陈人之束，则其卑陋不灵，病相若也。韵以之谐，度以之雅，微以之发，远以之致。有宣昭而无罨霭，有淡宕而无犷戾。明于乐者，可以论诗，可以论经义矣。（"薑斋诗话"）

讨论诗与歌的关系，当然并不限于到五经中去溯本寻源，宋词元曲的流传历史就是生动的例证。在词曲发达的宋代，沈括就曾在《梦溪笔谈》中探讨过歌中"字"与"声"的关系：

> 古之善歌者有语，谓当使"声中无字，字中有声"。凡曲，止是一声清浊高下如萦缕耳，字则有喉唇齿舌等音不同。当使字字举本皆轻圆，悉融入声中，令转换处无磊魂，此谓"声中无字"，古人谓之"如贯珠"，今谓之"善过度"是也。如宫声字而曲合用商声，则能转宫为商歌之，此"字中有声"也，善歌者谓之"内里声"。不善歌

者，声无抑扬，谓之"念曲"；声无含韫，谓之"叫曲"。①

沈括所提到的这种"声中无字，字中有声"的境界，就是把歌词和歌声完美地融合在一起，也即诗与乐的兼美合一。沈括那时候的宋词，大概在轻歌曼舞或者金樽铜板的时候，才是最美的。但是我们今天读宋词，品鉴的趣味也许就只能是"于有字处观无字"，想象文辞之外的画境；或者是"于无声处听有声"，想象文辞之外的曲乐了。与宋人相比，我们损失的是一种"临场感"，但是当所有的繁华凝缩成黄卷，我们却拥有了更多可以再创造的"留白"。比方同一个词牌《念奴娇》，苏东坡写得荡气回肠：

> 大江东去，浪淘尽、千古风流人物。故垒西边，人道是、三国周郎赤壁。乱石穿空，惊涛拍岸，卷起千堆雪。江山如画，一时多少豪杰。　遥想公瑾当年，小乔初嫁了，雄姿英发。羽扇纶巾，谈笑间、强虏灰飞烟灭。故国神游，多情应笑我，早生华发。人间如梦，一尊还酹江月。

秦少游的笔法则宛转凄恻：

> 千门明月，天如水，正是人间佳节。开尽小梅春气透，花烛家家罗列。来往绮罗，喧阗箫鼓，达旦何曾歇。少年当此，风光真是殊绝。　遥想二十年前，此时此夜，共绾同心结。窗外冰轮依旧在，玉貌已成长别。旧著罗衣，不堪触目，洒泪都成血。细思往事，只添镜里华发。

宋人对苏轼的长短句颇有微词，以为不是词的正体。如陈师道《后山诗话》说苏词"虽极天下之工，要非本色"，李清照《论词》则说苏词乃"句读不葺之诗"。此种观点是有道理的，因为当时的词首先便要付诸吟讴，许多词牌既定的曲律便是婉丽的，豪放的歌词放在里面，不管怎么糅合，终归别扭。但是今人就没有这一层审美上的障碍，同一个词牌只是不

---

① （宋）沈括著，胡道静校证：《梦溪笔谈校证》卷五《乐律一》，上海古籍出版社1987年版，第231页。

同作者驰骋不同风力的赛道，曲风上的约束失去了效力，有时候我们甚至会根据某些好词的风格去改写原曲。比如《满江红》，众多词人包括苏轼所填的词都偏于婉约的风格，但是岳飞的《满江红·写怀》一阕词留给后人的印象便是慷慨激昂的了。而今人根据岳飞的词意重新谱的曲，则更是激人奋起。

（二）音韵平仄

诗歌的韵律，乃是诗成其为诗而有别于其他文学体裁的重要依据。章太炎先生说："文学可分有韵无韵二种：有韵的今人称为'诗'，无韵的称为'文'……可见有韵在古谓之'文'，无韵在古谓之'笔'了。不过做无韵的固是用笔，做有韵的也何尝不用笔，这种分别，觉得很勉强，还不如后人分为'诗''文'二项的好。"[1] 固然文体之间不可避免地存在着互涉的现象，但究其主体，音韵之抑扬，实乃诗歌先天所秉。

讲求音韵，乃是诗歌得自音乐的遗传。萧子显《南齐书·文学传》云："永明末，盛为文章。吴兴沈约、陈郡谢朓、琅邪王融以气类相推毂。汝南周颙善识声韵。约等文皆用宫商，以平上去入为四声，以此制韵，不可增减，世呼为'永明体'。"沈约等人倡导的永明体，标举四声，指摘八病，是为后世声律的草创。而魏晋南北朝时期也是古典诗学于音韵上有大发现的重要时代。

钟嵘在《诗品序》中写道：

> 昔曹、刘殆文章之圣，陆、谢为体贰之才，锐精研思，千百年中，而不闻宫商之辨、四声之论。或谓前达偶然不见，岂其然乎？尝试言之：古曰诗颂，皆被之金竹，故非调五音，无以谐会。若"置酒高堂上"、"明月照高楼"，为韵之首。故三祖之词，文或不工，而韵入歌唱，此重音韵之义也，与世之言宫商异矣。今既不被管弦，亦何取于声律邪？齐有王元长者，尝谓余云："宫商与二仪俱生，自古词人不知之。唯颜宪子乃云'律吕音调'，而其实大谬。唯见范晔、谢庄颇识之耳。尝欲进《知音论》，未就而卒。"王元长创其首，谢

---

[1] 章太炎讲演，曹聚仁整理，汤志钧导读：《国学概论》，香港：三联书店（香港）有限公司2001年版，第76页。

朓、沈约扬其波。三贤或贵公子孙，幼有文辩，于是士流景慕，务为精密。襞积细微，专相陵架。故使文多拘忌，伤其真美。余谓文制本须讽读，不可蹇碍，但令清浊通流，口吻调利，斯为足矣。至于平上去入，则余病未能；蜂腰、鹤膝，闾里已具。

钟嵘认为，讲求音韵是诗歌配乐的要求，而诗歌既然走上"不被管弦"的独立发展道路，就不需要恪守声律，只要"清浊通流，口吻调利"就够了。钟嵘的见解，乃对于当时过分繁缛的艺术形式追求的抵制。八病的规矩，既然沈、谢等人自己都无法严守，自然行之不远，但四声的区分，却为后世所沿袭。这自然有汉语语音自身的机制在发挥作用，而更深层的原因，则一定程度上在于钟嵘提到的王融的这一点意见——"宫商与二仪俱生"。基于"阴阳两仪"思维的审美感觉，那一个个汉字在鼻喉唇齿舌之间宛转，便有了平仄、清浊、刚柔、阴阳的分别，而这一个个汉字唯有合乎阴阳有序的和谐排列，才能促成最完美的艺术审美体验。

是以刘勰虽然和钟嵘一样反对当时过分雕琢的诗文风尚，仍在《文心雕龙》中安排了《声律》一篇："故言语者，文章神明枢机，吐纳律吕，唇吻而已。古之教歌，先揆以法，使疾呼中宫，徐呼中徵。夫商徵响高，宫羽声下，抗喉矫舌之差，攒唇激舌之异，廉肉相准，皎然可分。"诗既然本于乐而合于歌，所以依从律吕的高下疾徐而讲求声律。"凡声有飞沉，响有双叠。双声隔字而每舛，叠韵杂句而必睽；沉则响发而断，飞则声飏不还。"声律其一是讲究"飞沉"即平仄，同一类声调过于密集则会过于低沉或过于高昂，所以应当交错互补。其二是双声叠韵，双声用作词语则连贯易发，但在句中间隔出现则拗口；叠韵句间连用则势如贯珠，而在同一句中杂陈也会拗口。

且让我们回过头来看看永明体的代表人物沈约对于诗歌音韵问题的具体阐述。他在《宋书·谢灵运传》中说："夫五色相宜，八音协畅，由乎玄黄律吕，各适物宜。欲使宫羽相变，低昂互节，若前有浮声，则后须切响。一简之内，音韵尽殊；两句之中，轻重悉异。妙达此旨，始可言文。"在《答甄公论》中沈约更是详尽论述了四声的合理性：

昔神农重八卦，卦无不纯；立四象，象无不象。但能作诗，无四声之患，则同诸四象。四象既立，万象生焉；四声既周，群声类焉。

经典史籍，唯有五声，而无四声。然则四声之用，何伤五声也。五声者，宫商角徵羽，上下相应，则乐声和矣；君臣民事物，五者相得，则国家治矣。作五言诗者，善用四声，则讽咏而流靡；能达八体，则陆离而华洁。明各有所施，不相妨废。昔周、孔所以不论四声者，正以春为阳中，德泽不偏，即平声之象；夏草木茂盛，炎炽如火，即上声之象；秋霜凝木落，去根离本，即去声之象；冬天地闭藏，万物尽收，即入声之象：以其四时之中，合有其义，故不标出之耳。（《文镜秘府论校注·天卷·四声论》）

我们知道，"阴阳两仪"思维具有以阴阳统率宇宙的总括性。沈约指出，四象包揽了世间万象，四声也总括了言语群声。宫商角徵羽五声对应于音乐的和谐，而平上去入四声则对应于诗歌的流转，这是艺术不同部类的不同要求，并不相违背妨害。沈约继而将四声与四季相比附，暗示了"人文"的四声与"天地之文"的四季谐一于道的自然合理性。

讲求音韵平仄相协，自以律诗为至。然而诗人对于音韵平仄的把握，实乃顺应诗歌阴阳平仄和谐的天性。是故《师友诗传录》中有语：

问："七言平韵仄韵句法同否？"
王（士禛）答："七言古平仄相间换韵者，多用对仗，间似律句无妨；若平韵到底者，断不可杂以律句。大抵通篇平韵贵飞扬，通篇仄韵贵矫健，皆要顿挫，切忌平衍。"
张历友答："七古平韵上句第五字宜用仄字，以抑之也；下句第五字宜用平字，以扬之也。仄韵上句第五字宜用平字，以扬之也；下句第五字宜用仄字，以抑之也。七言古大约以第五字为关捩，犹五言古大约以第三字为关捩。彼俗所云一三五不论，不惟不可以言近体，而亦不可以言古体也，安可谓古诗不拘平仄而任意用字乎！故愚谓古诗尤不可一字轻下也。"[①]

可知传统诗歌之平仄扬抑乃其历久而不改的特质。平仄相替相衔这一审美

[①] （清）郎廷槐：《师友诗传录》，景印文渊阁四库全书本，台北：台湾商务印书馆1986年版，第890页。

法式，正对应了暗合"阴阳两仪"之整饬而多变的自然之道。王士祯谓："无论古律正体、拗体，皆有天然音节，所谓籁也。"① 渔洋先生点出一"籁"字，非唯使人联想到庄子在《齐物论》中对人籁、地籁、天籁的诗性描述和哲性推衍，更是强调了诗歌的音韵平仄在听觉审美上沟通天人的天然之神奇与必然之合理。

（三）形制偶对

从河图洛书而来的卦爻易象，在甲骨钟鼎上铭刻的象形文字，首先是从视觉上进入人们的审美与思辨领域的，刘勰在《文心雕龙·练字》中说："夫文象列而结绳移，鸟迹明而书契作，斯乃言语之体貌，而文章之宅宇也。"文字形象乃是言辞在视觉上呈现于人的直观印象，也是安放诗文的符号化居所，"心既托声于言，言亦寄形于字，讽诵则绩在宫商，临文则能归字形矣"。所以《练字》篇表面上似乎应该归为探讨书法的论述，实则用字贴切与否关系到文辞的表达效度，这正体现了《文心雕龙》论文之周备。

刘勰指出了书写时的四项注意事项："一避诡异"，即避免"字体瓌怪"；"二省联边"，即限制"半字同文"；"三权重出"，即权衡"同字相犯"；"四调单复"，即调整"字形肥瘠"。后三项都讲要规避单调重复，主张错落有致之美。

刘勰强调诗文的骈偶，论者或以为偏颇。其实只要回到"文"的原初意义，考察天地与动植之文就会发现，错综之美固然满眼都是，对称之美也处处可见。日月交替，峰峦隔水相峙，再看动物的皮毛鳞羽、植物的花叶茎干，也大都带有对称均匀的天然纹理。是故刘勰在《丽辞》开篇云："造化赋形，支体必双；神理为用，事不孤立。夫心生文辞，运裁百虑，高下相须，自然成对。"肯定了文辞偶对的自然性。

刘熙载在《艺概》中有两处也表示了类似的观点：

《易·系传》："物相杂，故曰文。"《国语》："物一无文。"徐锴《说文通论》："强弱相成，刚柔相形，故于文'人乂'为'文'。"

---

① （清）刘大勤：《师友诗传续录》，景印文渊阁四库全书本，台北：台湾商务印书馆1986年版，第896页。

《朱子语录》："两物相对待故有文，若相离去便不成文矣。"为文者，盍思文之所由生乎？（《文概》）

"立天之道，曰阴与阳；立地之道，曰柔与刚。"文，经纬天地者也，其道惟阴阳刚柔可以该之。《易·系传》言"物相杂，故曰文"，《国语》言"物一无文"，可见文之为物，必有对也，然对必有主是对者矣。（《经义概》）

近代大家刘师培亦云：

昔《大易》有言："道有变动，故曰爻；爻有等，故曰物；物相杂，故曰文。"《考工》亦有言："青与白谓之文，白与黑谓之章。"盖伏羲画卦，即判阴阳；隶首作数，始分奇偶。一阴一阳谓之道，一奇一偶谓之文。故刚柔交错，文之垂于天者也；经纬天地，文之列于谥者也。三代之时，一字数用，凡礼乐法制、威仪言辞，古籍所载，咸谓之文。是则文也者，乃英华发外、秩然有章之谓也。由古迄今，文不一体，然循名责实，则经史诸子，体与文殊；谓偶语韵词，体与文和。[①]

按照刘师培的意见，绝大多数的经史子集都不在严格意义上的文之列，形式整饬的骈俪歌诗才算合体。他在《中古文学史·概论》中再次强调了这一理念：

物成而丽，交错发形；分动而明，刚柔判象：在物佥然，文亦犹之。惟是掞欲通曜，纮埏实同；偶类齐音，中邦臻极。何则？准声署字，修短揆均，字必单音，所施斯适。远国异人，书违颉、诵，翰藻弗殊，佽均斯逊。是则音泮轻轩，象昭两明，比物丑类，泯迹从齐，切响浮声，引同协异，乃禹域所独然，殊方所未有也。（此一则明俪文律诗为诸夏所独有；今与外域文学竞长，惟资斯体。）

《易大传》曰："物相杂故曰文。"《论语》曰："郁郁乎文哉。"

[①] 刘师培：《文说·耀采篇第四》，《刘申叔遗书》，江苏古籍出版社1997年版，第707页。

由《易》之说，则青白相比、玄黄厝杂之谓也；由《语》之说，则会集众彩、含物化光之谓也。嗣则浟长说文，诂昔相诠；成国释名，即绣为辟。准萌造字之基，顾谓正名之指，文匪一端，殊途同轨。必重明丽正，致饰尽亨，缀兆舒疾，周旋矩规，然后考命物以极情性，观形容以况物宜，故能光明上下，辟错万类，未有质白贲而说翰如，执素功以该缋事也。（此一则申明文诂，俾学者顾名思义，非偶词俪语，弗足言文。）①

"非偶词俪语，弗足言文。"刘师培如此严苛的限定，其用心乃在于把国人从对西方文学与文化的迷信盲从中拉回来，引导国人回归本国文学与文化的本源，不忘中华文明特有独异之处。从刘师培的阐释中我们不难发现"阴阳两仪"的思维范式是如何深刻地影响了中国文学以"俪文律诗"为主体的发展轨迹。持与西方文学观相通融的大文学观无疑是正确而必要的，忽略乃至否认中国文学中大量的散体、说部更无异于一叶障目，但是重视"阴阳两仪"思维影响下的骈俪偶对，以及在散体、说部中也大量存在的或隐或显的比称现象与理念，以中国的思维方式来看待处理中国的问题，才能在交流汇通中保持独立与个性。

刘勰把偶对分为四类："故丽辞之体，凡有四对：言对为易，事对为难；反对为优，正对为劣。言对者，双比空辞者也；事对者，并举人验者也；反对者，理殊趣合者也；正对者，事异义同者也。"（《文心雕龙·丽辞》）日僧空海在《文镜秘府论·北卷·论对属》也说："凡为文章，皆须对属；诚以事不孤立，必有配匹而成。"其后更有详切的分析：

至若上与下，尊与卑，有与无，同与异，去与来，虚与实，出与入，是与非，贤与愚，悲与乐，明与暗，浊与清，存与亡，进与退：如此等状，名为反对者也。

这是事义相反的反对。此外还有类对：

---

① 刘师培：《中国中古文学史讲义·概论》，《刘申叔遗书》，第2364页。句读另参见刘师培著《中国中古文学史 论文杂记》，人民文学出版社1959年版，第5页。

一二三四，数之类也；东西南北，方之类也；青赤玄黄，色之类也；风雪霜露，气之类也；鸟兽草木，物之类也；耳目手足，形之类也；道德仁义，行之类也；唐、虞、夏、商，世之类也；王侯公卿，位之类也。

偶对有四种常用的技法：

或上下相承，据文便合，若云："圆清著象，方浊成形"，"七曜上临，五岳下镇"；或前后悬绝，隔句始应，若云："轩辕握图，丹凤巢阁；唐尧秉历，玄龟跃渊"；或反义并陈，异体而属，若云："乾坤位定，君臣道生。或质或文，且升且降"；或同类连用，别事方成，若云："芝英蕙英，吐秀阶庭；紫玉黄银，扬光岩谷"：此是四途，偶对之常也。比事属辞，不可违异。……使句字恰同，事义殷合，犹夫影响之相逐，辅车之相须也。

基本的要领便是"使句字恰同，事义殷合"，以相类属的字眼和相对应的句法寓含与表现和合协同的情事与意义。

空海还说："在于文章，皆须对属；其不对者，止得一处二处有之。若以不对为常，则非复文章。"他把诗学上的要求进而扩展到整个文学领域，认为对属是文辞的常态，这便与刘勰的主张遥相呼应。按照常理，行文当然是散体容易畅达，但骈散之争在中国文学史上却一直不息，甚至对诗文探讨得既深且广的《文赋》、《文心雕龙》、《诗品》、《二十四诗品》等论著，都寄诸诗赋骈文之形式，不可谓不与"阴阳两仪"思维有莫大的关联。不论是外照还是返观，不论是思辨还是审美，中国的智慧都惯于且善于在正对相属、反对相称的范式中去发现与开拓，这也促成了中华民族特有的乐感与诗性。

李兆洛在《骈体文钞·序》中便说：

天地之道，阴阳而已。奇偶也，方圆也，皆是也。阴阳相并俱生，故奇偶不能相离，方圆必相为用。道奇而物偶，气奇而形偶，神奇而识偶。孔子曰："道有变动，故曰爻；爻有等，故曰物；物相杂，故曰文。"又曰："分阴分阳，迭用柔刚。"故《易》六位而成章，相杂而迭用。文章之用，其尽于此乎！六经之文，班班具存。自秦迄隋，其体递变，而文无异名。自唐以来，始有古文之目，而目六朝之文为骈俪。而为其学者，亦自以为与古文殊路。既歧奇与偶为二，而于偶之中，又歧六朝与唐与宋为三。夫苟第较其字句，猎其影响而已，则岂徒二焉三焉而已，以为万有不同可也。夫气有厚薄，天为之也；学有纯驳，人为之也；体格有迁变，人与天参焉者也；义理无殊途，天与人合焉者也。得其厚薄纯杂之故，则于其体格之变，可以知世焉；于其义理之无殊，可以知文焉。文之体，至六代而其变尽矣。沿其流，极而溯之，以至乎其源，则其所出者一也。吾甚惜夫歧奇偶而二之者之毗于阴阳也。毗阳则躁剽，毗阴则沉膇，理所必至也，于相杂迭用之旨，均无当也。①

李兆洛的观点，是将骈散的体制纳入阴阳奇偶的天地之道之中。标榜散体而无约束，拘泥骈体而无变化，都是偏执于一途。唯有"分阴分阳，迭用柔刚"，散行之中，不忘奇偶之平衡，骈俪之中，不失奇偶之变化，才符合"错画为文"的文之本义，而这也正合乎分二、生三、合一的"阴阳两仪"思维范式。

讲求"起承转合"的律诗古训，实则也与"阴阳两仪"的思维方式暗合。元代杨载在《诗法家数》中分析律诗四联的作法：

破题：或对景兴起，或比起，或引事起，或就题起。要突兀高远，如狂风卷浪，势欲滔天。

颔联：或写意，或写景，或书事，用事引证。此联要接破题，要如骊龙之珠，抱而不脱。

颈联：或写意、写景、书事、用事引证，与前联之意相应相避。要变化，如疾雷破山，观者惊愕。

结句：或就题结，或开一步，或缴前联之意，或用事，必放一句作散场，如剡溪之棹，自去自回，言有尽而意无穷。②

---

① （清）李兆洛选辑：《骈体文钞》，上海书店1988年版，第19—20页。此本"物相杂，故曰文"中"杂"为"離"，参《易传·系辞下》，当为"雜"之讹。
② （元）杨载：《诗法家数》，四库全书存目丛书本，第60页。亦见于《文渊阁四库全书》中《唐音癸签》卷三及《历代诗话》卷六十七。

首联直起,颔联衔行,颈联转落,尾联回合,意兴作"回"字形贯通,但是诗人的想象力和诗歌的表现力可以如滔天巨浪、破山疾雷,乃是在有限的形制中寓含无限的幻变。律诗的这种机妙,恰似神奇的太极两仪图,看似回环有尽,实则包藏无穷;看似一目了然,实则变化不测。回看我们自古有之的回文诗,似乎只是有趣的文字游戏,其实也是"阴阳两仪"的思维方式和审美趣味在诗歌的语言文字表述层面的一种极端体现。

复以律诗为例,遣词造句上的偶对,撇开其意蕴,光在字形句型上也加强了诗歌的形式之美。闻一多先生在《诗的格律》中提出诗歌要具有绘画美、音乐美、建筑美,这三美的要求在律诗的形制上体现得尤为明显。且以杜甫的七律《登高》为例。这首名作全篇对仗整饬而自然不烦人工,前人已多有评述,在此我们重点分析它的"建筑结构"之美:

风急天高猿啸哀,
渚清沙白鸟飞回。
无边落木萧萧下,
不尽长江滚滚来。
万里悲秋常作客,
百年多病独登台。
艰难苦恨繁霜鬓,
潦倒新停浊酒杯。

汉字的竖排书写方式,宜其连贯流畅之势,但我们若按照对仗从横向看去,亦可发现严密贯通之美。如果说《登高》是一座楼台,纵向的八句便是雄壮的八根立柱,立地不倒;而着眼横向,那些相对称相呼应的字词便如精巧的椽梁,勾连起整个建筑,使其坚不可摧。[①] 律诗这种纵横严整的形制,分则对应制衡,合则固为一体,不正也可以从中窥见"阴阳两仪"思维影响的羚羊挂角之迹吗?

[①] 古日本金泽城中的天守阁,其基座天守台以长形石料纵横堆砌而成,世代管理金泽城石垣的后藤家的文书中明确标示石块横卧为阴、直立为阳,意使阴阳合璧而牢固,便体现了中国文化中"阴阳两仪"思维之影响的痕迹。

六 古今与中西——从两个跨越性维度探讨"阴阳两仪"思维的意义

重新审视新文化运动以来的中国文学、文化发展史，我们将发现，这段历史中倒也不尽是西化的痕迹，传统的思维模式仍旧发挥着劲健的作用力。中国传统文化素有古今之争，尊古与革新之间，交相作用。古时以中华为世界中心，世界是"中国的世界"，近代华夏夷狄交通频仍，中国是"世界的中国"。所以将中、古混同，西、今合并，放在中国文化兼收并蓄、取予相从的发展进程中，依旧是古今之争的模式，只不过采取的是极端、激烈的革命姿态而已。当洪潮退去，国人以更理性、更真诚的态度学习新异、审视自我，中华文明仍是有着自己方向和气度的滚滚长河。

就以白话文学的发展来说，其实际上即是挣脱形式律法的束缚、更为自由地表情达意的散体文学的新的跃进。传统中最为正统的文学观念，是将那些率意任情而作、不事形式之雕琢的散体诗文看作"笔"与"言"而排斥于"文"之外的。但是孔子说过："质有余者，不受饰也。"（《说苑·反质》）真情实意如果充盈，那么"笔"与"言"的文学和文化价值完全可以远超某些翰藻华丽但意蕴枯寡的"文"。所以我们既激赏于苏轼的《赤壁赋》，又叹服于他的《石钟山记》。胡适《尝试集》中的许多尝试之所以是失败的，乃是因为胡博士误把白话文这洒脱从容的天足，去迎合古典之履整饬的制式，反成迂腐。戴望舒虽然试图以后期的《我的记忆》等规避格律的创作来否定前期的《雨巷》等余韵悠长的传唱之作，但是仔细剖析却能发现，那些语言与文化的记忆与禀赋实际上是无法遗忘与否弃的。其实白话之于文言的继承，不在于形而下的器，而在乎形而上的道，不在于文的表皮，而在乎质的核心。

"阴阳两仪"等传统思维范式的影响，光从字面上看似乎已经难觅踪影了，实则仍如影随形。为了表情达意的准确与到位，白话中少不了意义较为虚弱的单字词，而许多文言中的单字词则相应地变为双音复义的词汇，使得词句能够保持奇偶相错、缓疾有节的节奏与韵感。而大量成语的留存和运用，也证明了今人对于协同而易简的诗性之美的恒久依恋。再如我们看似不拘格套的诗文，不也仍然讲究起承转合、首尾呼应，甚至加意于排比与复沓的句式与段落吗？我们的血液中流淌的，仍是那回归于最初朴的"一阴一阳之谓道"的基因。

"阴阳两仪"思维源自先民对于自身与宇宙自然紧密联结的思索，并进而加固了这一联结。意大利哲学家维柯（Giovanni Battista Vico，1668—1744年）在《新科学》中也持类似的观点：

> 值得注意的是在一切语种里大部分涉及无生命的事物的表达方式都是用人体及其各部分以及用人的感觉和情欲的隐喻来形成的。例如用"首"（头）来表达顶或开始，用"额"或"肩"来表达一座山的部位，针和土豆都可以有"眼"，杯或壶都可以有"嘴"，耙、锯或梳都可以有"齿"，任何空隙或洞都可叫做"口"，麦穗的"须"，鞋的"舌"，河的"咽喉"，地的"颈"，海的"手臂"，钟的"指针"叫做"手"，"心"代表中央，船帆的"腹部"，"脚"代表终点或底，果实的"肉"，岩石或矿的"脉"，"葡萄的血"代表酒，地的"腹部"……从任何语种里都可举出无数其它事例。这一切事例都是那条公理的后果：人在无知中就把他自己当作权衡世间一切事物的标准，在上述事例中人把自己变成整个世界了。因此，正如理性的玄学有一种教义，说人通过理解一切事物来变成一切事物，这种想象性的玄学都显示出人凭不了解一切事物而变成了一切事物。这后一个命题也许比前一个命题更真实，因为人在理解时就展开他的心智，把事物吸收进来，而人在不理解时却凭自己来造出事物，而且通过把自己变形成事物，也就变成了那些事物（这些就是近代美学中的"移情作用"，empathy。——译者）。[1]

然而，由维柯所举的这些主要是西方民族的事例可以看出，西方的诗性思维乃是散漫的随物施喻，诚如维柯所说，"人在无知中就把他自己当作权衡世间一切事物的标准，在上述事例中人把自己变成整个世界了"，不管是"人在理解时就展开他的心智，把事物吸收进来"，还

---

[1] ［意］维柯：《新科学》，朱光潜译，商务印书馆1989年版，第200—201页。

是"人在不理解时却凭自己来造出事物,而且通过把自己变形成事物,也就变成了那些事物",都是从自我中心出发又回到自我,万物为我所役,把人作为宇宙的中心和主宰。而中国先民以自己的五官四肢、男女长幼去比拟自然,转以"天道有常"来证明人之存在的合理性并以此规范和组织社会,同化于万物又为万物之灵长,不卑不亢,"发乎情而止乎礼义",人在宇宙自然中自由而有节制地发展。故而西方的移情说带有强烈的主体意识,中国的心物感应看到的却是事物对于艺术思维的引发,强调情物之间的双向互动。即便是主观色彩极其强烈的"以我观物",在物我之上,仍有一个"自然之道"作为节御。

更何况,中国特有的"阴阳两仪"思维也不是维柯所说的那种出于"无知"的意识,不是无意识的譬喻,而是有条理的理念。英国人类学家泰勒(Edward Burnett Tylor,1832—1917年)在《原始文化——神话、哲学、宗教、语言、艺术和习俗发展之研究》一书中认为:"万物有灵论(Animism)既构成了蒙昧人的哲学基础,同样也构成了文明民族的哲学基础。"① "阴阳两仪"思维就是中华民族历久弥新的诗性思维范式之一。维柯说:"诗性语句是凭情欲和恩爱的感触来造成的,至于哲学的语句却不同,是凭思索和推理来造成的,哲学语句愈升向共相,就愈接近真理;而诗性语句却愈掌握住殊相(个别具体事物),就愈确凿可凭。"② 在中国的古典智慧这里,诗性的感悟却与哲学的思理互渗互生,正如"阴阳两仪"思维在古典诗歌与诗学中的显现一样,符号从未从具象中抽离,玄思从未从画境中远逸。我们探讨"阴阳两仪"思维与中国诗学的关联,也始终要在共相与殊相两端徘徊。③

我们也要注意避免这样一种需要被反思的认识:即中国的文化思想是

---

① [英]爱德华·泰勒:《原始文化——神话、哲学、宗教、语言、艺术和习俗发展之研究》,连树声译,上海文艺出版社1992年版,第414页。
② [意]维柯:《新科学》,朱光潜译,第122页。
③ 《南史》、《梁书》中《钟嵘传》说:"(钟嵘)齐永明中为国子生,明周易"。其实中国传统作家与学者,不论其审美创造与鉴赏,还是其理论批评与建构,从形制到意蕴,都有《尚书》、《周易》等文化典籍所包含的"阴阳两仪"思维或隐或显的烙印。而在中国现代作家与学者这里,也不可说"阴阳两仪"思维范式就失却效用、了无痕迹了,只不过在跨文化交流的国际语境下,这一范式如潮水涨落、如暗流涌动,变得更为微妙、更为深隐罢了。可以说,"阴阳两仪"思维范式对于中国文化来说,是居于首位的"前理解"。

阴阳和谐的，而西方的则是二元冲突的。实际上，和谐乃是人类发展乃至宇宙大道的一大内在规律，冲突固然不可避免，却仍最终促成了总的和谐。在中国（东方），冲突服从于和谐是一个显在的总体趋势；而在西方，虽然希腊古哲开启的二元思维随着西方文明进程而愈来愈表现为激烈的对立与冲突，但在文化内层，西方文明仍是追求和谐的。例如《伊利亚特》与《奥德赛》，一刚一柔，一阴一阳，共同构成瑰伟的史诗；《失乐园》与《复乐园》，堕落与上升，破坏与建设，反抗与皈依，仍是向着平和与光明。中西（东西）文化异质因素，固然需要辨析与扬弃，但却需要避免一概而论的绝对化判断。① 正如李庆本先生在《跨文化视野——转型期的文化与美学批判》一书中所主张的，我们既要超越"传统/现代"的二元模式，也要走出"中/西"模式绝对论的怪圈。阴中寓阳，阳中含阴，阴与阳不是对峙与疏隔，而是水乳交融的存在。

---

① 譬如我们现在讲"中医"、"西医"，仿佛一重整体、一重局部，一重自然、一重人工，实则西方中世纪医学亦善用草药、讲求全局，中西医各自有自传统而现代之轨迹，实不可以"中医"为中国之古旧过去时，"西医"为西方之先进现在时。

第 五 章

"阴阳两仪"思维与中国画论

一 "阴阳两仪"思维与中国画论的内在关系

(一)"阴阳"概念的发展

"阴阳"最初的意思仅单纯地指一种自然现象。《说文解字》解释"阴"与"阳"的本义说:"阴,暗也,水之南,山之北也。"①"阳,高明也。"后来,"阴阳"的意义逐渐开始扩大,但也仅限于表示下雨、不下雨,低处、高处,背阴、向阳等意思,有时也引申为黑夜和白天。"阴阳"在最初一直单独使用,直到《诗经》才将"阴阳"作为一个词连用。《诗经·公刘》:"既溥既长,既景乃冈,相其阴阳,观其流泉。"②《诗经·公刘》是一首叙述公刘率众迁都于豳的史诗,主要内容是出发的情况以及到达豳地后如何观察、如何经营、如何定居。"相其阴阳,观其流泉"中的"阴阳"指豳地的地理环境,向阳与背阴。

随着历史文化的发展,"阴阳"这一概念的内涵也越来越丰富,逐渐被用来解释自然界两种相对和相互消长的物质势力。"阴阳"逐渐成为中国传统哲学中一对重要的范畴。李泽厚认为,"阴阳"作为哲学范畴,"是代表具有特定性质而相互对立又相互补充的概括的经验功能和力量"。③"阴阳"哲学范畴这种既相互对立又相互补充的特点,也正是中国哲学和中国传统思维方式的特点。提到"阴阳",最先想到的就是《易》,其实,"阴阳"在其中出现最多的是《易传》而非《易经》。《易经》中

---

① (汉)许慎撰,(清)段玉裁注:《说文解字注》,上海古籍出版社1988年版,第731页。本章引文皆出自本书,不再一一注明。
② 高亨注:《诗经今注》,上海古籍出版社2009年,第414页。
③ 李泽厚:《中国思想史论》(上),安徽文艺出版社1999年版,第166页。

全篇仅在《中孚·九二》卦中出现了单独使用的"阴","鸣鹤在阴,其子和之"。① 这个"阴"也仅仅只是树荫的意思,是"阴"的本来意思。《国语·周语上》:"阴阳分布,震雷出滞,土不备垦,辟在司寇。""阳伏而不能出,阴迫而不能烝,于是有地震。今三川实震,是阳失其所而镇阴也。阳失而在阴,川源必塞,源塞,国必亡。"《国语·周语下》:"于是乎气无滞阴,亦无散阳。阴阳序次,风雨时至,嘉生繁祉。"②《国语》中的"阴阳"是指气,阴就是阴气,阳就是阳气,阳气与阴气的交相变化导致了地震。这可以看做是现存古代典籍中以阴阳为宇宙观概念的开端。《左传·僖公十六年》:"春,陨石于宋五,陨星也。六鹢退飞过宋都,风也。……君失问,是阴阳之事,非吉凶所生也。吉凶由人。"③ 这里的"阴阳之事"乃是指自然界的变化。《老子》第二十八章:"知其白,守其黑,为天下式;为天下式,常德不忒,复归于无极。"第四十二章:"道生一,一生二,二生三,三生万物。万物负阴而抱阳,冲气以为和。"④ 这里的阴阳也是指气。《庄子》中也多次谈到阴阳,《人间世》篇:"事若不成,则必有人道之患;事若成,则必有阴阳之患。"以阴阳指自然变化。《天道》篇:"静而与阴同德,动而与阳同波。"以静动分属阴阳。《天运》篇:"一清一浊,阴阳调和。"⑤ 以清浊对举阴阳。在《天道》、《天运》篇中,已经开始以对偶的两种状态把阴阳对举,开始将阴阳作为一种两分的范畴。《礼记·礼运》:"是故夫礼,必本于大一,分而为天地,转而为阴阳,变而为四时,列而为鬼神。"⑥ 这里的阴阳也指的是天地间的一种气。郭店楚墓简竹《太一生水》:"太一生水,水反辅太一,是以成天。天反辅太一,是以成地。天地复相辅也,是以成神明。神明复

---

① 《周易正义·中孚》,阮元校刻《十三经注疏》,中华书局1980年版,第71页。本章引文皆出自本书,不再一一注明。
② 徐元诰撰,王树民、沈长云点校:《国语集解》,中华书局2002年版,第20、26、111页。本章引文皆出自本书,不再一一注明。
③ 李梦生:《左传译注》,上海古籍出版社2004年版,第247页。本章引文皆出自本书,不再一一注明。
④ (汉)河上公注:《道德真经》,上海古籍出版社1993年版,第16、24页。本章引文皆出自本书,不再一一注明。
⑤ 王叔岷:《庄子校诠》,中华书局2007年版,第136、473、510页。本章引文皆出自本书,不再一一注明。
⑥ 《礼记正义·礼运》,阮元校刻《十三经注疏》,中华书局1980年版,第1426页。本章引文皆出自本书,不再一一注明。

相辅也，是以成阴阳。阴阳复相辅也，是以成四时。四时复相辅也，是以成沧热。冷热复相辅也，是以成湿燥。湿燥复相辅也，成岁而止。故岁者，湿燥之所生也。湿燥者，冷热之所生也。冷热者，四时者，阴阳之所生。阴阳者，神明之所生也。神明者，天地之所生也。天地者，太一之所生也。"① 一种事物产生另外一种事物，被产生的事物反过来辅助原来的事物，从而又产生新的事物。太一与其所产生的水相辅而产生天地，天地相辅而产生神明，神明相辅而产生阴阳，阴阳相辅又产生四时，四时相辅产生冷热，于是天地、神明、阴阳、四时、冷热就形成了年岁。《易·系辞上》："故神无方而易无体，一阴一阳之谓道。""是故易有太极，是生两仪。两仪生四象，四象生八卦。八卦定吉凶，吉凶生大业。"《易·系辞下》："乾，阳物也；坤，阴物也。阴阳合德，而刚柔有体，以体天地之撰。"《易传》中的阴阳除了指气之外，还有指阴性与阳性，并且还意指正反两方面相互对立统一的关系。《易·说卦》："立天之道曰阴与阳，立地之道曰柔与刚，立人之道曰仁与义。"阴阳是事物变化的根本原因。《荀子·礼论》："天地合而万物生，阴阳接而变化起。"②《吕氏春秋·大乐》："音乐之所由来者远矣。生于度量，本于太一。太一出两仪，两仪出阴阳。阴阳变化，一上一下。合而成章，混混沌沌。离则复合，合则复离，是谓天常。……万物所出，造于太一，化于阴阳。"③ 由音乐的产生出发，进而生发到万物，其实万物均由阴阳而生。《淮南子·天文训》："道始于虚霩，虚霩生宇宙，宇宙生气，气有涯垠。清阳者，薄靡而为天。重浊者，凝滞而为地。清妙之合专易。重浊之凝竭难，故专精为四时。四时之散精为万物。"又云："道曰规始于一，一而不生，故分而为阴阳，阴阳合而万物生。故曰：一生二，二生三，三生万物。"④《天文训》整篇都在叙述阴阳二气与四时、节气、白天黑夜、音律等的关系。

"阴阳"在最初是一种朴素的思想，到汉代董仲舒时开始发展成为一

---

① 汉文珍贵古籍名录《太一生水》，中国国家图书馆·中国国家古籍保护中心编：《第一批国家珍贵古籍名录图录》，国家图书馆出版社2008年版，第12页。

② （战国）荀况著，（唐）杨倞注：《荀子·礼论篇》，上海古籍出版社1989年版，第116页。本章引文皆出自本书，不再一一注明。

③ （战国）吕不韦著，（汉）高诱注：《吕氏春秋》，上海古籍出版社1989年版，第40页。本章引文皆出自本书，不再一一注明。

④ （汉）刘安等编著，（汉）高诱注：《淮南子·天文训》，上海古籍出版社1989年版，第26—27、34页。本章引文皆出自本书，不再一一注明。

种普遍的思想。董仲舒使"阴阳两仪"上升到社会政治层面,将阴阳的一些观点纳入儒学体系,建立了自己的阴阳学说。董仲舒说:"天道大数,相反之物也,不得俱出,阴阳是也。春出阳而入阴,秋出阴而入阳;夏右阳而左阴,冬右阴而左阳。阴出则阳入,阳出则阴入。阴右则阳左,阴左则阳右。"① 阴阳二气彼此相交,此出彼入,此左彼右,以此分四时,强调了阴阳的对立。《春秋繁露·天道无二》:"天之常道,相反之物也,不得两起,故谓之一。一而不二者,天之行也。阴与阳,相反之物也,故或出或入,或右或左。春俱南,秋俱北,夏交于前,冬交于后。并行而不同路,交会而各代理。此其文与天之道,有一出一入,一休一伏,其度一也。"他在《基义》篇中指出:"凡物必有合,合必有上,必有下,必有左,必有右……此皆其合也。阴者阳之合,妻者夫之合,子者父之合,臣者君之合。物莫无合,而合各有阴阳。阳兼于阴,阴兼于阳;夫兼于妻,妻兼于夫;父兼于子,子兼于父;君兼于臣,臣兼于君。君臣父子夫妇之义,皆取诸阴阳之道。君为阳,臣为阴;父为阳,子为阴;夫为阳,妻为阴。阴道无所独行,其始也不得专起,其终也不得分功,有所兼之义。是故臣兼功于君,子兼功于父,妻兼功于夫,阴兼功于阳,地兼功于天。"董子认为凡物必有合,而合各有阴阳,即都具备阴与阳这两个相对立而又统一的因素,还明确了社会道德伦理中的君臣、父子、夫妇之间相对举的阴阳关系,将社会道德层面中所存在的这种两两相对的概念都以阴阳两仪来分。董子又说:"故曰:阳,天之德;阴,天之刑也。阳气暖而阴气寒,阳气予而阴气夺;阳气仁而阴气戾,阳气宽而阴气急;阳气爱而阴气恶,阳气生而阴气杀。是故阳常居实位而行于盛,阴常居空位而行于末。"② 董仲舒列举了阴阳二气的性质以及作用,两者皆相对立。《阳尊阴卑》篇:"丈夫虽贱皆为阳,妇人虽贵皆为阴。阴之中亦相为阴,阳之中亦相为

---

① (汉)董仲舒:《春秋繁露·阴阳出入上下》,四部备要本,中华书局1936年版,据明刻本校刊,第71页。本章引文皆出自本书,不再一一注明。
② (汉)董仲舒:《春秋繁露·王道通三》,第67页。此段话在中华书局1992年版,苏舆撰,钟哲点校《春秋繁露义证》中位于《阳尊阴卑》篇,而将本文所据《四部备要》中所编排的一段话归于《王道通三》篇。即"夫喜怒哀乐之发,与清暖寒暑,其实一贯也。……是故先爱而后严,乐生而哀终,天之党也。而人资诸天"。在四部备要本中位于《阳尊阴卑》篇,在《春秋繁露义证》中位于《王道通三》篇。"土若地,义之至也。是故春秋君不名恶,臣不名善,善皆归于君,恶皆归于臣。……此皆天之近阳而远阴。"在四部备要本中位于《王道通三》篇,在《春秋繁露义证》中位于《阳尊阴卑》篇。

阳。诸在上者皆为其下阳，诸在下者各为其上阴。"明确指出阴中有阳、阳中有阴，阴相对于阳方是阴，阳相对于阴才为阳。"阴阳两仪"的观念从表示一种单纯的自然变化到意指两种性质到发展成为哲学概念，在董仲舒这里又着意区分了阴阳的尊卑序位，至此被发展成了一种道德伦理纲常，逐渐开始构成更为复杂细密的宇宙论。

李筌《黄帝阴符经疏》曰："天者，阴阳之总名也。阳之精气轻清，上浮为天；阴之精气重浊，下沉为地，相连而不相离。……故知天地则阴阳之二气，气中有子，名曰五行。五行者，天地阴阳之用也，万物从而生焉。"① 天与地就是阴阳二气作用的结果，万物都是因阴阳变化而生。《神机制敌太白阴经》卷一《天无阴阳》篇又云："天圆地方，本乎阴阳。阴阳既形，逆之则败，顺之则成。……夫天地不为万物所有，万物因天地而有之。阴阳不为万物所生，万物因阴阳而生之。"② 天地万物因阴阳而生，但阴阳化生万物也是有条件的，顺应则成，相逆则反。

唐末隐士《无能子·圣过》："天地未分，混沌一气。一气充溢，分为二仪。有清浊焉，有轻重焉。轻清者上，为阳为天；重浊者下，为阴为地矣。天则刚健而动，地则柔顺而静，气之自然也。天地既位，阴阳气交，于是裸虫、鳞虫、毛虫、羽虫、甲虫生焉。人者，裸虫也，与夫鳞毛羽虫俱焉。同生天地，交气而已，无所异也。"③ 此隐士与李筌的观点基本相同，也认为阴阳是天地中的两种气，轻而清者为阳，重而浊者为阴。阴阳气交，才产生了人世万物。

宋代周敦颐在《太极图说》中详细解说了太极图式："无极而太极。太极动而生阳，动极而静；静而生阴，静极复动。一动一静，互为其根。分阴分阳，两仪立焉。阳变阴合，而生水火木金土。五气顺布，四时行焉。五行，一阴阳也；阴阳，一太极也；太极，本无极也。五行之生也，各一其性。无极之真，二五之精，妙合而凝。……二气交感，化生万物。万物生生，而变化无穷焉。"④ 动而生阳，静而生阴，本于《庄子》，在周

---

① （唐）李筌疏：《黄帝阴符经疏》，《道藏》第2册，文物出版社、上海书店、天津古籍出版社1988年版，第736页。
② （唐）李筌：《神机制敌太白阴经》，中华书局1985年版。
③ 《无能子·圣过》，《道藏》第21册，第708页。
④ （宋）周敦颐撰，徐洪兴导读：《周子通书》，上海古籍出版社2000年版，第48页。本章引文皆出自本书，不再一一注明。

敦颐这里又将它结合太极八卦图式加以阐发，建立了自己以太极阴阳为主要观念的理论体系。宋朱熹《周易本义·序》："易有太极，是生两仪。太极者，道也；两仪者，阴阳也。阴阳一道也，太极无极也。万物之生，负阴而抱阳，莫不有太极，莫不有两仪。……故易者，阴阳之道也。卦者，阴阳之物也。爻者，阴阳之动也。"① 万物的产生都离不开阴阳，而万物又都是阴阳两分的。朱熹《易学启蒙·原卦画》："太极之判，始生一奇一偶而为一画者二，是为两仪，其数则阳一而阴二。……周子所谓太极动而生阳。动极而静，静而生阴，静极复动，一动一静，互为其根。分阴分阳，两仪立焉。"②

《周易》的"阴阳"观奠定了中国本原哲学的基础，作为民族文化的发展基因自始至终地贯穿于中华民族文化发展的全过程，是中华民族的传统思维范式。"阴阳两仪"思想发展到现在，不仅是一种宇宙观念和人生哲学，而且反映了一种美学思想范式。山东大学仪平策教授认为"阴阳两仪"的美学意涵主要体现在："偶两"美观念③，"中和"美意识④，"刚柔"美理想⑤与"虚实"美境界⑥。"阴阳两仪"这种思维范式及其美学意涵也深刻地影响了中国古代绘画的发展，本章就旨在探讨"阴阳两仪"思维范式与中国古代绘画之关系。

（二）中和：中国古代绘画的审美理想

"中和"之"中"，段玉裁《说文解字注》云："中者，别于外之辞也，别于偏之辞也，亦合宜之辞也。"⑦ 由此可知，"中"是正确合理的意思。"中和"的哲学基础是孔子的"中庸"说。《论语·雍也》："中庸之为德也，其至矣乎，民鲜久矣。"何晏集解云："庸，常也，中和可常行

---

① （宋）朱熹撰，李一忻点校：《周易本义·周易序》，九州出版社2004年版。
② 见《周易本义》附录《易学启蒙》，第360页。
③ "偶两"美观念，即强调在相反相对的两种矛盾因素之间思考美、创造美。
④ "中和"美意识，即讲究在两两相对的矛盾因素之间实现均衡持中、不偏不倚的和谐之美。
⑤ "刚柔"美理想，即既讲究阳刚与阴柔两种审美理想之间的相成相济，又有偏重阴柔之美的趋向。
⑥ "虚实"美境界，即在阴与虚、阳与实的对应中，既强调虚与实之间的互用相生，又讲究以虚为体、以实为用。
⑦ （汉）许慎撰，（清）段玉裁注：《说文解字注》，第20页。

之德。"① 孔子认为中庸是一种最高的德行。何晏将"庸"解释为"常"，即平常，认为中和是可以平常长久推行的德行。

《礼记·中庸》曰："喜怒哀乐之未发，谓之中。发而皆中节，谓之和。"喜怒哀乐在心中没有表现出来是"中"，表现出来了又很有节制就是"和"。"中也者，天下之大本也。和也者，天下之达道也。致中和，天地位焉，万物育焉。仲尼曰：君子中庸，小人反中庸。君子之中庸也，君子而时中。小人之中庸也，小人而无忌惮也。子曰：中庸其至矣乎，民鲜能久矣。"认为中和是天地间万事万物发生发展的根本。郑玄注解题曰："以其记中和之为用也。庸，用也。"孔颖达疏曰："中也者，天下之大本也者，言情欲未发，是人性初本，故曰天下之大本也。和也者，天下之达道也者，言情欲虽发，而能和合道理，可通达流行，故曰天下之达道也。致中和，天地位焉，万物育焉。……言人君所能至极中和，使阴阳不错，则天地得其正位焉。生成得理，故万物其养育焉。"② 孔颖达指出人君若能够达到中和之德，使阴阳相合，则天地正万物生，将中和提高到世界观的高度上。朱熹在《中庸章句》中说："游氏曰：'以性情言之，则曰中和，以德行言之，则曰中庸是也。'然中庸之中，实兼中和之义。"③ 所以说"中庸"与"中和"在精神实质上是相通的。

《论语·八佾》篇："子曰：关雎乐而不淫，哀而不伤。"何晏集解云："孔曰乐不至淫，哀不至伤，言其和也。"邢昺疏曰："乐不至淫，哀不至伤，言其正乐之和也。"④ 乐而不淫，哀而不伤，是从音乐的角度来讲中和。宋程颐说："不偏之谓中，不易之谓庸。中者天下之正道，庸者天下之定理。"⑤ 程颐将中庸界定为不偏不倚，中庸是为天下之正道与定理。

仪平策认为："'中和'美意识着重强调的是在两两相对的矛盾因素之间实现一种均衡持中、不偏不倚的和谐。"⑥ "中和"与"阴阳两仪"

---

① 《论语注疏·雍也第六》，阮元校刻《十三经注疏》，中华书局1980年版，第2479页。本章引文皆出自本书，不再一一注明。

② 《礼记正义·中庸》，阮元校刻《十三经注疏》，第1625页。

③ （宋）朱熹撰：《四书章句集注·中庸章句》，中华书局1983年版，第19页。

④ 《论语注疏·八佾》，阮元校刻《十三经注疏》，第2468页。

⑤ （宋）程颢、程颐撰，潘富恩导读：《二程遗书》卷七《二先生语七》，上海古籍出版社2000年版，第148页。本章引文皆出自本书，不再一一注明。

⑥ 仪平策：《论"阴阳两仪"思想范式的美学意涵》，《华中师范大学学报》（人文社会科学版）2007年第3期。

之间也存在着必然的内在联系。《太平经》云："阴阳者，要在中和。中和气得，万物滋生，人民和调，王治太平。"① 阴阳中和才得万物滋生、天下太平。周敦颐说："惟中也者，和也，中节也，天下之达道也，圣人之事也。"（《周子通书·师第七》）这与《礼记·中庸》的说法一致。程颢在《遗书》中说："中之理至矣。独阴不生，独阳不生，偏则为禽兽，为夷狄，中则为人。中则不偏，常则不易。惟中不足以尽之，故曰中庸。"（《二程遗书·明道先生语一》）将中和建立在阴阳相生的基础上，明确了阴阳与中和的关系，"'中'实际上就是'两'（阴和阳）所本原、所归合的'一'（'道'、'常'、'极'、'太极'等）"。② "中和"之说简单说来就是要求事物要适中，要平衡，要调和，要和谐。"中和"这一与"阴阳两仪"密切相关的审美理想在中国传统绘画艺术中体现颇多，可以说中和观念深入渗透了中国传统绘画艺术，是中国古代绘画的最高审美理想。

明王绂《书画传习录》："岂知古人所云不求形似者，不似之似也。"③ 清石涛曾言："明暗、高低、远近，不似之似似之。"④ 这里王绂和石涛所说的"不似之似"都是说绘画在塑造形象时的要求，虽不似却又似，就在那不似之似之间寻得中和之美。对此，齐白石曾说："作画妙在似与不似之间，太似为媚俗，不似为欺世。"⑤ 黄宾虹也谈道："画有三：一、绝似物象者，此欺世盗名之画；二、绝不似物象者，往往托名写意，亦欺世盗名之画；三、惟绝似又绝不似于物象者，此乃真画。""画家欲自成一家，非超出古人理法之外不可。作画当以不似之似为真似。"⑥ 除了在形象塑造上要寻求似与不似的中和之美，在章法布置上也要致中和。此外，在用墨和设色上也要寻求平衡、和谐。南宋李澄叟《画山水诀》："落墨无令重浊，亦无令枯干。烘染切忌太见，太见则翻成光滑。辟绰无令手

---

① 《太平经》第二卷，上海古籍出版社1993年版，第11页。
② 仪平策：《论"阴阳两仪"思想范式的美学意涵》，《华中师范大学学报》（人文社会科学版）2007年第3期。
③ （明）王绂撰（传）：《书画传习录》，转引自俞剑华注释《中国古代画论类编》（修订版），人民美术出版社1998年版，第100页。
④ （清）释原济：《石涛论画》，转引自俞剑华注释《中国古代画论类编》（修订版），第166页。
⑤ 齐白石著，张竟无编：《齐白石谈艺录》，湖南大学出版社2009年版，第259页。
⑥ 王伯敏编：《黄宾虹画语录·画理》，上海人民美术出版社1978年版，第1页。

絮，手絮则必损精神。要在不亏不盈，皴染得中。"① 是讲画山水画时用墨、下笔不能太重也不能太轻，要不亏不盈，皴染得"中"。明顾凝远《画引》："墨太枯则无气韵，然必求气韵而漫羨生矣；墨太润则无文理，然必求文理而刻画生矣。凡六法之妙，当于运墨先后求之。"② 是讲用墨不可太枯，亦不可太润，太枯则无气韵，太润则无文理。作画既要表现气韵又要表现文理，就要在墨法上于枯和润之间寻求一个平衡点，这就是中和。清方薰《山静居画论》中也讲道："用墨，浓不可痴钝，淡不可模糊，湿不可混浊，燥不可涩滞，要使精神虚实俱到。"③ 墨浓不能痴钝，墨淡不能模糊，就是说用墨要浓淡适中，不能太浓也不能太淡，太浓容易造成痴钝，太淡容易造成模糊。墨湿不能混浊，墨燥不能涩滞，是说用墨不能过湿也不能过燥，过湿容易使画显得混浊，过燥容易使画显得涩滞。

关于设色，清蒋骥《传神秘要》："用粉以无粉气为度，此事常有过不及之弊。太过者，虽无粉气未免笔墨重浊；不及者，神气不完，即无生趣。故画法从淡而起，加一遍自然深一遍，不妨多画几层。淡则可加，浓则难退。须细心参之，以恰好为主。"④ 蒋骥所说两种设色上的弊病就是中和这一审美理想所反对的"过"与"不及"，过之不可，不及亦不可，不过而又要及，这就是中和了。《山静居画论》："设色不以深浅为难，难于彩色相和。和则神气生动，不则形迹宛然，画无生气。""色彩相和"之"和"就是说画面中各种用色要相协调、要和谐，用色上达到中和对画面整体的气韵以及意境的营造都有辅助作用。

中国古代绘画，无论是形象塑造，还是章法布置，抑或是用墨设色，都讲求适度和谐，不过不及，要致中和。本章将分别选取动静、虚实、形神、藏露、简繁、主宾范畴，从中国传统绘画的内容与形式展开分析论述，而实际上这六对范畴最终也都是要追求中和。

---

① （明）唐志契：《绘事微言》，景印文渊阁四库全书本，台北：台湾商务印书馆1986年版，第212—213页。本章引文皆出自本书，不再一一注明。

② （明）顾凝远：《画引·枯润》，邓实等编：《美术丛书》第四集第一册，上海神州国光社1936年版。

③ （清）方薰：《山静居画论》，《续修四库全书》第1068册，上海古籍出版社2002年版，第825页。本章引文皆出自本书，不再一一注明。

④ （清）蒋骥：《传神秘要·用粉》，续修四库全书本，上海古籍出版社2002年版，第464页。本章引文皆出自本书，不再一一注明。

二 动与静

"阴阳"互消互长,彼此对立统一的关系最直接地体现在动静这对范畴中。太极图被很多阴阳家称为"阴阳鱼"图,意指一白一黑两条鱼首尾相交,白鱼黑眼,黑鱼白眼,你中有我,我中有你,两者不是孤立存在的。没有纯阴的存在,也没有纯阳的存在。太极虽然没有形体,但是却有动静,"所谓太极之动,可以说是内在的动。太极动,便有阳分出;动极而静,便有阴分出。所谓阳,实即是太极之动;所谓阴,实即是太极之静。阴阳与动静,其实并非二事。动极则静,静极则动,一动一静互根,一阴一阳相继"。[①] 张岱年先生指出,太极之动生出阳,太极动极而静,便生出阴,阴阳就是在一动一静中产生的,或者说阴与阳就通过这一静一动呈现出来。辜正坤先生说如果将八卦阳爻、阴爻的符号按照六十四卦的顺序排列成一个圆,当这个圆旋转起来达到一定的速度时,就会产生出我们现在所看到的阴阳鱼图。[②] 我们可以理解为阴爻与阳爻旋转产生阴阳鱼图,而阴阳鱼图固定下来又是阴爻与阳爻动态的一个静态呈现。《庄子·天道》篇:"静而与阴同德,动而与阳同波。"《易·系辞上》云:"动静有常,刚柔断矣。"周敦颐《太极图说》:"无极而太极。太极动而生阳,动极而静;静而生阴,静极复动。一动一静,互为其根。分阴分阳,两仪立焉。"邵雍所作《皇极经世·观物内篇》曰:"天生于动者也,地生于静者也。一动一静交,而天地之道尽之矣。动之始则阳生焉;动之极则阴生焉。一阴一阳交,而天之用尽之矣。静之始则柔生焉;静之极则刚生焉。一柔一刚交,而地之用尽之矣。"[③] 天地之间动静相交,动而生阳,动之极则生阴,阴阳由动静生发。"动者,阳之常;静者,阴之常。"[④] 动是阳的一种常态表现,静是阴的一种常态表现。在中国传统艺术思维中,动静与阴阳之间的关系是根深蒂固的,动生发阳,动极而静,静生发阴,阴阳相和,动静相生。绘画、书法抑或诗歌都讲求动静有常、阴阳相和。

---

① 张岱年:《中国哲学大纲》,江苏教育出版社2005年版,第60页。
② 具体论述参见辜正坤《中西文化比较导论》,北京大学出版社2007年版,第13页。
③ (宋)邵雍著,郭彧整理:《邵雍集》,中华书局2010年版,第1页。
④ (元)胡炳文:《周易本义通释》卷五,景印文渊阁四库全书本,台北:台湾商务印书馆1986年版,第493页。

我国古代三大画科——山水画、人物画、花鸟画——中都讲求动静相宜，这在画论中多有体现。清唐岱曾说："自天地一阖一辟，而万物之成形成象，无不由气之摩荡自然而成，画之作也亦然。古人之作画也，以笔之动而为阳，以墨之静而为阴，以笔取气为阳，以墨生彩为阴。体阴阳以用笔墨，故每一画成，大而丘壑位置，小而树石沙水，无一笔不精当，无一点不生动，是其功力纯熟，以笔墨之自然合乎天地之自然。"① 笔墨之动静关系反应了阴阳关系。下面将分别从山水画、人物画及花鸟画中动静相宜的追求来探讨"阴阳两仪"思维与动静之关系。

（一）山水画中的动与静

山水画最初是作为人物画的背景而出现的，直到唐代，山水画才逐渐独立出来成为一门单独的画科，并开始得到长足的发展。对此潘天寿概括为："以吾国绘画题材而言，自三代至唐，为人物画时期；唐至宋，为由人物画转入山水、花卉时期；元至明清，为山水、花卉时期。"② 山水画从唐代开始逐渐成为我国绘画的主流画科。

水的自然状态是流动的，山的自然状态是静止的，自然状态下水与山就是一组动与静的组合。清迮朗《绘事雕虫》："山本静也，水流则动。水本动也，入画则静。静存乎心，动在乎手。心不静，则乏领悟之神；手不动，则短活泼之机。动根乎静，静极则动，动斯活，活斯脱矣。"③ 迮朗认为山原本就是静的，水虽然原本是动的，但是一旦入画也就变成了静的，山水画中就是要以这种动静来互衬，以山的静来衬托水的动，或是以水中小舟来衬托水的动。清笪重光《画筌》："山本静，水流则动。"④ 山本来处于一个静态的状态，而在创作山水画时因水的流动而产生了动态之美，动静相宜。"山之厚处即深处，水之静时即动时。"（《画筌》）"水之静时即动时"，很好地契合周敦颐的"静而生阴，静极复动"，画作中这种动静相宜相生的要求正是基于"阴阳两仪"这一思维范式。

---

① （清）唐岱：《绘事发微·自然》，续修四库全书本，上海古籍出版社 2002 年版，第 17 页。本章引文皆出自本书，不再一一注明。

② 《潘天寿谈艺录》，参见周积寅编著《中国历代画论》，江苏美术出版社 2007 年版，第 656 页。

③ 转引自周积寅编著《中国历代画论》，第 426 页。

④ （清）笪重光撰，（清）王翚、（清）恽格评：《画筌》，续修四库全书本，上海古籍出版社 2002 年版，第 190 页。本章引文皆出自本书，不再一一注明。

第五章 "阴阳两仪"思维与中国画论　273

　　董欣宾、郑奇认为："一般山水画中，以山静为主，辅之以水动而为宾，如范宽《溪山行旅图》；也有以水动为主，而山静为辅的，如夏圭《长江万里图》。动、静又是相对的，如相对于山，则云、水、车、马、人、物为动。"① 我们具体来看董欣宾和郑奇提到的这两幅画。据《宣和画谱》著录，范宽的画有五十八件，现在只有《溪山行旅图》、《群峰雪霁图》、《临流独坐图》、《行旅图》、《雪景寒林图》等传世，而其中又以《溪山行旅图》（图1）② 最能代表范宽的绘画风格。这幅画上一巍峨耸立的山头顶天立地，居于画幅的主要位置，占据整幅画的三分之二。山头上有茂林密树，山峰右侧深处一道白色瀑布飞流直下，途中遇阻，分作两缕溅落深渊。瀑布在这里使坚硬的山体包孕了柔和的动态。画的下半部分细细刻画了三堆冈丘，上有浓荫老树，丘中夹一条小溪，溪边右侧有四头驴，分别驮着行李，又各有一人在赶路，正所谓"溪山行旅"是也。在这幅画中，一座巨大的山头就已经占去了整幅画的三分之二，而画作的下端还有三处小丘，山在整幅画中明显占据着主要地位。其中水的呈现则只有一条飞流直下的瀑布与一条小溪，两处着墨不多的水流以动映衬了山的静。驮着行李的驴与正在赶路的路人相对于静止的山也是一种动态，同时又起到了点题的作用。整幅画动静相宜，笔势雄浑厚重，董其昌跋《溪山行旅图》，将其评为"宋画第一"。

　　夏圭是南宋著名的山水画家，与同一时期的马远并称为"马夏"，《长江万里图》（图2）是夏圭一种风格的代表作。在这幅画中，长江位于画面的中心位置，以波纹表现流动的江水，画作的近处是冈丘，岸边还有渔人。夏圭的这幅画与前面提到的范宽的《溪山行旅图》可谓是截然相反的两种构思方式，《溪山行旅图》以山石为构图的主要部分，而《长江万里图》则是以江水为主要部分。尽管构图如此，两位画家都很好地协调了动与静的关系，分别以动辅静与以静辅动，动静结合，浑然天成。

　　明代沈周的代表画作《庐山高图》（图3），是沈周开始大幅山水画创作时的杰作，也比较能代表他的画风。画面右下角两棵劲松虬曲盘旋，

---

　　① 董欣宾、郑奇：《中国绘画对偶范畴论——中国绘画原理稿》，江苏美术出版社1990年版，第95页。
　　② 本章图画见本书附录。

形成近景。画面以著名的庐山瀑布为中景，瀑布之下有一老叟伫立。瀑布上方以庐山主峰形成远景，云雾缭绕，山势渐入高远。整幅画近景、中景、远景鲜明，构思精密，以飞流直下的瀑布作为中景，映衬庐山的高耸与静谧，整幅画显得生意盎然。

以上分析了三篇水墨山水画中的动静呈现，再回到水墨山水画占据主要地位之前的青绿山水时期。据张彦远《历代名画记》所记："山水之变始于吴，成于二李。"① 这里的"二李"当是指李思训、李昭道父子。李思训与李昭道均是青绿山水的代表画家，李昭道"变父之势，妙又过之"。(《历代名画记》卷九《唐朝上》) 现传为李思训的画作有《江帆楼阁图》(图4)。《江帆楼阁图》以近乎对角线的布局将整幅画切割为两大部分，左下侧内容充实，右上侧则多虚空。图画的近处及左侧的相当大部分都是山林树石，在崇山茂林中隐约可见几座楼阁，近景中还置有人物。近处的树林树叶清晰可见，远处的则大气磅礴。还有骑着马、担着行李的路人，似乎正往楼阁去。画面上方是大部分的留白，以空白来表现江水，广阔的江上有三叶扁舟。在这幅青绿山水画中，相对于骑着马、担着行李的路人和江上的三叶扁舟以及流动的江水，山林树石与楼阁是静。着色与留白的对角线之分又可以看作是静与动的分畛，整幅画也就基本被平均分成了动与静两大部分。

《明皇幸蜀图》(图5) 相传是唐代李昭道的作品，是以山水景物为主的历史故事画，描绘的是安史之乱中唐玄宗率众逃难于蜀，从崇山峻岭下来，初见平路，御马在一座小桥前踟蹰不前的情景。画面四分之三的部分充斥着高耸入云的山石，下方是小桥流水，蜿蜒的山路上一行官兵骑马跟随着唐玄宗。画面正中一小块儿地上有一群人正在休憩，唐玄宗的御马在小桥前犹豫不行，山路上还有人骑着马依然在前进。这幅画中，画家细致地刻画了马，马蹄落地、悬空，精准地描绘出了马的神态。相对于正在赶路的人来说，一直伫立于此的山是静态。相对于山来说，小溪的流水以及天空中的浮云又都是动态的。相对于在地上休息的人，仍在山路上行进的则处于动态。动静相和，相得益彰，才使得画作不至于呆板。

---

① （唐）张彦远撰：《历代名画记》卷一《论画山水树石》，景印文渊阁四库全书本，台北：台湾商务印书馆1986年版，第290页。本章引文皆出自本书，不再一一注明。

通过对以上水墨山水画以及青绿山水画的分析，可以看出，无论是在青绿山水时期还是在水墨山水时期，但凡成功的山水画都照顾到了动静相宜，正是由于"阴阳两仪"思维方式的影响，要求画家在作画时，既不能单一地追求动，也不能单一地追求静，而必须要以动辅静，以静辅动，动静相宜，方能显出绘画的真谛。

(二) 人物画中的动与静

人物画历来都是我国比较重要的、发展相对较为完善的一门画科，最早有东晋顾恺之的《洛神赋图》，经过数朝的发展，人物画的技艺也日臻完善。人物画中的动静体现似乎不如山水画中那么明显，山水画中的山与水本身就存在着一组动静的对应关系，而人物画中的人物主体本身却并不存在这种动静的对应关系。但是，细细分析我们仍然可以发现其中所暗含的动静相宜、阴阳相和。

首先来看顾恺之的代表名作《洛神赋图》（图6、图7）。该画卷取材于曹植的《洛神赋》，将该赋以画卷的形式呈现。画卷开处，一带松岗，高柳迎风，曹植带着随从在洛水之滨凝神怅望。迷离梦幻中，洛神手持象征物般的莲瓣状羽扇在碧水之间回翔。继而洛神与女伴在云天碧波间自由遨游，或戏清流，或采明珠。画卷对曹植、洛神的深情刻画得相当细致到位，对背景山石、洛水的刻画彰显了早期山水画的稚拙感，却也不乏质感。画卷继续展开，呈现在观者面前的是一幅惊心动魄的图画，"腾文鱼以警乘，鸣玉鸾以偕逝。六龙俨其齐首，载云车之容裔。鲸鲵踊而夹毂，水禽翔而为卫"。[①] 洛神坐着六龙齐驾的云车，文鱼从水底腾起围着云车。画卷这部分对六龙、文鱼、鲸、水鸟、水纹的刻画都充满动感，观者仿佛置身洛水之滨亲见那震撼人心的一幕。洛水之滨的山石、树木则一直以静态呈现，很好地衬托了洛水、龙、鱼以及人物的动态。整幅画卷凡有动态之处必有静态背景存在，而或湍急或舒缓的洛水也成为贯穿整幅画卷的线索，引导并推动着情节向前发展。画卷用笔细劲古朴，笔道延绵，格调超逸，动静相宜，不失为传世名作。

[①] （魏）曹植：《洛神赋》，（南朝梁）萧统编，（唐）李善注：《文选》卷十九，上海古籍出版社1986年版，第900页。

晚唐时期的宫廷画家孙位是中国绘画史上第一位被正式归入"逸格"①的画家,晚唐残酷的现实,使得画家如魏晋名士一样"性情疏野,襟抱超然",现今传世的名作只有一幅上有宋徽宗题签的《高逸图》(图8、图9)。据近人研究,孙位这幅《高逸图》所描绘的正是魏晋时期"竹林七贤"中的其中四位。画中第一位高士袒胸露腹,披襟抱膝,举头微仰,平视前方。捧着一把古琴的仆人站在左后侧。第二位高士手持如意,神态慵懒,盘腿坐于垫上。手捧书简的仆人站在身后。画中第三位高士手握酒杯,正回头向身后仆人捧着的唾壶作漱口状。第四位高士手持麈尾,面带微笑、神态悠然地踞席而坐。仆人端着酒杯站在他的右后方。每位高士的前方或左侧都点缀着花草与假山。孙位对每位高士的刻画都不尽相同,细致地呈现出了他们不同的神态。相对于抱膝、漱口、手摇麈尾的动态动作,高士们踞席而坐是一种静态。而相对于身边所点缀的花草与假山,高士与仆人们又都呈现出了一种动态。一动一静中,竹林七贤的精神气质得以体现。

宋代李嵩的《货郎图》(图10、图11)是一幅人物风俗画,画上描绘的是一位弯着腰挑着杂货担子,走街串巷的货郎,他身边围着一群欢呼雀跃、奔走相告的孩子。在那个商品流通不够发达的时代,货郎的杂货担子能满足人们的日常生活需要,从画家所呈现给我们的画上就可以看出货郎的担子里几乎应有尽有。货担一头一位妇人扶着小儿正在挑选,身后还有闻讯而来的孩子。每个人脸上都洋溢着喜悦之情,而画上所展示的人物无论是神情还是动作都无一雷同,尽显画家的深厚功底。货郎身后不远处的一棵老树静静地立在那里,与这边喜形于色的货郎、买主们形成了鲜明的互补。同时,货担上诸多的货物相对于人物来说也是一种静态的存在,老树与货物的静态更彰显了人物的丰富情态。

明仇英作《人物故事图册》,全册共十开,内容取材于历史故事、寓言传说、文人轶事和诗文寓意,具体为子路问津、明妃出塞、贵妃晓妆、南华秋水、吹箫引凤、高山流水、竹院品古、松林六逸、浔阳琵琶、捉柳

---

① 朱景玄在《唐朝名画录》中在"神"、"妙"、"能"三品之外增加了"逸"品。黄休复在《益州名画录》中将"逸格"提到"神"、"妙"、"能"三格之上,认为画中当属"逸格"最高。"画之逸格,最难其俦。拙规矩于方圆,鄙精研于彩绘,笔简形具,得之自然,莫可楷模,出于意表,故目之曰逸格尔。""大凡画艺,应物象形。其天机迥高,思与神合。创意立体,妙合化权。非谓开厨已走,拔壁而飞。故目之曰神格尔。""画之于人,各有本情,笔精墨妙,不知所然。若投刃于解牛,类运斤于斫鼻。自心付手,曲尽玄微。故目之曰妙格尔。""画有性周动植,学侔天功,乃至结岳融川,潜鳞翔羽,形象生动者。故目之曰能格尔。"

花图。《贵妃晓妆》（图12）以杨贵妃清晨在华清宫对镜晓妆为故事背景，将宫女奏乐、采花、浇花等融为一体，展现了杨贵妃的生活内容。其中，两位宫女手捧铜镜服侍贵妃晓妆，两位宫女奏乐，一位大宫女指挥两位小宫女在院中采花，一位宫女在浇花，一位宫女在逗狗，还有一位宦官从阶梯上匆匆走下，似乎要传达贵妃的什么命令。整幅画中的人物都以动态来呈现，寓动态于静态中。人物的动又与庭院、楼阁、花草及假山形成了一组动静的关系。画家刻画细致，人物性格在动静之中得以彰显，贵妃奢华纵乐的生活也得到了很好的呈现。《吹箫引凤》（图13）取自汉代刘向的《列仙传》，述说春秋时秦穆公之女弄玉善吹箫，与亦精吹箫的仙人箫史结为夫妇。穆公筑凤台，两人吹箫引来凤凰，后双双乘龙凤升天而去。此图即描绘弄玉在凤台吹箫，引来凤凰的情景。画中山间盘旋飞舞着两只凤凰，凤台上弄玉正专注地吹着箫，宫女们看到引来的凤凰惊诧万分，纷纷注目。画中凤台、山、树是静态的存在，弄玉及其他人物、凤凰、浮云都是动态的存在。这一静一动的存在，既反映出弄玉吹箫技术的高超，又体现了画家对画作的精准把握。

虽然说人物画中动静关系的呈现并不如山水画中那么强烈，但是，细看之下我们还是能够发现其中所蕴含的动静、阴阳关系，画家在作画时所不刻意追求的动静相辅相生也正是中国传统的"阴阳两仪"思维方式影响的体现。

（三）花鸟画中的动与静

花鸟画中的动静体现应该是相当明显的，就花鸟本身来说，鸟多处于动态，花多处于静态，但花在风中的摇曳也不可否认是一种动态。潘天寿曾言："画花鸟，枝干的欹斜交错，花叶的迎风摇曳，鸟的飞鸣跳动、相呼相斗等，无处不以线来表现它的动态。"[1] 中国画以线条为主，花鸟的动态也都是以线条来表现。花鸟在中国传统艺术形式中出现的时间是比较早的，最初与山水画一样，作为人物活动的背景、点缀。在上文分析人物画中的动与静时曾多次提到了其中作为点缀的花鸟。到魏晋时期，开始出现独立的花鸟绘画作品，据《历代名画记》记载，魏曹髦有《鸡犬图》，

---

[1] 潘天寿著，徐建融导读：《中国传统绘画的风格》，上海书画出版社2003年版，第28页。

晋司马绍有《杂鸟兽图》等。花鸟画真正成为一门画科则还是在唐代。唐朝时期，禽鸟的范围开始扩大，入画的有鹰、鹘、鸡雉、鹤等。对花卉的表现也注意用色、注意细节的刻画。中晚唐时期还开始出现了一种独特的花鸟画形式——折枝花鸟画。五代时期在花鸟画史上的地位不容忽视，代表这一时期花鸟画成就的是黄荃和徐熙。这两位画家的绘画风格迥异，郭若虚在《图画见闻志》中说："谚云：'黄家富贵，徐熙野逸。'不唯各言其志，盖亦耳目所习，得之于心而应之于手也。"[①] 画家不同的绘画风格是由他们不同的生活环境所致，黄荃是宫廷画诏，入画题材多是宫中奇花异石、珍禽异兽，而徐熙是江南处士，所见之物都是惯常的田园野蔬、水鸟渊鱼。

黄荃现今流传下来的作品只有《写生珍禽图》（图14），该画卷相传是其子黄居寀习画的范本，故画卷上一共描绘了二十多种珍禽，各种珍禽各自为营，互不相干，也没有山石背景点缀。即便如此，从《写生珍禽图》中我们还是能够看出黄荃花鸟画的深厚造诣。其中的鸟兽莫不栩栩如生，虽侧重形似与质感，却毫不失生气。画上鸟兽或飞或行，或静或动，虽各不相干，却也在整体上照顾到了动静相宜。

《宣和画谱》记载："（黄）居寀遂能世其家，作花竹翎毛，妙得天真。写怪石山景，往往过其父远甚。"[②]《益州名画录》评黄居寀是"画艺敏瞻，不让其父"。[③] 黄居寀的代表作是现藏于台北故宫博物院的《山鹧棘雀图》（图15）。画上描绘的是山石边的小石块上歇着一只鹧鸪，不远处的一棵树枝上落着三只山雀，空中还有三只山雀在低飞，其中一只张开翅膀向树枝靠近，似乎是要落在枝干上。鹧鸪微低着头，眼神专注地看着地上，长长的尾巴向后伸去。山石边杂以竹子、野草点缀。将黄居寀《山鹧棘雀图》中对山雀的刻画与其父仅存的《写生珍禽图》中对鸟雀的刻画进行对比，我们可以发现黄居寀对其父画艺的继承与发展。画中展翅飞翔的三只山雀栩栩如生，以线条勾勒，再施以重彩，层层渲染，表现鸟雀翎毛的质感。飞翔的山雀是动态存在，停歇在枝干上的三只山雀也并不

[①]（宋）郭若虚著，俞剑华注释：《图画见闻志》卷一《论黄徐体异》，江苏美术出版社2007年版，第33页。本章引文皆出自本书，不再一一注明。

[②] 俞剑华注释：《宣和画谱》卷十七《花鸟三》，江苏美术出版社2007年版，第360页。

[③]（宋）黄休复：《益州名画录·妙格下品十一人·黄居寀》，景印文渊阁四库全书本，台北：台湾商务印书馆1986年版，第494页。

是静态的存在，其中两只相向而鸣，一只探头向下张望。画面下方近景中的鹧鸪相对于山雀来说则基本是以一个瞬间的静态入画。而相对于山石、树、竹来说，鹧鸪与山雀又都是一个动态的存在。黄居寀整幅画构思精密，将鹧鸪与山雀一同入画，又杂以山石、树、竹，近景、中景组织俨然，动静相合，宛若天成。

另一花鸟大家徐熙终生处于画院之外，他处事宁静淡泊，不求奢华，擅长画江湖间汀花、野竹、水鸟、鱼虫、蔬果等，故后人称其为"江南处士"。徐熙的传世之作有《玉堂富贵图》（图16）。《玉堂富贵图》是一幅竖轴画，画中牡丹、玉兰、海棠占据了画轴中绝对的主要位置，花丛间有两只杜鹃，画的下端湖石边绘了一只羽毛华丽的野禽。玉兰、牡丹、海棠，白的淡雅，粉的娇媚，在青石地面的映衬下，更显端庄秀丽之气韵。在这幅画中，杜鹃和湖石边的野禽是动态的存在，而其中处于主体的牡丹、玉兰、海棠则是静态的存在。静态为主，动态为辅，动静相辅，相得益彰。虽然徐熙与黄荃、黄居寀父子分属于两种完全不同的绘画风格系统，但"阴阳两仪"这种思维方式的影响使得画家们在构思作画时都能考虑到动与静这一范畴在画的体现，使整幅画动静相宜、阴阳相调。

清代书画僧虚谷，原是一位性格孤峭刚直的儒生，后因清军与太平军的厮杀而遁入空门，成了一位专心于书画的书画僧。虚谷以花鸟、蔬果著称，传世作品有《紫藤金鱼图》、《松鼠葡萄图》、《杨柳金鱼图》、《桃花游鹅图》、《菊鹤图》、《桃实图轴》、《杨柳八哥图》、《霖鹤图》、《兰草金鱼图》、《猫蝶图》等。具体来看虚谷的《紫藤金鱼图》（图17），此图所绘的乃是几枝紫藤垂挂在池水中，水中几条小鱼在欢快地游动，水中还有些许的水草在摇摆。小鱼与紫藤垂挂下来的方向一致，既表现了紫藤随风摇曳的动态，又营造了一种向外张弛的动感，并且扩大了画面的视觉空间。相对于池水和游动的小鱼来说，垂挂的紫藤是静态的，池水、小鱼是动态的。但就紫藤本身来说，摇曳的紫藤又具有一种动态之美。入画之景虽少，但简单的物象中依然透露出画家对动静相宜的追求。取意与《紫藤金鱼图》相似的还有《墨竹金鱼图》、《杨柳金鱼图》、《兰草金鱼图》，所画的都是一种向下垂挂的植物与几条游动的小鱼，且植物垂挂的方向与小鱼游动的方向一致，增加了画面的动感与视觉空间。又如《猫蝶图》（图18），图上画一支菊花，菊花上方飞旋着一只花蝴蝶，旁边一只猫咪正仰头看着蝴蝶。在这幅画中,猫咪与菊花是静态的,蝴蝶是动态的,一只飞旋着的蝴蝶顿时给画面增加了动感与灵气。总体来说,虚谷的画作构图简洁,入画的往往只有那么三四种物象,而用笔冷隽,动静相宜,意境清超。

折枝画自中晚唐时期产生以来一直受到画家的喜爱,到南宋时,折枝花卉几乎是代表这个时代绘画之风的典型形式。画家们不画满园春色,而往往是花开一朵,叶出数枝,一角之画便是画面的全部。尽管只有小小的一角,折枝画中也很注意协调动与静的关系,往往有动态的存在就必有静态的存在。今藏于故宫博物院的南宋画家林椿《果熟来禽图》(图19),画上一棵果树的一枝上结着几个已经成熟的果子,一枝小枝条上停着一只小鸟。小鸟屈身抬头,动感十足。画上果子、树叶、枝条相对于小鸟来说都是静态的已然存在的,小鸟是一种动态的存在。折枝画选景、画幅虽小,但却是麻雀虽小五脏俱全,上面所分析的花鸟画中动静范畴的关系在折枝画中也依然存在。

以上选取了同一时期两种不同绘画风格和不同时期、不同绘画形式的画作进行了分析,尽管时期不同、绘画风格、绘画形式不同,我们依然可以清晰地看出在"阴阳两仪"思维方式影响下动与静这对范畴在花鸟画这一画科中的体现。

三 虚与实

太极阴阳图一阴一阳、一黑一白,黑中有白,白中有黑,黑是实,白即是虚,实中有虚,虚中有实,虚实相生。中国古代传统艺术形式都非常讲究虚中有实,实中有虚,虚实相生。具体到绘画领域,黑,就是着墨处,即实;白,就是留白处,即虚。如潘天寿所言:"吾国绘画,向以黑白二色为主彩,有画处,黑也,无画处,白也。白即虚也,黑即实也。虚实之关联,即以空白显实有也。"① 虚实相生这一美学原则,来自中国哲学中的有无相生原则,因而是一个哲学宇宙观的问题。宗白华先生认为这个问题可以分成两派来谈,一派是孔孟,一派是老庄。老庄认为虚比真实更真实,是一切真实的原因。而孔孟的儒家学派则讲究从实出发。② 《老

---

① 潘天寿:《听天阁画谈随笔·布置》,上海人民美术出版社1980年版,第48页。
② 具体论述参见宗白华《美学散步》,上海人民出版社2005年版,第68—69页。

子》第二章:"故有无相生,难易相成,长短相形,高下相倾,音声相和,前后相随。"第十一章:"三十辐共一毂,当其无,有车之用;埏埴以为器,当其无,有器之用;凿户牖以为室,当其无,有室之用。故有之以为利,无之以为用。"不仅认为有无相生,而且认为有生于无、虚生于实。《淮南子·原道训》中也说:"有生于无,实出于虚。"但孔孟学派与老庄学派并不矛盾,他们都认为宇宙是虚与实的结合,归根结底就是《易》的阴阳结合,归根结底也就是"阴阳两仪"的思维范式。这种在"阴阳两仪"思维范式下产生的哲学宇宙观体现在艺术上,也必然会要求中国传统艺术形式讲求虚实相生,以此才能反映出有生命的精神世界。清丁皋《写真秘诀》:"凡天下之事事物物,总不外乎阴阳。以光而论,明曰阳,暗曰阴;以宇舍论,外曰阳,内曰阴;以物而论,高曰阳,低曰阴;以培楼论,凸曰阳,凹曰阴。……惟其有阴有阳,故笔有虚有实。惟其有阴中之阳,阳中之阴,故笔有实中之虚,虚中之实。虚者从有至无,渲染是也。实者着迹见痕,实染是也。虚乃阳之表,实即阴之里也。故高低凸凹,全凭虚实阴阳。从虚而至实,因高而至低也。"① 丁皋认为,正是因为天下事物都分阴阳,绘画中才分虚实,虚实与阴阳乃是表里之关系也。绘画有阴有阳,有虚有实,画中高低凸凹全是凭借阴阳虚实而成。清布颜图在《画学心法问答》中也论及了"阴阳"与虚实之内在联系,"大凡天下之物,莫不各有隐显,显者阳也,隐者阴也……夫绘山水隐显之法,不出笔墨浓淡虚实,虚起实结,实起虚结"。②

中国古代画论中流传下来许多关于作画要讲求虚实相生的论述,最耳熟能详的莫过于清笪重光在《画筌》中所说的:"空本难图,实景清而空景现。神无可绘,真境逼而神境生。位置相戾,有画处多属赘疣。虚实相生,无画处皆成妙境。""虚实相生,无画处皆成妙境",真是一语道破画学天机。王翚、恽格评曰:"凡理路不明,随笔填凑,满幅布置,处处皆病,至点出无画处更进一层,尤当寻味而得之。人但知有画处是画,不知无画处皆画。画之空处,全局所关,即虚实相生法,人多不着眼。空处妙在通幅皆灵,故云妙境也。"(《画筌》)人们都知道有画之处是画,却很

---

① (清)丁皋:《写真秘诀·阴阳虚实论》,见(清)王概《芥子园画谱》第四集卷一,九州出版社2002年版,清康熙十八年本,第32页。本章引文皆出自本书,不再一一注明。

② (清)布颜图:《画学心法问答》,于海晏辑:《画论丛刊》第2册,中华印书局1937年版。本章引文皆出自本书,不再一一注明。

少有人注意没有着墨的地方才是整幅画的关键之处,正因为有空白才使得整幅画充满灵气,是为妙境也。清恽寿平《瓯香馆集·画跋》:"古人用笔,极塞实处,愈见空灵;今人布置一角,已见繁缛。虚处实则通体皆灵,愈多而愈不厌,玩此可想昔人惨淡经营之妙。"①《补遗画跋》又云:"用笔时,须笔笔实,却笔笔虚。虚则意灵,灵则无滞,迹不滞则神气浑然,神气浑然则天工在是矣。夫笔尽而意无穷,虚之谓也。"从用笔的角度谈古人的虚实布置,并且对"虚"进行了一个简单的限定,即"笔尽而意无穷"。"虚"在恽寿平看来,一方面是指无笔墨之虚,另一方面指画外之境。清蒋和《学画杂论·章法》篇:"大抵实处之妙皆因虚处而生,故十分之三天地位置得宜,十分之七在云烟锁断。"② 是从构图章法上来谈虚实相生的。清秦祖永《桐阴画诀》:"山水之要,宁空无实。故章法位置总要灵气往来,不可窒塞。大约左虚右实,右虚左实,布景一定之法,至变化错综,各随人心得耳。"③ 秦祖永也是从章法布置来论虚实,山水画首要的便是宁可空也不能太实。清方薰《山静居画论》云:"古人用笔,妙有虚实。所谓画法,即在虚实之间,虚实使笔生动有机,机趣所之,生发不穷。"是从用笔的角度来谈绘画中的虚实问题。清戴熙《习苦斋画絮》:"有墨易,有笔难,有笔墨易,无笔墨痕难。"④ 画上有墨迹很容易,而运笔难,但相比而言,运笔用墨又比无笔墨的虚空之处容易处理。清方士庶《天慵庵笔记》:"山川草木,造化自然,此实境也。因心造境,以手运心,此虚境也。虚而为实,是在笔墨有无间,故古人笔墨具此山苍树秀,水活石润,于天地之外,别构一种灵寄。或率意挥洒,亦皆炼金成液,弃滓存精,曲尽蹈虚揖影之妙。"⑤ 指出了画中实境与虚境之分,指出虚其实就是实,因而古人作画才有灵气。清华琳在《南宗诀秘》

---

① (清)恽格:《瓯香馆集·画跋》,转引自周积寅编著《中国历代画论》,第446页。本章引文皆出自本书,不再一一注明。
② (清)蒋和:《学画杂论·章法》,续修四库全书本,上海古籍出版社2002年版,第493页。本章引文皆出自本书,不再一一注明。
③ (清)秦祖永:《桐阴画诀》,续修四库全书本,上海古籍出版社2002年版,第324页。本章引文皆出自本书,不再一一注明。
④ (清)戴熙:《习苦斋画絮》卷十,续修四库全书本,上海古籍出版社2002年版,第812页。
⑤ 转引自周积寅编著《中国历代画论》,第617页。

中说："于通幅之留空白处尤当审慎。"① 画面上留白的虚处往往更是画家所要着意构思布置的，于虚处表现意象，更显功底。近代潘天寿说："实，有画处也，须实而不闷，乃见空灵，即世人'实者虚之之谓也'。虚，空白也，须虚中有物，才不空洞，即世人'虚者实之之谓也'。画事能知以实求虚，以虚求实，即得虚实变化之道矣。"② 实者虚之，虚者实之，是谓虚实相生。

宋代范晞文《对床夜语》曾引周伯弼《四虚序》云："不以虚为虚，而以实为虚，化景物为情思，从首至尾，自然如行云流水，此其难也。"③ 这里的"实"指景物，"虚"指情思。宗白华先生认为："化景物为情思，这是对艺术中虚实结合的正确定义。以虚为虚，就是完全的虚无；以实为实，景物就是死的，不能动人；唯有以实为虚，化实为虚，就有无穷的意味，幽远的境界。"④ 以虚为虚，那就是完全的虚无，没有可以依托的表现对象；完完全全地将景物对象表现出来，便也没有了灵气，不能打动人心。只有虚实结合，既将对象巧妙地表现出来，又在其中寄予作者无限的情思，将景与情结合在一起，才算是真正的境界。因而中国传统绘画中所讲求的虚实结合，并不单纯地指画面上的虚与实，还指画面上的景物与画作之外所表现出来的情思、意境。

画面上景物的虚与实也不简单指"虚"与"实"，它具有更为广阔的意指。"运笔：笔断意连处是虚；干笔飞白处也是虚；相对于浓，则淡为虚；相对于粗线，则细线为虚。……虚，可以指无笔无墨处，也可以是用笔松动处，用墨轻淡处，构图疏朗处，形象隐含处；相对于这种种虚，实可以指用笔沉着处，用墨浓重处，构图繁密处，形象显实处。虚实相生，方成艺术。"⑤ 从董欣宾、郑奇的阐述中，我们可以发现，在中国传统绘画中，虚与实这对范畴暗含于所有相对性的存在中。

---

① 转引自潘运告主编，云告译注《清代画论》，湖南美术出版社2003年版，第337页。
② 潘天寿：《听天阁画谈随笔》，第48页。
③ （宋）范晞文：《对床夜语》卷二，景印文渊阁四库全书本，台北：台湾商务印书馆1986年版，第865页。
④ 宗白华：《艺境》，北京大学出版社1997年版，第349页。
⑤ 董欣宾、郑奇：《中国绘画对偶范畴论——中国绘画原理论稿》，第97—98页。

（一）山水画中的虚与实

山水画中的虚实相生与前一章所论的动静相宜是历代画论中论述最多的。清笪重光《画筌》云："山实，虚之以烟霭；山虚，实之以亭台。"指出了在画山时所应该注意运用的虚实技巧。所画之山如果过于实塞，则要用烟霭围绕来表现；如果下笔虚无，就要以亭台来显示所画的是山，而非其他。烟霭、亭台的点缀同时也营造出了一种缥缈欲仙的意境。清蒋和《学画杂论·树石虚实》篇："树石布置须疏密相间，虚实相生，乃得画理。近处树石填塞用屋宇提空，远处山崖填塞用烟云提空，是一样法。"对画中树与石的布置也要讲求虚实相生，近处的树石用屋宇来突显空，远处的山崖以烟云来表示虚。《水村图》篇："山水篇幅以山为主，山是实，水是虚。画水村图，水是实而坡岸是虚。写坡岸平浅远淡，正见水之阔。大凡画水村图之坡岸，当比之烘云托月。"（《学画杂论》）将山水篇幅与水村图分开，在山水画幅中，山是画作表现的主体，是实，水是虚。而在水村图中，水则成了画作的表现主体，这时水就变成了实，而作为衬托水存在的坡岸则是虚。同一种事物在不同的画作中因所处的地位不同而有不同的虚、实处理方法。清钱杜《松壶画忆》云："丘壑太实，须间以瀑布，不足再间以云烟。山水之要，宁空无实。"① 如果山将画作充盈的过实，那么就可以用瀑布来点衬，如果还是显得过实，那么就可以再用云烟来点缀，"山水之要，宁空无实"，宁愿显得空旷也不能使画面显得过于紧实，过于紧实的画作，意境便无从谈起。清孔衍栻《石村画诀》云："有墨画处，此实笔也；无墨画处，以云气衬，此虚中之实也。树石房廊等皆有白处，又实中之虚也。实者虚之，虚者实之，满幅皆笔迹到处，却又不见笔痕，但觉一片灵气，浮动于上。"② 近代黄宾虹题画："岩岫杳冥，一炬之光，如眼有点，通体皆虚；虚中有实，可悟化境。"③ 画之境界就蕴含在虚实之间。傅抱石曾言："中国画以墨色为主调，因此就利用空白与墨色的黑形成对比，墨是实，白是虚，虚实对比，以实带虚，虚中有实，虚实结合，化实为虚，把客观真实化为主观的表现，构成艺术形

---

① （清）钱杜：《松壶画忆》，续修四库全书本，上海古籍出版社2002年版，第853页。
② （清）孔衍栻：《画诀·渴染》，四库全书存目丛书本，齐鲁书社1995年版，第369页。本章引文皆出自本书，不再一一注明。
③ 王伯敏编：《黄宾虹画语录·画理》，上海人民美术出版社1978年版，第7页。

象，产生意境，给艺术品以无限的生命力，造成无穷的空间，给人以咫尺千里的美感。……画面中的'留空'或'留白'，是中国画家以主观的空间意识表现空间感的创造性手法。中国画画山不画云，把空白变成无际的云海；画岸不画水，把空白变成广阔的江湖；画鱼不画水，空白就是鱼儿嬉游的水域；画鸟不画天，空白就是鸟儿翱翔的地方。"① 傅抱石言中国水墨画以墨色为实，以空白为虚，并总结了山水画与花鸟画中画山不画云、画岸不画水、画鱼不画水、画鸟不画天的一般规律，指出这是中国画家一种独特的空间感表现手法。

  从现存于世的古代画作来看，但凡成功的画作都遵循了虚实相生的原则。一张宣纸就是一幅画，大多上下留天地为虚，中间为实，以山、树、石、亭台来充满。王维被公认为水墨山水的开山之祖，相传为王维所作的有两篇画论，分别是《山水诀》和《山水论》。《山水诀》又名《画学秘诀》，曾被保存在郭熙的《林泉高致》中。《山水论》也曾被收录于《林泉高致》中，旧题为荆浩《画山水赋》。这两篇画论基本阐述的都是作山水画时所要讲求的经营布置、远近高低以及四时变化，其中无不暗含着虚实相生的要求。《山水诀》："初铺水际，忌为浮泛之山；次布路歧，莫作连绵之道。主峰最宜高耸，客山须要奔趋。回抱处僧舍可安，水陆边人家可置。村庄着数树以成林，枝须抱体；山崖合一水而瀑泻，泉不乱流。"《山水赋》云："凡画山水，意在笔先。丈山尺树，寸马豆人，此其法也。……凡画山水，尖峭者峰，平夷者岭，峭壁者崖，有穴者岫，悬石者岩，形圆者峦，两山夹路者壑，两山夹水者涧。……不多不少，要知远近。远山不得连近山，远水不得连近水。"②

  今传为王维作品的有《雪溪图》、《江山霁雪图》、《长江积雪图》、《江干雪霁图》等。《江干雪霁图》（图20）描绘的是雪景，地上却没有刻意地画出雪，而是营造了一种雪地的氛围，画面正下方几个人在雪地上行走，契合"寸马豆人"。对远山近树的处理也都契合了画论中的论述。远处的雪山连绵，最右端是主峰，高耸入云，渐左渐趋矮，符合"主峰最宜高耸，客山须是奔趋"。近处的树石，茂密繁盛，符合"近树惟宜拔

---

  ① 傅抱石：《中国画的特点·独特的空间认识和空间表现》，1956年与中央美术学院的东欧留学生的谈话。

  ② （宋）郭熙撰，（宋）郭思编：《林泉高致集》，景印文渊阁四库全书本，台北：台湾商务印书馆1986年版，第590页。本章引文皆出自本书，不再一一注明。

进"；而远处的树木则显得平远、矮小，符合"凡画树木，远者疏平，近者高密"。总体来说整幅画的上方以留白来表现天空，并以一行飞鸟来衬托。左侧的大片留白为江水，以渡桥来衬托。而对山的刻画也只是勾勒出山的线条轮廓，以留白来表现雪山。画中着墨较多的是画作左下角的近景以及中景的屋舍与树，作为实景出现。屋舍、树的实处理与山、江面、天空、雪地的虚化相辅相成。此外，画作中也体现了动静相宜，山为动、江水为静，人为动、物为静。动静相宜，虚实相生，尽显王维的大师造诣。

  倪瓒是元末的书画家、诗人，号云林、云林生、云林子等，世人常称其为"倪云林"，与黄公望、王蒙、吴镇并称"元季四大家"。代表其后期绘画风格的名作有《六君子图》轴（图21）。画轴一河两岸，近处坡岸上画有松、柏、樟、楠、槐、榆六棵树，远处山峦层叠。上有倪瓒自题："卢山甫每见辄求作画，至正五年四月八日，泊舟弓河之上，而山甫篝灯出此纸，苦征余画，时已倦甚，只得勉以应之，大痴黄师见之必大笑也。倪瓒。""大痴黄师"当是指同一时期的黄公望。右上角有黄公望题识云："远望云山隔秋水，近看古木拥坡陁。居然相对六君子，正直特立无偏颇。"黄公望将画中六棵树喻为六君子，始称《六君子图》。《六君子图》中六棵被誉为君子的苍天古树傲然挺立在图中坡岸上，以线条勾勒出枝干与下面坡岸的轮廓。远处的山峦也同样是以线条勾勒，以虚白表现山体。近景的古树、坡岸与远景的山峦之间的中景则完全是以留白来表现的江水，正所谓"画岸不画水，把空白变成广阔的江湖"。远景处的江水又与以留白表现的天空连成了一片，真是水天一色。倪瓒一向善于在画中表现自己高尚的情操，这幅《六君子图》也同样体现了画家的操行。画作多以线条勾勒，大片大片的留白，虚与实巧妙地结合，营造出一种幽远的意境。

  清代王原祁是影响一时的山水画家，开创并形成了娄东派，与王时敏、王鉴、王翚合称"四王"，又与这三人及吴历、恽寿平合称"清六家"。传世作品有《仿高房山云山图》、《仿黄公望山水图》、《仿巨然山水图》、《夏山图》、《子久画意图》、《山水图》、《山中早春图》、《晴窗秋色图》等。我们具体来看《山水图》。《山水图》（图22）中所画之山山势雄伟秀丽，主峰高耸入云，山上丛林茂密，一条瀑布飞流直下，小桥横跨在溪水之上，屋舍散落于山水树石之间，错落有致。画作构思缜密，近景、中景、远景层次井然，用笔稳健，又虚实相间，实非一般功力可及。画作上方留白，表现天空，主峰间以虚化的云烟围绕，正所谓"山实，虚之以烟霭"，以及"画山不画云，把空白变成无际的云海"。画面左端有一飞泻的瀑布，正所谓"丘壑太实，须间以瀑布"，此处间以瀑布，不仅虚实相生，而且动静相宜。近景与中景中各有两处留白，用以表现山水图中之水。远观之，画面基本可以"S"线相分，呈现左实右虚之势，左侧多以实笔勾勒，右侧多以虚笔表现，整幅画虚虚实实，虚实相生，虽入画之景颇多，却因画家构图得当也并不显得厚重压抑，反而因意境幽远而令人回味无穷。

以上选取了不同时代有代表性的三位画家，通过对这三位画家传世名作的分析，可以看出"阴阳两仪"这种传统思维方式的影响，使得画家在山水画构图创作时非常讲究虚实相生，只有处理好了虚实这对关系，才能算得上是一幅成功的画。

（二）人物画中的虚与实

清邹一桂《小山画谱》云："实者逼肖，则虚者自出。"[①] 这句话概括的就是"虚实相生"的意思，用在人物画中就可以解释为将所画人物画得逼真，所谓的虚也就自然而然地显现出来了。清丁皋《写真秘诀·写真秘诀小引》："写真一事，须知意在笔先，气在笔后。分阴阳，定虚实，经营惨淡，成见在胸而后下笔，谓之意在笔先。立浑元一圈，然后分上下，以定两仪，按五行而奠五岳，设施既定，浩乎沛然，充实辉光，轩昂纸上，谓之气在笔后。此固写真之大较矣，然其为意、为气，皆发于心，领于目，应于手，则神贯于人，人在于我，我禀于法，则自然笔笔皆肖矣。"清董棨《养素居画学钩深》云："画贵有神韵，有气魄，然皆从虚灵中得来。若专于实处求力，虽不失规矩，而未知入化之妙。"[②] 董棨的这句话虽不是专门指人物画的创作，但用于人物画也是非常合适的，人物画相比山水画、花鸟画来说更要讲求神韵，若人物失了神韵，便不能称其为成功的人物画。而这神韵、气魄乃都是从虚灵中得，仅靠实处用笔是

---

① （清）邹一桂：《小山画谱》卷下《绘实绘虚》，景印文渊阁四库全书本，台北：台湾商务印书馆1986年版，第728页。

② （清）董棨：《养素居画学钩深》，续修四库全书本，上海古籍出版社2002年版，第869页。

远远不够的。丁皋的这段话着重分析了写真的要领,其中提到要"分阴阳,定虚实",只有讲求虚实结合,才能画出"笔笔皆肖"的人物画。

五代周文矩的代表作之一《重屏会棋图》(图23),描绘的是南唐中主李璟和兄弟们在屏风前下棋的场景。画面正中戴着高高的黑纱帽的是李璟,在众兄弟中显得特别伟岸,他手持方盒,若有所思。两位对弈者面带微笑,却透露出争胜的意思。一位观战者神情轻松,一位侍从站在床边。人物后面的屏风上画着白居易《偶眠》的诗意:"放杯书案上,枕臂火炉前;老爱寻思事,慵多取次眠。妻教卸乌帽,婢与展青毡;便是屏风样,何劳画古贤。"既像真实存在的场景,又是屏风上所展现的场景;既拉伸了画面的空间感,又增加了画面的虚幻性。根据画作题名为《重屏会棋图》,再细细观察画面,画家乃于屏风之中画屏风,此正所谓"重屏"也。整幅画中真实存在的应是下棋与观战的李璟四人及一名侍从,而屏风上所呈现的一切都是虚无的。人物场景本身就存在着一组虚与实的关系。而画面中除了点题必要的屏风、床、棋等,背景都被画家虚化了。对每位人物的刻画也都是以线条勾勒,衣着服装也以线条来表现衣纹。总而言之,画作场景中的一切,无论有形还是无形,都被画家用细劲优雅的线条准确地表现出来了。宋代诗人梅尧臣见到此画,曾作诗赞曰:"……画中见画三重铺,此幅巧甚意思殊。孰真孰假丹青模,世事若此还可吁。"①

元代盛懋的《秋舸清啸图》(图24)描绘的是瑟瑟秋风中,一位侍童摇着一叶扁舟缓缓驶来,舟头坐着一位正仰天长啸的文人。画面的点睛之笔乃是舟头那长啸的文人,画家在画面的前景中除布置了扁舟与人物,还勾画了几棵大树,树叶在秋风中瑟瑟摇曳,坡岸边草的摆动方向以及水流的方向都与树叶摆动的方向相同,暗示了风向,营造出一种动态之美。远景的山峦平缓,中景以留白表现河水。此画构图有些类似于上文中提到的倪瓒的《六君子图》,皆是一河两岸,画面近处是坡岸与树,远处的是绵延的山峦。但盛懋旨在表现人物,坡岸、树、山、水仅仅是作为人物活动的背景出现。整幅画中人物主体与背景之间虚实结合,背景与背景之间也虚实结合。即便是这几棵树,树叶与树叶、树干与树干之间的用墨也都注

---

① (宋)梅尧臣:《二十四日江邻几邀观三馆书画录其所见》,《宛陵集》卷十八,四部丛刊本。

意了浓淡相间。盛懋的另一幅《沧江横笛图》（图25）也颇具代表性。这幅《沧江横笛图》描绘的是江边一文人坐于树下，吹奏横笛。与《秋舸清啸图》相似，这幅画中所画的树叶、草、水流也都是向同一方向动，它们的动态又与画面上端两只飞鸟相结合，与树下吹笛文人形成了一组动静相生的画面。同时，画家基本以留白来表现天空和江水，虚化了人物活动的背景，将主要的笔墨放在对人物的刻画上，整幅画意境深远开阔。

清黄慎是在清代中期扬州画坛享有极高声誉的画家，与郑板桥、金农、李鱓等并称为"扬州八家"。黄慎的人物画中有一类大写意人物画传世最多，此种画法追求简洁概括，往往寥寥数笔勾画人物五官、四肢，常忽略背景。此类画作取材广泛，从神仙到凡人，从文人到乞丐，都是画家创作的源泉。此类传世画作有《醉卧图》、《李铁拐》、《漱石捧砚图》、《渔翁图》、《聋者玩蝠图》、《疯僧图》等。我们具体来看《渔翁图》（图26），这幅画画的是一位背着鱼篓的老渔翁，一手拿着鱼竿，一手提着一条似乎是刚刚钓上来的鱼。整幅画毫无背景，只有渔翁这一形象，人物主体与背景的完全虚化形成了一组虚实关系。人物的五官、衣着以及手中所提的鱼也都被画家以墨色虚化了，但我们却可以从被虚化的五官上看出渔翁在微笑，画家对人物神态的把握相当到位。虚化的五官与所表现出的神态又构成了一组虚与实的关系。

人物画中的虚与实一方面体现在对人物的刻画上，选取有利于表现人物的场景，淡化背景或者不足以传神的五官、衣着等，着意于凸显人物性格；另一方面体现在对作为人物活动背景出现的环境的刻画，这又与上一节中讲到的山水画中的虚与实紧密相联。

（三）花鸟画中的虚与实

清郑绩《梦幻居画学简明》："深处必消以淡，密处必间以疏。如写一浓点树，则写双句夹叶间之，然后再用点叶。如写一浓黑石，则写一淡赭山以间之，然后再叠黑石。或树外间水，山脚间云。所谓虚实实虚，虚实相生，生生不尽。如此作法，虽千山万树，全幅写满，岂有见其逼塞者耶?"① 郑绩从用墨浓淡的角度来表现虚实,墨浓的地方就要以淡墨来间,如此才能浓淡相间,虚实相生,生生不尽。清孔衍栻云:"凡点叶树俱用渴笔实染,双勾叶白着不染。房舍有瓦草处染,无瓦草处空白。"(《石村画诀·渴染》)这是从着墨染色的角度来谈虚实的,点叶树染,双勾叶不染,着墨与不着墨,黑与白之间就是虚与实的关系。

明文徵明的《双柯竹石图》(图27),画家所选取的入画之物非常简单,一块湖石、一荣一枯两棵树与穿插其中的几株竹子。最前端的湖石皴擦点染,浓淡相间。对竹子的刻画几近写实,竹叶多以浓墨写,间或杂以淡墨,形象地表现出了竹子的内在精神。对树的刻画则以淡墨细线勾勒出树干、树枝,不加皴染,一荣一枯本身就形成强烈的对比。整幅画中,墨竹本身就浓淡相间,虚实有生。墨竹与两树之间又形成了一组浓淡的对比,在视觉上给人一种左实右虚之感。对湖石的皴染更是彰显了虚中有实、实中有虚。且画轴上方以留白来表现天空,下方以淡墨施染、小草点缀来表现地。整幅画中无处不体现着虚虚实实、虚实相生。

明宣德皇帝朱瞻基今有许多花鸟画传世,有《花下狸猫图》、《嘉禾图》、《三阳开泰图》、《戏猿图》等。以《三阳开泰图》和《戏猿图》为例来具体分析。《三阳开泰图》(图28)画上画有一只大山羊与两只小山羊,画面左上端有数枝枝叶点缀。对大山羊的刻画将着墨点放在羊的犄角下方、耳朵以及背上,其他部分则都是以淡墨细细勾画,大山羊本身就存在着虚实关系。再来看两只小山羊,这两只小山羊的基本色是以黑色为主,只有脸部与足部以留白呈现为白色。小山羊以黑色为主,辅以白色,正与大山羊的以白色为主,辅以黑色形成互补,在视觉上很和谐。此外,左上角的植物背景以及地面的虚化又强化了三只羊的中心地位。《戏猿图》(图29)所着力表现的是三只猿猴,小河里的石块上蹲着一只母猿,怀里抱着一只小猿猴,小猿猴仰头向上,伸着一只爪子扬在半空中。画面右上方的树上攀着一只猿猴,一只爪子里还拿着从树上摘的果实,正低头看着小猿猴,要把果实递给它。从画意来看,画家所描画的应该是一家三口的猿猴,猿父在树上摘果实给小猿。画家用笔细致,对猿猴的刻画很是逼真,猴爪、毛发等细节都处理得相当到位。画上猿猴的毛色与上幅

---

① (清)郑绩:《梦幻居画学简明》卷一《论景》,续修四库全书本,上海古籍出版社2002年版,第181页。

《三阳开泰图》中羊的毛色刚好相反，在这幅画里，两只大猿猴的毛发以黑为主，辅以白色，小猿猴以淡墨为主，辅以爪子处的浓墨。画家对几块河石的描画，都是石块上方以空白出现，中下部以皴笔点画。河石间杂以竹子，竹叶又是疏密相间，浓淡相宜。河水也被虚化，以勾勒出的波纹来表示。整幅画疏密相间，虚实相生而又动静相宜。

清李鱓，善画花卉、翎毛、山水，是"扬州八家"之一，传世作品有《花卉图》、《雄鸡图》、《加官图》、《牡丹苍松图》、《芍药小雀图》等。以《牡丹苍松图》为例来看李鱓画中所暗含的在"阴阳两仪"思维下所产生的虚实相生。《牡丹苍松图》（图30）选取入画的是松树树干的一部分，画面上方表现的是苍松的枝叶，下方是松树旁的牡丹，枝叶在树干后若隐若现，三朵牡丹花傲然怒放。画家以浓淡相间的墨笔来写松树的干和枝。貌如针的松叶浓淡相间，亦如郑板桥所言"深处必消一淡"。牡丹花的花朵被虚化了，仅以淡墨勾勒花瓣。就牡丹而言，花朵的虚化与叶子形成了一组虚实对照的关系。牡丹叶子被施以淡绿色，叶面上用墨笔勾画出叶纹，叶子的颜色与叶纹的颜色也是一浓一淡，浓淡相间，虚实也就在这浓与淡中显现出来。整幅画体现虚与实的有松针之间、树干之间、牡丹花与叶、牡丹叶与叶之间、松树与牡丹，虚与实这对范畴在画作中得到了极好的体现。

清虚谷的《菊鹤图》（图31），顾名思义所画的乃是菊花与仙鹤，画上几株菊花分别向上、下延伸，右侧的一块石头上有一只仙鹤。仙鹤侧头回望，一只爪子抬起收拢，使仙鹤显得动感十足。整幅画中，用墨最浓的地方是仙鹤，仙鹤的颈部、尾部、爪子，浓墨施染。仙鹤的身躯仅以数笔淡墨轻轻勾画，其他部分则都以空白来表现。宗白华先生曾说："虚实相生的妙理，补空要注意'虚处藏神'。补空不是取消虚处，而正是留出空处，而又在空处轻轻着笔，反而显出虚处，因而气韵流动，空中传神。"[①]虚谷对仙鹤身躯部分的处理就极为符合宗白华的阐述，留出空白处，而又在空白处轻轻着笔，以此更凸显虚处，更传神达意。就仙鹤而言，对头部、尾部、爪子做写实的处理，对身躯做虚化的处理，一虚一实，使得仙鹤更有灵气，充满动势。仙鹤脚下的石块采取淡墨晕染的方式，与仙鹤也形成了一组虚实的关系。再看菊花，每朵花的设色都是浓淡兼有，画家是

---

① 宗白华：《美学散步》，上海人民出版社2005年版，第300—301页。

以花朵设色的浓淡来表现花朵的阴阳向背，向阳的地方着色浓，背阴的地方着色淡。花朵上用色的浓与淡也是一组虚与实的关系。总体来说，虚谷非常善于利用虚实来布置构图，画作用墨浓淡相宜，虚实相生。

清八大山人常常创作一些让人颇为费解的画作，偌大的一幅画上只有小小的一个对象，今藏日本京都泉屋博古馆的《安晚册》之一《小鱼》（图32），整个画面只有中间靠下的部分画着一条很小的小鱼，右上端有画家的题字，其他的地方都是空白。但是那一尾游弋的小鱼又无不暗示着它身在池水中。八大山人以空白表现池水，无须画出水纹，而水自在。又如藏于北京故宫博物院的《鱼石图轴》（图33），取意与上文提到的《小鱼》极其相似，不同之处在于此幅画中的鱼略大，而且鱼眼的描绘是八大山人惯用的白眼。左侧画有一块似石非石的石。八大山人对石块和鱼身的处理都是浓淡墨相间使用，背景的虚化留白又使得整幅画虚实相生。

花鸟画中的虚实范畴的体现与山水画中虚实范畴的体现不太相同，山水画中的虚与实主要通过留白、云烟等与山、石、树来表现，而花鸟画中的虚实主要体现在画中花鸟形象与背景之间，以及花鸟主体自身的用笔上。但二者都能通过画上物象传达出意象之外的意境与情思。

四　形与神

《史记·太史公自序》："凡人所生者神也，所托者形也。神大用则竭，形大劳则敝，形神离则死。死者不可复生，离者不可复反，故圣人重之。由是观之，神者，生之本也；形者，生之具也。"[1] 王充《论衡·订鬼》篇云："夫人所以生者，阴阳气也。阴气主为骨肉，阳气主为精神。人之生也，阴阳气具。故骨肉坚，精气盛。精气为知，骨肉为强，故精神言谈，形体固守。骨肉精神合错相持，故能常见而不灭亡也。"[2] 此中的"骨肉"即是"形"，"精神"即是"神"，因而可以理解为阴气主形，阳气主神。"阳化气，阴成形。"[3] 这里的"气"就是"神"，一方面是说阳主神、阴主形，另一方面也暗指了阴阳是物质动静、气化合成等的一种相

---

[1] 《史记》卷一百三十，中华书局1959年版，第3292页。
[2] （汉）王充：《论衡》卷二十二，上海古籍出版社1992年版，第268页。
[3] 《黄帝内经素问》补注释文卷之五《阴阳应象大论篇》，《道藏》第21册，第24页。

对运动，又与前文论述的动与静相联系。《淮南子·精神训》："夫精神者，所受于天也；而形体者，所禀于地也。"而天与地在太极图中正对应着阳与阴，正如朱良志先生所说："中国人将形、神的产生归之于地和天。神来自天，形来自地，神为阳，形为阴，阴阳相合而为人。"① 形与神的关系如此一来也就可以归结为阴与阳的关系，或者可以说形与神这对范畴也是由阴阳观生发的，是"阴阳两仪"思维方式的产物，是阴与阳在精神层面上的体现。形神这对范畴中，"形为实、为有；神为虚、为无。虚从实生，虚无反为根本；无以有现，象罔可得玄珠，两者不可须臾相离"②。"形"是客观存在的，是画家通过笔墨实实在在表现出来的，是可视、可感的。"神"是画中所表现对象的神韵以及内在气质，是"象外之象"、"味外之味"。

在绘画研究中，形与神这对范畴常常被提起。形与神的关系也是历代文人学者所津津乐道的。《尔雅》云："画，形也。"疏曰："画，形也。释曰：郭云：画者为形象。考工记云：画缋之事，土以黄其象，方天时变，火以圜，山以章，水以龙，鸟兽蛇是也。画者，为形象也。"③ 在绘画产生的初期阶段，主要就是象形的。《荀子·天论》："形具而神生。"三国魏嵇康《养生论》："是以君子知形恃神以立，神须形以存。……使形神相亲，表里俱济也。"④ 南朝梁范缜《神灭论》："神即形也，形即神也；是以形存则神存，形谢则神灭也。"又有言："形者神之质，神者形之用，是则形称其质，神言其用，形之与神，不得相异也。"⑤ 这些都是论述形与神之关系的。《淮南子》将形神关系的论述引入艺术创作领域，《说山训》中说："画西施之面，美而不可说；规孟贲之目，大而不可畏：君形者亡焉。"主张以神为主，但又不否认形的作用。《说林训》中又提出了"画者谨毛而失貌。"高诱注曰："谨悉微毛留意于小，则失其大貌。"⑥ 这里的"微毛"就是指形的问题，而"大貌"就是指神的问题。

---

① 朱良志：《中国美学十五讲》，北京大学出版社2006年版，第354页。
② 朱立元主编：《天人合一——中华审美文化之魂》，上海文艺出版社1998年版，第593页。
③ 《尔雅注疏·释言》，阮元校刻《十三经注疏》，中华书局1980年版，第2583页。
④ （魏）嵇康：《嵇中散集·养生论》，景印文渊阁四库全书本，台北：台湾商务印书馆1986年版，第347页。
⑤ 《梁书》卷四十八《范缜传》，中华书局1973年版，第665—666页。
⑥ （汉）刘安等编著，（汉）高诱注：《淮南子·说林训》，第186页。

在绘画的发展过程中，画家文人们开始认识到，仅仅形似是远远不够的。东晋顾恺之明确提出"以形写神"的绘画主张："人有长短，今既定远近与瞩其对，则不可改易阔促、错置高下也。凡生人亡有手揖眼视而前亡所对者。以形写神而空其实对，荃生之用乖，传神之趋失矣：空其实对则大失，对而不正则小失，不可不察也。一像之明珠，不若悟对之通神也。"（《历代名画记》卷五）《论画》云："美丽之形，尺寸之制，阴阳之数，纤妙之迹，世所并贵。神仪在心，面手称其目者，玄赏则不待喻。"①"美丽之形"、"尺寸之制"、"阴阳之数"、"纤妙之迹"都是外在对象的"形"，要通过这些传达出在心中的"神仪"。《世说新语》载："四体妍蚩，本无关于妙处，传神写照，正在阿堵中。"② 眼神最能体现人物的内心世界，借"点睛"这一形的描写来传神。北宋欧阳修有诗云："古画画意不画形，按诗咏物无隐情；忘形得意知者寡，不若见诗如见画。"③ 苏轼也曾说："论画以形似，见与儿童邻。赋诗必此诗，定知非诗人。"④ 两位文豪都认为好诗、好画应在于表现事物的精神，而不应仅仅在于形似。葛立方说："或谓二公（欧阳修、苏轼——引者注）所论不以形似，当画何物，曰非谓画牛作马也，但以气韵为主尔。"⑤ 所画对象的气韵神采才是画家所要着意追求的。元汤垕《画鉴》："今之人看画，多取形似，不知古人以形似为末节。……盖其妙处在于笔法、气韵、神采，形似末也。"⑥ 汤垕指出画的神韵妙处在于笔法、气韵以及所表现出来的神采，追求形似是位于最后一位的。

张彦远《历代名画记》："古之画或遗其形似而尚其骨气，以形似之外求其画，此难与俗人道也。今之画纵得形似而气韵不生，以气韵求其画，则形似在其间矣。"（卷一）张彦远此说并非否定形似，而是认为神似之中就已包含了形似。又说："象物必在于形似，形似须全其骨气，骨

---

① （清）孙岳颁等奉敕撰：《御定佩文斋书画谱》卷十一《晋顾恺之论画》，景印文渊阁四库全书本，台北：台湾商务印书馆1986年版，第353页。
② （南朝宋）刘义庆撰，（梁）刘孝标注，朱铸禹汇校集注：《世说新语汇校集注·巧艺》，上海古籍出版社2002年版，第604—605页。
③ （宋）葛立方：《韵语阳秋》卷十四，中华再造善本，据上海图书馆藏宋刻本影印。
④ 同上。
⑤ 同上。
⑥ （元）汤垕撰：《画鉴·杂论》，景印文渊阁四库全书本，台北：台湾商务印书馆1986年版，第437页。

气形似皆本于立意而归乎用笔。"这里所说的"骨气"其实就是对象内在的"神"。荆浩在《笔法记》中提出了绘画的"有形病"与"无形病","夫病有二：一曰无形，一曰有形。有形病者，花木不时，屋小人大，或树高于山，桥不登于岸，可度形之类是也。如此之病，不可改图。无形病，气韵俱泯，物象全乖，笔墨虽行，类同死物。以斯格拙，不可删修"。① 荆浩所言无形之病，就是我们现在所说的形似而神不似。北宋沈括也在《梦溪笔谈》中提到："书画之妙，当以神会，难可以形器求也。世观画者多能指摘其间形象位置、彩色瑕疵而已；至于奥理冥造者罕见其人。"② 北宋郭若虚《图画见闻志·论气韵非师》卷一云："凡画，必周气韵，方号世珍；不尔虽竭巧思，止同众工之事，虽曰画而非画。"南宋邓椿《画继》卷九《杂说·论远》篇："此若虚深鄙众工，谓虽曰画而非画者，盖止能传其形，不能传其神也。"③ 郭若虚认为若画不能表现其中的气韵，即便是画也不能称其为真正的画。邓椿对他的话进行了解释，所谓"虽曰画而非画者"就是只求形似而不神似。宋代袁文《瓮牖闲评》："作画形易而神难。形者，其形体也；神者，其神采也。凡人之形体，学画者往往皆能，至于神采，自非胸中过人，有不能为者。"④ 明王履《华山图序》："画虽状形主乎意，意不足谓之非形可也。虽然意在形，舍形何所求意？故得其形者，意溢乎形，失其形者形乎哉！画物欲似物，岂可不识其面？古之人之名世，果得于暗中摸索耶？彼务于转摹者，多以纸素之识是足，而不之外，故愈远愈讹，形尚失之，况意？"⑤ 王履所说的"意"就是"神"，他强调了画虽要求意，但不可不求形，舍弃了形也就无从求意，是要形神兼备。王世贞说："人物以形模为先，气韵超乎其表；山水以气韵为主，形模寓乎其中，乃为合作。若形似无生气，神彩至

---

① （宋）荆浩撰：《笔法记》，景印文渊阁四库全书本，台北：台湾商务印书馆1986年版，第425页。
② 《梦溪笔谈》卷十七《书画》，《论衡》（外十一种），上海古籍出版社1992年版，第798页。
③ （宋）邓椿：《画继》卷九《杂说·论远》，景印文渊阁四库全书本，台北：台湾商务印书馆1986年版，第546页。本章引文皆出自本书，不再一一注明。
④ （宋）袁文撰，李伟国点校：《瓮牖闲评》卷五，中华书局2007年版，第88页。
⑤ （清）孙岳颁等奉敕撰：《御定佩文斋书画谱》卷十六《明王履华山图序》，景印文渊阁四库全书本，第477页。

脱格,皆病也。"① 他认为在人物画中,形象是第一位的,气韵依托又超于形象之外;山水画则以气韵为主,形象寓于气韵之中。但如若仅仅形似而没有生气,则就是绘画的弊病了。明代董其昌在《画诀》中对形神这对范畴也有所论及:"传神者必以形。形与心手相凑而相忘,神之所托也。"② 神只有依赖于形才能传达出来,形乃神之所托,二者缺一不可。明唐志契《绘事微言·要看真山水》中说:"墨沈留川影,笔花传入神。"确是"笔笔灵虚,不滞于物,而又笔笔写实,为物传神"。③ 清沈宗骞《芥舟学画编》卷一《山水·作法》:"凡物得天地之气以成者,莫不各有其神,欲以笔墨肖之,当不惟其形,惟其神也。"④ 近代黄宾虹曾言:"画山水要有神韵;画花鸟要有情趣;画人物要有情又有神。图画取材,无非天、地、人。天,山川之谓;地,花草虫鱼翎毛之谓,画花草,徒有形似而无情趣便是纸花。画人最复杂,既要有男女老幼之别,又要有性格之别,更要有善恶喜怒之别。"黄宾虹分别阐述了不同绘画对象所要表达出的不同韵味,山水贵在神韵,花鸟贵在情趣,人物贵在神情,都是要求画之神韵。"画贵神似,不取貌似。非不求貌肖也,惟貌似尚易,神似尤难。东坡言:'作画以形似,见与儿童邻。'非谓画不当形似,言徒取形似者,犹是儿童之见。必于形似之外得其神似,乃入鉴赏。"⑤ "画不徒贵有其形似,而尤贵神似;不求形似,而形自具。非谓形似之可废而空言精神,亦非置神似于不顾,而专工形貌。"⑥ 黄宾虹旨在说明画贵求神似,神似重于形似,但并不能不求形似而空谈传神,亦不可只求逼真写实而不求传神,两者缺一不可,必是于形似之上得其神似,是谓要形神兼备。潘天寿先生在《听天阁画谈随笔》中说道:"顾长康云:'以形写神',即神从形生,无形,则神无所依托。然有形无神,系死形相,所谓'如尸似

---

① (清)孙岳颁等奉敕撰:《御定佩文斋书画谱》卷十六《明王世贞论画》,景印文渊阁四库全书本,第483—484页。
② (明)董其昌著,周远斌点校纂注:《画禅室随笔·画诀》,山东画报出版社2008年版,第21页。本章引文皆出自本书,不再一一注明。
③ 宗白华:《美学散步》,第208页。
④ (清)沈宗骞:《芥舟学画编》卷一《山水·作法》,续修四库全书本,上海古籍出版社2002年版,第513页。本章引文皆出自本书,不再一一注明。
⑤ 王伯敏编:《黄宾虹画语录·画理》,上海人民美术出版社1978年版,第8、10页。
⑥ 《黄宾虹论画录·画学南北宗之辨似》,转引自周积寅编著《中国历代画论》,第573页。

塑者是也'。未能成画。顾氏所谓神者，何哉？即吾人生存于宇宙间所具有之生生活力也。'以形写神'，即所表达出对象内在生生活力之状态而已。"① 形是神的依托，无形则神亦无。神是形区别于死尸雕塑的关键，形与神在绘画中缺一不可。所谓"传神"就是要表达出所画对象的内在精神状态与生命的活力。齐白石先生曾说："作画要形神兼备。不能画得太像，太像则匠；又不能画得不像，不像则妄。"不能太像又不能不像，既要做到对所画对象的形似，又能在这似与不似之间求得神似。又有言："善写意者，专言其神；工写生者，只重其形。要写生而后写意，写意而后复写生，自能神形俱见，非偶然可得也。"② 齐白石从绘画的两种不同表现形式——写意与写生分别谈起，认为写意画法意在表现对象内在的神采与气质，写生画法意在临摹求真，而要神形俱见，就必须写生写意同时并重，在写生中表现意，在写意中表现形。正如刘海粟所说："精神是无形的，但潜存于一切有形物象之中，中国画以写形为手段，以写神为目的，这是艺术的根本法则。"③ 要以写形达到传神之目的，这才是中国绘画的根本。

中国传统画学从最初的求形似，到要求形神兼备而更重神似，形与神这对范畴在画学范畴中占有极其重要的地位，传神写照也成为了根本的艺术法则。

（一）山水画中的形与神

南宋邓椿《画继》卷九《杂说·论远》："世徒知人之有神，而不知物之有神。""传神写照"最初是人物画的创作原则，而其实在山水画以及花鸟画中山水、花鸟也都是需要传神的。画家宗炳将"传神"延伸到山水画之中，《画山水序》："至于山水，质有而趋灵。"④ 山水实实在在的"质有"才能达到人们内心的"趋灵"，这与"以形写神"在本质上是相通的。清唐岱在《绘事发微·气韵》中说："画山水贵乎气韵。气韵

---

① 潘天寿：《听天阁画谈随笔》，第6页。
② 齐白石著，张竟无编：《齐白石谈艺录》，第259、261页。
③ 《海粟画语·中国画之特点及各画派之源流》，转引自周积寅编著《中国历代画论》，第573页。
④ （清）孙岳颁等奉敕撰：《御定佩文斋书画谱》卷十五《宋宗炳画山水序》，景印文渊阁四库全书本，第454页。

者，非云烟雾霭也，是天地间之真气。凡物无气不生。山气从石内发出，以晴明时望山，其苍茫润泽之气腾腾欲动。故画山水以气韵为先也。"唐岱说山水的气韵并不是指云烟雾霭，而是其中所蕴含的内在精神气质，就是"神"，画山水贵在表现山水之神。清石涛曾言："名山许游未许画，画必似之山必怪。变幻神奇憕懂间，不似似之当下拜。心与峰期眼乍飞，笔游理斗使无碍。"① 如果一味地追求山水的形似，那么所画出来的山水必然很怪异。要能在变幻神奇间寻得不似之似，即求得神似。清布颜图《画学心法问答》云："山川之存于外者，形也；熟于心者，神也。神熟于心，此心练之也。心者手之率，手者心之用。心之所熟，使手为之，敢不应手？故练者非徒手练也，心使练之也。"将熟于心的山川通过手表现出来，其实就是"以形写神"。清钱泳《履园画学》曰："故凡古人书画，俱各写其本来面目，方入神妙。董思翁尝言：'董源写江南山，米元章写南徐山，李唐写中州山，马远、夏圭写钱塘山，赵吴兴写苕霅山，黄子久写虞山是也。'"② 山水画中的"形神"一方面是指画家通过细致的描绘精确地表现出一地之不同于一地的自然山水，另一重要的方面是要能在这描绘的过程中将画家自己的"神思"注入其中，达到主客体的统一，又能使观者在看画时产生自己独特的审美体验。

五代画家荆浩"真正把中国山水画推向中国画首位并使之成为中国画主干"③，在中国山水画史上占有重要地位。今存有《匡庐图》、《秋山瑞霭图》、《崆峒访道图》。《匡庐图》（图34）在宋代就被定为是荆浩的真迹，上书有"荆浩真迹神品"。画中所画的虽然是庐山，却是以北方山水为基础而创作的，其山石坚硬，气势雄伟。整幅画从下往上可以分为近景、中景和远景。近景层，画面最下方，以一位渔夫撑着一叶扁舟正欲靠岸。稍稍往上靠画面左侧，山麓间树木环绕着屋宇，屋后有石径逶迤而上。下有流水小桥，一人骑着马，悠然而行。近景所描绘的是有人之境，也是想把观者引入画境。中景再向上，所画乃是一条瀑布飞流直下，令观

---

① （清）释原济：《石涛论画》，转引自俞剑华注释《中国古代画论类编》（修订版），第163页。查《论画辑要》中所录《大涤子题画诗跋》及《画语录》均未见该引文，又查《美术丛书》所录《画语录》亦未见，未知所据何本。

② （清）钱泳：《履园画学》，于安澜编：《画史丛书》第10册，上海人民美术出版社1963年版。

③ 陈传席：《中国山水画史》，天津人民美术出版社2001年版，第67页。

者如闻其声、如见其貌。再往上又见一桥横架于危崖间，桥的左侧是一处庭院，松柏参天。再往上即是远景，画家对远景的刻画丝毫不懈怠。主峰矗立似在眼前，两侧云烟缭绕，诸峰如屏，相互映照。又一瀑布仿佛从九重天降下，落入虚空之地。真所谓"飞流直下三千尺，疑是银河落九天"。近景、中景、远景层层推进，从有人之境渐入无人之境，而画家着力最多的远景也是整幅画的最佳胜境。荆浩对皴法的运用是山水画技法发展上一个极大的进步。《匡庐图》中正是对山头和暗处施以小斧皴，然后再用淡墨加以渲染，以此来表现阴阳向背。荆浩长年隐居在太行山，自号洪谷子，对太行山山石、山势的细致观察是他山水画创作的基础。荆浩以北方山石为基础，描绘出了他心中的庐山形象，并且通过笔墨、皴擦、烘染，将庐山之美、之势呈现在观者的眼前，使人观之有身临其境之感。荆浩的山水画体现了北方山的特色，开创了北方山水画派。稍晚于荆浩的董源则开创了江南山水画派。

　　董源的山水画有两种形式，一种水墨，一种青绿着色。米芾《画史》称："董源平淡天真多。唐无此品在毕宏上，近世神品格高无与比也。"①《图画见闻志》谓董源"水墨类王维，着色如李思训。"（卷三《纪艺中》）但对后世产生深远影响，并开创了江南山水画派的还是他的水墨山水画。今存有《溪岸图》、《秋山行旅图》、《潇湘图》、《夏山图》、《夏景山口待渡图》等。《潇湘图》（图35、图36）是董源后期山水画的代表作，经明代董其昌鉴定为董源的真迹，现藏于故宫博物院。画家以江南平缓山峦为题材，取平远构图，画面右侧江中一叶扁舟缓缓飘来，江边等候的人们纷纷上前迎接。江面上有许多渔船，左侧远山坡处有正在结网的渔民。画家以点线交织构成了整幅画，披麻皴和点子皴是创作山峦的主要手法。画上点景人物以青、白、红设色，与水墨之景相互映衬。横向的山势走向显得舒缓自如，墨点浓淡相间，薄雾淡出，江南温润潮湿的气候，草木郁郁葱葱的景象——跃然纸上。

　　无论是在青绿山水时期还是在水墨山水时期，形与神都是画家在绘画创作中不可避免的一个问题。画家在描绘山水时首先要能体现出此处山水不同于别处山水的精神本质，将入画山水的神传递出来。其次画家要将景

---

① （宋）米芾：《画史》，景印文渊阁四库全书本，台北：台湾商务印书馆1986年版，第6页。

物与情思充分结合，于不似之似间追求一种和谐，观者能够透过所画之景揣摩出山水的内在气韵与画家的思想情感，将山水之形与山水之神以及人之情思贯穿于一体。宗炳曾感叹说："老疾俱至，名山恐难遍睹，唯澄怀观道，卧以游之。"① 山水画的审美理想之一就是能让观者取得"卧以游之"的审美体验。

（二）人物画中的形与神

顾恺之曾言："画手挥五弦易，目送归鸿难。"② 绘画若想描绘出弹琴之景是很容易的，但若是想表现目送归鸿之情则很难，关键就在于对人物眼睛、眼神的刻画。人物画中"以形写神"的"神"在顾恺之这里就是指"眼神"。《太平御览》中记载："俗说曰：顾虎头为人画扇，作嵇、阮而都不点眼睛。主问之。顾答曰：'那可点睛，点睛便语。'"③ 虽然只是传说，但足以说明对眼睛的刻画在人物画中的重要作用，历代文人、画家也都对此有所评说。苏轼在《东坡题跋》中曾说："传神之难在于目。"④ 南宋赵希鹄曰："人物、鬼神、生动之物，全在点睛，睛活则有生意。"⑤ 明唐志契《绘事微言·山水写趣》："昔人谓画人物是传神。"人物画所首要的就是传神。清蒋骥曰："神在两目，情在笑容。"（《传神秘要·神情》）清丁思铭曰："二目乃日月之精，最要传其生动。"⑥ 清丁皋云："眼为一身之日月，五内之精华。非徒袭其迹，务在得其神。神得，则呼之欲下，神失，则不知何人，所谓传神在阿堵间也。左为阳，右为阴。形有长短方圆，光有露藏远近。"⑦ 清郑绩云："生人之有神无神在于目，画人之有神无神亦在于目。所谓传神阿堵中也。故点睛得法，则周身灵动。不得其法，则通幅死呆。法当随其所写何如，因其行卧坐立，俯仰顾盼，

---

① 《南史》卷七十五《宗少文》，中华书局1975年版，第1861页。
② （南朝宋）刘义庆撰，（梁）刘孝标注，朱铸禹汇校集注：《世说新语汇校集注·巧艺》，第605页。
③ （宋）李昉等奉敕撰：《太平御览》卷七百二，景印文渊阁四库全书本，台北：台湾商务印书馆1986年版，第334页。
④ （宋）苏轼原著，许伟东注释：《东坡题跋》，人民美术出版社2008年版，第312页。
⑤ （宋）赵希鹄：《洞天清禄》，邓实等编：《美术丛书》第9集第4册，上海神州国光社1936年版。
⑥ （清）丁思铭：《写照提纲》，见（清）王概《芥子园画谱》第四集卷一，第12页。
⑦ （清）丁皋：《写真秘诀·眼光论》，见（清）王概《芥子园画谱》第四集卷一，第44页。

或正观或邪视，精神所注何处，审定然后点之。"① 无一不是说对眼睛、眼神的刻画，也即画学上点睛的重要作用。人物的眼神可以反映出人物的思想与性格，是此人物区别于彼人物的关键，是人物画中传神最重要的方面。

北宋郭若虚《图画见闻志》："历观古名士画金童玉女及神仙星官中有妇人形相者，貌虽端严，神必清古，自有威重俨然之色，使人见则肃恭有归仰之心；今之画者但贵其娉丽之容，是取悦于众目，不达画之理趣也。观者察之。"（卷一《论妇人形相》）郭若虚所说的"貌虽端严，神必清古，自有威重俨然之色，使人见则肃恭有归仰之心"，正是对所画人物形象形与神的精准把握，才能使人见画如见其人。

宋代陈郁《藏一话腴》："写照非画科比，盖写形不难，写心惟难，写之人尤其难也。夫帝尧秀眉，鲁僖司马亦秀眉；舜重瞳，项羽、朱友敬亦重瞳；……若此者，写之似足矣，故曰写形不难。夫写屈原之形而肖矣，倘笔无行吟泽畔，怀忠不平之意，亦非灵均。……盖写其形必传其神，传其神必写其心；否则君子小人，貌同心异，贵贱忠恶，奚自而别，形虽似，何益？故曰：写心惟难。"② 画人物必须要传神，"传其神必写其心"，就是说要对人物的思想感情进行深刻的刻画，这才是人物画中最难的地方。

明董其昌《跋画》："画皮画骨，难画神。"③ 皮和骨都是形，是外在的，是较易把握的，而传神是最难的。明吴梦旸《题画》："画家不必拘拘求形似，自董北苑始，是以神胜也。至于胜国间诸名家，专务神色，其可以无似而不失前人之工于似者，惟赵孟頫，次则有钱选，写生差近之。"④ 吴梦旸以神似重于形似，重神轻形。清邹一桂《小山画谱》云："譬如画人耳目口鼻须眉，一一俱肖，则神气自出，未有形缺而神全者也。"⑤ 邹一桂虽也强调要通过对人物耳目口鼻须眉的刻画来传神，但形

---

① （清）郑绩：《梦幻居画学简明》卷二《论点睛》，续修四库全书本，上海古籍出版社2002年版，第222页。本章引文皆出自本书，不再一一注明。
② （宋）陈郁：《藏一话腴》外编卷下，景印文渊阁四库全书本，台北：台湾商务印书馆1986年版，第569—570页。
③ 转引自周积寅编著《中国历代画论》，第568页。
④ 同上。
⑤ （清）邹一桂：《小山画谱》卷上，景印文渊阁四库全书本，台北：台湾商务印书馆1986年版，第703页。

似也是必不可少的，不求形似而求得神似也是不可能的。清沈宗骞《芥舟学画编》卷三《传神》："画法门类至多，而传神写照，由来最古。盖以能传古圣先贤之神，垂诸后世也。不曰形曰貌而曰神者。以天下之人，形同者有之，貌类者有之，至于神，则有不能相同者矣。作者若但求之形似，则方圆肥瘦，即数十人之中，且有相似者矣，乌得谓之传神？今有一人焉，前肥而后瘦，前白而后苍，前无须髭而后多髯，乍见之，或不能相识，即而视之，必恍然曰：此即某某也。盖形虽变而神不变也。故形或小失，犹之可也。若神有少乖，则竟非其人矣。然所以为神之故，则又不离乎形。"关于画法的讲述很多，但由来最久的便是"传神写照"，形似之人颇多，但神似之人却几乎没有。画一个人，仅仅追求形似则可能与跟他外貌相当的人混淆，但若是传神精准，表现出了人物内在的气质，即便是描形有小失也并无大碍。又有言："竹垞老人谓沈尔调曰：'观人之神，如飞鸟之过目，其去愈速，其神愈全。'故当瞥见之时，神乃全而真。作者能以数笔勾出，脱手而神活现，是笔机与神理凑合，自有一段天然之妙也。"人物的神情表现有如飞鸟从眼前一闪而过，画家要能在一瞬间把握住，之后以数笔勾勒，笔法与神情巧若天成。清郑绩云："凡写故实，须细思其人其事，始末如何，如身入其境，目击耳闻一般。写其人不徒写其貌，要肖其品。何谓肖品？绘出古人平素性情品质也。"（《梦幻居画学简明》卷二《论肖品》）郑绩的"肖品"也是指要对人物的性情思想进行刻画。

《文苑图》是五代画家周文矩除《重屏会棋图》之外的又一代表作。画上有宋徽宗御书"韩滉文苑图"，但据考证此图应是与现存于美国的《琉璃堂人物图》原属一卷，二者画风极其相似，同是周文矩的作品。《文苑图》（图37）描绘的是四位冥思苦想的诗人。这四位诗人，或坐于石上，或倚松而立，或伏于山石，一位侍童在研墨伺候着。两位坐在石头上的诗人，拿着一份文稿，正议论着什么，其中一人向旁环顾，似乎有什么动静打扰了他们的宁静。倚着松树的诗人若有所思，伏在山石上的那位诗人一手执卷，一手夹着毛笔托着腮，凝神思考。画家对四位人物的刻画相当到位，眼神、表情，无一不传递着人物的思想情态。石头上还放着一个鸟笼，以松树和鸟笼作为点睛的背景又反映了人物优哉游哉的生活。

《韩熙载夜宴图》是南唐画院待诏顾闳中唯一的传世作品，是画家奉后主李煜之命，潜于韩府观察韩熙载的生活，默识于心，而后画成。画卷极为生动地再现了政治上失意的韩熙载放纵不羁的夜生活，具有一定的写实性。元王绎《写像秘诀》："彼方叫啸谈论之间，本真发见，我则静而求之，默识于心，闭目如在目前，放笔如在笔底。"[1] 顾闳中的《韩熙载夜宴图》恰好契合了后代人对人物绘画的总结。《韩熙载夜宴图》（图38—42）由韩熙载与众友人听琵琶弹奏而展开。场景一中，乐女弹奏琵琶，众人都专注地听着，还有人不自觉地应声拍手附和着，从他们的表情可以看出他们都被这优美的旋律所吸引。此时夜宴的主人公韩熙载斜倚在床上，表情不似众人那么欢快，反而稍显有些麻木。沿着画卷向前，第二个场景是韩熙载亲自擂鼓为舞伎伴奏。画面中韩熙载虽然是在伴奏，却眉头微锁、目光呆滞，与身边拍手称快的友人和略显无奈的和尚形成鲜明的对比。第三个场景是韩熙载与一些家伎在床上小憩，韩熙载的表情显得有些慵懒。散乱放着的卧具，往来的侍女，一切都显得那么的奢华、懒散。第四个场景是韩熙载坐在太师椅上，周围三位侍女围绕伺候着，右方坐着一排吹奏筚篥和横笛的艺伎。画家对艺伎的刻画相当细致，人物的表情神态使人观之如闻其声，可以称得上是中国绘画史中用无声的画面表现有声音乐的杰出之作。回过头来看主人公韩熙载，虽置身于这灯红酒绿、纸醉金迷中，但眉宇间总流露出淡淡的忧愁。画卷中所呈现的最后一个场景是宴散时分，三组宾客与乐伎依依惜别，而韩熙载则神情漠然地挥手谢客。整幅画卷韩熙载一共在不同的场景中出现了五次，虽然都是头戴轻纱帽，但五次神情各异，或麻木，或呆滞，或慵懒，或忧郁，或漠然。可见画家对此人物作了全面而细致的剖析，唯有此才能刻画出人物在不同场景中的不同神态，并基于此对人物复杂的内心世界进行了揭示。同时，画家对画卷中所出现的其他人物，宾客以及艺伎们也都进行了细致的刻画，人物神情都相当到位，众人的乐于其中也与韩熙载自始至终的忧郁形成了鲜明的对比。顾闳中虽仅有该画卷传世，但《韩熙载夜宴图》却充分体现了画家极高的造诣，是人物画中对人物描绘形神兼备的杰出之作。唐代诗人张若虚留下了有"孤篇盖全唐"之称的《春江花月夜》，顾闳中的《韩熙载夜宴图》也可谓是孤作盖南唐。

---

[1]（清）孙岳颁等奉敕撰：《御定佩文斋书画谱》卷十四《元王绎写像秘诀》，景印文渊阁四库全书本，第439页。

元代画家王振鹏今传有《伯牙鼓琴图》（图43），这幅画所描绘的是伯牙与子期间"高山流水"的故事。据《吕氏春秋·本味》篇记载："伯牙鼓琴，钟子期听之。方鼓琴而志在太山，钟子期曰：'善哉乎鼓琴！巍巍乎若太山。'少选之间，而志在流水。钟子期又曰：'善哉鼓琴，汤汤乎若流水。'钟子期死，伯牙破琴绝弦，终身不复鼓琴。以为世无足复为鼓琴者。"图中鼓琴的正是伯牙，专心聆听的就是钟子期。画家对两位主要人物的刻画极其用心，画中伯牙与子期的举止神情均被刻画得惟妙惟肖。伯牙将琴放在腿上，专注地弹奏着，神情庄重。子期坐在伯牙的对面，一腿跷起，双手交叠，应着拍子，微微颔首，若有所思。

最初《淮南子》将形神观念引入绘画领域中时论述较多的就是人物绘画中的形神问题，人物画中的形神关系也是形神观在绘画领域中体现最为明显的。画家必须要处理好所画人物形与神之间的关系，恰到好处地以形传神，既追求形似又追求神似，充分表现出人物独特的思想性格。

（三）花鸟画中的形与神

《宣和画谱》："且画工特取其形似耳，若昌之作，则不特取其形似，直与花传神者也。"（卷十八《花鸟四》）此处是说赵昌的画，不专门求形似，而是要追求对花卉神韵的传达。元汤垕《画鉴》载赵孟頫语："唐人善画马者甚众，而曹、韩为之最。盖其命意高古，不求形似，所以出众工之右耳。"（《画鉴·唐画》）此处的"不求形似"是说要侧重于神似，曹霸、韩幹正因为善于在画中传神，才能取得傲人的成就。明沈周《题画》："但写生之道，贵在意到情适，非拘拘于形似之间者，如王右丞之雪蕉，亦出一时之兴。"① 沈周所说的"写生"② 即是花鸟画，他以王维的雪中芭蕉为例，指出花鸟画不必拘泥于形似，画的意境能够表现出来，能传神即可。明陆师道《跋画》："写生者贵得其神，不求形似。"③ 明莫是龙《跋画》："画品惟写生最难，不特传其形似，贵气神似。"④ 陆师道与莫是龙都以寥寥数字直言贵神似而轻形似。清初画家屈大均《题画》云："凡写生必须博物，久之自可通神。古人贱形而贵神，以意到笔不到

---

① 转引自周积寅编著《中国历代画论》，第566页。
② 据（明）唐志契《绘事微言》："画花鸟是写生。"
③ 转引自周积寅编著《中国历代画论》，第567页。
④ 同上书，第568页。

为妙。"① 所谓"意到笔不到",一方面是形似之外的神似,一方面是着墨之外的意境,这又与本文第二章所论述的虚实范畴有着紧密的联系。清王概《芥子园画谱·画鸟全诀》:"更有点睛法,尤能传其神,饮者如欲下,食者如欲争,怒者如欲斗,喜者如欲鸣。双栖与上下,须得顾盼情,亦如人写肖,全在点双睛。点睛贵得法,形来即如真,微妙各有理,方足传古今。"对鸟的刻画与对人的刻画有相似之处,亦可以通过点睛法来传神。"画花卉全以得势为主。枝得势,虽萦纡高下,气脉仍是贯串;花得势,虽参差向背不同,而各自条畅,不去常理;叶得势,虽疏密交错而不繁乱。何则?以其理然也。而着色象其形采,渲染得其神气。……或宜隐藏,或宜显露,则在乎各得其宜,不似赘瘤,则全势得矣。至于叶分浓淡,要与花相掩映;花分向背,要与枝相连络;枝分偃仰,要与根相应接。"又有言:"画花之法,各有专形,上自花叶,下及枝根,俱宜得势。……安顿枝叶,交加纵横,密而不乱,稀而不零。窥其致备,写其神真,因其形似,得其精神。"画花卉,从花叶到枝根都要得其势,要疏密相间,在形似之上求得神似。清杨晋《跋画》:"写生家神韵为上,形似次之;然失其形,则亦不必问其神韵矣。"② 虽然贵神似,但若形不似,也不可能求得神似,所以是要形神兼备。清杜芳椒说:"画竹三昧,神气二字尽之。有气斯苍,有神乃润。"③ 是说画竹子要能表现出竹子的神气,有神有气方显竹子的苍润。清谢堃《书画所见录》:"八大山人写生花鸟,点染数笔,神情毕具,超出凡境,堪称神品。"④ 八大山人虽寥寥数笔却能令笔下花鸟神情具备。清笪重光《画筌》:"石本顽,树活则灵。"石头原本没有灵气,但若旁边配上树木花草,因树木花草的生机而使得石头也充满了灵气,这就是画所要表现的神。

花鸟画中,花与鸟本身的形象是"形",是需要画家写生的,花的形态、鸟的姿态和眼神,以及画作呈现在观者面前的画境都是"神",需要画家通过对"形"的写生来传"神"。其中通过对鸟的眼神刻画来传神,这点与人物画有些相似之处。齐白石先生就曾在论画时说道:"画鸟的神

---

① 转引自周积寅编著《中国历代画论》,第569页。
② 同上。
③ (清)李景黄:《似山竹谱》,转引自俞剑华注释《中国古代画论类编》(修订版),第1199页。
④ 转引自《中国古代画论类编》(修订版),第1199页。

气在于眼睛,是否生动在于嘴爪,至于形式、姿态、羽毛颜色比较是次要的。"①

宋崔白的《双喜图》(图44)主要描绘的是两只灰喜鹊与一只野兔。画中的两只喜鹊在树枝间扑楞楞地飞舞,翅膀展开,大张着嘴,仿佛能听到它们尖利的鸣叫。山坡间那驻足回望的野兔想必是被喜鹊的叫声惊动了,回过头来想看看究竟是发生了什么。画中的野兔以侧面示人,头向后扭,头与身子与腿,基本形成一个"S"形。睁大圆眼,仰着头略带惶恐地注视着。三只腿着地,一只前爪蜷缩在胸前。画家对野兔的刻画相当逼真传神,其全身的毛发丝丝可见,而颈项处随着头的扭动能看出毛的飞旋,真像是长在野兔身上而非画上的。兔子鼻子处长长的胡须与扑闪闪的大眼睛又相得益彰,使得一只普普通通的野兔也充满了灵气。再回过头来看这两只惊扰了野兔的喜鹊,它们似乎也是受到了什么惊吓,树枝上的一只俯身向下鸣叫,小小的眼睛中放出犀利的光芒。空中的那只喜鹊爪子紧缩,尾巴向下,也有低头俯冲的架势。两只喜鹊的飞翔姿态、尾巴的方向、翅膀展开的程度、张着的嘴、露出犀利之光的眼睛,无一不将喜鹊受惊的形态生动地刻画了出来。最后来看在整幅画中起背景点缀作用的树、竹子以及坡上些许的野草,画家以树叶与草都向同一方向的摆动来暗示西风烈烈。瘦小的竹子被西风吹得摇摇欲坠。画家成功地将兔子与喜鹊受惊、树草被风狂吹的状态通过写实的笔墨呈现在观者的面前,野兔与喜鹊在画中都充满了灵性与生机。

林良是明代的宫廷画家,他的作品以水墨用笔来表现所画物象之精神,是明代院体花鸟画家中最能体现明朝宫廷绘画审美精神的画家之一。李梦阳曾说:"林良写鸟只用墨,开缣半扫风云黑。"② 林良画的水墨气势可由此而略知一二。《秋鹰图》(图45),对鹰的羽毛、翅膀用笔雄壮,所画之树又刚劲顿挫,准确地传达出秋鹰以击搏为常的精神气质。

清恽寿平《竹石新笋》(图46),画上所画有几棵竹子、一块石头和几个正在生长的竹笋。竹叶在石头的遮掩下只露出了上面的些许竹

---

① 齐白石著,张竟无编:《齐白石谈艺录》,第263页。
② (明)李梦阳:《林良画两角鹰歌》,转引自李梦生选编《元明诗三百首注评》,凤凰出版社2008年版,第153页。

叶。竹笋从石头左边的石缝下顽强地钻出来，茁壮地生长着。画家将新笋破土而出的生命力很好地表现了出来，而竹叶的姿态也令画中的竹子充满了灵气。《荷花》（图47）画有三朵荷花，一朵完全绽开，露出了中间的花蕊；一朵微开，花瓣层层叠叠；一朵则含苞待放。画家精心选取了三朵处于不同生长时期的荷花入画，或左倾或右倾或直立，展示着它们婀娜曼妙的身姿。荷花的周围围绕着朵朵荷叶，或展开，或遮掩，五朵荷叶形态各异，可见画家观察的细致。画家基于细致的观察，将荷花与荷叶的姿态完美地呈现在了观者的眼前，观之如在目前，恍若花香扑鼻。

清石涛的《临风长啸图》（图48），描绘的是几棵竹子在风中的姿态，画家将其喻为"临风长啸"，以竹子暗喻了人的高风亮节。分别以浓墨淡墨来画竹节和竹叶，浓淡相间、虚实相生。左侧两棵稍大些的竹子只有竹叶在风中飞舞摇曳。偏右侧几棵略小的竹子整个都被风吹得倾斜，尤其是上端的竹子，枝干与竹叶一起随风摇摆。虽然被吹得摇摇欲坠，却依然坚挺地站着，正如画家所要表达的情感，临风长啸而不被风所打倒。画家对竹子的刻画极其传神，非常精准地表现出了风中之竹的动态与美感，正如杜芳椒所言，表现出了竹子的"神气"。

八大山人的画作是我国绘画史上较为难把握的，上文中我们已经提到了八大山人的画极其简单，偌大的画幅中只有小小的对象，而且入画对象往往以白眼示人。《安晚册》之《鹌鹑》（图49），所画的两只鹌鹑均以白眼示人。八大山人身为前朝遗民，将自己的身世之苦注于画作中，以白眼看世界，画中对象也可以说是八大山人自己的化身。《安晚册》之《鳜鱼》（图50）的构图与上文中引用的《小鱼》极其相似。画中鳜鱼张着嘴，依然是白眼示人，除了鱼之外空无一物。左侧有八大山人的题诗："左右此何水，名之曰曲阿。更求渊注处，料得晚霞多。"诗中典故出自《世说新语·言语》："谢中郎经曲阿后湖，问左右此是何水。答曰：'曲阿湖。'谢曰：'故当渊注渟箸，纳而不流。'"是说谢中郎希望能够做到心如止水，不曲己从人。八大山人借此典故，画一条鱼，表达了自己所希望追求的境界。八大山人笔下之画，不仅能够传达出对象的神气，更表达了画家自己的思想操守。

形神在花鸟画这一画科与山水画画科中的体现有一定的相似之处，都是既要通过笔墨描绘山水与花鸟实实在在的形，以形写神，又要将画家的情思与绘画的对象统一起来,以创造一个理想的境界。

五 藏与露

前面主要从绘画的内容与对象上谈"阴阳两仪"思维的影响,从下面开始将从外在形式上分析"阴阳两仪"思维范式对中国古代传统绘画的影响与渗透。

谢赫《古画品录》首先提出了画有"六法":"六法者何?一、气韵生动是也;二、骨法用笔是也;三、应物象形是也;四、随类赋彩是也;五、经营位置是也;六、传移模写是也。"① 绘画外在形式的处理主要表现为章法、构图以及用笔,这属于谢赫所提"六法"中的第五法,即"经营位置"。传为王维的《山水诀》中说:"塔顶参天,不须见殿,似有似无,或上或下。茅堆土埠,半露檐廒;草舍芦亭,略呈樯柠。"② 从对具体绘画对象的处理上谈藏与露。而藏露在用笔用墨上又体现为明暗相交。清王翚《清晖画跋》:"画有明暗,如鸟双翼,不可偏废,明暗兼到,神气乃生。"③ 将明与暗比喻为鸟的双翼,不可偏废其中一项,处理好了画面的明暗关系,所画意象之神气也自然而然地传递出来了。清范玑《过云庐画论》:"画有虚实处,虚处明,实处无不明矣。人知无笔墨处为虚,不知实处亦不离虚。即如笔著于纸有虚有实,笔始灵活,而况于境乎?更不知无笔墨处是实,盖笔虽未到其意已到也。瓯香所谓虚处实,则通体皆灵。"④ 范玑将明暗与虚实相提并论,认为画中虚处明,实处暗。这是与水墨画这种我国独特的绘画形式相关的,实处露景用墨,必然色暗,虚处藏景留白,必然明亮。

---

① (南齐)谢赫:《古画品录·序》,景印文渊阁四库全书本,台北:台湾商务印书馆1986年版,第3页。又钱钟书先生在《管锥编》第四册中对谢赫提出的六法重新进行了标点:"六法者何?一、气韵,生动是也;二、骨法,用笔是也;三、应物,象形是也;四、随类,赋彩是也;五、经营,位置是也;六、传移,模写是也。"钱钟书先生的解释也有一定的道理,但笔者还是更倾向于由来已久的标注,故本文依然采用"气韵生动,骨法用笔,应物象形,随类赋彩,经营位置,传移模写"的标注。

② 转引自《历代名画记》,第193—194页。

③ 周积寅编著:《中国历代画论》,第549页。

④ 转引自潘运告主编,云告译注《清代画论》,第180页。

（一）山水画中的藏与露

北宋韩拙："凡画全景者，山重叠覆压，咫尺重深，以近次远；或由下增叠，分布相辅，以卑次尊，各有顺序。又不可太实，仍要岚雾锁映、林木遮藏，不可露体，如人无依，乃穷山也。且山以林木为衣，以草为毛发，以烟霞为神采，以景物为妆饰，以水为血脉，以岚雾为气象。"① 指出了创作全景山水应该注意藏景与露景的处理，不可将全景均绘于图上，理当"分布相辅，以卑次尊，各有顺序"。且以人喻山，以人之衣喻山之林木，以人之毛发喻山之草，以人之饰物喻山之景物。人穿上衣服，遮掩了身体，但是手、毛发、眼睛等部位还是会露在外面，故画山也要讲究藏与露。明唐志契《绘事微言·丘壑露藏》篇："画叠嶂层崖，其路径、村落、寺宇，能分得隐见明白，不但远近之理了然，且趣味无尽矣。更能藏处多于露处，而趣味愈无尽矣。盖一层之上更有一层，层层之中复藏一层。善藏者未始不露，善露者未始不藏。藏得妙时，便使观者不知山前山后，山左山右，有多少地步，许多林木，何尝不显。总不外躲闪处高下得宜，烟云处断续有则。若主于露而不藏，便浅薄。即藏而不善藏，亦易尽矣。然愈露而愈大，愈露愈小，画家每能谈之，及动笔时手与心忤所未解也。"唐志契从创作意境层面来谈藏景与露景，认为懂得适时运用藏景与露景能够营造出更加深远的意境，露景过多而不懂得藏景则只会显得浅薄。清笪重光《画筌》："背不可睹，仄其峰势，恍面阴崖；坳不可窥，郁其林丛，如藏屋宇。山分两麓，半寂半喧；崖突垂膺，有现有隐。"是说山的背面看不到，可以将山峰侧过来画；山洼下的地方看不见，就画上丛林，仿佛其中藏着屋宇。整座山分为两半，一半寂静一半喧闹；山崖就像突出的胸部，有隐有显。"数径相通，或藏而或露；诸峰相望，或断而或连。""石无全角，石之左右藏其角。"是说画小径、山峰与石块时要注意藏与露的搭配。"林麓互错，路暗藏于山根；岩谷遮藏，境深隐于树里。密树凭山，而根株迭露，能令土石分明；近山嵌树，而坡岸稍移，便使柯条别异。树根无着，因山势之横空；峰顶不连，以树色之遥蔽。峰棱孤侧，草树为羽毛；坡脚平斜，石丛为缀嵌。树惟巧于分根，即数株而地

---

① （宋）韩拙：《山水纯全集·论山》，景印文渊阁四库全书本，台北：台湾商务印书馆 1986 年版，第 317—318 页。

隔；石若妙于劈面，虽百笏而景殊。"是从构图布置上来谈藏景与露景在具体绘画中的应用。王学仲曾说："中国画的山水常常是亭显一角，船出半弦，月隐柳梢，石没半边，构成景物有限、味之无穷的境界。"① 画亭子只露出一个角，画小船只画半边船舷，入画景物虽有限，却在有限之中营造了无穷的境界之美。

五代巨然的《万壑松风图》（图51）属高远构图，画面中间在淙淙溪流之上有一高大的楼阁伫立，一位高士凭栏远眺。溪水一路向下汇入画面右下角的深潭。潭上有一廊桥横跨。山石间树林蓊蓊郁郁，右侧密林之中有数间茅屋，其中一间依山傍水的茅屋中坐着一位白衣人，像是在侧耳倾听山谷间的鸟鸣。山石层层峦峦，楼阁后有烟云缭绕，远峰之间也有云烟环绕，确是"烟云处断续有则"。远近山石上都以披麻皴稍加渲染来表现松树，密密麻麻、层层叠叠，画面中央偏上部分的山势因为对松树的描绘，使得山势在视觉上是相连的，此乃"峰顶不连，以树色之遥蔽"。有露有藏，有动有静，有虚有实，营造出一种深幽的意境，使人心驰神往。

元代画家马琬的《暮云诗意图》（图52），描绘的是山林深处日暮后的情景。画面浅淡设色，笔墨清润。山峰层峦叠嶂，一山之山外又见一山，正是"山重叠覆压，咫尺重深，以近次远"。画面中间偏左的地方隐约画有一排房屋，藏在山峦之后，暗示着人物的存在。正如这幅画的名字《暮云诗意图》，画家构思的巧妙精密，对景物的准确把握，使呈现在观者眼前的确实是一幅充满诗意的画。

元王蒙的《夏山高隐图》（图53），反映的是崇山密林中隐士的生活。画面构图宏大，从近处画面的底端展开，逐层往上。画面下方左右两侧分别画有屋宇，都有隐士坐于屋中。山路蜿蜒曲折，时显时隐，正是"数径相通，或藏而或露"，密林深处可见屋顶若干。位于画面上方的远处群峰高低相成，正是"诸峰相望，或断而或连"，诸峰间一袭瀑布飞流直下。画家并未着墨过多去刻画远处山峰上的屋宇、林木等，赋予其中更多的是一种"静"，给人一种静谧之感。远峰与近山，远处静谧，没有人物的活动，近处祥和，充满了人间气息，可以说是"山分两麓，半寂半喧"的一种变形。如若将所有景物全盘托出则意境之美就会

---

① 王学仲：《中国画学谱》，新世界出版社2007年版，第220页。

缺失。画家将远山与近山以无人有人来表现寂和喧，以动静、虚实、藏露细致描绘了隐士的生活环境，营造出了幽远的意境。

清恽寿平《晓山云起图》（图54），描绘的是山间云雾弥漫的情景。画家以皴笔稍加渲染描绘山峰，诸峰之间彼此都不相连，山腰处云烟环绕。画面右侧密林深处有两处房屋隐约可见。山峰起起伏伏，真是"崖突垂膺，有现有隐"。画面下方以淡笔渲染，观之真如唐志契所说"不知山前山后，山左山右，有多少地步，许多林木"。这幅《晓山云起图》充分运用虚实、藏露，很好地将山中云起时的情景表现了出来，景物有限、味之无穷。

作画不可能将目之所及、心中所想完完全全、一丝不落地呈现在画中，入画之景必须要有藏有露，藏露结合，在有限的入画之景外创造无穷的境界美。

（二）人物画中的藏与露

清沈宗骞《芥舟学画编》卷四《人物琐论》："或露其要处而隐其全，或借以点明而藏其迹。如写帘于林端，则知其有酒家。作僧于路口，则识其有禅舍。"沈宗骞此处的"写帘于林端，则知其有酒家"是指南宋画家李唐所作的《竹锁桥边卖酒家》一画，画家只在桥边的竹林处画着写有"酒"字的帘子，虽不见酒家，一个写有"酒"字的帘子便很好地说明了一切。画家恰到好处地处理了藏与露的关系，也充分体现了"锁"的意境，比直接画出酒家店铺要有韵味的多。又如要表现"深山藏古寺"，不必刻意去画山有多高、林有多深，只需画一僧人走在山路上，就能暗示出山中有古寺。处理藏景与露景的关系对营造绘画意境有极其重要的作用。潘天寿在其《谈艺录》中说："中国画要求有藏有露，即所谓'神龙见首不见尾'。必须留有发人想象的余地，一览无余不是好画。"[①] 绘画是造型艺术，要能在有限的形中营造出无限的意，对藏景的巧妙处理正是意境营造中的一个重要方面。王学仲曾谈到人物画中的藏与露："一般说来，主要人物应该露，次要人物应该藏，

[①] 《潘天寿谈艺录·关于中国画布局问题的讲座》，转引自周积寅编著《中国历代画论》，第413页。

主要情节应该露，次要情节应该藏。"① 主要人物是要着重表现的，主要人物的外貌、五官、衣衫等都要有所刻画，这就是"露"；次要人物是起陪衬作用的，次要人物的外貌、五官在必要时候可以隐去不画，这就是"藏"。

南宋李唐的《采薇图》（图55）取材于伯夷、叔齐不食周粟，隐于首阳山，采薇而食，最后饿死于首阳山之事。画面最前端两棵树相对而立，树干奇崛如铁、挺拔坚硬。画面的中心位置处，一块巨大的岩石上有二人相对而坐，正面年长者抱膝而坐，侧头倾听叔齐的谈论。叔齐身体前倾，一手撑地一手比画着正向伯夷说着些什么。两人的面前还摆放着采薇所用的篮子和工具，左侧一条小溪顺势而流。整幅画中，树及岩石较暗，而小溪明亮，"画有虚实处，虚处明，实处无不明矣"，画家用留白表现小溪，因而小溪明亮。此外，背景环境用色整体较暗，人物相对明亮，人物在这幅画中处于中心地位，是第一位的，环境是为了衬托人物而存在的，是第二位的。

宋代画家马麟是有"马一角"之称的马远之子，绘画笔法类似其父，今存有《静听松风图》（图56），绘一老者坐于两棵古松下静听。"静听松风"是整幅画的主题，两棵古松枝干虬劲，枝叶顺着风朝同一个方向摆动。老者倚树而坐，似乎正听风冥想，神气畅然，有道骨仙风之气质。画面左下角还画有一位侍童，翘首望着远方。在这幅画中，老者是主要人物，与两棵古松构成了画作所要表现的主要情节，画家对松树以及老者的刻画相对细致，用笔较多，将老者神定气闲的精神状态恰如其分地表现了出来。侍童在画中是次要人物，画家对其刻画相对简单，只以寥寥数笔勾勒出一个侧身。此外，松树树干以及枝叶用墨明暗相间，同时左右两棵松树又与坐在中间的老者形成了一组明暗对比，整幅画藏露适度，明暗协调，意境深远。

人物画中的藏与露主要是对人物的主次和画作所要表现的情节起作用，主要人物要露，次要人物要藏，主要情节要露，次要情节要藏。藏露得当，才能既充分表现人物的精神面貌，又使整幅画情节完整、意境完备。

---

① 王学仲：《中国画学谱》，第220页。

(三) 花鸟画中的藏与露

郑板桥在谈到画竹时曾说："神龙见首不见尾，竹，龙种也，画其根，藏其末，其犹龙之义乎？"[①] 画竹也要像画龙一般，要见首不见尾，根露则末藏，有藏有露，藏露结合才能更引人入胜。清唐岱《绘事发微·墨法》："使淡处为阳，染之更淡则明亮，浓处为阴，染之更浓则晦暗。"藏露、明暗与用墨有显著的联系，露景用墨浓处则暗，藏景用墨淡则明。而用墨淡处为阳，用墨浓处为阴，则明为阳，暗为阴也。"墨有六彩，而使黑白不分，是无阴阳明暗；干湿不备，是无苍翠秀润；浓淡不辨，是无凹凸远近也。凡画山石树木，六字不可缺一。"是说用墨分为黑白、干湿、浓淡，若黑白不分呈现在画面上就是一概而论，没有藏露、明暗的区别。

北宋赵佶的《枇杷山鸟图》（图57），画家选取枇杷树的两根枝条入画，上面结满了枇杷果，树叶也葱葱郁郁，一只小鸟落在枇杷的枝条上，爪子紧紧地抓着枝条，正回头看飞过的一只蝴蝶。全图以水墨描写，明暗分明。首先看枇杷果，枇杷果底端用墨描画出了果实的托柄，果实的主体用淡墨晕开，每个枇杷果明暗分明、水润饱满。然后是树叶，树叶的向阳面与背阴面也都以不同的墨色表现。阳面墨色稍浓，上面以留白画出叶脉，背阴面以淡墨晕开，也有留白体现叶脉。叶子的正面与背面也构成了一组明与暗的关系。最后是画中的小鸟与蝴蝶，因用墨与毛羽的颜色相关，小鸟与蝴蝶自身以及小鸟的以淡墨为主与蝴蝶的以浓墨为主也构成了一组明与暗的关系。整幅画兼顾了入画之物的明与暗，枇杷和小鸟的形态也都被精准地刻画了出来，既达到了形似又传达出了它们的生气，可谓是明暗兼顾、形神兼备。

南宋扬无咎的《雪梅图》（图58、图59），画雪天中的梅花与竹子，画家并未选取整棵梅花入画，而是截取了梅花与竹子的一角入画，露出了梅花与竹子最得精神的部分，藏起了相似的大部分。画中对梅花枝条与竹叶的描绘又都是一明一暗、一阴与阳，或上明下暗，或右明左暗，以此表现雪，亦点题"雪梅"。

南宋画家马麟的《层叠冰绡图》（图60），绘梅花两枝从画面的右下

[①] 毛建波、江吟主编，张素琪编注：《板桥题画》，西泠印社出版社2006年版，第35页。

角延伸出来,一根枝条向上生长,一根枝条向左下侧生长,既有傲然怒放的又有含苞待放的梅花。画面其余部分全部以留白处理,不着一物。画家所要描绘的梅花也只是选取了其中的两枝,这两枝梅花是露出来的,但梅花不可能只有这么两枝,而其他的就是画家刻意营造的"藏景"。藏与露的截取既表现了梅花傲然独立的精神,又增加了整幅画的意蕴。南宋折枝花鸟画可以说是巧妙处理藏景与露景之间关系的典范,入画景物虽有限,但韵味十足。

王伯敏先生将"藏"在绘画中的作用总结为四点:"1. 使观者得到联想,'形'不见而'意'现;2. 使未藏处更突出、更夺目;3. 使有限变为无限;4. 使某些处理上的矛盾得以缓冲或解决。还有其他。藏与露是相对的。绘画是造型艺术,本是露,所以在章法上有注意藏的必要。"[①]作为造型艺术的绘画在本质上是要求露的,以露来呈现造型,但绘画又囿于篇幅大小,所选入画之景非常有限,所以要正确处理好藏景与露景的关系,从而更好地表现绘画的意境。藏与露是事物相对立统一的两个方面,正如阴与阳,缺一不可。

六 简与繁

《易·系辞上》:"乾以易知,坤以简能。易则易知,简则易从。……易简而天下之理得矣。"易有三易,是指简易、变易、不易,大道至简,虽结构言语简单,却蕴含无限的功能与意义,这就是易之简易。"易简而天下之理得矣",周易里所蕴含的学问虽然看似平易,但天下万事万物的道理无不包含在其中。《礼记·乐记》:"大乐必易,大礼必简。"最好的音乐一定是平易晓畅的,最高的礼仪一定是简朴易行的。《老子》第二十二章云:"曲则全,枉则直,洼则盈,敝则新,少则得,多则惑。""少则得,多则惑",也是说平凡简单才更有可能获得。刘勰《文心雕龙·物色》:"以少总多,情貌无遗矣。"指诗人以生动而简赅的文辞写出事物的声貌情理。画家在绘画创作中也应以少总多、举一反三,赅要但却传神地以艺术手法来法天象地、管窥全豹,在有限的笔墨背后蕴藏无限的韵味与深意。

[①] 王伯敏:《中国画的构图》,天津人民美术出版社1981年版,第20页。

简繁又是与藏露紧密相连的一对范畴，对藏景的处理必然用笔要简，对露景的处理必然用笔要繁。简与繁是一对相对立又不相斥的范畴。对简繁关系的恰当处理在中国古代传统绘画中也是画家所要着意思考的。元代倪瓒在其《云林画谱》中说："所谓疏者不厌其为疏，密者不厌其为密，浓者不厌其为浓，淡者不厌其为淡。"① 疏中有密，才能不厌其疏；密中有疏，才能不厌其密。在疏密浓淡中相辅相成，不失偏颇才能显出意境。明王世贞在《艺苑卮言》中说："李梦阳曰：古人之作，其法虽多端，大抵前疏者后密，半阔者半必细，一实者，一必虚，迭景者意必二。"② 虽然画法变化多端，但总逃不出前疏后密，前阔后细，一疏一密，一虚一实。清包世臣撰《艺舟双楫》中记载："邓石如顽伯曰：字画疏处可以走马，密处不使透风，常计白以当黑，奇趣乃出。"③ 书画本同源，邓石如是清朝书法家，他将书与画放在一起论述，空白的地方要能够跑马，密集的地方要使风都透不过去。清梁廷枏《藤花亭书画跋》："密处几欲塞满天地，而疏处则又极空旷。"④ 梁廷枏的观点与邓石如的观点其实是如出一辙，繁密之处几乎占满天地，简疏之处又极其空旷。清戴熙《习苦斋画絮》："世谓疏难于密，为密可躲闪，疏不可躲闪，非也。密从有画处求画，疏从无画处求画，无画处须有画，所以难耳。"⑤ 戴熙认为之所以疏处难于密处并不是因为密处可躲闪，而疏处不可躲闪，是因为繁密处是从有画处作画，简疏之处却是从无画处作画，此为难也。

（一）山水画中的简与繁

明代沈周曾言："繁中置简，静里生奇。"⑥ 用笔繁复时必须要插置简，在静中求奇趣。明董其昌《画禅室随笔·画诀》："山不必多，以简为贵。"明末清初画家恽向论画山水时曾说："画家以简洁为上，简者简

---

① 转引自周积寅编著《中国历代画论》，第417页。
② （明）王世贞著，罗仲鼎校注：《艺苑卮言校注》卷一，齐鲁书社1992年版，第14页。
③ （清）包世臣：《艺舟双楫》卷五《论书一·述书上》，续修四库全书本，上海古籍出版社2002年版，第666页。
④ 转引自周积寅编著《中国历代画论》，第423页。
⑤ （清）戴熙：《习苦斋画絮》，续修四库全书本，上海古籍出版社2002年版。
⑥ （清）张照、梁诗正等奉敕撰：《石渠宝笈》卷六沈周跋王绂《江山渔乐卷》，景印文渊阁四库全书本，台北：台湾商务印书馆1986年版，第180页。

于象而非简于意，简之至者缛之至也。洁则抹尽云雾，独存孤贵，翠黛烟鬟，敛容而退矣。而或者以笔之寡少为简，非也。……予尝以画品高贵在繁简之外，世尚无有知者。"① 恽向认为画家应以简洁为上，所谓简者是说所画对象之简，而非画所表现的意境。但也不可过，过了，也就成了繁缛。清初画家程正揆曾说："北宋人千丘万壑，无一笔不减；元人枯枝瘦石，无一笔不繁。"② 将北宋画风与元朝画风进行对比，一以简为主，一以繁为主。清王翚《清晖画跋》："繁不可重，密不可窒，要伸手放脚，宽闲自在。"③ 用笔繁处不可过重，如人要能够伸手放脚，意在要繁中置简。清恽寿平《南田画跋》："文徵仲述古云：'看吴仲圭画，当于密处求疏；看倪云林画，当于疏处求密。'家香山翁每爱此语，尝谓此古人眼光铄破四天下处。余则更进而反之曰：'须疏处用疏，密处加密。'合两公神趣而参取之，则两公参用合一之元微也。"④ 恽寿平先引用文徵明（文徵明，名璧，字徵明，更字徵仲）谈吴镇与倪瓒之画，点出吴镇之画是密中有疏，倪瓒之画是疏中有密。然后提出自己的观点，要疏处再用疏，密处再加密，将两位画家的神趣参取而用之。清沈宗骞《芥舟学画编》卷一《山水·布置》："凡作一图，若不先立主见，漫为填补，东添西凑，使一局物色各不相顾，最是大病。先要将疏密虚实大意早定，洒然落墨，彼此相生而相应，浓淡相间而相成，拆开则逐物有致，合拢则通体联络。自顶及踵，其烟岚云树，村落平原，曲折可通，总有一气贯注之势。密不嫌迫塞，疏不嫌空松，增之不得，减之不能，如天成，如铸就，方合古人布局之法。"在动笔作画之前要将所画物象构思布置好，简繁、疏密，所要表现的意境都要协调好。唯此才能使作出来的画恍若天成，繁处、密处不嫌迫塞，简处、疏处不嫌稀松，增之一分则多，减之一分则少。清方薰《山静居画论》："画树之法，无论四时荣枯，画一树须高下疏密点笔。密于上，必疏于下。疏其左，必密其右。一树得参差之势，两树交插自然有致，至数树满林，亦成好位置。"是讲画树时，无论四季荣枯，都要疏密

---

① （清）陈撰编：《玉几山房画外录》，邓实等编：《美术丛书》第八集第三册，上海神州国光社 1936 年版。
② （清）张庚：《国朝画徵录》卷上《程正揆》，续修四库全书本，上海古籍出版社 2002 年版，第 115 页。
③ 转引自周积寅编著《中国历代画论》，第 415 页。
④ 转引自潘运告主编《清人论画》，第 137 页。

相间，简繁适中。

北宋郭熙的《窠石平远图》（图61）以平远构图，画面中间部分几块湖石间有几棵如虬龙般盘旋生长的树，右侧河水流经石块溅起淙淙水花，河对岸的小山以淡墨勾出山头，画面的上半部分以留白来表现天空。整幅画大致分为上下两部分，上半部分用笔极简，几乎看不到墨色，而画家对下半部分窠石的描画费了不少笔墨。树的形态、枝叶，不同树之间还彼此遮映，以浓淡墨相间点画，明暗协调。上部用笔极简，与下半部分的细细描绘构成了一组简与繁的关系。对窠石本身的处理也契合简繁适中的原则，树用墨多，枝干、树叶姿态纷呈，树叶的形状或枯或茂，枝干或是弯曲或是笔直，又与以简笔勾勒的石块形成了简与繁的统一。画家在简与繁中呈现了一个肃静荒寒的意境。

南宋画家马和之的《后赤壁赋图》（图62）是以《后赤壁赋》为蓝本的一幅山水画。横轴画卷近乎五分之四的中间部分都是以留白为背景，淡笔勾出水纹来表现江水，辽阔的江面上一叶扁舟，舟上载有六人，这六人都回头望向画面左侧的岩石。画面右侧和左侧有江水撞击岩石所产生的大朵的浪花，江水的动与岩石、坡岸的静形成一组动静关系。左侧坡岸处还画有一棵枯树，远处有若隐若现连绵不绝的山峦。整幅画以疏为主，而画面中间部分对江水的极疏处理又与画面两侧相对用笔较多的部分形成了一组疏与密的对照关系。

元代画家倪瓒盖以简著称，他的传世画作多是逸笔草草，"直直数笔，奈何无所取之？取其犹存者骨也。有时乎多而人不见，有时乎少而人反见之。无所取之，取其人见以为惨淡而我以为深沉也"。[①]《虞山林壑图》（图63）是倪瓒晚年风格的代表作。构图依然是他惯用的一河两岸式，但画面与上文中提到的《六君子图》已经有了很大的变化，尤其是中间部分的河水。在《六君子图》中，画家将中间河水部分完全处理为留白，无一物点缀。而在《虞山林壑图》中，画家在河水中前后布置了五道汀渚，而且左侧一处上还画着几棵树。但总体来说，《虞山林壑图》与《六君子图》都属于倪瓒逸笔草草的代表之作。画面上布置的景物相对简单，而在对主体的具体刻画时又用笔稍繁、细细作画，能够删繁就简，简繁错落有致。画面也就在这种简繁错落中呈现出一派静穆之感，意

---

① 余昆编著：《中国画论类编》，台北：华正书局1984年版，第768页。

韵无穷。

清恽寿平的《夜雨初霁》（图64），如题这幅画表现的是夜雨初霁时的情景。这幅画可以对角线将画面分成两部分，对角靠上的部分以疏、淡为主，对角靠下的部分以密、浓为主。以疏为主的部分描绘的是江河，左上端有帆船停泊，左下端有廊桥连接，暗示河水。画面中间靠上部分，密林中有几座屋宇的屋顶凸显出来，画家只画出了屋顶部分而不是将房屋全部画出，这又契合了我们在前面提到的藏与露的处理。露出屋顶，藏起屋子的主体，借此来彰显屋宇所在之处的树林之密、之深。对角右半边以浓墨重笔描绘密林，大概一共出现了四种树。其中对树叶的刻画相当细致，松针根根可数，树叶片片可见。密林深处又有两处楼阁掩映其中，半露半藏，与两侧的密林交相辉映。整幅画虚实相生、疏密相间，基本以对角线隔开，"密不嫌迫塞，疏不嫌空松"。密中有楼阁点缀、留白处理，故不嫌迫塞。疏中有披麻皴点、帆船、廊桥充实，故不嫌空松。如恽寿平自己所说，"疏处用疏，密处加密，合两公神趣而参取之，则两公参用合一之元微也"。

简繁、疏密这两对构图上息息相关的范畴与上文所论述的虚实范畴也是紧密联系着的，简与疏都从属于虚，是虚的一种特定表现形式，繁与密都从属于实，是实的一种特定表现形式。

（二）人物画中的简与繁

清沈宗骞《芥舟学画编》卷四《人物琐论》："盖局法，第一当论疏密。人物小而多者，则可配以密林深树、高山大岭；若大而少者，则老树一干、危石一区，已足当其空矣。以此推之，则疏密之道自了了矣。"人物小而多，则以密林深树、高山大岭为背景；人物大而少，则以一棵老树、一块危石为背景。两种不同人物配以不同背景点缀，以此求得疏密相间，使整幅画一疏一密，阴阳相合。"作人物布景成局，全借有疏有密。疏者，要安顿有致，虽略施树石，有清虚潇洒之意，而不嫌空松。少缀花草，有雅静幽闲之趣，而不为岑寂。一丘一壑，一几一榻，全是性灵所寄。令见者动高怀，兴远想，是谓少许胜人多许。如倪迂老远岫疏林，无多笔墨而满纸逸气者，乃可论布局之疏密者，须要层层掩映，纵极重阴叠翠。略无空处，而清趣自存。极往来曲折不可臆计，而条理愈显。若杂乱满纸，何异乱草堆柴哉。……若通体迫塞者，能以一二处小空，或云或水，俱是画家通灵气之处也。"沈宗骞认为创作人物画，布局全赖有疏有密，画家要将疏处布置得当，令其于疏松处尽显韵味。若是满纸密密麻麻全部画满则无异于草堆。即便是整张纸繁密处极多，也要留出一两处空白，或是云烟或是流水，这疏松的留白于满幅的繁密中彰显出画家的灵气。

清钱杜《松壶画忆》："赵松雪《松下老子图》，一松一石、一藤榻、一人物而已。松极繁，石极简；藤榻极繁，人物极简；人物中衣褶极简，带与冠履极繁。即此可悟参错之道。"① 钱杜以《松下老子图》为例，一一分析这幅画中的简与繁，借此来窥探简繁关系。黄宾虹也曾论及简繁疏密："（作画）不难为繁，难为用减，减之力更大于繁，非以境减，应减之以笔。"② "繁简在意，不徒在貌；貌之简者，其意贵繁。"③ 黄宾虹认为作画的难处在于用笔简处而非用笔繁处，所谓简与繁都是为表现意境服务的，画面看上去虽然用笔简单，但借助于这简笔所表现出的意境却浑厚无穷，这与周易三易之简易是相通的。"笔墨之妙，尤在疏密。密不容针，疏可行舟。然要密不相犯，疏而不离。"④作画用笔的妙处在于疏密之间，而"密不相犯，疏而不离"就是要疏密相用相间。"疏可走马，则疏处不是空虚，一无长物，还得有景。密不通风，还得有立锥之地，切不可使人感到窒息。许地山有诗：'乾坤虽小房栊大，不足回旋睡有余。'此理可用之于绘画的位置经营上。"⑤绘画布置中所谓"疏"不是空白无一物，所谓"密"不是无立锥之地，疏密结合，疏中有密、密中有疏，简中有繁、繁中置简。潘天寿曾说："画事之布置，极重疏、密、虚、实四字，能疏密，能虚实，即能得空灵变化于景外矣。虚实，言画材之黑白有无也，疏密，言画材之排比交错也，有相似处而不相混。画事，无虚不能显实，无实不能存虚，无疏不能成密，无密不能见疏。是以虚实相生，疏密相用，绘画乃成。"⑥潘天寿先生将疏密与虚实并列起来讲，认为这两对范畴是绘画布置中的

---

① （清）钱杜：《松壶画忆》，续修四库全书本，上海古籍出版社2002年版，第852页。
② 王伯敏编：《黄宾虹画语录·画法》，第26页。
③ 《黄宾虹谈画录·与傅怒庵书》，转引自周积寅编著《中国历代画论》，第417页。
④ 王伯敏编：《黄宾虹画语录·画法》，第35页。
⑤ 王伯敏编：《黄宾虹画语录·画理》，第5页。
⑥ 潘天寿：《听天阁画谈随笔·布置》，第47—48页。

两个不同层面，二者有相似之处但又不相同。虚实相生，疏密相用，绘画才能称其为绘画。

南宋画家梁楷用笔极简，他的简笔画创作对后世产生了极大的影响。代表作有《三高游赏图》（图65），画三位高士带着一位仆人游玩的情景，前面两位高士一边走着一边交谈着，另一位高士与仆人分别随后。画家对画中人物的勾画用笔极简，但在简笔中较好地将人物的神态情貌描绘了出来，达到了神似的要求。整幅画是以简为主，人物、点景的湖石与松树均是简笔描绘。又有《布袋和尚图》（图66）描绘的是布袋和尚的半身像，整幅画构图简明而有力，用笔简练而粗放。尤其是对布袋和尚身上衣衫的描绘，如画山石一般苍劲有力，却又不失衣服的柔和感。上半部分以寥寥数笔勾勒出布袋和尚的五官，笑容可掬，将布袋和尚淡泊而又嬉皮的性情表现得淋漓尽致。用笔虽简但充满力道，在似与不似间精准地将人物性情表现了出来。而堪称中国简笔画的最早代表作则是梁楷的另一幅《李白吟行图》（图67）。这幅《李白吟行图》相较于《三高游赏图》和《布袋和尚图》来说用笔更简，画家完全舍弃了背景，占据画面大部分的长衫也仅以寥寥数笔勾画。对李白头部的刻画可以说是整幅画中用笔较繁、刻画较为细致之处，头发和胡须甚至丝丝可辨。画家充满灵动的用笔将诗仙李白的潇洒风度表现得惟妙惟肖。

宋佚名画家的《松谷问道图》（图68）描绘山间松下向高士问道的情景。画面左侧近乎三分之二的部分是云烟缭绕的山峰，右侧一棵苍天古松向天边延伸，树下坐着一位高士，问道者俯首站在高士面前。这幅画题为"问道图"，问道应是画家所应表现的主要方面，但画家对问道的主体双方刻画却极为简单，寥寥数笔勾勒人物的外形，我们看不清人物的五官、表情、衣着，但却能通过人物形象揣摩画家所要表达的意思。相较于人物的用笔极简，画家对松树的刻画又颇为细致，松针几乎可见，并且用墨较浓，松树在整幅画中明显属于用笔繁复处，既与左侧的云烟缭绕形成一繁一简的对比，又与树下的人物形成一繁一简的对比。

画人物贵在表现人物的性情，但若整幅画不注意简繁适度，穷情尽貌而无所节制，观者的压抑感便会油然而生，人物的灵性也便无从谈起。要在简繁适度中达到以形写神的境界，方属妙手。

(三) 花鸟画中的简与繁

清邹一桂《小山画谱》："布置之法，势如勾股，上宜空天，下宜留地，或左一右二，或上奇下偶，约以三出为形，忌漫團散碎，两亘平头枣核虾须。布置得法，多不厌满，少不嫌稀。大势既定，一花一叶，亦有章法。"① 简繁要与整幅画的构思布置相宜，要根据整幅画的意境而定，则繁处不厌其繁，简处不厌其简。郑板桥自题竹轴："始人画竹，能少而不能多；既而能多矣，又不能少。此层功力，最为难也。近六十外，始知减枝减叶之法。苏季子曰：简练以为揣摩。文章绘事，岂有二道！此幅似得简字诀。"② 郑板桥认为画竹要做到能多能少，能简能繁，收放自如是最难的，写文章与画画都要讲求"简练以为揣摩"。又有题《墨竹图》："一两三枝竹竿，四五六片竹叶；自然淡淡疏疏，何必重重叠叠？"③ 是说画竹时，竹叶与竹竿呈自然疏疏离离的姿态极好，不必刻意追求重叠繁密。"书法有行款，竹更要行款；书法有浓淡，竹更要浓淡；书法有疏密，竹更要疏密。"④ 是将画竹与书法一同讨论，画竹之艺与书法有相通之处，也要讲求浓淡相间，疏密相用。"磊磊一块石，疏疏两枝竹。佳趣少人知，幽情在空谷。"⑤ 以疏疏淡淡的两枝空谷之竹表现一种超然幽远的意境。清戴熙《赐砚斋题画偶录》："竹易于密，而难于疏。惟板桥能密亦能疏。"⑥ 画竹子难的地方在于表现竹子的疏，而非密，郑板桥能密能疏，技法超群。

清范玑《过云庐画论》："繁简之道，一在境，一在笔。在笔则可多可少，千丘万壑不厌，一片林石不孤，披却导窾为之也。在笔则宜密宜疏，如射之彀率不变也。"⑦ 范玑认为所谓画之繁与简，要从意境与用笔两个方面具体情况具体分析，用笔简时意境并不一定简单，为了营造画家

---

① （清）邹一桂：《小山画谱》卷上，景印文渊阁四库全书本，第703页。
② （清）李佐贤：《书画鉴影》卷二十四，续修四库全书，上海古籍出版社2002年版，第164页。
③ 转引自周积寅编著《中国历代画论》，第418页。
④ 毛建波、江吟主编，张素琪编注：《板桥题画》，第18页。
⑤ 同上书，第31页。
⑥ （清）戴熙：《赐砚斋题画偶录》，邓实等编：《美术丛书》第一集第二册，上海神州国光社1936年版。
⑦ 转引自周积寅编著《中国历代画论》，第416页。

心中的意境用笔可简可繁。清王昱《东庄论画》："又一种位置高简，气味荒寒，运笔浑化，此画中最高品也。须绚烂之极，方能到此。"①王昱认为有一种画是"位置高简，气味荒寒，运笔浑化"的，这种类型的画可以说是画中的最高品，实则就是在简繁适中下营造出物象与情思浑然一体的意境。潘天寿曾专门谈过花鸟画的简繁疏密问题："花卉中的疏密主要是线的组织，成块的东西较少。当然，有的画也能讲虚实。如一幅兰竹图，从整体上看，几块大空白叫虚，兰花和竹子为实，从局部来讲，竹子的运笔用线，有疏有密，线条交叉的处理就是疏密问题。"②潘天寿以竹子为例，画竹子时对线条的交叉处理就是权衡疏密的体现。

南宋佚名画家的《秋林放犊图》（图69），描绘秋天林间放牧小牛犊的情景。画面上近乎三分之二的部分被几棵大树繁茂的枝叶充溢着，树下一条小牛犊悠闲地吃着草，下方还有一条小溪流过。画家对几棵大树的描绘尤其用心，每片树叶都以线条勾出叶子的形状，还有几棵枫树的叶子着以红色，以此点题秋林。稍远处的树叶则以点染的方式来描绘，用墨较近处的稍淡，以突出空间层次感。上留天，下留地，左侧远处还画有一座山势平缓的山。相对于几棵枝繁叶茂、密密麻麻的大树而言，画面上其余部分无论是构图还是用笔都是以疏为主。总体来说，这幅南宋佚名画家的画很好地践行了"密不透风，疏可走马"的要诀。

宋徽宗赵佶绘有《芙蓉锦鸡图》（图70），描绘的是一只锦鸡突然落在芙蓉枝头，正回头望着画面右上角那对翩翩飞舞的蝴蝶。整幅画设色艳丽，动静合宜，锦鸡突然落在芙蓉枝头，枝叶被锦鸡的重量压得颤动，一对蝴蝶对这些浑然不知，依旧翩然起舞，体现了前文论述的动静相生。画家用笔精细，对锦鸡和蝴蝶的刻画相当细致，用细碎的笔调勾出锦鸡羽毛的质感和生长方向，头部黄色的羽毛给人一种毛茸茸的感觉，翅膀则晕染出浓淡层次，尾处长羽硬朗有力。

宋朝画家张茂绘有《双鸳鸯图》（图71），绢本设色，选取水景的一角，一丛芦苇从画面的左侧探入，一对鸳鸯破水而行，游向苇丛。一只从画面右侧上方俯冲而下的小鸟与栖息在苇枝上的另一只遥相呼应。整幅画

---

① （清）王昱：《东庄论画》，续修四库全书本，上海古籍出版社2002年版，第3页。
② 潘天寿著，叶留青记录整理：《潘天寿论画笔录》，上海人民美术出版社1984年版，第26页。

构图简洁疏朗，画家用大块的留白来表现水域的广阔，气氛祥和而宁静。

南宋佚名画家的《寒汀落雁图》（图72）描绘荒凉的水域边古木栖鸭、雁落汀渚的情景。寥寥几笔勾勒出岸边小洲的轮廓与远处的山峦，远处天边还有一群大雁结队起飞，意境幽远。对画面近景和中景所出现的十数只大雁的刻画又用笔细致，羽毛纹路都清晰可见。整幅画远近布置错落有致，简繁参差，造型精准，对大雁、寒鸦的形神刻画都相当细致到位。

简与繁是一对相对的范畴，简繁一方面可以单指用笔的简与繁，另一方面还可指涉画作所营造出的意境，有些画作用笔虽简，背后却可能蕴藏着无穷的韵味。

七　主与宾

太极图中黑、白二象，白中有黑，黑中有白，白鱼点以黑眼，黑鱼点以白眼。以白为主，则辅之以黑；以黑为主，则辅之以白。阴中有阳，偏于阴；阳中有阴，偏于阳。这种阴中寓阳、阳中寓阴犹如画龙点睛般的关系，在绘画中显著地体现为章法布置中的主宾之关系。

（一）山水画中的主与宾

《林泉高致·山水赋》："观者先看气象，后辨清浊，分宾主之朝揖，列群峰之威仪。"是从观者的角度反过来说要处理好主与宾的关系。《林泉高致·山水诀》："初铺水际，忌为浮泛之山；次布路歧，莫作连绵之道。主峰最宜高耸，客山须要奔趋。"主峰应该显得最为高耸，客山山势则要显得稍微趋缓一些。五代画家李成《山水歌》："凡画山水，先立主宾之位，次定远近之形，然后穿凿景物，布置高低。"凡是山都有主客峰，主峰与客峰不能一样高。凡是水都有干支流，干流与支流不能一样大。构思一幅山水画时就应该先明确画中对象的主宾关系，确定了主宾关系后才考虑远近、高低，然后考虑其中点缀的景物。北宋郭熙在《林泉高致·画诀》篇中更为明确地指出："山水先理会大山，名为主峰，主峰意定，方作以次，近者远者，小者大者，以其一境主之于此，故曰主峰。又以次杂窠、小卉、女萝、碎石，以其一山表之于此，故曰家老。"又有云："大山堂堂，为众山之主，所以分布以次冈阜林壑，为远近大小之宗主也。其象若大君赫然当阳，而百辟奔走朝会，无偃蹇背却之势也。长松亭亭，为众木之表，所以分布以次藤罗草木，为振挈依附之师帅也。其势若君子轩然得时，而众小人为之役使，无凭陵愁挫之态也。"（《林泉高致·山水训》）分别谈了主客峰之间的宾主之态和松树与其他花草树木间的构图布置。韩拙《山水纯全集·论山》："山有主客尊卑之序，阴阳逆顺之仪。……主者，众山中高而大也。有雄气敦厚，傍有辅峰丛围者，岳也。大者，尊也。小者，卑也。大小冈阜，朝揖于前者，顺也。无此者，逆也。客者，不相下而过也。分阴阳者，用墨而取浓淡也。凹深为阴，凸面为阳。山有高低大小之序，以近次远，至于广极者也。"明确指出所画之山有主客尊卑之别，并就主客尊卑分别加以解释。元汤垕《画鉴·杂论》："画有宾主，不可使宾胜主。谓如山水，则山水是主，云烟、树石、人物、禽畜、楼观皆是宾；且如一尺之山是主，凡宾者远近折算须要停均。谓如人物是主，凡宾者皆随其远近高下布景可以意推也。"绘画要讲究主宾关系，不可喧宾夺主。山水画中如若山水是绘画的主体，那么云烟、树石、人物、禽畜、楼观就是宾，处于陪衬的地位。清笪重光《画筌》："主山正者客山低，主山侧者客山远。众山拱伏，主山始尊；群峰盘互，祖峰乃厚。"也是讲山水画中主峰与客峰的位置关系。清沈宗骞《芥舟学画编》卷一《山水·布置》说："一幅之山，居中而最高者为主山，以下山石，多寡参差不一，必要气脉联贯，有草蛇灰线之意。一幅之树，在近而大者谓之当家树，以上林木，疏密老稚不一，必要渐远渐小，有迤逦层叠之势。"画山的画，居中而最高大的是主山，其他的山峰则高矮参差不齐，但都贯通一气。画树的画，最近并且最大的是主树，由近及远的树木要疏密相间，而且必须要距离越远树越小，以表现层层叠叠的绵延之势，并借以表现空间的延伸感。

宋李唐《万壑松风图》（图73）与巨然的《万壑松风图》构图不同。画上一主峰兀立当中，上留天、下留地，主峰左右的远峰以淡墨勾画。在群峰中略留出些许空白以示云烟环绕，以云烟来暗示山势之高，云烟在此只起陪衬作用，如汤垕所言，"谓如山水，则山水是主，云烟、树石、人物、禽畜、楼观皆是宾"。画幅中间靠下的部分乃是松林，杂以其他树木，契合郭熙所言，"长松亭亭，为众木之表，所以分布次藤罗草木，为振挈依附之师帅也"。画中飞泉瀑布多达四五处，最明显的一处是画面靠左侧的一条瀑布，左边还有溪水淙淙，当是与瀑布之水一同汇入石潭。就水而言，石潭应是主，溪水与瀑布当是宾，主宾相次。

元代画家高克恭较为出色的两幅画分别是《春山晴雨图》（图74）和《云横秀岭图》（图75），这两幅画的构思以及所表达的意境都很相似。主峰立于画面中间部分，周围众小峰相衬，山腰处云烟缭绕。画面下方近处，以松树为主，杂以其他。

主宾范畴在山水画中的体现较为明显，山水画，顾名思义是以山水为主，其他为辅，但若是整幅画上只有山水而没有起点缀作用的宾体对象，这幅画从构图上来说也不能算是一幅佳作。只有照顾到了主宾之间互帮互衬的和谐关系，才能在构图上趋于和谐。

（二）人物画中的主与宾

清邹一桂《小山画谱》："章法者，以一幅之大势而言。幅无大小，必分宾主。一实一虚，一疏一密，一参一差，即阴阳昼夜消息之理也。"（卷上）绘画画作无论大小都必然会有主宾之分，一主一宾，一虚一实，一简一繁，阴阳交相变化之理。清汤贻汾所作《画筌析览》："然一图有一图之名，一幅有一幅之主，使名在人，则人外非主；主在屋，则屋外皆余。故有时以山水树石为余，而以点缀为主者。"[①] 每幅画都必然有自己的主题，若主题意在表现人物，除了人物之外其他的就都是宾，处于从属的地位。在人物画创作构图时，主要人物要突出，要着重刻画，次要人物作为陪衬，无论是形还是神都处于从属的地位。

有种特殊情况，被归为人物画的画作中山水却占据了极大的篇幅，这点在南宋时期的绘画作品中表现得极为明显。往往山水画中都会以人物、楼观来做点景，人物一般都很小。对于到底是山水画还是人物画的分类，邓乔彬有如下的阐述："如其中的人物只是一种程式化的画法，只起点景作用，那么就应是山水画；如其中人物进行着特定的、有意义的活动，就应是人物画。"[②] 据此，南宋马远的代表作《踏歌图》就应归为人物画。《踏歌图》（图76）描绘的是四位老农在陡峭山崖下的田垄小径上踏歌庆丰收的情景。画上题诗曰："宿雨清几甸，朝阳丽帝城，

---

① （清）汤贻汾：《画筌析览·论点缀第四》，续修四库全书本，上海古籍出版社2002年版，第8页。

② 邓乔彬：《宋代绘画研究》，河南大学出版社2006年版，第351—352页。

丰年人乐业，陇上踏歌行。"画家运用大斧劈皴擦山石，下笔刚硬果断，尽显奇峰之势。以简笔勾画树木，枝繁叶茂。巨石林立，以云烟断开近处的巨石与远处的奇峰，营造出辽阔的空间感。人物集中处于画面的右下角，相对于景物来说人物虽小，但却起着点题的作用。就画面大小比例来说，山水景物为主，人物为辅，但就画中作用而言，则景物为辅，人物为主。主与宾的界定并不完全是按照在画作中所占比例的大小，而应该是对象之于整幅画的作用，起点景作用的就是宾体，起突出主题作用的就是主体。主体与宾体在一幅画中应该和谐，不可过于突出主体，也不可过于突出宾体。

唐代佚名画家的《引路菩萨图》（图77），图中菩萨在前引路，衣着色彩艳丽，占据了整幅画近乎一半的篇幅。画面右下角有一妇人跟随着菩萨，发髻高耸、衣着简单大方，身高只有菩萨的三分之一。这幅画题为"菩萨引路"，菩萨理所当然在画中处于主体地位，无论是身材比例还是衣着外貌的刻画都更细致。妇人作为被引路的凡人，以平凡小人的身份出现，以衬托菩萨的高大形象。

宋徽宗赵佶《听琴图》（图78），画一琴士在树下焚香鼓琴，两位士人敛神倾听。画作中一参天松树占据了画幅的大部分，但是人物却明显处于中心位置，对画作的主题起着绝对的点题作用。画家对人物神态、衣着都倾注了不少心血，弹琴者的专注和听琴者的入神都跃然纸上。松树在这里作为人物活动的背景环境出现，而画家独独选取松树，也意在借松树的品格来表现人物的思想情操。

清康涛《华清出浴图》（图79）描绘杨贵妃出浴时的情景。画中杨贵妃身穿红色浴袍，雍容懒散，半转身回头，纤纤玉手伸向身后的仆人。后面两位仆人手捧茶盘，肩上搭着丝巾，小心地伺候着。画家将杨贵妃的形象处理得十分高大，明显比两位仆人高出一头。此外，杨贵妃服饰的着色也非常讲究，贵妃的浴袍与仆人衣料上的差别显而易见。画家以身形大小、衣料的差别以及着色来彰显贵妃的高贵地位。

人物画中主宾范畴主要体现在人物的身材比例、衣着饰物，以及不同人物对绘画主题所起的不同作用等方面。主要人物形象更鲜明、用笔更繁复、刻画更细致。

(三) 花鸟画中的主与宾

花鸟画与山水画相似，若以花为主，则枝叶为宾；若以鸟为主，则其中的背景都为宾。陈之佛曾说："构图的关键，主要是研究部分与部分的关系，以及题材的主次关系。画面上的主要部分与次要部分必须分明。部分减的关系不清，就没有统一性，主要与次要不分，就没有重心点。"[①]部分与部分之间的关系，题材的主次关系说到底就是入画对象之间主与宾的关系问题，这正是构图的关键。花鸟画中的主宾关系问题依然不可忽视，何为主，何为宾，主与宾处于一种什么状态，整幅画是否和谐，是否能够通过对形的写生描绘表现对象之神以及画家之神，这就是主宾关系之所以重要的原因。潘天寿曾就中国画中的主宾构图有过如下论述："中国画无论是山山水水、层层叠叠或者简单的花鸟瓜果，画面总要有个主体……主体不能放得太靠当中，也不要太偏。"[②]无论绘画的题材是什么，总归会有一个主体，而对主体的构图布置既不能太正中也不能太偏，这就是要讲求章法布置。

宋代画家崔白的《寒雀图》（图80）描绘冬日里的一群麻雀在古木上栖息的景象。画家精心构图，将画中麻雀分为三类来刻画，左侧的麻雀已经入寐，右侧的正要停落下来，而中间的几只则正好处于入寐与飞行的中间状态，贯串两者，整幅画从左到右，从静态到动态，动静合宜，这又回到了前文关于花鸟画中动与静的阐述。在整幅画中，寒雀处于绝对的中心地位，古木只是作为寒雀栖息的场所而提供一个背景。画家对麻雀的描绘可谓惟妙惟肖，画中所出现的九只麻雀无一有重复的形态。

明林良的《灌木集禽图》（图81、图82），描绘了数十种禽鸟或飞于林间，或枝头鸣唱，或栖息对眠，或紧张觅食的各种场景和姿态。就禽鸟与灌木来说，禽鸟是画的主体，处于突出的位置，灌木丛林只作为禽鸟活动的场所出现，起点景作用。就灌木来说，树叶是主体，枝干是为了衬托叶子。所画对象虽多而杂，因画家布置得当，倒也繁而不乱。

"扬州八家"之一的边寿民以画芦雁著称，被称为边芦雁、边雁，于芦苇丛中建画室，自号苇间居士。边寿民所画芦雁姿态万千，极少雷同，

---

① 陈之佛：《就花鸟画的构图和设色来谈形式美》，《南京艺术学院学报》2006年第2期。
② 《潘天寿谈艺录》，转引自周积寅编著《中国历代画论》，第391页。

均是以芦雁为整幅画的主体，点缀以芦苇。如《芦雁册》之二（图83）画两只芦雁在苇边整理羽毛，画上题有"晴滩静集"。画面正中偏左处画家以浓淡相间的墨色描绘了几株芦苇，芦苇随风向右摇摆，芦花摇曳生姿。两只芦雁是画作的主体，芦苇是为了衬托芦雁的生活环境、表现它们的情态。画家充分运用墨色的浓淡来体现主宾之分。

主与宾无论是在山水画还是人物画还是花鸟画中都是一组不容忽视的重要范畴，主体与宾体的确定关系着绘画构图的成功与否，是画家在作画之初就应充分思考清楚的。而主体与宾体又是相互依托、缺一不可的，只有通过宾体的渲染与烘托才能突出主体的主要地位，才能更好地体现画家的绘画意图。

八　中国传统绘画与西洋画之比较

（一）中西画科分类之异

中国传统绘画按照所画对象的不同，主要分为三大画科：山水、人物、花鸟。张彦远《历代名画记》中将中国画分为六门，即人物、屋宇、山水、鞍马、鬼神、花鸟。北宋刘道醇《宋朝名画评》分为六门，即人物、山水林木、番马走兽、花卉翎毛、鬼神、屋木。《宣和画谱》分为十门，即道释门、人物门、宫室门、番族门、龙鱼门、山水门、畜兽门、花鸟门、墨竹门、蔬果门。南宋邓椿《画继》分为八门，即仙佛鬼神、人物传写、山水林石、花竹翎毛、畜兽虫鱼、屋木舟车、蔬果药草、小景杂画。无论是分为六门、十门还是八门，归结起来山水、人物、花鸟都是其中不可或缺的占主要地位的画科。西方绘画主要分为肖像、风景和静物三大科。人物画在中国绘画史上是最早发展起来的独立画科，山水画与花鸟画最初都是作为人物画的背景所存在而发展直至独立出来。虽一时代有一时代之成就较大的画科，但山水画一直在中国绘画史上占据着主导地位，文人作画多偏爱山水画。西方绘画则一直以肖像画为主。

中西方在画科分类上的这种差异是与中西方的文化差异分不开的，正是中西方不同的民族文化造就了中西方绘画的种种差异。中国传统文化讲究天人合一，西方文化则是天人两分，这与中西方所处的自然地理环境有一定的关系。中国所处的地理环境使得中国古代文明在北方中原地带近乎独立地发展壮大起来，中国又是一个农耕国家，民众依赖着土地生存，靠天吃饭的思想历来在中国人民心中占据着重要地位。儒家思想在经历了诸子百家争鸣后长期处于正统思想地位，"仁"、"义"、"礼"、"智"、"信"是道德行为标准，讲究君君、臣臣、父父、子子。因为所处的自然地理环境相对优越，中国人很少主动外出探寻世界，注重家庭本位而忽视个人的发展。概括说来，中国文化是在相对单一的大陆文化、小农经济的生产方式、家族本位的思想基础上产生的相对保守、内敛的民族文化。因为与天、地、自然有着良好的共存关系，甚至靠天、地的供养存活，中国才有天父地母之说，也因此而发展出人与自然和谐的观点，即天人合一的思想。此外中国文化还认为万事万物都可以看做是相互对立又统一的，是由可以相互转化的两方面构成的，即"凡天下之事事物物，总不外乎阴阳"。"阴阳两仪"这种思维方式也是中华民族所特有的。

　　西方文明发源地之一希腊，所处的自然地理环境相对于中国来说极其恶劣，这种自然环境要求西方人必须得出去，去探寻世界，于是有了哥伦布等环球探险者。此外，因为自然环境不适于农耕，就发展起了游牧业；陆地自然资源不甚丰富，但四周靠海，正可以发展商业。这一切都要求西方人要想生存就得同自然搏斗，战胜自然才能取得生存的权力，所以西方比较重视个人能力的发展，富有英雄崇拜精神。总体来说，西方文明是在多源地域文化、商业和游牧业的经济生产方式、个人英雄崇拜的基础上产生的相对开放、外向的民族文化。这种民族文化因为长期与自然抗争而逐渐形成了天人两分、物我对立的思想。

　　中西方各自独特的民族文化必然体现在各种艺术形式中，绘画作为一种造型艺术也必然反映了各自的民族文化精神。

　　基于天人合一的思想以及"阴阳两仪"的思维方式，中国人将自己与自然始终放置在一个统一的地位，老子说："人法地，地法天，天法道，道法自然。"（《老子·第二十五章》）人是宇宙中的一部分，是与宇宙息息相通的。中国画家在进行绘画这一审美观照时，就是将自己的主观情怀纳入宇宙万物，达到物我相融之境界的过程，因而中国的绘画都交织着画家的主观感情，是画家内心的体现。也正缘于此中国绘画不过分追求所画物象的真实，不注重比例、大小、形态的逼真等，只要能体现画家的情思，能营造出画家心中所想的意境即可。中国画家对自然的热情也体现于山水画自独立后一直处于绘画的主导地位，在对山水的刻画中往往都有作为宇宙一粟的渺小的人在其中，他们或渔钓，或听泉，或远眺，或偃息，诗意地在自然中栖居，与自然和谐地相处。

　　西方民族基于物我两分的思想，始终将人与自然宇宙放置在彼此的对立面，将宇宙作为一个客体。因而在绘画中也是将人所见的宇宙对象客观地呈现出来而已。西方绘画形式更多地是以人物为主，表现人的活动或是神的活动，强调人的力量，对人物的描绘在西方绘画史中始终占据着重要地位。

　　西方的肖像画可以理解为中国人物画的对应参照，但二者又存在着本质上的差异。西方画肖像画时必须要有模特，即写生，画家创作肖像画时必须面对着所画对象进行创作，旨在真实地再现所画人物的形象。中国人物画的创作从来不对着模特写生，画家创作之前对所画对象进行观察，默记于心，在创作时再加以创造发挥，以此来表现人物的思想情态等。元代王绎在《写像秘诀》中说："彼方叫啸谈论之间，本真发见，我则静而求之，默识于心，闭目如在目前，放笔如在笔底……近代俗工胶柱鼓瑟，不知变通之道，必欲其正襟危坐如泥塑人，方乃传写，因是万无一得，此又何足怪哉？吁吾不可奈何矣！"[①] 前半部分所总结的是中国传统人物画的创作方式，如前文引用的《韩熙载夜宴图》就是一例，画工奉命潜于所画对象的居所观察其生活，而后依靠心中印象而画成传世名作。"必欲其正襟危坐如泥塑人，方乃传写"的绘画方式就如同西方的肖像写生，令模特摆好一个姿势，一直到画家将画画完。以王绎的观点来看，西方肖像画这种对着模特写生的绘画方式是不可取的，是"万无一得"的。

　　除了上述是否对着模特写生的差别之外，就画作本身来说中国人物画与西方肖像画之间也存在着差别。西方肖像画布局一般较满，人物往往充满整个画布，时而有背景的点缀，但背景浅、淡。达·芬奇（Leonardo da Vinci）的传世之作《蒙娜丽莎》（图84），蒙娜丽莎在画作中居于正中显要的位置，画家着意强化了蒙娜丽莎的形象，而她身后的背景，树、小路、小溪则明显地被弱化，处于次要地位。而中国人物画则画幅开阔，一般上留天下留地，人物居于中间主要位置，画家还会精心选取符合人物身份的花草、环境等作为背景，人物与背景相得益彰，背景是为了营造意境、表现人物的思想情操。唐周昉的《簪花仕女图》（图85）是唐代仕

---

① （清）孙岳颁等奉敕撰：《御定佩文斋书画谱》卷十四《元王绎写像秘诀》，景印文渊阁四库全书本，第439页。

女画传世孤本。画中描绘了几位贵妇赏花游园的情景。画上一共画了六名仕女，六人基本按等间距分布在画纸上。画家精心选取了仙鹤、蝴蝶、牡丹、名葵，使得整幅画动静相宜，又恰到好处地表现出了贵妇们慵懒、闲适的生活。

  西方肖像画讲求绝对的写实，许多画家同时又是雕塑家，不少画家为了熟悉人体的构造甚至进行人体解剖。古罗马维特鲁威《论建筑》对形态优美的人体之美作了如下描述："自然是以这样一种方式构成人体，人的脸从下巴到前额顶和发际线最底端的距离应占十分之一；从手腕到中指末端的手掌长度也是同样的；从下巴到头顶的距离是八分之一；从胸口顶端到发际线，包括脖子下端，是六分之一；从胸中间到头顶，是四分之一。就脸本身的高度而言，从下巴底端到鼻孔底端是三分之一，另外三分之一是从鼻孔底端到两眉中间点的距离，这个点到发际线即前额也占了三分之一。脚的长度应该占腿高的六分之一，前臂和手应该占身高的四分之一，胸应该占四分之一。其他肢体也应该有自己的公度比例，古代著名画家和雕塑家利用这些比例获得崇高和持久的赞扬。"[①] 基于上述一系列的比例范式才有了西方古代画家和雕塑家所塑造出来的完美人体，这些精确的比例关系反映了西方重写实的艺术精神以及重理性的科学精神。著名画家达·芬奇曾以镜子来说明绘画："画家的心灵应该像一面镜子，它的颜色应同它所反映的事物的颜色一致，并且，它面前有多少东西，它就应该反映出多少形象……除非你有一种特别的本事，能以你的艺术品来表现大自然新制造的一切形式，否则你就不能成为大师。"[②] 我们可以从两方面来看达·芬奇的"镜子说"，一方面是说绘画是一种模仿的艺术，另一方面是要求画家写实，要将所画对象完全真实地再现出来，否则就不能称得上是大师。西班牙画家委拉斯凯兹（Diego Rodriquezde Silvay Velasquez）的代表作《教皇英诺森十世肖像》（图86）是为教皇所画的一幅肖像。画作具有一种震慑人心的真实感，俄国画家苏里柯夫对此画极为推崇："这一切都很完美，技巧、形式、色调每一部分都使人惊奇——这是一个

---

  ① 转引自［美］罗伯特·威廉姆斯著《艺术理论》（第2版），许春阳、汪瑞、王晓鑫译，北京大学出版社2009年版，第24—25页。
  ② 转引自舒也《中西文化与审美价值诠释》，上海三联书店2008年版，第47页。

活的人，这是所有过去绘画中高于一切的绘画。"① 中国传统的人物画也讲究形似，但形似之上更重要的是神似，是要表现人物的精神面貌，关于此问题已在前文讨论过。

中国传统山水画多选取高山流水、峰峦江河等入画。西方风景画则不然，山、水、树、石、小溪、桥，只要是风景都可以作为风景画的对象来表现，选材较宽泛。林风眠认为之所以中国山水画选材对象比较单一是与绘画材料相关的："中国的山水画，只限于风雨雪雾，而对于色彩复杂，变化万千的阳光描写，是没有的。原因还是绘画色彩原料的影响所致。因为水墨的色彩，最适宜表现雨荷云雾的想象的缘故。"② 中国山水画不过分追求写实，不要求画家以凝固而没有笔法的手法来表现毫无生气的"形"。画家笔下所画的山水多是自己心中的山水，强调的是借助所画意象营造意境，而非单纯的模山范水。西方风景画则注重再现，意在真实地将自然之景呈现在画布上。中西方绘画分别侧重于表现与再现，与中西方的民族文化精神息息相关。荷兰伟大的风景画家霍贝玛（Meindert Hobbema）的代表作《米德尔哈尼斯的林荫道》（图87），描绘的是小镇米德尔哈尼斯上一条通向远方的林荫道。画家以纵深图式来表现林荫道，林荫道向前延伸，人的视觉也跟着通往无限。画家以近乎摄影的纯熟之功真实地再现了米德尔哈尼斯小镇上的这条林荫道。王维曾画有《袁安卧雪图》（图88），取材于袁安困雪的历史故事，《艺文类聚》中记载："汉时大雪积地丈余，洛阳令身出案行，见民家皆除雪出。至袁安门，无有路。谓安已死，令人除雪入户，见安僵卧。问何以不出。安曰：'大雪人皆饿，不宜干人。'令以为贤，举为孝廉。"③ 后以此喻指高士生活清贫而葆有操守。后世画家以袁安为题材的绘画颇多，王维的这幅《袁安卧雪图》中因在雪地中画上了芭蕉而最为引人注意，后世也有人直接将这幅画称为王维的《雪中芭蕉图》。沈括《梦溪笔谈》卷十七："书画之妙，当以神会，难可以形器求也。世之观画者，多能指摘其间形象位置，彩色

---

① 转引自潘欣信主编《中外绘画名作八十讲》，广西师范大学出版社2004年版，第150页。

② 林风眠：《重新估定中国绘画底价值》，《亚波罗》1929年第7期。转引自周积寅编著《中国历代画论》，第935—936页。

③ （唐）欧阳询等奉敕撰：《艺文类聚》卷二，景印文渊阁四库全书本，台北：台湾商务印书馆1986年版，第160—161页。

瑕疵而已，至于奥理冥造者，罕见其人。……予家所藏摩诘画袁安卧雪图，有雪中芭蕉，此乃得心应手，意到便成，故造理入神，迥得天意，此难可与俗人论也。"书画的妙处应当是体味其中所表达的情思，而非执意讲求形似。王维所画之景不应季节变换，仅根据个人的主观情思选择入画之物，以此表现画家心中的情思，而非再现一个真实的自然场景，正所谓"得心应手，意到便成"。

中西方三大画科中还有一科，分别是中国的花鸟画与西方的静物画。静物画顾名思义，就是以相对静止的物体为绘画题材的绘画。静物画这种绘画形式在中国是完全没有的，中国的画家们不屑于画没有生气的静物，因为那样失去了对象的精神气质。"阴阳两仪"的思维方式对中国传统绘画的影响有一点，就是前文所探讨的形与神。形与神在中国画家看来是不可分割的一个事物的两个方面，二者在所表现的对象中缺一不可，对着静物作画就丧失了其中的"神"而空有其"形"，这在中国画家看来是不可取的。因而中国与西方静物画相对应的是描绘活花活鸟的花鸟画。按照中国画科来比对的话，西方画中可以算是有折枝花卉，但是他们的折枝花不是单纯的花果和枝叶，而是将花果和瓶瓶罐罐在人为作用下重新组合，作为绘画的"模特儿"供画家写生用。"写生"一词在中国古代绘画中也是有的，明代开始就有画家将花鸟画称为"写生"。唐志契在《绘事微言·山水写趣》中说："画花鸟是写生。"但中国花鸟画所谓的写生不仅要形似，更要求在形似之上达到神似。西方静物画则重在追求形似、真实。此外，中国花鸟画之所以被命名为花鸟画，乃由于其所入画的多是花、鸟俱在的场景，花为静，鸟为动，一动一静，动静相宜，画面不会显得死气沉沉，这也是"阴阳两仪"这一思维范式对绘画之影响，即本文第一章所探讨的动静之关系。西方静物画中要么是各种水果置于果篮中，要么是各种花卉置于花篮中，都是纯静态的存在，没有动态存在的相辅，不讲求作画的动静相宜。

南宋画家吴炳的传世代表作《竹雀图》（图89）现藏于上海市博物馆，画作只有25厘米见方，画一只雀鸟停在竹枝上悠然地梳理着羽毛。画家以竹子和雀鸟入画，雀鸟歪着头梳理着羽毛，整幅画充满着生气。法国画家保罗·塞尚（Paul Cézanne）的静物画代表作《苹果与橘子》（图90），将苹果与橘子置于白色的果盘，再放置在白色的桌布上，白色底盘与水果鲜艳的颜色形成强烈的对比。画家极其细致地刻画了水果的面体结构，水果的真实感跃然纸上。

中国画家在形成自己绘画风格之初多是模仿前人的画作，在模仿中学习前人的绘画技法与构图方式，经过长期的创作实践以及不断地吸取前人的经验，才最终形成自己的风格。不少知名画家都还有仿前人画的画作传世，如明代画家蓝瑛的《仿张僧繇山水轴》、《仿李唐山水》，清王原祁作有《仿高房山云山图》、《仿黄公望山水图》、《仿巨然山水图》等，清吴历作《仿吴镇山水》，清唐岱有《仿元代翠岫清溪》。但是中国画家在模仿前人绘画时并不是一味地临摹，而是加入了自己的主观想法。西方则因为绘画是重再现、重写实的艺术形式，画家多以自然实物、风景或是人物进行写生练习。画肖像就对着模特写生，画风景就选一个风景优美的地方写生，画静物就摆上水果、花篮写生。绘画大师达·芬奇最初学画时对着鸡蛋写生的故事我们都耳熟能详，这个故事也侧面印证了中西方绘画中的表现与再现、写意与写实之分。

（二）中西绘画阴阳观念之异同

前文已就阴阳的概念进行了梳理，阴与阳的概念在西方传统绘画艺术中也存在，但中西方的阴阳概念却不尽相同。

意大利传教士利玛窦曾说：“中国画画阳不画阴，故看之人面躯正平，无凹凸相。吾国画兼阴与阳写之，故面有高下，而手臂皆轮圆耳。”[①]利玛窦认为中国画只画阳不画阴，而西方绘画则兼画阴阳，实则利玛窦所指的阴与阳是因光的照射而产生的明与暗，指光照产生的阴与阳，也可以说是阴阳最初的基本含义，而不是作为我们中华民族传统宇宙观念、人生哲学以及美学范畴的阴阳概念。如果仅仅考虑阴阳的基本含义，利玛窦所说确实是事实。中国传统绘画艺术确实只画阳不画阴，在画作中不出现阴影、不体现光线的作用，山水画、人物画、花鸟画均是如此（上文已有许多对于中国古代传统绘画的分析，在此不再赘述）。中国古代传统绘画的这一特点，又与将在下一节中谈到的构图法则中的透视相关，中国画没有一个固定的透视点，因而也就无法描绘光线从一个固定点射出的瞬间景象。但不能就此否认中国画中没有阴阳之分。山水画中山分阳面和阴面，花鸟画中花叶也分向阳面与背阴面，中国绘画艺术在处理阴面与阳面时巧

[①] 转引自周积寅编著《中国历代画论》，第885页。

妙地借用了我们与西方绘画艺术又一大差异之处，即绘画工具的不同。我国传统绘画以毛笔蘸墨作于宣纸或者绢上，这些绘画工具在西方是没有的。因而在要表现所画事物的阴阳面之分时就以浓淡墨来处理。但到底浓者为阳还是浓者为阴则要根据具体情况来分析，正如董欣宾等所说："在中国画中，一般地讲，浓者为阳（勾线），淡者为阴（烘染），但许多地方又可理解为浓者为阴，淡者为阳；明者为阳，暗者为阴。"① 如画一块石头，中国画家可用浓墨画凸处，用淡墨甚至空白来表现凹处。而同样是画一块石头，西洋画家则会严格按照光照的阴面、阳面、背光、受光来处理。凸处受光，以明表现；凹处背光，以暗表现。

在中国传统绘画艺术中，阴阳概念除了最基本的含义外，还表现为上文所论述的动静、虚实、形神、藏露、简繁以及主宾。宋韩拙："笔以立其形质，墨以分其阴阳，山水悉从笔墨而成。"② 王学仲对此解释说："用深浅浓淡之墨色，适应物体之结构，以辅助线条之不足，形成阴阳面，完成物象的立体感。"③ 笔墨的运用是中国传统绘画最重要的一个方面。清张式《画谭》中说："黑为阴，白为阳，阴阳交构，自成造化之功。"④ 黑白阴阳交构是中国传统绘画最显著的表现形式，但中国也有设色绘画，不同的用色加上纯墨又可以表现不同的景物以及阴阳。清汤贻汾《画筌析览》："设色多法，各视其宜。有设色于阴而虚其阳者，有阳设色而阴止用墨者，有阴阳纯用赭而青绿点苔者，有阴阳纯用青绿而以墨渍染者，有阳用赭而阴用墨青，有阳用青而阴用赭墨者，有仅用赭于小石及坡侧者，有仅用赭为钩皴者，有仅用赭于人而树身者，有仅用青或仅用绿于苔点树叶者，有仅用青绿为渍染者。"⑤ 是讲从设色上如何区分阴与阳。清龚贤说："画石块上白下黑。白者阳也，黑者阴也。石面多平，故白。上承日月照临，故白。石旁多纹，或草苔所积，或不见日月，为伏阴，故黑。"⑥ 画石头，以黑与白来表现阴与阳，没有光线出现，并解释了将石

---

① 董欣宾、郑奇：《中国绘画对偶范畴论——中国绘画原理论稿》，第9页。
② （宋）韩拙：《山水纯全集·论用笔墨格法气韵病》，景印文渊阁四库全书本，第322页。
③ 王学仲：《中国画学谱》，第33页。
④ 转引自周积寅编著《中国历代画论》，第22页。
⑤ （清）汤贻汾：《画筌析览·论设色第八》，续修四库全书本，第12—13页。
⑥ （清）龚贤：《龚安节先生画诀》，续修四库全书本，上海古籍出版社2002年版，第125页。

块画成上白下黑的原因。《芥子园画谱》中记载："树木之阴阳，山石之凹凸处，于赭色中阴处、凹处俱宜加墨，则层次分明，有远近向背矣。若欲树石苍润，诸色中尽可加以墨汁，自有一层阴森之气，浮于丘壑间。但朱色只宜淡着，不宜和墨。"① 要表现树木之向阳与背阴，山石之凹凸远近，都是要恰当地运用墨彩设色。清郑绩道："山水用色，变法不一。要知山石阴阳，天时明晦，参观笔法、墨法，如何应赭、应绿、应墨水、应白描，随时眼光灵变，乃为生色。执板不易，便是死色矣。如春景则阳处淡赭，阴处草绿；夏景则纯绿、纯墨皆宜，或绿中入墨，亦见翠润；秋景赭中入墨设山面，绿中入赭设山背；冬景则以赭墨托阴阳，留出白光，以胶墨逼白为雪，此四季寻常设色之法也。"② 郑绩在这里论述了四时阴阳的设色，以赭、绿、墨、留白这些不同的设色来表现四季及阴阳变化。

西方绘画中光线始终占据着重要的位置，画家要严格按照光照的方向处理画中景象。达·芬奇曾说："物体及其形状靠阴影来表现。""物体如果没有阴影，那么我们就不能感知它的形状所具有的特征。""阴影是亮光被遮挡。我认为透视学中阴影极为重要。其原因是，不透明的物体在没有阴影的情况下将变得模糊难辨；除非用另一种颜色作为背景颜色，否则边界内的物体以及边界本身都会模糊。"③ 达·芬奇认为绘画要借助阴影来表现物体的形状，只有存在光线的情况下才会产生阴影，将物理光的作用提到了重要的位置。但有一点我们需要注意，西方绘画中光线的运用必然造成受光处明亮，背光处阴暗，但这里的明与暗与前文中讲到的中国绘画中的明与暗是不相同的。中国绘画中的明与暗不是因光线的受逆而产生，而是为了突出绘画主体，重要的以明处理，次要的以暗处理。另一方面，明与暗又同虚与实紧密联系在一起。这是与中国独特的水墨画形式分不开的，用墨处显得暗，留白处就明亮。

法国画家爱德华·马奈（Edouard Manet）早期的代表作《草地上的午餐》（图91）画两位穿着整齐的男士和一位裸女坐在草地上，周围还有一些弃置的衣物和野餐的篮子。马奈用强光射在裸女的身上与旁边两位男

---

① （清）王概：《芥子园画谱》第一集卷一《设色各法·和墨》，九州出版社2002年版，第52页。
② （清）郑绩：《梦幻居画学简明》卷一《论设色》，续修四库全书本，上海古籍出版社2002年版，第192页。
③ 张竟无编：《达·芬奇谈艺录》，刘祥英译，湖南大学出版社2009年版，第94页。

士的黑色着装形成强烈的颜色对比,强化了物理光的作用,从而造成视觉上强烈的冲击。尼德兰画家扬·凡·艾克(Jan van Eyck)《阿诺尔芬尼夫妇结婚像》(图92),顾名思义所画的是这对夫妇的结婚像。画家在创作中准确地把握了光线,并分别使用高光与反光来表现不同的对象,从地毯到柜子到吊灯,画家的功力可见一斑。这幅画中的光线主要从画面左侧的窗子射入,画家用高光射在这对夫妇的身上。新郎侧身对着窗户,画家据实将脸部处理为一半明一半暗。新娘基本是正对着窗户,所以光线大部分都照在新娘身上,新娘身体的上半部分被处理的较为明亮。画家又以反光来处理画面上端中间的吊灯。光线在这幅画中的作用不可小觑,画家以写实的手法将这对夫妇的结婚照留在了"镜头"里。清邹一桂《小山画谱》中说:"西洋人善勾股法,故其绘画于阴阳远近不差锱铢。所画人物、屋树皆有日影。其所用颜色与笔与中华绝异,布影由阔而狭,以三角量之。画宫室于墙壁,令人几欲走进。学者能参用一一,亦具醒法。但笔法全无,虽工亦匠,故不入画品。"① 邹一桂总结了西方绘画中光线的作用,指出西方绘画重写实,他认为西方画法不讲笔法,不入画品,这当然只是邹一桂的一种成见而已。清人丁皋在《写真秘诀》中谈到:"夫西洋景者,大都取象于坤,其法贯乎阴也。宜方宜曲,宜暗宜深,总不出外宽内窄之形,争横竖于一线。以故数层千里,染深穴隙而成。彝鼎图书,推重影阴而现,可以从心采取,随意安排,借弯曲而成透漏,染重浊而愈玲珑。用刻画线影之工,自可得远近浅深之致矣。夫传真一事,取象于乾,其理显于阳也。如圆如拱,如动如神。天下人之面宇虽同,部位五官,千形万态,辉光生动,变化不穷。总禀清轻浑元之气,团结而成于此。而欲肖其神,又岂徒刻画穴隙之所能尽者乎?"② 丁皋这段话的前半部分是谈西方绘画,认为西方绘画大都取象于坤,坤对应阴,所以西方绘画讲求阴影。后半部分讲中国绘画,认为中国绘画取象于乾,乾对应阳,所以中国绘画不表现阴影。并且中国绘画侧重于表现所画对象的神态,即便人物面貌相似,在画家笔下也能表现出变化无穷的千形万态。

---

① (清)邹一桂:《小山画谱》卷下《西洋画》,景印文渊阁四库全书本,第733页。
② (清)丁皋:《写真秘诀·附录退学轩问答八则》,见(清)王概《芥子园画谱》第四集卷一,第93—94页。

（三）中西绘画构图法则之异

郭熙在《林泉高致》中提出："山有三远：自山下而仰山巅，谓之高远；自山前而窥山后，谓之深远；自近山而至远山，谓之平远。高远之色清明；深远之色重晦；平远之色有明有晦。高远之势突兀，深远之意重叠，平远之意冲融而缥缈。"① 郭熙的"高远"、"深远"、"平远"实际上就是讲中国绘画的透视法则。北宋韩拙在《山水纯全集》中提出了他所以为的"三远"："有近岸广水旷阔遥山者谓之阔远；有烟雾暝漠，野水隔而仿佛不见者谓之迷远；景物至绝而微茫缥缈者谓之幽远。"② 细细分析实际上韩拙所提出的这"三远"都属于郭熙"三远"之中的"平远"，都是从近处望向远处。元代黄公望在《写山水诀》中提出："山论三远：从下相连不断，谓之平远；从近隔间相对，谓之阔远；从山外远景，谓之高远。"③ 黄公望将郭熙的"深远"发展成自己的"阔远"，清人费汉源对"三远"进行了解读："山有三远：曰高远，曰平远，曰深远。高远者，即本山绝顶处，染出不皴者是也。平远者，于空阔处，木末处，隔水处染出皆是。深远者，于山后凹处染出峰峦，重叠数层者是也。三远惟深远为难，要使人望之，莫穷其际，不知其为几千万重，非有奇思者不能作。其形势即如近山，无有二理，亦无有他法，以浑化为主，若用死墨宿墨，则落恶道矣。"④ 上述画家各自对"三远"的表述其实都是在讲中国绘画中的透视问题。

中国传统绘画尤其是山水画讲求"三远"，借此来营造独特的空间意识。中国绘画多是运用"散点透视"或者可以说是"无点透视"。因为中国画家作画时的观察点不是固定在一个地方，也不受规定视域的限制，而是根据需要，移动着立足点进行观察，不同立足点上所观察到的凡是有用的东西都可以组织进自己的画作。因而中国绘

---

① （宋）郭熙撰，（宋）郭思编：《林泉高致集·山水训》，景印文渊阁四库全书本，第578页。
② （宋）韩拙：《山水纯全集·论山》，景印文渊阁四库全书本，第317页。
③ （清）孙岳颁等奉敕撰：《御定佩文斋书画谱》卷十四《元黄公望写山水诀》，景印文渊阁四库全书本，第437页。
④ （清）费汉源：《山水画式·三远》，转引自周积寅编著《中国历代画论》，第402页。

画尤其是山水画中多大山大河，万里长江能尽收画上，绵延层叠的山峰能出现在同一幅上。北宋张择端以一画独步中国绘画史的传世名作《清明上河图》（图93、图94）就是一幅"无点透视"的代表作。《清明上河图》描绘了京城汴梁从城郊、汴河到城内街市的一派繁华之景。画面开卷首先描绘的是京城近郊处的风光，农舍田畴，乡人赶着毛驴驮着东西进城。画卷中段是汴河两岸的繁华景象，车水马龙、人潮涌动。画卷第三部分描绘的是京城街市内的繁华之象。高大的城楼两侧，街道纵横交错，房屋店铺林立，行人络绎不绝。画卷以移动着的视点取象，将京城内外之景一并收入笔下。这种画法在西方绘画中是不存在的。西方绘画中采取"焦点透视"，即画家处在某一固定的观察点，将在该立足点上所能观察到的事物如实地反映到画面上。上一节中提到的荷兰风景画家霍贝玛的代表作《米德尔哈尼斯的林荫道》，这幅画堪称西方焦点透视的典范。画家以林荫道的这端为观察点，画出了站在林荫道的这端所看见的一切景象。林荫道上的树近大远小，再往远处去就看不见了。站在观察点所看不到的景象一概没有被画家呈现在画中，画家写实的意向使得画作就像是站在林荫道的这端所拍摄出来的照片一样。清松年《颐园论画》中道："西洋画工细求酷肖，赋色真与天生无异，细细观之，纯以皴染烘托而成，所以分出阴阳，立见凹凸，不知底蕴，则喜其工妙，其实板板无奇，但能明阴阳起伏，则洋画无余蕴矣。中国作画，专讲笔墨勾勒，全体以气运成，形既肖，神自满足。古人画人物则取事故，画山水则取真境，无只书画图耳。西洋画皆取真境，尚有古意在也。"[①] 松年认为西方画家追求逼真，所画出来的画作要与真实的相差无几，因为大多使用皴染烘托而能分出阴阳、凹凸，但实际上虽然其技法娴熟精妙却毫无奇趣，除了能表现出阴阳起伏外没有其他的意蕴。中国画家作画讲求气韵生动，形神兼备，画人物就以故事来表现人物的性格，画山水就以意境来体现。这些都是与西方绘画不同的地方。

潘天寿先生曾说："西洋绘画之构图，多来自对景写生，往往是选择对象，选择位置，而非作者主动之经营布陈也。苦瓜和尚云：

---

① （清）松年：《颐园论画》，续修四库全书本，上海古籍出版社2002年版，第11页。

'搜尽奇峰打草稿。''搜尽奇峰',是选取多量奇特之峰峦,为山水画布置时作其素材也。'打草稿'即将所收集之画材,自由配置安排于画纸上,以成草稿,即经营布陈也。二者相似而不相混。"[1] 潘天寿是从对画材的收集、选择、布置上来谈中西构图之异的。中国画家在作画之前会遍寻画材,记于心中,等下笔之时对心中所记的原始素材加以综合发挥,再加上画家的主观情思,创作出意蕴丰富的画作。而西方画家多是选取一定的固有的对象进行写生,本着写实的原则,画家将自己所看到的景象都呈现出来而不添加自己的主观情思。

因为构图法则的差异,中国传统绘画多长篇巨幅,大部分存世画作都是长方立轴,以此来表现从上至下的全景构图。唐代佚名画家的《宫苑图》(图95)纵162.5厘米,横83.7厘米,是一幅立轴图。画轴从下至上,从近处的宫苑开始描绘,逐渐向上向外延伸,笔触直达山外、天际。整幅画中出现的物象非常丰富,描绘了大量的楼阁以此来表现宫苑的富丽堂皇,楼阁中基本都有人物点景。各种树木、假山、小桥点缀在楼阁中,连接着宫苑。画家的观察视点从画面底端开始逐步上移,将宫苑的全景尽收笔下。还有部分传世画作是以卷轴形式存世的,如东晋顾恺之的《洛神赋图》、北宋张择端的《清明上河图》、北宋王希孟的《千里江山图》、南宋夏圭的《长江万里图》、南宋佚名画家的《女孝经图》等,随着卷轴的展开,画家带着我们漫步其中。西方绘画因为焦点透视的关系,只能将由近至远的景象呈现在画中,因而一般都是近乎正方的画幅。法国画家米勒(Jean Francois Millet)的代表作《拾穗者》(图96),宽83.5厘米,长111厘米,接近于方形。画面表现的是麦田里三位体格健壮的农妇在远处骑兵的监督下拾麦穗。在这幅画中,三位拾穗的农妇是画作的主要人物,位于画面的中心位置,占据了画面相当大部分的位置。画家的观察视点基本相当于是站在那位半直起身的农妇身后,符合焦点透视的原则。

西方绘画是以块面为主,中国绘画则从壁画彩陶开始就是以线条为主。不能否认西方绘画中也存在线条这一形式,但线条之于西方绘画而言只是一种艺术媒介,但对于中国绘画来说,"线条的概念已远远超越了艺术媒介的范围,一方面体现意境的发展和艺术构思的绵

---

[1] 潘天寿:《听天阁画谈随笔·布置》,第44页。

延，另方面连贯起艺术构思和运笔造形，汇成一种动力以及动力所含的趋向"。① 线条是中国绘画中不可或缺的部分，以线条为主的造形和与以块面为主的造形也是中西方绘画的一个差异之处。南宋画家扬无咎的《四梅图》（图97—101）画四株形态各异的梅花，梅花的纸条、花瓣均是以线条勾勒，其姿态各异。或傲然怒放，或含苞待放，或翩然坠地，梅花那凌然的灵气都蕴含在笔笔勾画的线条之中。再看法国画家柯罗（Jean Bapiste Camille）晚期风格的代表作之一《孟特芳丹的回忆》（图102）。孟特芳丹位于巴黎北部，柯罗许多风景画的灵感都来源于孟特芳丹。在这幅画中，一棵枝叶茂密的大树占据了画面近乎三分之二的比例，左边一棵小树与繁茂的大树相呼应，还有一位红衣女子和几个孩童在小树下嬉戏。画中明显可以看出画家对块面的运用，大树繁茂的枝叶均是用块面来表现，将颜料晕染开表现树叶。光线主要来源于画面左侧后方湖水的反光。画家以反光、团块的优美组合谱出了记忆中的孟特芳丹。前面我们提到南宋佚名画家的《秋林放犊图》也是枝繁叶茂的大树占据画面的主要位置，将《秋林放犊图》与柯罗的《孟特芳丹的回忆》进行比较我们就能发现，中国画家对树叶的处理是以线条勾画为主，西方画家则是以块面晕开为主。

"阴阳两仪"从最初指示两类自然现象，到用来解释自然界两种对立和相互消长的物质势力，到成为中华民族一种缜密的哲学观、宇宙观而贯穿中华民族文化发展的全过程，成为中华民族一以贯之的传统思维范式。审美文化是一个关于美、审美和艺术的总范畴，是人与自然、主体与客体之间审美关系的一切历史成果的凝结和显现，是介于人类感性活动和理性活动之间的所有审美化活动、审美化存在的总和。从这个角度来说，审美文化的产生和发展终究离不开它所依凭的思维文化传统。有什么样的思维文化，就必然会有什么样的美学理想。绘画作为一种造型艺术，属于审美文化中一种表现性的创造层面，它的产生与发展也必然会受到所依凭的思维方式的影响。"阴阳两仪"就是中国古代传统绘画所依凭的思维范式，这一思维范式对中国古代传统绘画的影响体现在绘画表现的内容与形式上。

本章分别从绘画表现的内容与形式入手，选取动静、虚实、形神

---

① 伍蠡甫：《中国画论研究》，北京大学出版社1983年版，第45—46页。

与藏露、简繁、主宾范畴，结合历代画论和传世画作，分别从山水画、人物画、花鸟画这三大画科进行阐发，最后回到"阴阳两仪"思维下的中国古代传统绘画与西方传统绘画之比较，通过这些比较再次反观"阴阳两仪"与中国古代传统绘画艺术的关系。

中国古代传统绘画无论是对入画对象的选取、表现，还是对整幅画的构图用笔，都讲究阴阳对应，一阴一阳。有动必有静，有虚必有实，有形必有神，有藏必有露，有简必有繁，有主必有宾，两两相对而又彼此紧密结合、缺一不可。

通过对传统画论与现存作品的分析论述，本章基本上完整展示了"阴阳两仪"思维对于中国传统绘画的或隐或显的深刻印象，并通过中西比较，对蕴藏其中的民族文化心理进行了一定程度上的深入探讨。

第 六 章

"阴阳两仪"思维与生态美学

《周易》所有的卦象都是由阴阳两仪组成的，都是以天地之文而喻人之文，表达了中国古代特有的生态美学整体论思想。从美学的角度来解读《周易》，可以有文艺美学、生命美学和生态美学的三种解读方式。相比较而言，生态美学的角度更能贴近《周易》美学的精神实质。文艺美学的解读、生命美学的解读，也都可以上升到生态美学层面。

一 《周易》与美学问题的相关性

宗白华先生在《中国美学史中重要问题的初步探索》一文中，特别指出《周易》与美学的密切关系。他说："《易经》是儒家经典，包含了宝贵的美学思想。如《易经》有六个字：'刚健、笃实、辉光'，就代表了我们民族一种很健全的美学思想。"① 所谓"刚健、笃实、辉光"，按照宗先生的解释，就是"质地本身放光，才是真正的美"②，这是一种无须外在雕饰的美，是一种发乎内而显于外的阳刚之美，也是中国古代所崇尚的一种美的理想。

而这样的一种美的理想也具体体现在贲卦之中。贲卦，为离下艮上。象为山下有火。按照高亨先生的解释：离为阴卦，为火、为柔；艮为阳卦，为山、为刚。所以其《象》曰：刚柔交错。又因为离为文明，艮为止，所以《象》又有"文明以止"的话。③ 可见，无论是刚柔交错，还

---

① 宗白华：《艺境》，北京大学出版社1987年版，第332页。
② 同上书，第333页。
③ 参见高亨《周易大传今注》，第226—227页。

是文明以止，都是从卦象中生发出来的易之理。这也正是《周易》甚或是中国古代所特有的"立象以尽意"的"诗性思维"。①

对于山下有火之象，宗白华先生解释说："夜间山上的草木在火光照耀下，线条轮廓突出，是一种美的形象。"② 那么，这种美的形象究竟传达出一种怎样的美的讯息呢？宗白华先生主要是从文艺美学的角度来加以阐释的。

他认为贲卦《象》中所说的"君子以明庶政，无敢折狱"，"是说从事政治的人有了美感，可以使政治清明。但是判断和处理案件却不能根据美感，所以说'无敢折狱'。这表明了美和艺术（文饰）在社会生活中的价值和局限性"。③ 这样的解释固无不可，但显然与贲卦中的本义距离较大，故稍嫌牵强。为什么从事政治的人有了美感，就会使政治清明？判断和处理案件却不能根据美感，又是从何而来呢？宗先生都没有加以说明，因此所谓"美和艺术在社会生活中的价值和局限性"云者，也只能是宗先生自己的体会与见解，是无法从贲卦的象辞中直接得到证明的。

对于同样的"君子以明庶政，无敢折狱"，高亨先生的解释也许更贴切，更有说服力。他指出："山间草木错生，花叶相映，是山之文也。山下有火（光），山之文乃明，是以贲之卦名曰贲。按《象传》以火比人之明察，以山比客观事物，以山下有火，仅照见山之一面，比人之明察仅认识事物之片面。君子观此卦象，从而在从政时，唯恐其认识之片面，乃进而用其明察于各项政事。在断狱时，又恐其认识之片面，只有一面之辞，只有一人一物之证，绝不敢妄作裁判。故曰：'山下有火，贲。君子以明庶政，无敢折狱。'"④

因为联系贲卦的《彖》辞来看，此段话主要讲的是化成天下、教化的意思，而不是直接谈文艺问题的。《彖》曰："刚柔交错，天文也。文明以止，人文也。观乎天文，以察时变。观乎人文，以化成天下。"可见，贲卦的这段话意思是仰观天文而俯察人文，是在通过天文来说明人文，着重说明从政经验。虽然人文现象中也包括文艺问题，但毕竟隔了一层，至少"君子以明庶政，无敢折狱"这句话不是直接谈文艺问

---

① 曾繁仁：《生态存在论美学论稿》，吉林人民出版社2009年版，第191页。
② 宗白华：《艺境》，第332页。
③ 同上。
④ 高亨：《周易大传今注》，第227页。

题的。

宗白华先生对贲卦共有三条解释。上面说的是他的第一条解释。他的第二条解释说："美首先用于雕饰，即雕饰的美。但经火光一照，就不只是雕饰的美，而是装饰艺术进到独立的艺术：文章。文章是独立纯粹的艺术。在火光照耀下，山岭形象有一部分突出，一部分不见，这好像是艺术的选择。由雕饰的美发展到了以线条为主的绘画的美，更提高了艺术家的创造性，更能表现艺术家自己的情感。"① 可以看出，宗先生的第二条解释仍然是从文艺美学的角度来看待贲卦的易理。不过这一次，他不是直接解释《易经》，而是从李鼎祚的《周易集解》中转引了王廙的一段话，来说明王廙的时代山水画已经见到"文章"了，从而说明这是艺术思想的重要发展。宗先生所引王廙的那段话是："山下有火，文相照也。夫山之为体，层峰峻岭，峭崄参差。直置其形，已如雕饰，复加火照，弥见文章，贲之象也。"② 在这里，"文章"的含义应该是指"山之文在火的照耀下更加彰显"，恐怕还不是指"独立纯粹的艺术"，这段话是否可以引申为文艺问题，我不敢妄言。但这显然是王廙自己对贲卦的一种解释，因此宗先生的第二条解释可以看作是《周易》解释的解释，与原文隔了三层。

宗先生的前两条解释，一是谈美和文艺与社会的关系问题，属于文艺美学的理论问题，一是谈绘画从雕饰的美到线条的美，属于文艺发展史的问题。这两条解释，在我看来，都是宗先生借题发挥，实质上谈的问题离《易经》较远。

我并不是在完全否认宗先生从文艺美学的角度来解释《周易》的可能性和有效性。我只是觉得宗先生的这两条解释显得较为牵强。这并不表示，《周易》的贲卦不可以从文艺美学的角度来解释。如第三条，宗先生的解释还是比较精确的。

宗先生的第三条解释认为贲卦中包含了两种美——华丽繁富的美和平淡素净的美——的对立。他说："贲本来是斑纹华采，绚烂的美。白贲，则是绚烂又复归于平淡。所以荀爽说：'极饰反素也。'有色达到无色，例如山水花卉画最后都发展到水墨画，才是艺术的最高境界。所以《易

---

① 宗白华：《艺境》，第 332—333 页。
② （唐）李鼎祚：《周易集解》卷五，中国书店 1984 年版，第 12 页。

经》杂卦说：'贲，无色也。'这里包含了一个重要的美学思想，就是认为要质地本身放光，才是真正的美。"① 的确，贲的本意是修饰的意思，《序卦》中说："贲者，饰也。"正是由于这个原因，所以才会使"孔子卦得贲，意不平"，因为在孔子看来，"贲，非正色也"（《汉书·说苑》）。可是《杂卦》中却说："贲，无色也。"这就讲不通了。一是贲如果是饰的意思，那就不可能是无色，《序卦》与《杂卦》自相矛盾；二是如贲为无色，孔子自然不会"意不平"。可见，贲的本意只能是"饰"的意思，而不是"无色"的意思。高亨先生认为"无色"之"无"当作"尨"（máng）解，"杂色为尨"，这就跟"饰"的意思一致了。因此，贲的完整的意思就是"杂色成文（饰）"。② 这就容易理解了。

既然贲的本意是杂色成饰，是华丽繁富的美，是绚烂的美，那么"白贲"自然就是复归于平淡、素净、本色。"白贲"一词出自贲卦上九之爻辞："白贲，无咎。"高亨解释说："白贲，白色之素质加以诸色之花文。此喻人有洁白之德，加以文章之美，故无咎。"③ 在这一点上，我倒觉得高亨先生的解释就不如宗先生的解释来得精当。既然贲为文饰，那么贲就应该是白贲之先，白贲为贲之后，显然是"从绚烂复归于平淡"，而不是高亨先生所讲的先有"白色之素质"，然后"加以诸色之花纹"。这其实也就是孔子说的"绘事后素"的意思。

  子夏问曰："'巧笑倩兮，美目盼兮，素以为绚兮。'何谓也？"子曰："绘事后素。"曰："礼后乎？"子曰："起予者商也！始可与言诗已矣。"

这段话出自《论语·八佾》，是大家都熟知的。但对此的解释却很容易发生歧义。关键在于"绘事后素"，究竟是先素而后绘，还是绘之后而素。杨伯峻先生的《论语译注》将此看成是"绘事后于素"，也就是"先有白色底子，然后画花"。④ 而郑玄的注则是："绘画，文也。凡绘

---

① 宗白华：《艺境》，第333页。
② 高亨：《周易大传今注》，第226页。
③ 同上书，第231页。
④ 杨伯峻译注：《论语译注》，中华书局1980年版，第25页。本章引文皆出自本书，不再一一注明。

画先布众色，然后以素分布其间，以成其文。喻美女虽有倩盼美质，亦须礼以成之。"① 如果我们不拘泥于文字，而从整体上来把握这段话的含义，那么，我们就应该明白，《论语》的这段话主要是讲素与绚的关系，美女的"巧笑倩兮，美目盼兮"，都是发自自然的内质，而并不是着意的雕饰，所以她们的美是自然的美，是一种天然去雕饰的美，因此才可以说是"素以为绚兮"，虽然是"绚"，却又是"素绚"，是"绚"复归于"素"。这正像绘画一样，绘画要先用各种色彩，但画成后并不应该让人觉得太刺目，而应该仍给人一种素朴的感觉，这样的画作才是上品。这也正像"礼"一样，孔子强调的礼，也并不是要求繁文缛节，而应该是一种朴素而恰当的礼节。《论语·八佾》中还有这样一段话："林放问礼之本。子曰：'大哉问！礼，与其奢也，宁俭；丧，与其易也，宁戚。'"可见，礼的根本不是铺张浪费，不是仪文周到，而是要做到朴素俭约，做到内心真诚。"礼后"，是"以素喻礼"，是"礼"复归于"素"，这应该是"礼后"的确切含义。如果说"礼后"有省略，那也是承前省略了"素"，而不是像杨伯峻先生所说的省略了"仁"。从《论语》谈"绘事后素"的这段话中，我们可以看出，由言诗进而言画，进而言礼，诗画合一，礼在其中，这样的言说方式，这样的论证套路，反映出的仍然是"立象以尽意"的"诗性思维"，是中国古人整体观的一种体现。

由此来看"白贲"，完整的意思应该是"白色底子加上诸色之花纹"而其最终之效果又能复归于"白"，"是绚烂复归于平淡"。这是一种更高的境界。所以刘熙载在《艺概·文概》中说："白贲占于贲之上爻，乃知品居极上之文，只是本色。"刘熙载在这段话后，还说了下面的一段话，可以作为佐证。他说："君子之文无欲，小人之文多欲；多欲者美胜信，无欲者信胜美。"② 这些说法都表达了中国古代对于不事雕琢之美、自然之美、内在充实之美的一种推崇。这些说法也都无疑是谈文艺问题的。就这一点而言，宗白华先生从文艺美学的角度来解释贲卦显然是合理的。

---

① 《论语注疏》卷三，阮元校刻《十三经注疏》，第 2466 页。
② 徐中玉、肖华荣校点：《刘熙载论艺六种》，巴蜀书社 1990 年版，第 47 页。

二 从文艺美学解读《周易》的局限性

刘勰的《文心雕龙》是谈文学问题的，其中多处谈到《周易》。这说明《周易》也的确与文学问题有关。《文心雕龙》中的《情采》说："是以'衣锦褧衣'，恶乎太章；'贲'象穷白，贵乎反本。"[①]《征圣》篇中说："文章昭晰以象'离'。"这些都证明从文艺美学的角度来研究《周易》是可行的。

《文心雕龙》除了谈论具体的贲卦和离卦中的文艺问题之外，其实更可值得关注的是它还从一般意义上来谈论文学与《周易》的关系。《文心雕龙》的《原道》篇中说："文之为德也大矣，与天地并生者何哉？夫玄黄色杂，方圆体分，日月叠璧，以垂丽天之象；山川焕绮，以铺理地之形：此盖道之文也。仰观吐曜，俯察含章，高卑定位，故两仪既生矣。惟人参之，性灵所钟，是谓三才。为五行之秀，实天地之心。心生而言立，言立而文明，自然之道也。"刘勰在这里所说的"道之文"，如"玄黄色杂，方圆体分，日月叠璧，以垂丽天之象；山川焕绮，以铺理地之形"，非常类似于《周易》中所讲的"天文"。只不过，《周易》贲卦中只是简单地讲"刚柔交错，天文也"；而刘勰则是从颜色之玄黄、形体之方圆，讲到日月山川，要具体得多。而仰观俯察云者，则又与《周易》贲卦中所讲的"观乎天文，以察时变，观乎人文，以化成天下"一脉相承。《周易》中谈两仪、谈三才，《文心雕龙》也谈两仪和三才，这都说明《文心雕龙》与《周易》密切的渊源关系。

刘勰谈了"天文"之后，又紧接着谈人文："人文之元，肇自太极，幽赞神明，《易》象惟先。庖牺画其始，仲尼翼其终。而乾坤两位，独制文言。言之文也，天地之心哉！若乃《河图》孕乎八卦，《洛书》韫乎九畴，玉版金镂之实，丹文绿牒之华，谁其尸之，亦神理而已。"（《原道》）在这段话中，刘勰非常明确地指出文学与《周易》的密切关系。可见，在刘勰那里，是可以从文学或者从文艺美学

[①] 周振甫译注：《文心雕龙选译》，中华书局1980年版，第171页。本章引文皆出自本书，不再一一注明。

的角度来谈《周易》的。但我们要注意到这样的事实,在《原道》中,刘勰所谈的《周易》的文艺美学问题,与宗白华先生所谈的有所不同。宗先生所谈的《周易》的美学是具体问题,《原道》中谈的是一般原理。这个原理我们可以概括为"仰观俯察"原理,这是中国古代审美思想的一种重要原则,也是《周易》所突出强调的一种思想。《周易》除了在《贲卦》中说"观乎天文,以察时变;观乎人文,以化成天下"之外,在《系辞下》中又更加明确地说:"古者包牺氏之王天下也,仰则观象于天,俯则观法于地,观鸟兽之文,与地之宜,近取诸身,远取诸物,于是始作八卦,以通神明之德,以类万物之情。"这就更加明确集中地阐述了这种"仰观俯察"的思想宗旨。

"仰观俯察"可以看成是中国古人的一种特有的审美方式。但这种审美方式却是跟中国古代的生态整体论联系在一起的,它所透露出的是一种天人合一的生态思想,因此可以看成是一般原理。为什么要仰观俯察呢?就是因为天与地、自然与人文是合一的。对此,周振甫先生是心领神会的,他说刘勰"举出天地、日月、山川、龙凤、虎豹、云霞、花木来说明自然界的一切都有文采,从而说明作品也要有文采。根据林籁、泉石的有音韵,从而说明作品也要讲音韵。从文采和音韵的自然形成,来反对作品的矫揉造作",这样他就"把自然之文和人文混淆了"。[1] 这在周振甫先生看来是《原道》的不合理之处,但对于《原道》自身而言,却是一种合乎逻辑的自然之理。由自然而言人文,由天文来证明人文的合理性,这是一种言说方式,是一种论证逻辑,更是中国古代所特有的一种思维方式。从中所透露出的正是中国古代所特有的一种天人合一思想,或者说一种生态整体论思想。

让我们再回来看宗白华先生关于《易经》美学的解释。他对贲卦的三条解释,我们说有说服力的只是第三条解释,而前两条解释则稍显牵强。但是宗白华先生对于《周易》美学研究是很有贡献的,他指出了《周易》中所包含的美学思想,阐明了《周易》与美学研究的关系,并且也从文艺美学的角度对《周易》的个别卦象进行了解读。这都是值得后人认真学习和研究的。但我认为,从文艺美学的角度来解释《周易》毕竟有很多的限制,有些是可以加以文艺美学解释的,

---

[1] 周振甫译注:《文心雕龙选译》,第18页。

有更多的地方却是无法仅从文艺美学的角度来解释。那么，这是否意味着美学解释的失效呢？也不是。不可以从文艺美学的角度来解释，却可以从生态美学的角度来解释。例如，对于"山下有火，贲。君子以明庶政，无敢折狱"这句话，我们说它不是直接谈文艺问题的，不能从文艺美学的角度去解读，却可以从生态美学的角度去解读。首先，山下有火，我们可以把它看成是自然界中的一种美象，属于自然生态美；其次，这段话由自然美象引申为"君子以明庶政，无敢折狱"，这其实讲的是君子美行，属于社会生态美；最后，这段话还告诉我们行事要抱有敬畏之心，对于自然万物都不能任意所为，这正是我们今天保护生态环境所应有的一种态度。《周易·节》中说："天地节而四时成。节以制度，不伤财，不害民。"表达的也是这个意思。所以这一切，都可以从生态美学的角度来认识、来解读。即使是《周易》中可以从文艺美学角度加以阐释的地方，也仍可以从生态美学的角度来阐释。例如，我们上面所谈的"白贲"，是一种绚烂复归于平淡之美，这既是一种艺术美，同时也是一种生态美。生态美学所追求的不正是这种天然去雕饰的素朴自然之美吗？所以，这种文艺之美，是可以从生态之美来加以解释的。因为在先秦经典中，文艺问题从来都是与社会问题，甚至与天地问题联系在一起的。这甚至可以看成是中国古代文化思想的一个传统。这种传统，用今天的话来说就是一种生态整体论思想。而这样的一种生态整体论思想，又可以从阴阳两仪的角度来加以概括。

　　刘熙载说："立天之道，曰阴与阳；立地之道，曰柔与刚。文，经天纬地者也，其道惟阴阳刚柔可以该之。"[1] 宗白华先生指出："中国画所表现的境界特征，可以说根基于中国民族的基本哲学，即'易经'的宇宙观：阴阳二气化生万物，万物皆禀天地之气以生，一切物体可以说是一种'气积'（庄子：天，积气也）。这生生不已的阴阳二气织成一种有节奏的生命。中国画的主题'气韵生动'，就是'生命的节奏'或'有节奏的生命'。伏羲画八卦，即是以最简单的线条结构表示宇宙万相的变化节奏。"[2] 从上引的两段话中可以看出，刘熙载谈文，宗白华谈画，都是将

---

[1] 徐中玉、肖华荣校点：《刘熙载论艺六种》，第173页。
[2] 宗白华：《艺境》，第118页。

文艺问题与天地宇宙问题联系在一起来谈的，都是将阴阳思想看成是文艺的根本，这说明阴阳两仪思想与文艺美学的密切关系，说明中国文艺美学的根本问题是可以从阴阳两仪的思想中解释清楚的。

另一方面，我们也必须认识到，仅从文艺美学的角度来解释《周易》是不够的，是无法揭示出《周易》美学的丰富内涵的。不仅是文艺的生命，而且是宇宙的生命，都可以从阴阳两仪的思想层面上加以阐发。不仅是文艺美学，而且是生命美学，也都可以解释《周易》美学。刘纲纪在《周易美学》中指出："就美学而论，生命美学的观念在'周易'中是居于主导地位的。这是'周易'美学最重要的特色，也是他的最重要的贡献。"[①] 从文艺美学到生命美学，我们可以看出对《周易》美学研究的一种内在逻辑，代表着我们对《周易》美学思想认识的深入。而要全面准确地理解和阐释《周易》的美学思想，还必须从生命美学进入生态美学的层面。

曾繁仁教授在《试论〈周易〉的"生生为易"之生态智慧》中认为："《周易》作为中国古代哲学与美学的源头之一，就包含着我国古代先民特有的以'生生为易'为内涵的诗性思维，是一种东方式的生态审美智慧，影响了整个中国古代的审美观念与艺术形态。"[②]

曾先生继承并积极肯定了宗白华先生和刘纲纪先生的生命美学的理论观点，并进一步将《周易》的生命美学观念生发和引申为生态美学的层面，并从生态整体论（存在论）的角度予以解读。在我看来，这样的一种解读也许更能触及《周易》美学的精神实质。我们必须承认，生命的确是《周易》美学所关注的焦点范畴，但这一范畴却显然不同于西方近代生命美学所阐发的生命范畴。《周易》所关注的生命是在生态整体论意义上的生命，而不仅仅是人的个体生命意志。[③] 或者更准确地说，《周易》是将人的个体生命置于无机物与有机物、植物物与动物、自然与社会、天文与人文相统一的整个天地宇宙观的层面来加以审视的。"生生为易"，说的就是使生命得以孕育生长的道理。在这一命题中，第一个"生"应该是动词，是一种使动用法，第

---

① 刘纲纪：《周易美学》，第69页。
② 曾繁仁：《生态存在论美学论稿》，第184—185页。
③ 关于《周易》生命观与西方近代哲学生命观的区别，可参见刘纲纪《周易美学》。

二个"生",是名词——生命,是一个主词,是它的产生、发展、相生相克的运动规律,才是《周易》所要阐发的内容。不是生命,而是生命之间的相互关系——生命产生的根源,生命能够成长壮大的理由根据,生命之间的相生相克,才构成了《周易》的整体框架和核心内容。《周易》之所谓"生",不仅是人的个体生命,更是整体的宇宙生命,不仅是生命,更是生态。正像曾先生所指出的:"《周易》所说的生命是包括地球上所有物体的'万物'。无论是有机物还是无机物,均由乾坤、阴阳与天地所生,都是有生命力的。这与西方现代生命论哲学将生命局限在有机物、植物、动物特别是人类是有区别的。西方的这种生命论哲学与美学可以说还有某种人类中心主义的遗存,而《周易》中的生命论则更加具有生态的意义。"[1] 所以我们说,与其是生命美学,不如生态美学更能揭示《周易》美学的精神实质。

那么,这是不是说《周易》美学表现出非人类的生态中心主义呢?显然不是。曾先生说:"《周易》也没有忽视人,在其著名的'三才说'中仍然将人放在'万物'中的重要地位。《周易》的'天地人三才'说中,除天地之外人是重要的一维,但人却与天地乾坤须臾难离,人是在天地乾坤的交互施受中才得以诞育繁衍生存的。《周易》包含了中国古代素朴的包含生态内涵的人文精神,这是一种古典形态的人文精神,是人与自然万物的共生共存。"[2] 因此,既不是人类中心主义,也不是生态中心主义,而是生态整体主义——自然主义与人文主义的统一,才能够全面准确把握《周易》美学的精神实质。《周易·文言·乾》中说:"夫'大人'者,与天地合其德,与日月合其明,与四时合其序,与鬼神合其吉凶,先天而天勿违,后天而奉天时。"这段话所阐明的正是这种生态整体主义,即:人与天地万物应该奉为一体,顺应自然的四时变化,不违背自然规律。人只有在天地万物之中顺应自然才能够很好地繁衍诞育,生长生存。这跟我们今天所讲的"人是自然界的一部分,自然界是人的生命的组成部分,保护自然环境就是保护人类自身",在根本观念上是一致的。

---

[1] 曾繁仁:《生态存在论美学论稿》,第187页。
[2] 同上。

三 从生态美学解读《周易》的具体路径

那么，如何从生态美学的角度来解读《周易》？在《试论〈周易〉的'生生为易'之生态审美智慧》中，曾繁仁先生从两个层面对《周易》的生态美学思想进行了解读。首先，曾先生论述了作为《周易》核心内容的"生生为易"的生态智慧，也就是《周易》与生态学的关系；其次论述了由这一生态智慧所引发出来的生态审美智慧，也就是《周易》与生态美学的关系。

对于《周易》的生态智慧，曾繁仁先生谈到了以下几方面的问题：1. "生生为易"之古代生态存在论哲思；2. "乾坤"、"阴阳"与"太极"是万物生命之源的理论观念；3. 万物生命产生于乾坤、阴阳与天地之相交的理念；4. 宇宙万物是一个有生命环链的理论；5. "坤厚载物"之古代大地伦理学。曾先生认为，《周易》至少表达了这样的生态智慧与观念：人与自然万物是一体的，均来源于太极，均产生于阴阳之相交，并由此构建了一个天人、乾坤、阴阳、刚柔、仁义循环往复的宇宙环链。《周易》还特别对大地母亲的伟大贡献与高尚道德进行了热烈而高度的歌颂，首先歌颂了大地养育万物的巨大贡献，所谓"万物资生"；其次歌颂了大地安于"天"之辅位、恪尽妻道臣道的高贵品德，所谓"乃顺承天"；再次歌颂了大地自敛含蓄的修养，所谓"含弘广大，品物咸亨"；最后歌颂了大地无私奉献的高贵品德，所谓"地势坤，君子以厚德载物"。所有这一切，都证明《周易》这部元典中的确包含着非常丰富的生态智慧，完全可以从生态学的角度来加以解读。

与此同时，《周易》的生态智慧又是一种美学的哲思，是一种生态美学智慧，因而又可以从生态美学的角度来作进一步的解读。在曾先生看来，《周易》的生态美学内涵包括以下几个方面：

第一，描述了艺术与审美作为中国古代先民的生存方式之一。《周易·系辞上》中说："圣人立象以尽意，设卦以尽情伪，系辞焉以尽其言，变而通之以尽利，鼓之舞之以尽神。"这段话描述了中国古代先民立象、设卦、系辞、变通以及鼓、舞、神等占卜活动的全过程，在这一过程中，包含着艺术和审美活动，或者说，艺术和审美活动渗透在整个占卜过程之中，占卜活动由此也变成了一种审美活动。这种包含着审美活动或具有审美活动性质的占卜活动是古代先民寻求美好生活的一种基本方式，是生态美学整体论思想的体现。

第二，表述了中国古典的"保合大和"、"阴柔之美"的基本美学形态。《周易·乾·彖》："保合大和，乃利贞。"曾先生认为，所谓"大和"，是一种乾坤、阴阳、仁义各得其位的"天人之和"、"致中和"的状态。[①] 这不仅是中国古代最基本的美学形态，而且可以说是中国古代最高的审美追求。中国古代的阳刚之美和阴柔之美，都无疑是从这种最基本的美学形态和最高的审美理想中具体生发出来的。所谓大和，其实就是阴阳、乾坤、天地的和谐统一。这种和谐统一，又因为阴阳两仪的各自变化，分化为阳刚之美和阴柔之美。在《周易》中，阳刚之美的集中体现就是"乾"，而阴柔之美的集中体现就是"坤"。相比较来说，《周易》虽也强调阳刚之美，但似乎对阴柔之美更加注重。

第三，阐述了中国古代特有的"立象以尽意"的"诗性思维"。《周易·系辞下》云："是故《易》者，象也。象也者，像也。"曾先生解释说：《易》的根本是卦象，而卦象也就是呈现出的图像，借以寄寓"易"之理。如"观"卦为坤下巽上，坤为地为顺，巽为风为入，表现风在地上对万物吹拂，即吹去尘埃使之干净可观，又在吹拂中遍观万物使之无一物可隐。其卦象为两阳爻高高在上被下面的四阴爻所仰视。《周易》"观"卦就以这样的卦象来寄寓深邃敏锐观察之易理。曾先生指出："《周易》所有的卦象都是以天地之文而喻人之文，也就是以自然之象而喻人文之象。这与中国古代文艺创作中的比兴手法是相通的。"[②] 因此说《周易》阐述了中国古代特有的"立象以尽意"的"诗性思维"。这种"诗性思维"也是一种生态整体论思维。

第四，歌颂了"泰"、"大壮"等生命健康之美。曾繁仁先生认为，《周易》所代表的中国古代以生命为基本内涵的生态审美观还歌颂了生命健康之美。如《周易》"泰"卦为乾下坤上，乾阳在下而上升，坤阴在上而下行，表示阴阳交合，天地万物畅达、顺遂，生命旺盛。再如"大壮"卦，乾下震上，乾为刚，震为动，所以《周易·大壮·彖》说："大壮，大者壮也。刚以动，故壮。"这些都是对宇宙万物所具有的生态健康

---

① 曾繁仁：《生态存在论美学论稿》，第190页。
② 同上书，第191页。

阳刚之美的歌颂。

第五，阐释了中国古代先民素朴的对于美好生存与家园的期许与追求。《周易·文言·乾》曰："'元'者善之长也，'亨'者嘉之会也，'利'者义之和也，'贞'者事之干也。"曾先生认为，善、嘉、和与干都是对于事情的成功与人的美好生存的表述，是一种人与自然、社会和谐相处的生态审美状态的诉求。

应该说，上述曾繁仁先生对《周易》生态美学内涵的揭示是非常独到的、确切的。这证明，从生态美学的角度来解读《周易》，的确可以发现许多我们过去所难以发现的新内涵。这也再次说明，从生态美学的角度来解读《周易》是可行的。当然，我们也并不是说，上述曾先生所谈的《周易》生态美学的诸多内涵，已经涵盖了《周易》生态美学的所有内涵，已经没有作进一步的挖掘和探讨的必要了。

实际上，《周易》的生态美学思想，应该是非常丰富的。曾繁仁先生坦言："《周易》的'生生为易'作为一种古代生态智慧本身就是一种'诗性的思维'，包含着丰富的美学内涵。"[①] 而上面所说的五个方面的内涵仅是《周易》生态美学内涵的一部分。曾先生说《周易》所表现出的思维方式是一种"诗性思维"，是跟西方古典美学（尤其是黑格尔的美学）所表现出的逻辑思辨美学相对的；曾先生说这是一种生态存在论美学，是跟西方以主客二分为主要运思方式的认识论美学相对的。"诗性思维"也好，"生态存在论"也罢，其实都是为了彰显中国古代美学所特有的理论形态和精神实质，都是为了揭示《周易》美学中所蕴含的生态整体论的独特内涵。我们说这样的解读是深刻的，却也只能是对《周易》生态美学思想部分内涵的解读。而要全面解读《周易》的生态美学思想，显然还有很多的工作要做。例如从阴阳两仪的角度来解读《周易》的生态美学思想就是一个饶有兴趣的话题。阴阳构成太极，并生八卦，它是《周易》中最关键的因素。《周易·系辞上》中说："是故易有太极，是生两仪。两仪生四象，四象生八卦。八卦定吉凶，吉凶生大业。"阴阳是由太极到八卦的中介，其重要作用不言自明。同时，我们说，阴阳两仪还是打开《周易》美学奥秘的一把钥匙。对于《周易》的美学研究，我们可以有各种不同的角度，例如文艺美学

---

① 曾繁仁：《生态存在论美学论稿》，第189页。

的角度，生命美学的角度，生态美学的角度。但所有这些不同的角度，却都应该首先面对《周易》美学的整体论思想，都应该首先面对阴阳两仪在构成《周易》整体论思想中所发挥的重大作用这一基本事实。只有由此出发，我们才可以进一步地谈论对《周易》美学的各种具体解读。而上面所谈到的《周易》生态美学的诸多内涵，也都无一不可以从阴阳两仪的角度去解说。

上面我们谈了对《周易》的三种美学解读和阐释，包括文艺美学、生命美学和生态美学。这三种阐释角度不同，出发点不同，着重点不同，所阐述的问题不同，因此可以发掘《周易》美学思想的不同层面。相比较而言，生态美学的角度也许更能贴近《周易》美学的精神实质和理论全貌。更进一步说，生态美学其实也就包含着文艺美学和生命美学。或者说，文艺美学的解读、生命美学的解读，也都可以上升到生态美学的层面。

第七章

"阴阳两仪"思维与中华传统体育

中华传统体育之所以有别于西方体育的主要原因在于西方体育是以竞技和对抗为主要形式，以突破自我、挑战极限为主要目的身体活动形式。以太极拳为代表的中华传统体育项目深受中国古典哲学和传统文化的影响。太极拳从命名到盘架、推手和攻防意识中都蕴含了丰富的中国古典哲学思想。阴阳观是中国古代辩证法中最基本的观点，是一切事物发展变化的源泉。富涵着中国古代哲学思想的太极拳始终贯穿着阴阳变化，处处体现着阴阳相互转化的规律。太极拳以太极、阴阳为哲学基础，将阴阳贯穿于拳势之中，体现在刚柔、虚实、开合、动静等变化之中。

一 太极拳对中华传统文化的传承与其文化体系根基

（一）以太极拳为代表的中华传统体育项目有别于西方体育的特征

中华传统体育之所以有别于西方体育的主要原因在于西方体育是以竞技和对抗为主要形式，以突破自我、挑战极限为主要目的身体活动形式。并且，西方体育项目的运动轨迹大多是能够通过科学仪器进行模拟、分析和重复的物理运动形式。

中华传统体育项目因受到儒家思想、道家思想和中华传统医学理论的影响，表现出了和西方体育截然不同的形式。清朝康熙时期福建侯官人陈梦雷所编辑的大型类书《古今图书集成》将中华传统体育项目进行了详细的归类。首先是导引疗疾、行气、按摩、五禽戏、八段锦、太极拳这类强身健体、延年益寿的身体活动形式，属于养生的范畴，被编入《人事典》中；其次是射箭、驭车、武艺、摔跤、举重、赌跳、疾走、蹴鞠、马球等身体活动形式，是传统的强兵练武的身体训练方法，被归于军事范畴，相当于现在的军事体育，因此被编入《戎政典》中；最后，早在中国上古时代就有了的乐舞游戏以及在中国古代兴盛的杂技技巧、游泳弄潮、花样滑冰、龙舟竞渡、拔河、荡秋千、放风筝、踢毽子等社会娱乐活动被归于社会文化范畴和艺术范畴，可能就相当于现在的娱乐体育或大众体育，因此被编入了《艺术典》中。《古今图书集成》把中国所有涉及体育活动的信息分别归类于养生保健、军事训练和艺术娱乐活动这三大类。

由于中华传统体育项目受到儒家、道家思想的影响，因此很少出现激烈的身体对抗形式，大多是养生、娱乐和军事身体训练的手段。即使曾经有过像蹴鞠和马球这类对抗和竞技项目的出现，也最终迫于传统文化的影响不见了竞技和对抗的踪影。中华传统体育有别于西方的物理体育，中华传统体育项目最为重要的特征是项目中融入了中国古典哲学、儒家思想和道家思想，是哲学体育，其中以太极拳最为显著。

（二）太极拳的创立是中华传统文化继承与发展的结果

太极拳是中国最有代表性的拳术之一，它创始于清初乾隆年间。山西民间武术家王宗岳通过阐释《易经》中的太极阴阳哲理来解释拳理写成《太极拳论》，正式命名了太极拳。在太极拳起源的问题上我国体育理论界众说纷纭，有人认为太极拳是8世纪中期唐代许宣平所创造；有人认为是宋徽宗时武当山丹士张三峰夜梦玄武大帝授拳，创造了太极拳；有人认为是元末明初武当山道士张三丰创造的；还有人相信是明初河南陈家沟陈卜所创造。无论如何，根据中国武术史学家唐豪等考证，太极拳最早是传习于河南省温县陈家沟陈姓家族中。

对于太极拳的创立，我国有很多专家和学者从文化学的角度对其进行了专门的研究。阮纪正在《试谈太极拳的文化学研究》一文中认为："综合各种关于太极拳创传的说法加以分析，指出太极拳并不是突然地由哪一两个人创立出来的。它的一些拳理、招势、动作和操作要领、方法早已分别在古代拳械和导引中运用。只是到了某些历史文化条件成熟以后，一些武术家基于某些深层的社会需要，因而将这些拳法和古代气功导引加以揉合，并由此而逐步创编和演化出太极拳来。"①

曾庆宗《太极、道教和水——太极拳哲理探索》一文认为：太极拳是重视道教的柔弱思想，重视和模拟水的致柔性，加上技击的意图和动作而产生的。该书还认为精通少林武术的道士张三丰在领会了道教的以水致柔取胜，人致柔才能返本还原及内丹术的练功方法后，他把柔弱思想、内丹术、技击术结合起来为太极拳奠定了基本模式。②

1991年版体育学院专修通用教材《武术》认为太极拳首先综合吸收了明代各家拳法，其中主要是吸收了戚继光的三十二势长拳而创立的。其次，它结合了古代导引、吐纳之术。太极拳讲究意念引导气沉丹田，讲究心静体松重在内壮，所以被称为"内功拳"之一。再次，它运用中医经络学说。如陈式太极拳要求按经络通路，螺旋缠绕，以意行气，通任、督二脉，练带脉、冲脉。最后，也是最重要的就是太极拳创立的理论基础——阴阳五行学说。自太极拳创立以来各式传统太极拳都是以阴阳五行学说来概括和解释拳法中各种矛盾变化的。

著名文化学者陈序经《文化学概观》③一书中认为：（基于程度相等的）两种完全相异的文化相接触的结果是趋向于和谐的，两种完全相同的文化相接触的结果是趋向于一致，而两种同异兼有的文化相接触的结果是趋向于一致与和谐。因此，两种或两种以上的文化趋向于一致与和谐的结果是新的文化的产生。按照陈序经先生的观点，太极拳的产生也应是中华众多传统文化接触融合后的所形成的。

文化学知识告诉我们：文化的积累与传递是文化系统运行的基本形式之一，也是文化运行的一条基本规律。每一代人都是在前人所积累起来的文化成就的基础上吸取原有文化的积极成果，同时总结新的认识和新的实践经验，创造出新的文化成果，然后再把这些成果传递下去。人类社会的文化就是这样一代一代地积累起来，再一代一代地传递下去。文化的积累与传递是社会不断发展的根本条件之一。太极拳作为一个文化现象，它的创立也必然会有一个积累与传承的过程。太极拳并不是一种简单的武术

---

① 阮纪正：《试谈太极拳的文化学研究》，载徐才主编《武术科学探秘》，人民体育出版社1990年版，第25页。
② 曾庆泉：《太极、道教和水——太极拳哲理探索》，载徐才主编《武术科学探秘》，第114—119页。
③ 陈序经：《文化学概观》，中国人民大学出版社2005年版。

技艺或者健身方法,它是吸收了中华传统养生文化、武术技艺和哲学思想中的精华而创立的。

当然,最重要的是太极拳在理论基础上继承了源自先秦、历经宋明以来形成的太极哲理,这些我们可以从王宗岳的《太极拳论》和《太极拳释名》两篇文章与周敦颐的《太极图说》和《易传·系辞》内容对比中看出。王宗岳的思想源于周敦颐的《太极图说》和《易传·系辞》。王宗岳的太极拳理论中既有《周易》太极阴阳八卦的说法,又汲取了周敦颐的《太极图说》五行说,以八卦合五行而组成十三势。也正因为如此才使得太极拳的十三势说得以广泛地流传,并且由此还产生了包括"八门五步"在内的一系列围绕十三势的理论。

(三) 太极拳的创立与养生保健目

清代所编纂的《古今图书集成》中将导引疗疾、行气、按摩、五禽戏、八段锦、太极拳这类强身健体、延年益寿的手段的有关资料编入《人事典》中,认为这类活动使人类自养其生德方法,属于养生的范畴,相当于现在的养生体育。可见中华传统文化中对于太极拳的认识更多地倾向于认为它是强身健体、延年益寿的手段。这也与太极拳创立之处的宗旨不谋而合。

中华著名武术大家孙禄堂先生在其《太极拳学》"自序"中写道:"元顺帝时,张三丰先生修道于武当,见修丹之士兼练拳术者,后天之力用之过当。不能得其中和之气,以致伤丹,而损元气。故遵前二经之义,用周子太极图之形,取河洛之理,先后易之数,顺其理之自然,和太极拳术,阐明养身之妙。此拳在假后天之形,不用后天之力,一动一静,纯任自然,不尚血气,意在练气化神耳。"[①] 从孙禄堂先生的自序中,我们可以了解到孙禄堂先生认为张三丰创太极拳的目的是为习武之人找到一个解决练武兼养生的方法,也就是解决武术养练如何结合的问题。这也就是说张三丰创立太极拳的时候也是希望通过太极拳这样一种武术形式来达到强身健体、延年益寿的目的。因此,《古今图书集成》把太极拳归为养生保健类不无道理。

---

① 孙禄堂:《太极拳学》自序,中华书局1936年版,第1—2页。

（四）太极拳文化体系的根基和核心——太极图

"天地之大莫过于宇宙，事理之大莫过于太极。"太极的观念是《周易》的最高范畴，以太极一词来命名拳种使得太极拳的理论和技术都更富于哲理性。按照《现代汉语词典》解释：太极图是我国古代说明宇宙现象的图形，一种是用圆形的图像表示阴阳对立面的统一体，圆形外边附八卦方位，道教常用它做标志。另一种是宋代周敦颐所画的，代表宋代理学对于世界形成问题的一种看法。他认为太极是天地万物的根源，太极分为阴阳二气，由阴阳二气产生木、火、土、金、水这五行，五行之精凝合而生人类，阴阳化合而生万物。通过现代汉语词典和周敦颐对太极图的解释使得我们明确了"太极图"中含有阴阳、五行，"太极"是天地万物的根源这一概念太极图中"阴阳鱼"的旋转蕴含着宇宙万物发展演化的最普遍，也是最基本的客观规律，即世界处于永恒的循环往复之中。万事万物在阴阳相反互根的运动状态下演进转化，阴至极点转化为阳，阳至极点转化为阴。用太极图解释太极拳和太极图不仅表现出太极拳运动的外在形式和特点，而且极其形象地展现出太极哲理对太极拳文化的深刻影响，成为太极拳文化体系的根基和核心。

首先，太极图是一个圆形的整体，它要求要以全面性、整体性来观察世界万物，要把每个事物都当做一个系统来看待。练太极拳讲求"周身一家"、"一动无有不动"、"牵一发而动全身"等整体的概念。同时，太极图是一个圆形。而太极拳则要求动作要"浑圆一体"、"触处成圆"、"非圆即弧"。太极拳锻炼的宗旨就是使人体炼成一个周身如同膨胀的、带有弹性的、螺旋运动的有机球体。

其次，在太极图这个圆形的整体之中又包含着两个对称而平衡的黑白互回的阴阳鱼。阴阳鱼对立、对称、对等又和谐地相处于一个圆形整体之内。对称、和谐既是自然界的根本法则，也是太极拳的最高原则。太极拳要求刚柔相济、开合相寓、虚实互换、快慢相间，使身心及四肢都得到平衡的锻炼。

再次，太极图中黑鱼有一只白眼睛，白鱼有一只黑眼睛，这象征着阴中有阳，阳中有阴，阴阳交错，阴阳互为其根，也叫阴阳互包、互孕。而太极拳讲究开中有合，合中有开，舒展的动作中蕴含着紧凑，紧凑之中也体现出舒展、开放之意。

最后，阴鱼膨大的部位阳鱼则缩小，阳鱼膨胀的部位阴鱼则收缩。这体现出了阴阳互补、此消彼长的概念。太极拳完美的展现出太极图内阴与阳的这种容忍与进退和消长的规律。王宗岳的《太极拳论》拳论中讲道："左重则左虚，而右已去；右重则右杳，而左已去。"太极拳拳法中的虚实关系、升沉关系、左右关系等都体现出了这种阴阳消长的规律。

太极拳实际上就是太极图中阴阳对立统一的矛盾体在太极拳实践中的具体运用，太极图使太极拳在矛盾的对立中达到科学性、竞技性与艺术性的完美统一，并赋予了太极拳更深刻的文化内涵和美学意蕴。

二 太极拳功法与阴阳观

（一）太极拳的命名与阴阳观

《辞海》在解释阴阳时说："中国古代思想家看到一切现象都有正反两方面就用阴阳这个概念来解释自然界两种对立和相互消长的气或物质势力……把阴阳交替看做宇宙的根本规律……"[1] "阴阳"一词，据《吕氏春秋》记载："人物者，阴阳之化也。阴阳者，造乎天而成者也。"[2] 这是说，人与物的雏形，是由阴阳的相互作用而化生的。那么阴阳的形成，则是由天创造而成的。这里的天，即混沌世界，无极状态；无极而太极，太极生两仪，即阴阳；阴阳变化，离则复合、合则复离，终则复始、极则复反，万物伏出，成于无极，化于阴阳。《周易》认为，宇宙万物都是由秉受天地的阴阳二气生成的，所以万物都具有阴阳对立统一的共性和阴阳辩证法的共同规律。《周易·系辞传》中有："一阴一阳之谓道"，就是对宇宙万物的规律的高度抽象与概括。

山西民间武术家王宗岳的《太极拳论》文章开篇就说道："太极者，无极而生，动静之机，阴阳之母也。动之则分，静之则合。"[3] 在王宗岳的另一篇题为《太极拳释名》的文章中他又提到："太极拳，一名'长拳'，又名'十三势'。长拳者，如长江大海，滔滔不绝也；十三势者，分掤、捋、挤、按、采、挒、肘、靠，进、退、顾、盼、定也。掤、捋、

---

[1] 《辞海》，上海辞书出版社1990年版，第471页。
[2] 高诱注：《吕氏春秋·恃君览》，《诸子集成》，中华书局1954年版，第260页。
[3] 王宗岳：《太极拳论》，王宗岳等著，沈寿点校考释：《太极拳谱》卷一，人民体育出版社1991年版，第24页。

挤、按,即坎、离、震、兑,四正方也;采、例、肘、靠,即乾、坤、艮、巽四斜角也。此八卦也。进步、退步、左顾、右盼、中定,即金、木、水、火、土也。此五行也。合而言之,曰'十三势'。是技也,一招一势,均不外乎阴阳,故又名太极拳。"① 可见,从《太极拳论》和《太极拳释名》两篇文章来看,王宗岳之所以取名太极拳是因为太极拳符合太极阴阳理论,符合太极为世界的本原,符合太极宇宙生成论。

陈氏太极拳的第八代传人陈鑫在《太极拳推原解》中说道:"斯人父天母地,莫非太极阴阳之气(言气而理在其中)酝酿而生,天地固此理(言理而气在其中),三教归一亦此理,即宇宙之万事万物又何?莫非此理。况拳之一艺,焉能外此理而另有一理?此拳之所以以太极名也。"②《太极拳推原解》是对太极拳法所反映的深刻内涵所做出的解释,它认为太极拳的本源思想来自于产生天地万物的宇宙本体——太极。天下之理皆归太极,而作为天下之理之一的太极拳,也不例外,并根据古代天人合一的思想提出了太极、人体、精神、拳术相合一的思想,从而达到"内以修身,外以制敌"的功用。③

清末民初著名武学大家孙禄堂先生在其《太极拳之名称》一文中详细讲到了太极拳名称的由来,全文如下:

> 人自赋性含生以后,本藏有养生之元气,不仰不俯,不偏不倚,和而不流,至善至极,是为真阳,所谓中和之气是也。其气平时洋溢于四体之中,浸润于百骸之内,无处不有,无时不然,内外一气,流行不息。于是拳之开合动静即根此气而生;放伸收缩之妙,即由此气而出。开者为伸、为动;合者为收、为缩、为静;开者为阳,合者为阴;放伸动者为阳,收缩静者为阴。开合像一气运阴阳,即太极一气也。太极即一气,一气即太极。以体言,则为太极;以用言,则为一气。时阳则阳,时阴则阴,时上则上,时下则下。阳而阴,阴而阳。一气活活泼泼,有无不(并)立,开合自然,皆在当中一点子运用,即太极是也。古人不能明示与人者,即此也。不能笔之于书者,亦即

---

① 《太极拳谱》卷一,第30—31页。
② 《太极拳谱》卷十三,第307—308页。
③ 陈沛菊、乔风杰:《〈陈氏太极拳图说〉译注》,北京体育大学出版社2005年版。

此也。学者能于开合动静相交处，悟彻本原，则可在各式圜研相合之中，得其妙用矣。圈者，有形之虚圈○是也，研者，无形之实圈●是也。斯二者，太极拳虚实之理也。其式之内，空而不空，不空而空矣。此气周流无碍，圆活无方，不凹不凸，放之则弥六合，卷之则退藏于密，其变无穷，用之不竭，皆实学也。此太极拳之所以名也。①

孙禄堂先生这篇《太极拳之名称》认为中华拳术动作虽然千变万化，但是可以开合动静伸缩概括。拳术动作的变化反映了阴阳的变化。太极拳形体上的开合伸缩只是体内中和之气的变化而已。孙禄堂先生认为太极拳是"开合像一气运阴阳，即太极一气也"，是研究阴阳变化之理，所以才命名为太极拳。

我国另一位武术大师沈寿先生在前人认识的基础上，提出了自己的看法，他认为："古人主张'取象与天'，以及运用阴阳五行学说来帮助认识事物。所以用'太极'作为拳路名称，即是'取象与天'，也包含着把阴阳对立统一的辩证法具体应用于拳术领域。"② 沈寿先生在这里也揭示了太极与阴阳的关系，有助于我们进一步理解太极拳中的阴阳观。

1991年版体育学院专修通用教材《武术》中讲道：太极拳这个名称是因为太极拳拳法变幻无穷，遂用中国古代的"太极"、"阴阳"这一哲学理论来解释拳理而被命名的。2004年版体育学院通用教材《中国武术教材》中讲道：太极拳是武术的主要拳种。"太极"一词源出《周易·系辞》："易有太极，是生两仪"，含有至高、至极、无穷大之意。太极拳这个名称的取义是因为太极拳拳法变幻无穷，含意丰富，而用中国古代的"太极"、"阴阳"这一哲学理论来解释和说明。

综上所述，不论是王宗岳所著的《太极拳论》还是孙禄堂先生所写的《太极拳之名称》太极拳的或是现代的武术类教材无一不将阴阳观与太极拳名称的由来及其理论基础相联系。

（二）太极拳功法对阴阳观的继承

太极拳的功法是指修炼太极拳的方法。由于太极拳的哲学渊源极其深

---

① 孙禄堂著，孙剑云编：《孙禄堂武学录》，人民体育出版社2001年版，第180页。
② 沈寿：《太极拳法研究》，福建人民出版社1984年版，第77页。

厚，它的运动形式和运动内涵都受到哲学思想的影响和制约，因此在太极拳的运动过程中自始至终都表现出中国哲学的内涵，并以其辩证法原理实践着太极拳的运动特点和规律，引导着太极拳运动向更高的层次发展。而在太极拳功法辩证思想中最为深刻、最为显著的就是阴阳观。太极拳在演练走架时，就是意气神形合一地运行太极阴阳之理的过程，举手投足都体现了阴阳之间的变化。太极拳每一个招式都是一个阴阳不断变化的过程。太极拳的手势变化有阴阳，步伐也有阴阳，就连躯干的运动也分阴阳。这些反映在身体形态的表现上就是开合、动静、虚实等变化形式。太极拳中的身体状态无论是静态还是动态都能感受到阴阳观的无处不在，无时不在，就像水一样流动，像空气一样自然，直到整个拳路结束，由太极复归为无极。

较早使用阴阳思想描述技击制胜之道的是庄子。《庄子》中说："且以巧斗力者，始乎阳，常卒乎阴，大至多奇巧。"[①] 我国历代武术大家在他们撰写的著作中都提到过阴阳的观点，只不过是到了清代，阴阳哲学范畴在武术理论中才逐渐深刻和系统化。后人从武术的阴阳范畴中衍生出一系列对应的概念，如动静、攻防、刚柔、虚实、开合、进退、屈伸等。这一系列矛盾变化的原理被广泛运用于武术运动之中，尤其在太极拳理论与实践中表现得最为突出。

王宗岳在《太极拳论》开篇就指出：太极是以"动静之机，阴阳之母，动之则分，静之则合"的变化为基础的，明确了练习太极拳的关键是在于领会阴阳、动静、开合等变化。太极拳的盘架走势、技击推手上处处时时都体现了阴阳的变化，其动作的一招一式都是以阴阳为根本。在太极拳中，有招势动静的阴阳，有动作开合的阴阳，有重心虚实的阴阳，有劲力刚柔的阴阳。在太极拳的交手对抗中也充分运用了阴阳对峙的原理，其中既有对方的变化，也有己方的应变。太极拳理论认为只要能够充分掌握阴阳变化的内在的规律，并能在千变万化中把握与创造最佳时机，因势利导，变化自如，就能够始终立于不败之地。太极拳实践中充满了阴阳理论，随势而变，顺势而化，借势打势，借力打力，攻防互易都是对阴阳观的具体体现。

[①] （清）王先谦：《庄子集解·人间世》，《诸子集成》，中华书局 1954 年版，第 25—26 页，本章所引《庄子》皆出于此书，不一一注明。

由此可见，太极拳直接继承了中国古代阴阳两仪观念，要求在拳的运动中必须贯穿阴阳协调，即对立统一的原则。要求做到动静相辅，松紧相成，虚实相生，刚柔相济，上下相随，左右相连，内外相合，前后相应等等。并要求在推手技击中运用以柔克刚，后发制人，曲中求直，蓄而后发，引进放出等克敌制胜的战术。从而形成太极拳处处存在阴阳的对立统一，阴阳相济的特点。

（三）太极拳功法理论中阴阳观的运用

动静、开合、虚实、刚柔、进退、起落等矛盾统一的双方构成了太极拳阴阳统一的范畴。太极拳阴阳统一的目的就是为了追求身体和动作的和谐一致，追求人与自然的高度统一，最终达到天人合一的目的。《陈式太极拳实用拳法》一书中就提道："《太极拳论》中所谓阴阳，含有几组对立的概念。它包括虚实、刚柔、开合、进退、收放等，以及这些方面和方向的对立统一。"

例如，太极拳的动作意识要求虚实分明，而虚实正是阴阳观的具体体现。太极拳中的虚实可以从不同的方面理解与解释。从意念这个角度上说，如果意念集中于右手，那么右手就为实，左手为虚。从动作整体来说，体现攻防实质的动作为实，迷惑对方的假动作为虚；动作达到定式为实，动作转变过程为虚。从动作局部来看，支撑腿为实，辅助支撑腿为虚。在太极拳经典著作中一般都把虚归为阴，实归为阳。

三 阴阳观在太极拳拳法中的具体体现

阴阳对立统一的哲理在太极拳拳法中得到了完美的体现和运用。更具体的说，主要体现在太极拳刚柔、虚实、动静、开合这些动作的具体运用上面。

（一）太极拳法中刚柔的对立统一

老子认为，在自然界中，新生事物总是柔弱的、充满生机的，由柔弱而至壮大刚强，然一旦壮大刚强则逐步走向衰亡。由此，事物就会向相反的方面转化。世上的事物是对立统一的，也是不断运动发展的，而且逐步地向其相反的方面转化，这是自然规律，也是老子的哲学思想。这也就是说世间的事物都是由柔至刚、进而刚而复柔、循环往复的。

《老子》七十八章中讲："天下莫柔弱于水,而攻坚;强者莫之能胜。"意思是说水是世界上最为柔软的物质,但是水能够随着自然条件的变化而变化,甚至无坚不摧,冲击一切坚硬的物质。我国著名太极拳名家杨澄甫口述的《太极拳之练习谈》也讲："太极拳,乃柔中寓刚,绵里藏针之艺术,有相当之哲理存也。"① 可见太极拳中"以小胜大"的技击原理就是老子"反者道之动,弱者道之用;柔弱胜刚强"哲学思想在太极拳中的具体运用。

许禹生说道："太极拳常以小力敌大力,无力御有力,弱胜强,柔制刚为其主者。但以常理言之,小因不可以敌大,弱因不可以胜强,柔因难期以制刚,然云敌之、胜之、制之者,必有其所以制胜之理在。"② 以柔克刚是太极拳基本的技击原则之一,也是太极拳的技击特征之一。太极拳法中所谓以柔克刚的"柔"是指能伸缩、能运化、能沾粘的有法之柔,表现为一种进可攻、退可守的内劲,并且赋有韧性、弹性、轻灵性。而"刚"则表现为一种硬力、拙力、无随机变化之力。

太极拳拳法中十分重视对刚柔这一对立统一的矛盾体的运用。刚柔的合理运用无论在太极拳盘架、推手还是以小敌大,以弱胜强的技击方法里都得到了充分体现。

1. 太极拳盘架和推手中的刚与柔

从太极拳盘架上看,太极拳运动的特点是连绵不断、举动轻灵、运行和缓、柔中带刚、棉中裹铁。太极名家陈鑫认为:"是艺也,不可谓之柔,亦不可谓之刚,第可名之为太极。太极者,刚柔兼至而浑于无迹之谓也。"③ 这就是说一方面,太极拳不能够太过于柔,但是也不可以太过于刚。应该是至柔至刚,刚柔相济,这就是刚柔的对立统一。

在太极推手中,要求动作轻灵粘扶、顺行不悖、不即不离、以柔为显。如只柔不刚,则必柔软而不坚,软弱无力,缺少弹抖劲。相反,只刚无柔,就像枯木之僵脆,易遭摧折,动作呆板不松活,缺乏灵活性,动则

---

① 孙以昭:《杨式太极真功》第一章《杨澄甫宗师经典论述》,人民体育出版社2010年版,第1页。
② 许禹生:《太极拳势图解》,山西科学技术出版社2006年版,第14页。
③ 此为陈鑫关于太极拳的理论,见顾留馨著《太极拳术》附录,上海教育出版社2008年版,第465页。

舍相，易为人乘。太极推手用柔，并非一柔到底，而是柔中带刚，刚中寓柔。①《拳论》中也提道："用刚不可无柔，无柔则环绕不速；用柔不可无刚，无刚则摧迫不捷"。由此可见，太极拳是刚柔并用之拳，只有刚柔并举，相互并用，才能攻则有方，防则有法。

王宗岳《太极拳论》中讲："斯技旁门甚多，虽势有区别，概不外乎壮欺弱，察四两拨千斤之句，显非力胜。"这也就是说在太极推手中，力量的大小虽然很重要，但更为关键的是对方法和技巧的合理运用，像以壮欺弱、以大胜小的现象，纯属本能的体现。

2. 刚柔在技击中运用的时机

明朝抗倭名将、军事家俞大猷在其所著的《剑经》中曾经讲道："刚在他力前，柔乘他力后。"这就是说，首先在对方尚未进攻之际，我主动出击、动迅势猛、先发制人，强调进攻的时机是在对方尚未进攻之际用刚，体现一个"快"字，快到迅雷不及掩耳，争取一招制敌。其次，如果对方主动进攻，我应引化对方，以引为防、以化为攻、后发制人，强调的时机是在对方进攻之际用柔，体现一个"顺"字，顺着对方之势，引化对方之力。

《拳论》讲："人刚我柔谓之走，我顺人背谓之粘。"这是刚柔变化的基本规律，也是刚柔这对矛盾在技击中的具体运用，在攻防上，招势不但有虚实的变化，而且劲力也有刚柔的运用。何时用刚、何时用柔，必须按照沾连粘随的要求，随感而应，形意相连，粘走相生，避免顶偏丢抗，动作上力争做到上下相随、周身一家，随人之动而动，以顺应攻防实际的需要。②

刚柔虽然互为根本，但刚柔也可相互制约。刚可制柔，要出手为快，先达为刚。反之，柔可克刚、以柔为顺、顺者必活、活者必灵、灵者生巧、巧能生妙、妙能生神、神能达化、变化莫测，得心应手，运用自如。用柔不可快之，也不可慢也，要恰逢时机，出手得当。可见，攻防中刚柔是不断变化的，只有掌握好时机，随机应变，施而得法，才能克敌制胜。③

---

① 吴春进：《太极明师郭福厚谈推手训练》，《少林与太极》1999 年第 10 期。
② 唐豪、顾留馨：《太极拳研究》，人民体育出版社 1996 年版。
③ 李信厚：《太极拳技击遵循的原则和力学原理的运用》，山东师范大学 2009 年硕士学位论文，第 9 页。

3. 刚柔劲力的发放

马虹所著的《陈式太极拳拳理阐微》认为太极拳中每一势的开合收放、屈伸旋转，都含有内劲的运转，这种内劲就像太极图一样，包含阴、阳两种力量在旋转变化。"刚"以直达疾速的发动为表现形式，"柔"则以随势就曲的蓄劲为表现形式。刚柔相济的劲力是一种整体性的轻沉兼备的弹性劲，不论劲的大小、动作快或慢、是蓄是发，其劲力都是刚柔相济。[①] 在太极拳中"刚"可以说就是"阳"，"柔"是"阴"。

最为典型的例子就是四十二式太极拳中最具代表性的陈式太极拳发劲动作"掩手肱捶"。《陈式太极拳拳理阐微》中认为陈式太极拳的发劲是"松、弹、抖、放"，而关键在于腰。另外在冲拳的瞬间力达拳面后要迅速制动，表现出脆快的冷弹劲。[②] 可谓是"蓄劲如张弓，发劲如放箭"，曲中有直蓄而后发，体现了刚柔相济快慢相兼的特点。即柔中有刚、刚中有柔，将刚柔统一于一体。

（二）太极拳法中虚实

虚实是阴阳学说衍生出的一对哲学范畴，它时时刻刻存在于人们的生活之中，一切事物都能够体现出虚实的变化，太极拳法中也始终贯穿着虚实变化。虚与实是阴阳学说中的一对矛盾。"虚实"较早出现于《韩非子·安危》："安危在是非，不在于强弱；存亡在虚实，不在于众寡。"[③] 意思是国家的安危在于能否分清是非，而不在于强弱。国家的存亡在于君主是徒有虚名还是握有实权，而不在于手下人数的多少。这里的"虚实"是指君王是否掌握实权，而不在于民众的多少。老子说："天下万物生于有，有生于无。"（《老子·第四十章》）这是讲虚实有无的辩证关系，它们之间的相生相克才使宇宙万物得以运动变化、生生不息。太极拳名家将虚实概念引入太极拳中，认为太极拳是一虚一实、虚实相兼的运动。由阴阳学说引申出的虚实概念，自始至终都贯串于整个太极拳法之中。

1. 太极拳法中身体重心的虚实变换

太极拳重心的转移处处体现了虚实的变化。以太极拳的起势为例，当

---

① 马虹：《陈式太极拳拳理阐微》，北京体育大学出版社2000年版，第112页。
② 同上书，第260、357页。
③ （清）王先慎：《韩非子集解》，《诸子集成》，中华书局1954年版，第148页。

起势开始时，左脚跟慢慢提起过渡到脚尖向左开步，然后由脚尖慢慢过渡到脚跟站立与肩同宽。由此可知，当左脚跟提起时重心转移至右腿，这时右腿可谓是"实"，左腿可谓是"虚"，而完成开步的过程也是重心转移的过程，也就是由"虚"到"实"的阴阳变换过程。开步完成后，两臂前举掌心向下，两腿屈膝半蹲，两掌按至腹前，然后重心移至左腿，右脚跟碾动，脚尖朝向右45°方向，双手略分，右手略上，左手下。重心转移至右腿左腿由"实"变"虚"，准备收脚，右手继续上，这时左脚收于右脚内侧，前脚掌轻点地准备上步。左脚随体左转，向前上步，脚跟先着地，左脚重心前移，全脚掌着地呈弓步，这是右揽雀尾。在这个过程中我们可以看出，它完成了三次重心的转移，即：开步时重心移到右腿，开步后，右脚外展，抱球，重心又移至左腿；右脚上步，重心前移至右腿，呈弓步。通过以上分析，太极拳中一个揽雀尾的动作就有三次"虚实"亦即阴阳的转换。

"虚实宜分清楚，一处有一处虚实，处处总有此一虚一实。"[①] 也就是说太极拳对身体重心的要求，必须分清虚实，使动作处处有虚实。在做各种动作时，由于攻防需要，人体的重心常有偏移，当重心偏移到前面时，则变成前腿实而后腿虚，偏移到后边时，则又变成后腿实而前腿虚；虚实的变化是不固定的，它随着上下肢不停的运动而变换。

2. 虚实在劲力中的运用

物理学上所说的力是指改变物体的运动速度或形状的作用；而劲是指一种发力时机得当，攻击部位准确，力量用得巧妙，作用效果好的力的表现形式。众所周知，太极拳讲究周身的轻灵圆转、虚实无定，还讲究手眼身法步的周身一体、完整一气。所谓太极拳中的虚实，不单是指身体重心的转换，它更重要表现在人体内劲的发放上。

《太极拳谱》中讲："极柔软，然后能极坚刚"，"运劲如百炼钢，何坚不摧？"[②] 对于虚实在劲力中的发放有这样一种阐释："可谓轻沉兼备，急应缓随，虚实变换极为灵活；从外形上看，虚灵而不流于飘浮，沉实而不涉于呆滞，似行云流水、无拘无束，达到虚虚实实、虚实相间、以弱胜强的技击效果，体现出太极拳的无为而无不为。贯彻处处用劲经济的原

---

① 武禹襄：《十三势说略》《太极拳谱》卷二，第50页。
② 《十三势行功心解》，《太极拳谱》卷四，第94—95页。

则，将劲集中于一点，不该用劲的地方都要虚灵、松弛。"① 可见，太极拳虚实在劲力发放时的运用要求体现经济、集中和灵活掌握这三条基本原则。例如，在鸳鸯太极拳中，掌打出的一面为实，称作刀口，另一面为虚，视为刀背，其意是把劲集中在刀口上②，发于对方身体的要害之处，使其不能化解。

3. 虚实在太极拳战术与意识中的体现

不论太极盘架，还是太极推手，都应分清虚实。《三国演义》："岂不闻兵书有云：虚则实之，实则虚之，"这就是说与敌方作战时什么时候用实什么时候用虚，应该视对方而定，彼虚则我实、彼实则我虚，实可变虚、虚也可以变实，虚实互变。《虚字诀》中唱道："虚虚实实神会中，虚实实虚手行功；练拳不谙虚实理，枉费功夫终无成；虚守实发术中窍，中实不发艺难精；虚实自有虚实在，虚虚实实攻不空。"③ 此歌诀告诉我们在太极拳的战术意识中应该学会运用自己的实攻击对方之虚；合理运用自己之虚对付对手之实，当然这一战术也不是一成不变的，需要根据实际情况灵活掌握。

唐豪、顾留馨所著的《太极拳研究》在解释太极推手时虚实转化的问题上认为：对方劲力沉重，进攻击打我左侧，那么对方进攻为实，即"左重"；此时，我必须避实就虚，以虚对之，即"左虚"；通过转腰走化，阴阳的转换，把彼此双方视为一整体，运用力的左右旋转，借对方击我之力与我力之合力，我右侧之实，反击对方左侧之虚，即"右已去"。我之"左虚，右已去"，运用时要同时左化右击，虚实转换得要快，一旦失去机会，"右已去"也就失去进攻的用意了。《太极拳研究》对于虚实转化的阐释主要体现在虚实和意识的关系上，虚实的转化是受人的意识支配的，由内部意识中的虚实变化来统领外部动作的虚实变化，将全部意识用到动作中去，使身体内部与动作外形的开合虚实、旋转变换力求做到上下相随，内外合一，意想劲到，意动形随，使动作舒展平稳，身体中正不偏；该虚该实，应该视对手的具体情况而定。

综上所述，无论在太极盘架还是推手中，如果虚实适用得当，就能够

---

① 姜周存、姜守峰：《虚实在太极拳中的运用》，《山东体育学院学报》，2006 年第 6 期。
② 唐豪、顾留馨：《太极拳研究》，第 100—101 页。
③ 庞大明：《杨式太极拳用法解要》，北京体育大学出版社 1998 年版，第 328 页。

占据主动，不易被动和受制于人。

（三）太极拳法中动静的对立统一

动与静在哲学意义上是运动、变化的两种相对峙、相联系、相包容的形态，它是宇宙万物化生过程的动因。动静是指宇宙万物运动、变化、发展的形态和事物本身所固有的属性及存在的形式。"动"表现明显的运动，同时又具有事物自身的能动变化性；"静"则表现非明显和微妙的运动并且也具有事物自身的稳定性；因而动、静都是运动，只是两种不同的运动状态。而这两种运动状态——动与静，不是绝对的而是相对的，它们是动中寓静，静中寓动。

我国春秋两汉时期就已经有了关于动静的分析，如《三国志·魏书》："人体欲得劳动，但不当使极耳。动摇则谷气得消，血脉流通，病不得生，譬如户枢终不朽也。"[①] 在这里着重强调"动"字，即流水不腐，户枢不蠹。《老子》讲"致虚，极守，静笃，万物并作，吾以观其复。夫物芸芸，各复归其根，归根曰静。"（《第十六章》）老子辩证地认为宇宙间一切事物都有"动而归静，静而复命"的规律；纷繁有生命万物各自返回本根，返璞归真，复归无极，称为"静"。周敦颐在《太极图说》中讲："无极而太极，太极动而生阳，动极而静；静而生阴，静极复动，一动一静，互为其根。"[②] 由此不难看出，运动的两种状态是相生相异的，动由静生，静由动来，循环往复，以至无穷。太极拳贵柔主静的修炼正是取自道家所追求的一种高深境界，非常强调"静"。

可见，太极拳对于动静的解释是来自于中国古代哲学思想。《太极图说》中写道："无极而太极……一动一静……万物生生而变化无穷焉。"[③] 这些哲理虽然不是专指太极拳，但是后人将这些哲理寓于太极拳的拳理之中。太极拳的动静不是表面意义的运动和静止，而是静以待机、动以变化、以静制动。"以静制动"最早见之于清初大学问家黄宗羲《南雷文案·王征南墓志铭》记载："少林以拳勇名天下，然主搏于人，人亦得以乘之。有所谓内家者，以静制动，犯者立仆，故别少林为外家，盖起于宋

[①] 《三国志》，山西古籍出版社2004年版，第126页。
[②] （宋）周敦颐：《太极图说》，见梁绍《太极图说通书义解》，海南出版社1991年版，第1页。
[③] 同上。

之张三峰。"① 少林拳主张"主搏于人",即主动进攻,攻人不备,以快制慢;也可以讲它是"以动击静、以攻破防",要求快速出击,强调一个"快"字,快到使人来不及反应,或力量大而无法招架。而太极拳则相反,是"以静制动,犯者应手立仆"。攻防中,静者无不内固精神,外示安逸,举止从容,量敌而进,待机而动。②

综上所述太极拳是内外兼修、动静相因的功夫,它从整体上展现了动、静两个方面的矛盾统一关系。

1. 太极拳中动静的辩证关系

太极拳是整体的相互依存的矛盾运动,有开必有合,有合必有开,有动必有静、有静必有动,动静相济,相得益彰。太极拳就是一种动中求静、静中求动的运动项目,它以松静为本。太极拳在本质上力主于静而不是倾向于动。在行功上,太极拳体现出心静用意,神舒体静的气势和形体舒缓的运动。从意念神态上,太极拳强调心静用意,以意领气,以气运身。

陈鑫所著的《拳经》中认为:"神为主帅,身为驱使。"意思是说打太极拳必须使大脑静下来,排除一切杂念,全身心地集中到动作上来。入静后,身体外部动作、形态的变化都是随着内动而运动的,这就是太极拳拳法理论中所说的"意不断,动不停,意动形随"。此外,《拳论》中讲道:"外之所形,莫非内之所发。"这就是太极拳拳法理论中所说的:内不动,外不发,由内及外、内外合一,以意气引导动作,从而达到静中求动的目的。

从身体形态上看,太极拳是一种缓慢匀速的运动。太极拳要求动作要顺其自然,轻灵柔和,均匀连贯,绵绵不断。太极拳是在轻缓的动作中求得身心的松静,通过身体外部轻缓的运动达到身体沉稳内静的目的。

2. 动静在太极拳盘架中的运用

周敦颐在《通书》中认为:"动而无动,静而无静,神也。"③ 这就是说太极拳虽然看起来是不断运动变化的,但是运动中也包含着一定的静,即动中寓静;同理,有时候看起来是静势,但是也不是绝对的静,而

---

① (清)黄宗羲:《黄宗羲诗文选择》,巴蜀书社1991年版,第61—62页。
② 杨成寅:《太极哲学》,上海世纪出版集团、学林出版社2003年版。
③ (宋)周敦颐:《濂溪集》卷四,《周元公集》,宋刻本。

是静中寓动,是微妙的动。

例如太极拳的起势,在未起势成并步站立时,给人的感觉是:有静中寓动之势,有稳如泰山之感,有怒涛奔腾之兆,此时应是调息静神,意识集中,排除一切干扰和杂念,全神贯注地准备练拳,其面部的表情应是严肃正作,闭口合齿,给人一种静极生动之态,此状态可谓静而无静也。收势则由动转静,由开转合,由阳转阴,给人一种动极归静和回味深长的感觉,此为动而无动矣。① 动静不只是贯穿在太极拳的起势和收势中,同样,在每个具体动作中也包含着动静的相互转换。

3. 动静在太极拳技击中的运用

《孙子兵法》讲:"其疾如风,其徐如林,侵掠如火,不动如山,难知如阴,动如雷震。"② "始如处女,敌人开户,后如脱兔,敌不及拒。"(《孙子兵法·九地篇》)这是中国古代军事关于动静关系的论述。太极拳的技击原理和中国传统军事是一脉相承的,由于太极的变化是无常的,因此太极拳中的"静"不是没有变化的静,不是一潭死水而是在静势中不断积蓄力量,准备机会。太极拳的"动"也不是毫无章法的乱动一气,而是人来顺随,顺人之势,借人之力,动以变化,当动而发。

4. 太极拳中动静度的把握

王宗岳《太极拳论》中写道:"动急则急应,动缓则缓随。"在太极拳的状态上,分为静势和动势。太极拳技击要求动静之间的关系和变化要把握一个"度",动静的变化要以对方的变化而变化,如果用得不得当,或不得要领,又未能掌握对方的动向,就难取得预想的效果。太极拳中所谓的"静"并不是必须以一种姿势保持不变来应敌,而是攻防相持中的一种待机状态,这个状态不能以一种姿势静止太久,长时间的站立不动,这就有可能出现"太凝"的状态,从而影响后面的动作,以至于动作变得呆板、不灵活。

因此要把握好静势之度,使外在的形体动作保持静如山岳,在静势之中透出一种威慑力,要以静待动,静不是寂静,而是一种蓄势待发、静中寓动的虚静,体现出静里面的虚实观。"动"也不能"过",过频过大易

---

① 余功保:《中国当代太极拳论集》,人民体育出版社2005年版。
② 《孙子兵法·军争》,吉林人民出版社2005年版,第96页。本章所引《孙子兵法》皆出于此书,不一一注明。

使动作变形或劲力过硬，动势应富于变化，在与人交手时，不可做过多不必要的晃动，否则，因动作过频使体力下降不支，反而影响自己的镇静状态，导致反应迟钝，使自身陷入劣势，为人所制。①

总之，太极拳技击中要求与人交手要审时度势，因势利导，达到动静有度，把握好动静的度，这样才能在交手中取得优势。

（四）太极拳中的开与合

1. 开合与阴阳观

开合是阴阳学说衍生出来的一对哲学概念，是宇宙万物矛盾对立统一关系的形式和状态，也是事物动静关系变化的表现形式和结果。

"合"就是两个或两个以上之间相互矛盾、相互关联的事物聚集在一起并成为一体称为合。"合"最初意思是合拢、关闭，《山海经·大荒西经》："西北海之外，大荒之隅，有山而不合，名曰不周负子。"②《战国策·燕策二》："蚌方出曝，而鹬啄其肉，蚌合而拑其喙。"③"合"也指阴阳双方互为一体，因为天地万物都有阴阳两端，而阴阳两端是相异的，异性相吸；同时万物的本体、本质又具有统一性。④

"开"则是矛盾的事物向着自身相反的方向分成两个或两个以上的方面。开的本义是开起、打开。如《诗经·周颂·良耜》："以开百室，百室盈止，妇子宁止。"另外开还有展开、舒展之意，如汉代张衡《西京赋》："前开唐中，逆忘广象，顾临太液，沧池莽沅。"《周易》："一阴一阳之谓道。"用一阴一阳之道来表示宇宙万物分阴分阳和阴阳互易的客观规律，那么，道就是太极，太极一动分阴阳，"分"阴阳是把统一物分解成相互对立又相互统一的两个部分，即相生相克的两个方面，从而揭示其运动变化的根本原因。因此，太极可谓是一分为二与合而为一的阴阳统一体，即太极就是阴阳的合中有分，分中有合。⑤

2. 太极拳功法中开与合的含义

太极拳的开合是指人体由内导外，以外引内，内外统一的，先内动而

---

① 马虹：《陈式太极拳拳理阐微》，北京体育大学出版社 2000 年版。
② 《山海经》，华夏出版社 2005 年版，第 214 页。
③ 《战国策》，吉林人民出版社 1996 年版，第 555—556 页。
④ 曾庆宗：《太极、道教和水——太极拳哲理探索》，载徐才主编《武术科学探秘》。
⑤ 沈寿：《太极拳法研究》，福建人民出版社 1984 年版。

后再外动所表现出的动作形态的概括。太极拳的开合着重在内部的变动，而不在于形式。其内动的开合，仍然是运劲似螺旋的作用。开为向外伸展、放大；合为向内缩小、收敛。

太极拳的运劲，由腰脊主宰运用螺旋形的弧形动作向着四肢去的叫做"开"，从四肢回归丹田的称为"合"。就外部形态而言，则是指由内而外动作的屈伸、攻防、进退、俯仰、起落、吞吐、闪展、蓄发等等，伸、攻、进、俯、落、吐、展、发等动作，在配合呼吸的情况下，叫做"开"；屈、防、退、仰、起、吞、闪、蓄等动作，在结合呼吸时，称作"合"。总之，太极拳的开合，都是由内导外，以外引内，内外统一的。强调意识、呼吸、动作三者密切配合，"练意"、"练气"、"练身"同时进行。

3. 开合在太极拳盘架中的运用

太极拳是一种圆匀连贯、动静相生、开合相承的运动，每一动作都有动静开合的变化。盘架走势中的开合，就是太极拳中的一阴一阳、一动一静、一虚一实等的概称。开与合是对立的，又是统一的，是相辅相成的。有开必有合，有合则才能开。[①] 不论走架和推手，身体一动，周身各部都处在一开一合之中。《拳经》中写道："处处有一开合。"

四十二式太极拳中的"开合手"最为能体现太极拳的开合运用。四十二式太极拳拳法中是这样表述该动作的："右脚外旋落实，重心转移至右腿身体右转，左脚尖内扣，两脚平行，两掌随体屈肘旋腕，掌心相对。两臂屈肘与肩同宽，重心移至左腿，右脚跟提起，两掌相合与头同宽。"四十二式太极拳在转身开掌时是"开"，当重心移至左脚，右脚跟提起，两掌相合是"合"，这是动作的"开合"。呼吸开合是当转身开掌时是"吸气"即"内开"，两掌相合，向左右分掌侧展，此动作接"开合手"的"合掌"，然后经左右分手侧展成"开"。在太极拳中"开"就是"阳"，"合"就是"阴"。太极拳是通过动作的开合来体现阴阳的相互依存，相互统一。

4. 开合在呼吸中的运用

从呼吸上讲，"开"是内气从丹田向肢体梢节呼出的过程，"合"是内气向丹田吸入的过程。一开一合，就是一吸一呼，呼为开，吸为合；太

[①] 青山、石恒：《杨式太极拳》，北京体育大学出版社1994年版。

极拳就是一呼一吸的运动，每个动作的开合都与呼吸有节奏的自然结合。拳势的一开一合又都是在意识的统领下，做到意识、呼吸、动作三者的密切配合，用呼吸带动拳势动作的开合，呼则俱开，吸则俱合，不论动作大小、速度快慢、路线长短，都与丹田呼吸的节奏相一致，同时将手眼身法步的协调运作也与呼吸有机地结合起来，从而使呼吸开合协调一致。①

从肢体的屈伸上讲，屈为合，吸气，伸为开，呼气。从劲力的蓄发上讲，蓄劲为合，吸气，发劲为开，呼气。从内气的出入上看，出气为开，呼气，入气为合，吸气。从攻防、进退上来说，进、攻为开，退、防为合。从刚柔、虚实上看，刚、实为开，柔、虚为合。甚至从动静、阴阳上，也是阳、动为开，阴、静为合等都要遵循"开呼合吸"的原则，这合乎人体生理规律，也符合技击的原理。因此，太极拳的一举一动，一开一合，一呼一吸都是紧密相连、不可分割的。

5. 太极拳中的攻防的运用与阴阳观

太极拳在其盘架和走势中处处体现着攻与防的对抗形式。攻防也是阴阳衍生出来的概念，是技击的本质属性。太极拳中的动静、刚柔、快慢、进退等都蕴含着攻防的变化，是太极拳拳法中攻防变化的具体体现。

太极拳的技击原理，与中国古代军事思想是一脉相承。许多拳论、拳理，皆源于《孙子兵法》等古代军事典籍。② 例如陈王庭的《拳经总歌》和王宗岳的《太极拳论》的技击、战术思想都是直接来源于中国的古代军事典籍。太极拳的以静制动、以柔克刚、以慢制快的技击原则也都是来源于《孙子兵法》。

《孙子兵法·虚实篇》记载："攻而必取者，攻其所不守也；守而必固者，守其所不攻也。故善攻者，敌不知其所守；善守者，敌不知其所攻。"这是讲攻强守弱和攻弱守强以及攻防之间的辩证关系。"善守者，藏于九地之下。以静待哗，以逸待劳。"这是讲善于防守者，在攻防中要以静待动，以逸待劳。"夫兵形象水，水之形，避高而趋下；兵之形，避实而击虚。水因地而制流，兵因敌而制胜。故兵无常势，水无常形，能因敌变化而取胜者，谓之神。"意思是要顺其形，借其势，要根据敌方的变化而改变作战策略。武学家陈鑫的《拳论》中讲："彼不动，己不动，彼

---

① 《太极拳全书》，人民体育出版社1995年版。
② 罗红元、古岱娟：《太极拳技理与训练》，广东高等教育出版社2004年版。

微动,己先动",正是《孙子兵法》中所说的"后之发,先之至",即进攻时要兵贵神速,不动如山,动如雷霆。

攻守是进攻与防守、攻取与守卫,最早记载于汉贾谊《过秦论上》:"仁义不施,而攻守之势异也。"技击的实质就是攻防,即攻守,就是运用各种技击方法,在攻防相互转化的过程中来实现克敌制胜的。明末清初的诗人、史学家和武学学者吴殳在其所著的《手臂录》附卷上《攻守篇》中就讲:"攻为阳,守为阴。"攻防就是阴阳,所谓阴阳变化,就是指攻防技击的变化,即在双方攻防转换的过程中都体现着事物对立统一的阴阳变化观思想。[①] 攻与防并不是绝对的,而是相互转化的,这种转化随时随地都可能出现。攻防两方的角色随时会根据具体情况发生变化,并且进攻也同样含有着防守的因素,防守也可能随时蕴含着进攻的态势。

中华传统体育之所以有别于西方体育的主要原因在于西方体育是以竞技和对抗为主要形式,以突破自我、挑战极限为主要目的身体活动形式。并且,西方体育项目的运动轨迹大多是能够通过科学仪器进行模拟、分析和重复的物理运动形式。中华传统体育项目因受到儒家思想、道家思想和中华传统医学理论的影响,表现出了和西方体育截然不同的形式,其中以太极拳最为显著。太极拳是一种柔和、文雅、用意不用力的中华传统体育项目,它强调中庸、宁静致远,提倡阴阳互补。太极拳遵循阴阳变化规律,强调静态与动态的平衡,只有深刻理解阴阳观才能领悟太极拳中阴阳的平衡及转化,深刻体会身体各部位的阴阳互变,提高技击的能力。以阴阳学说为哲学基础的太极拳,充分体现了中国传统文化精神,融哲理和技击于一身。太极拳的招势具有外操柔软、内实坚刚的特点。太极拳从技术风格、招势变化、劲力发放等方面,无不体现着阴阳变化的规律,阴阳这对矛盾始终贯穿于太极拳运动之中。因而,在太极拳运动中,阴阳相生相克无所不至,阴阳互易无始无终。

太极拳作为一个文化现象,它的创立是文化积累与传承的结果。太极拳并不是一种简单的武术技艺或者健身方法,它是吸收了中华传统养生文化、武术技艺和哲学思想中的精华而创立的。不论是古代太极拳名家的著作或是现代的武术类教材无一不将阴阳观与太极拳名称的由来及其理论基础相联系。太极拳文化体系的根基和核心是太极图。太极拳直接继承了中

---

① 《体育院校专业教材——武术理论基础》,人民体育出版社1997年版。

国古代阴阳观，要求在拳的运动中必须贯穿阴阳协调、对立统一的原则。要求做到动静相辅，松紧相成，虚实相生，刚柔相济，上下相随，左右相连，内外相合，前后相应等等。并要求在推手技击中运用以柔克刚，后发制人，曲中求直，蓄而后发，引进等克敌制胜的战术，从而形成太极拳处处存在阴阳的对立统一，阴阳相济的特点。阴阳对立统一的哲理在太极拳拳法中得到了完美的体现和运用，更具体地说，主要体现在太极拳盘架、推手、攻防意识中刚柔、虚实、动静、开合和攻防这些矛盾的对立统一和具体运用上。

附 录

与本书第五章相关的画作

图1 （五代）范宽 溪山行旅图

附录　与本书第五章相关的画作　381

图2　（南宋）夏圭　长江万里图（局部）

图3　（明）沈周　庐山高图

图4 （唐）李思训 江帆楼阁图

图 5 （传）（唐）李昭道 明皇幸蜀图

图 6 （晋）顾恺之 洛神赋图（局部）

图 7 （晋）顾恺之 洛神赋图（局部）

384 "阴阳两仪"思维与中国审美文化

图 8 （唐）孙位 高逸图

图 9 （唐）孙位 高逸图（局部）

图 10 （南宋）李嵩 货郎图

图11 （南宋）李嵩 货郎图（局部）

图12 （明）仇英 《人物故事图册》之贵妃晓妆

图 13　（明）仇英　《人物故事图册》之吹箫引凤

图 14　（五代）黄荃　写生珍禽图

图15 （五代）黄居寀 山鹧棘雀图

图16 （五代）徐熙 玉堂富贵图

图17 （清）虚谷 紫藤金鱼图

附录　与本书第五章相关的画作　389

图 18　（清）虚谷　猫蝶图

图 19　（南宋）林椿　果熟来禽图

390 "阴阳两仪"思维与中国审美文化

图20 （传）（唐）王维 江干雪霁图

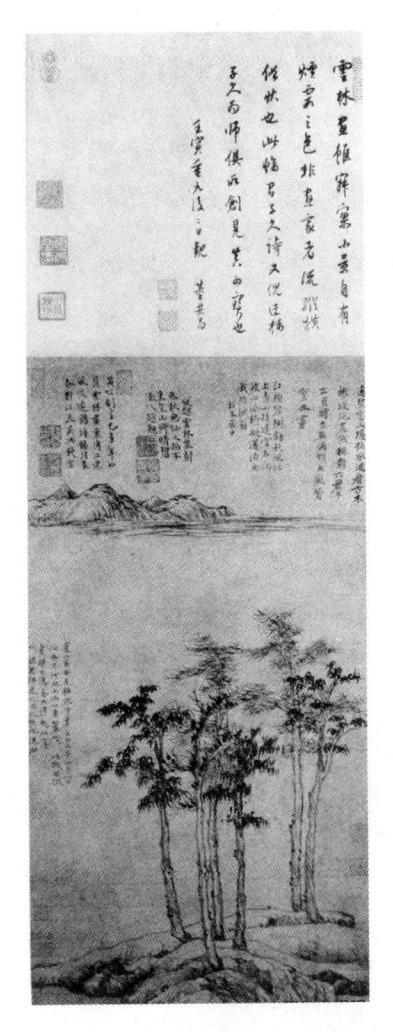

图21　（元）倪瓒　六君子图　　　　图22　（清）王原祁　山水图

图 23　（五代）周文矩　重屏会棋图

图 24　（元）盛懋　秋舸清啸图

图25 （元）盛懋 沧江横笛图

图26 （清）黄慎 渔翁图

图27 （明）文徵明 双柯竹石图

附录　与本书第五章相关的画作　　395

图 28　（明）朱瞻基　三阳开泰图

图 29　（明）朱瞻基　戏猿图

附录　与本书第五章相关的画作　397

图30　（清）李鱓　牡丹苍松图

图31 （清）虚谷 菊鹤图

图32 （清）八大山人
《安晚册》之小鱼

图33 （清）八大山人 鱼石图轴

图34 （五代）荆浩 匡庐图

附录　与本书第五章相关的画作　401

图 35　（五代）董源　潇湘图

图 36　（五代）董源　潇湘图（局部）

图 37　（五代）周文矩　文苑图

图 38 （五代）顾闳中 韩熙载夜宴图（局部 1）

图 39 （五代）顾闳中 韩熙载夜宴图（局部 2）

附录　与本书第五章相关的画作　403

图40　（五代）顾闳中　韩熙载夜宴图（局部3）

图41　（五代）顾闳中　韩熙载夜宴图（局部4）

图 42　（五代）顾闳中　韩熙载夜宴图（局部 5）

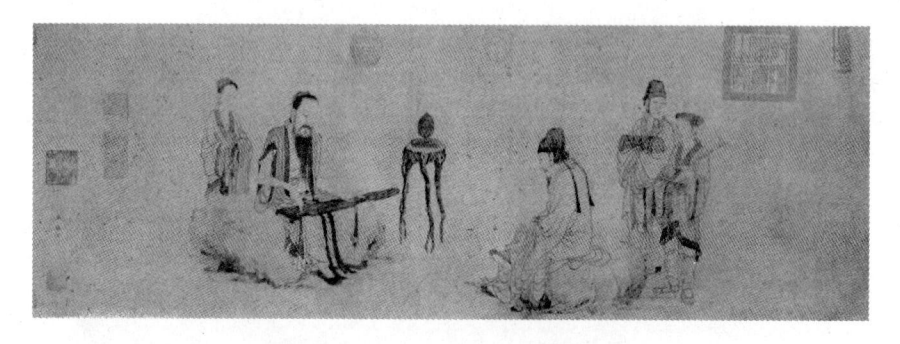

图 43　（元）王振鹏　伯牙鼓琴图

附录 与本书第五章相关的画作 405

图 44 （北宋）崔白 双喜图　　图 45 （明）林良 秋鹰图

图46 （清）恽寿平 竹石新笋

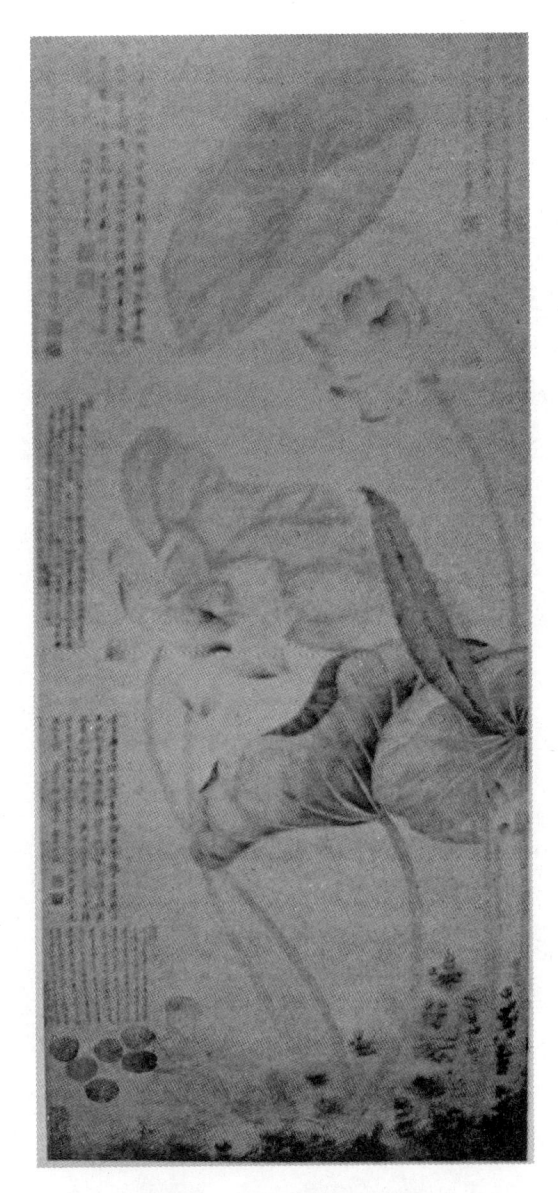

附录　与本书第五章相关的画作　　407

图 47　（清）恽寿平　荷花

图48 （清）石涛　临风长啸图

图 49 （清）八大山人 《安晚册》之鹌鹑

图50 （清）八大山人
《安晚册》之鳜鱼

图51 （五代）巨然　万壑松风图

附录　与本书第五章相关的画作　411

图52　（元）马琬　暮云诗意图

图53 （元）王蒙 夏山高隐图

附录　与本书第五章相关的画作　413

图 54　（清）恽寿平　晓山云起图

图 55　（南宋）李唐　采薇图

图56 （南宋）马麟 静听松风图

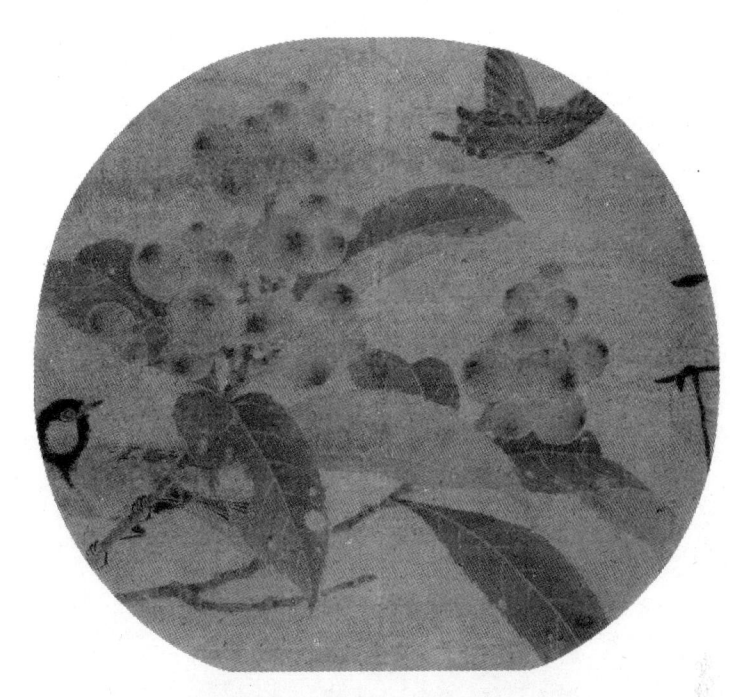

附录　与本书第五章相关的画作　415

图 57　（北宋）赵佶　枇杷山鸟图

图 58　（南宋）扬无咎　雪梅图

图 59　（南宋）扬无咎　雪梅图（局部）

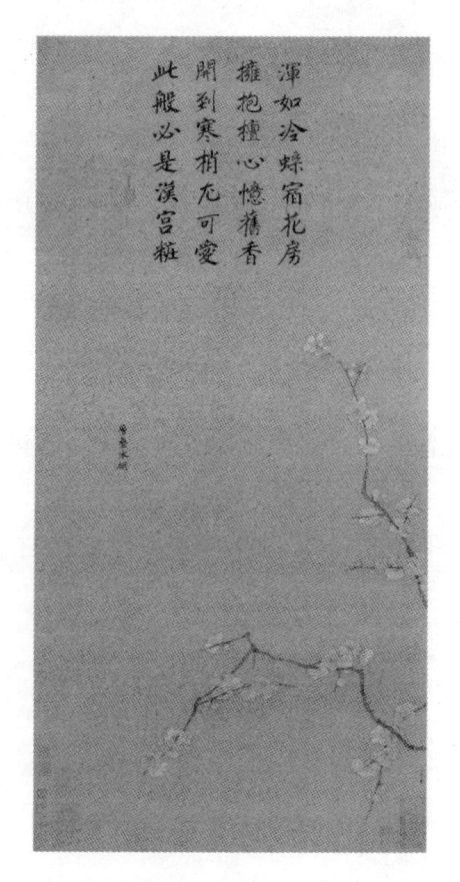

图 60　（南宋）马麟　层叠冰绡图

附录　与本书第五章相关的画作　　417

图 61　（北宋）郭熙　窠石平远图

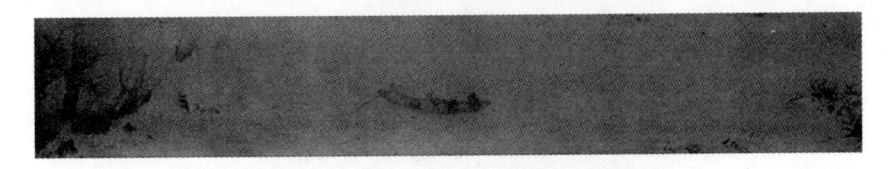

图 62　（南宋）马和之　后赤壁赋图

图63 （元）倪瓒 虞山林壑图

附录　与本书第五章相关的画作　419

图64　（清）恽寿平　夜雨初霁

图65　（南宋）梁楷　三高游赏图

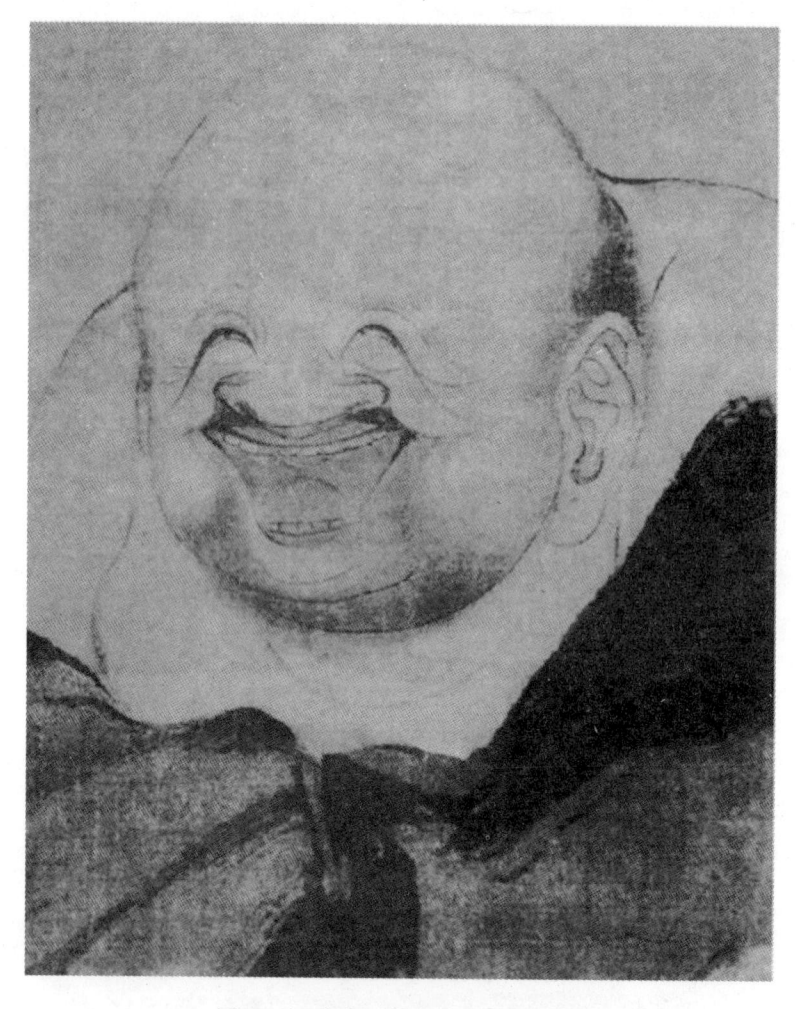

图66 （南宋）梁楷 布袋和尚图

图 67 （南宋）梁楷　李白吟行图

图 68 （南宋）佚名 松谷问道图

图 69 （南宋）佚名　秋林放犊图

图70 （北宋）赵佶 芙蓉锦鸡图

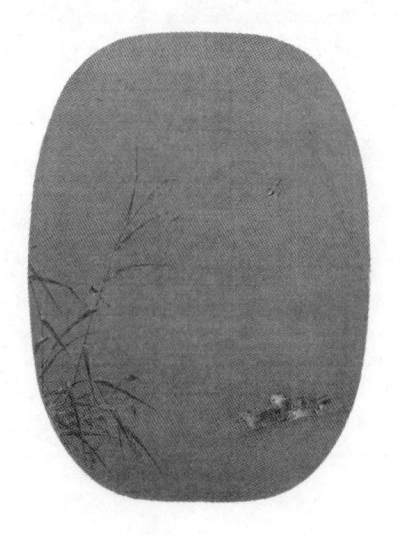

图71 （南宋）张茂 鸳鸯图

图 72 （南宋）佚名 寒汀落雁图

图 73 （南宋）李唐 万壑松风图

图74　（元）高克恭　春山晴雨图　　　图75　（元）高克恭　云横秀岭图

附录　与本书第五章相关的画作　　427

图 76　（南宋）马远　踏歌图

图77 （唐）佚名 引路菩萨图

附录　与本书第五章相关的画作　　429

图 78　（北宋）赵佶　听琴图

图79 （清）康涛 华清出浴图

图 80　（北宋）崔白　寒雀图

图 81　（明）林良　灌木集禽图（局部 1）

图 82　（明）林良　灌木集禽图（局部 2）

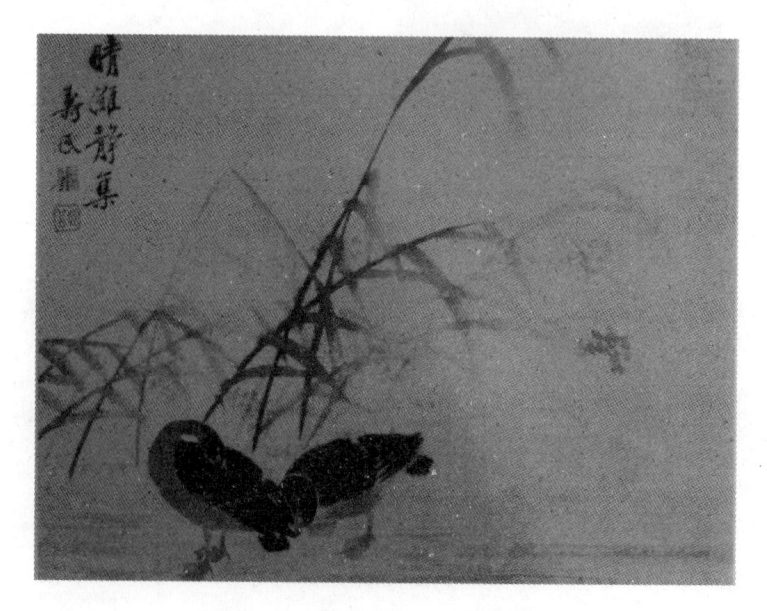

图 83　（清）边寿民　芦雁册之二

附录　与本书第五章相关的画作　433

图 84　[意大利] 达·芬奇　蒙娜丽莎

图 85　(唐) 周昉　簪花仕女图

图86　[西班牙]委拉斯凯兹　教皇英诺森十世肖像

图87　[荷兰]霍贝玛　米德尔哈尼斯的林荫道

附录　与本书第五章相关的画作　435

图88　（唐）王维　袁安卧雪图

图89　（南宋）吴炳　竹雀图

图 90　［法国］保罗·塞尚　苹果与橘子

图 91　［法国］爱德华·马奈　草地上的午餐

附录　与本书第五章相关的画作　437

图92　［尼德兰］扬·凡·艾克　阿诺尔芬尼夫妇结婚像

图93　（北宋）张择端　清明上河图（局部1）

图 94　（北宋）张择端　清明上河图（局部2）

图 95　（唐）佚名　宫苑图（局部）

附录　与本书第五章相关的画作　439

图96　［法国］米勒　拾穗者

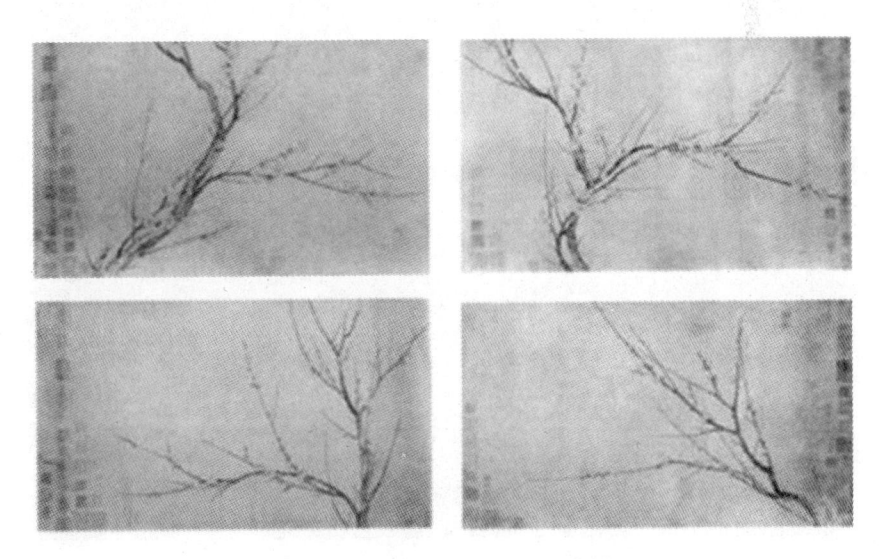

图97　（南宋）扬无咎　四梅图

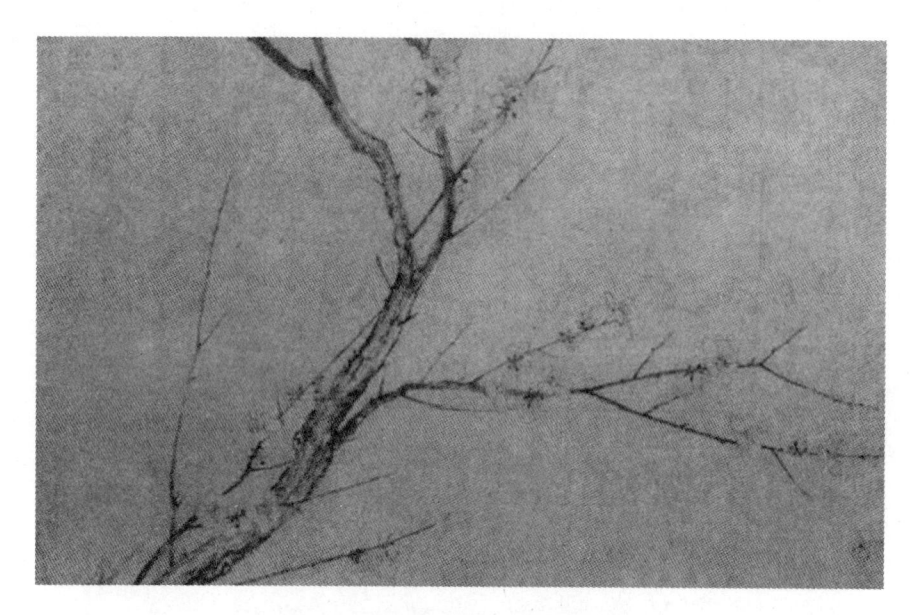

图98 （南宋）扬无咎 四梅图（之一）

图99 （南宋）扬无咎 四梅图（之二）

附录　与本书第五章相关的画作　441

图 100　（南宋）扬无咎　四梅图（之三）

图 101　（南宋）扬无咎　四梅图（之四）

图102 〔法国〕柯罗 孟特芳丹的回忆

参考文献

典籍类

（战国）荀况著，（唐）杨倞注：《荀子》，上海古籍出版社1989年版。

（战国）吕不韦等著，（汉）高诱注：《吕氏春秋》，上海古籍出版社1989年版。

（汉）董仲舒著：《春秋繁露》，上海古籍出版社1989年版。

（汉）河上公注：《道德真经》，上海古籍出版社1993年版。

（汉）刘安等编著，（汉）高诱注：《淮南子》，上海古籍出版社1989年版。

（汉）司马迁著，韩兆琦译注：《史记》，中华书局2010年版。

（魏）王弼著，楼宇烈校释：《王弼集校释》，中华书局1980年版。

（南朝宋）刘义庆撰，（南朝）刘孝标注，朱铸禹汇校集注：《世说新语汇校集注》，上海古籍出版社2002年版。

（南朝梁）刘勰著，范文澜注：《文心雕龙注》，人民文学出版社1958年版。

（唐）李筌撰：《神机制敌太白阴经》，中华书局1985年版。

（唐）李延寿撰：《南史》，中华书局1975年版。

（唐）张彦远著，俞剑华注释：《历代名画记》，上海人民美术出版社1964年版。

（宋）程颢、程颐撰，潘富恩导读：《二程遗书》，上海古籍出版社2000年版。

（宋）郭若虚著，俞剑华注释：《图画见闻志》，江苏美术出版社2007年版。

（宋）黄休复：《益州名画录》，人民美术出版社2005年版。

（宋）邵雍著，郭彧整理：《邵雍集》，中华书局 2010 年版。
（宋）沈括著：《梦溪笔谈》，上海古籍出版社 1992 年版。
（宋）苏轼原著：《东坡题跋》，人民美术出版社 2008 年版。
（宋）魏庆之著，王仲闻点校：《诗人玉屑》，中华书局 2007 年版。
（宋）袁文撰，李伟国点校：《瓮牖闲评》，中华书局 2007 年版。
（宋）周敦颐撰，徐洪兴导读：《周子通书》，上海古籍出版社 2000 年版。
（宋）朱熹撰，李一忻点校：《周易本义》，九州出版社 2004 年版。
（宋）朱熹撰：《四书章句集注》，中华书局 1983 年版。
（宋）葛立方撰：《韵语阳秋》，北京图书馆出版社 2004 年版。
（元）汤垕撰，马采标点注释：《画鉴》，人民美术出版社 1958 年版。
（明）董其昌著，周远斌点校纂注：《画禅室随笔》，山东画报出版社 2008 年版。
（明）王世贞著，罗仲鼎校注：《艺苑卮言校注》，齐鲁书社 1992 年版。
（明）袁宏道著，钱伯城笺校：《袁宏道集笺校》，上海古籍出版社 2008 年版。
（清）华琳撰，黄凌整理：《南宗诀秘》，山东画报出版社 2004 年版。
（清）刘熙载著，袁津琥校注：《艺概注稿》，中华书局 2009 年版。
（清）钱杜著，赵辉校注：《松壶画忆》，西泠印社出版社 2008 年版。
（清）阮元校刻《十三经注疏》，中华书局 1980 年版。
（清）石涛：《大涤子题画诗跋》，上海人民美术出版社 1987 年版。
（清）王概：《芥子园画谱》，九州出版社 2002 年版，清康熙十八年本。
（清）姚鼐著，刘季高标校：《惜抱轩诗文集》，上海古籍出版社 1992 年版。
（清）永瑢等撰：《四库全书总目》（子部），中华书局 1965 年版。
（清）郑板桥著，王其和点校、纂注：《板桥论画》，山东画报出版社 2009 年版。
［日］遍照金刚（弘法大师）原撰，王利器校注：《文镜秘府论校注》，中国社会科学出版社 1983 年版。
《景印文渊阁四库全书》，台北：台湾商务印书馆 1986 年版。
《四部备要》（子部），中华书局 1989 年版，据明刻本校刊。
《四库全书存目丛书》（子部·艺术类），齐鲁书社 1995 年版。
《太平经》，上海古籍出版社 1993 年版。

《续修四库全书》（子部·艺术类），上海古籍出版社 2002 年版。
邓实等编：《美术丛书》，上海神州国光社 1936 年版。
高亨注：《诗经今注》，上海古籍出版社 2009 年版。
李梦生注：《左传译注》，上海古籍出版社 2004 年版。
王叔岷撰：《钟嵘诗品笺证稿》，中华书局 2007 年版。
王叔岷撰：《庄子校诠》，中华书局 2007 年版。
魏宏灿校注：《曹丕集校注》，安徽大学出版社 2009 年版。
徐元诰撰，王树民、沈长云点校：《国语集解》，中华书局 2002 年版。
许啸天注：《老子》，中国书店 1988 年版，据群学社 1930 年版影印。
于海晏编：《画论丛刊》，中华印书局 1937 年版。
中国国家图书馆·中国国家古籍保护中心编：《第一批国家珍贵古籍名录图录》，国家图书馆出版社 2008 年版。

译著类

［法］达维德·方丹：《诗学：文学形式通论》，陈静译，天津人民出版社 2003 年版。
［法］丹纳：《艺术哲学》，傅雷译，人民文学出版社 1963 年版。
［古希腊］亚里士多德：《诗学》，罗念生译，人民文学出版社 1962 年版。
［美］M. H. 艾布拉姆斯：《镜与灯》，郦稚牛、张照进、童庆生译，王宁校，北京大学出版社 2004 年版。
［美］高居翰：《隔江山色：元代绘画》，宋伟航译，生活·读书·新知三联书店 2009 年版。
［美］高居翰：《江岸送别：明代初期与中期绘画》，夏春梅等译，生活·读书·新知三联书店 2009 年版。
［美］高居翰：《气势撼人：十七世纪中国绘画中的自然与风格》，李佩桦等译，生活·读书·新知三联书店 2009 年版。
［美］高居翰：《山外山：晚明绘画》，王嘉骥译，生活·读书·新知三联书店 2009 年版。
［美］哈罗德·布鲁姆：《误读图示》，朱立元、陈克明译，天津人民出版社 2008 年版。
［美］哈罗德·布鲁姆：《影响的焦虑》，徐文博译，江苏教育出版社 2006 年版。

［美］刘若愚：《中国文学理论》，杜国清译，江苏教育出版社 2006 年版。

［美］罗伯特·威廉姆斯：《艺术理论——从荷马到鲍德里亚》（第 2 版），许春阳、汪瑞、王晓鑫译，北京大学出版社 2009 年版。

［美］韦勒克、沃伦：《文学原理》，刘象愚等译，生活·读书·新知三联书店 1986 年版。

［日］笠原仲二：《古代中国人的美意识》，杨若薇译，生活·读书·新知三联书店 1988 年版。

［日］内藤湖南：《中国绘画史》，栾殿武译，中华书局 2008 年版。

［瑞士］埃米尔·施塔格尔：《诗学的基本概念》，胡其鼎译，中国社会科学出版社 1992 年版。

［意］达·芬奇：《达·芬奇谈艺录》，刘祥英译，张竟无编，湖南大学出版社 2009 年版。

［意］维柯：《新科学》，朱光潜译，商务印书馆 1989 年版。

［英］爱德华·泰勒：《原始文化——神话、哲学、宗教、语言、艺术和习俗发展之研究》，连树声译，上海文艺出版社 1992 年版。

方东美：《中国哲学之精神及其发展》，匡钊译，中州古籍出版社 2009 年版。

著作类

《中国哲学范畴集》，人民出版社 1985 年版。

《中国哲学史教学资料选编》（下册），中华书局 1982 年版。

《中国哲学史资料选辑——宋元明之部》，中华书局 1982 年版。

毕继民：《传统文化与中国人物画》，中国文史出版社 2005 年版。

陈传席：《六朝画论研究》，天津人民美术出版社 2006 年版。

陈传席：《艺史史话丛书——山水画史话》，凤凰出版传媒集团 2001 年版。

陈传席：《中国山水画史》，天津人民美术出版社 2001 年版。

陈良运：《周易与中国文学》，百花洲文艺出版社 1999 年版。

陈良运：《艺·文·诗新论》，上海三联书店 2008 年版。

陈世宁：《中西绘画形神观比较研究》，东方出版社 2007 年版。

陈望衡：《中国古典美学史》，湖南教育出版社 1998 年版。

陈炎主编：《中国审美文化史》，山东画报出版社 2007 年版。

陈野：《南宋绘画史》，上海古籍出版社 2008 年版。

程石泉著，俞懿娴编：《中国哲学综论》，上海古籍出版社 2007 年版。

邓乔彬：《宋代绘画研究》，河南大学出版社 2006 年版。

董欣宾、郑奇：《中国绘画对偶范畴论——中国绘画原理论稿》，江苏美术出版社 1990 年版。

杜道明：《通向和谐之路：中国的和谐文化与和谐美学》，国防大学出版社 2000 年版。

冯晓：《中西艺术的文化精神》，上海书画出版社 1993 年版。

冯友兰著，赵复三译：《中国哲学简史》，生活·读书·新知三联书店 2009 年版。

傅抱石著，承名世导读：《中国绘画变迁史纲》，上海古籍出版社 1998 年版。

辜正坤：《中西文化比较导论》，北京大学出版社 2007 年版。

何楚熊：《中国画论研究》，中国社会科学出版社 1996 年版。

何加林：《凝视的空间：浅识山水画境界的契机》，中国美术学院出版社 2008 年版。

胡经之、李建：《中国古典文艺学》，光明日报出版社 2006 年版。

黄侃著，黄延祖重辑：《文心雕龙札记》，中华书局 2006 年版。

黄黎星：《易学与中国传统文艺观》，上海三联书店 2008 年版。

黄寿祺等：《周易译注》，上海古籍出版社 1989 年版。

黄维樑：《中国古典文论新探》，北京大学出版社 1996 年版。

蒋伯潜：《十三经概论》，上海古籍出版社 1983 年版。

蒋兆和著，刘曦林等整理：《蒋兆和人物画讲义》，天津古籍出版社 2007 年版。

金元浦、谭好哲、陆学明主编：《中国文化概论》，首都师范大学出版社 2008 年版。

靳之林：《绵绵瓜瓞与中国本原哲学的诞生》，广西师范大学出版社 2002 年版。

孔六庆：《继往开来——明代院体花鸟画研究》，东南大学出版社 2008 年版。

孔智光：《中西古典美学研究》，山东大学出版社 2002 年版。

李建中、吴中胜、褚燕：《中国古代文论诗性特征研究》，武汉大学出版社 2007 年版。

李霖灿：《中国美术史稿》，云南人民出版社 2002 年版。

李庆本：《跨文化视野：转型期的文化与美学批判》，中国文联出版社 2003 年版。

李欣复：《中国古典美学范畴史》，香港：香港天马图书有限公司 2003 年版。

李雪梅：《中西美术收藏比较》，河北美术出版社 2000 年版。

李泽厚：《美的历程》，天津社会科学院出版社 2008 年版。

李泽厚：《美学论集》，上海文艺出版社 1980 年版。

李泽厚、刘纲纪：《中国美学史》（第二卷），中国社会科学出版社 1987 年版。

李泽厚：《华夏美学·美学四讲》（增订本），生活·读书·新知三联书店 2008 年版。

李泽厚：《新版中国古代思想史论》，天津社会科学院出版社 2008 年版。

李泽厚：《中国思想史论》，安徽文艺出版社 1999 年版。

廖名春：《〈周易〉经传十五讲》，北京大学出版社 2004 年版。

刘大钧：《周易概论》，齐鲁书社 1986 年版。

刘怀荣：《周汉诗学与文学思想研究》，中国社会科学出版社 2008 年版。

刘文英主编：《中国哲学史》，南开大学出版社 2002 年版。

刘永济：《十四朝文学要略》，中华书局 2007 年版。

吕澎：《溪山清远——两宋时期山水画的历史与趣味转型》，中国人民大学出版社 2004 年版。

马鸿增、马晓刚：《中国名画家全集：荆浩关仝》，河北教育出版社 2006 年版。

毛建波、江吟主编，张素琪编注：《板桥题画》，西泠印社出版社 2006 年版。

梅墨生：《山水画述要》，北京图书馆出版社 2001 年版。

潘天寿：《听天阁画谈随笔》，上海人民美术出版社 1980 年版。

潘天寿：《中国绘画史》，团结出版社 2006 年版。

潘天寿著，徐建融导读：《中国传统绘画的风格》，上海书画出版社 2003 年版。

潘欣信主编：《中外绘画名作八十讲》，广西师范大学出版社 2004 年版。

庞朴：《一分为三论》，上海古籍出版社2003年版。
庞朴：《中国文化十一讲》，中华书局2008年版。
彭莱编著：《古代画论》，上海书店出版社2009年版。
彭修银：《中国绘画艺术论》，山西教育出版社2001年版。
齐白石著，张竟无编：《齐白石谈艺录》，湖南大学出版社2009年版。
钱穆：《中国文化史导论》，商务印书馆1994年版。
曲辰：《中国哲学与中华文化》，宁夏人民出版社2006年版。
沈子丞：《历代论画名著汇编》，文物出版社1982年版。
舒也：《中西文化与审美价值诠释》，上海三联书店2008年版。
汤用彤：《魏晋玄学论稿》，上海古籍出版社2005年版。
陶东风：《中国古代心理美学六论》，百花文艺出版社1992年版。
汪涛：《中西诗学源头辨》，人民出版社2009年版。
王伯敏：《中国画的构图》，天津人民美术出版社1981年版。
王伯敏：《中国绘画史》（修订版），文化艺术出版社2009年版。
王伯敏编：《黄宾虹画语录》，上海人民美术出版社1978年版。
王力：《诗词格律》，中华书局1977年版。
王学仲：《中国画学谱》，新世界出版社2007年版。
王瑶：《中国诗歌发展讲话》，江苏文艺出版社2008年版。
王永亮：《中国画与道家思想》，文化艺术出版社2007年版。
王振复：《大易之美——周易的美学智慧》，北京大学出版社2006年版。
韦宾：《唐朝画论考释》，天津人民美术出版社2007年版。
吴甲丰：《西方写实绘画》，文化艺术出版社2005年版。
吴前衡：《〈传〉前易学》，湖北人民出版社2008年版。
吴中杰主编：《中国古代审美文化论》，上海古籍出版社2003年版。
伍蠡甫：《中国画论研究》，北京大学出版社1983年版。
许琛等著：《中国绘画史》，文化艺术出版社1998年版。
许明主编：《华夏审美风尚史》，河南人民出版社2000年版。
杨成寅：《太极哲学》，学林出版社2003年版。
杨仁恺主编：《中国书画》，上海古籍出版社1990年版。
杨挺：《宋代心性中和诗学研究》，巴蜀书社2008年版。
杨义：《重绘中国文学地图——杨义学术讲演集》，中国社会科学出版社2003年版。

叶朗总主编：《中国历代美学文库》，高等教育出版社2003年版。
叶朗：《中国美学史大纲》，上海人民出版社1999年版。
叶子编著：《中国书画鉴藏通论》，人民美术出版社2005年版。
仪平策：《中古审美文化通论》，山东人民出版社2007年版。
仪平策：《中国美学文化阐释》，首都师范大学出版社2003年版。
尤汪洋等主编：《美术鉴赏》，河南美术出版社2005年版。
俞剑华：《中国古代画论类编》（修订版），人民美术出版社2004年版。
俞剑华注释：《宣和画谱》，江苏美术出版社2007年版。
袁行霈、孟二冬、丁放：《中国诗学通论》，安徽教育出版社1994年版。
张岱年：《中国古典哲学概念范畴要论》，中国社会科学出版社1989年版。
张岱年：《中国古典哲学概念范畴要论》，中国社会科学出版社1989年版。
张岱年：《中国哲学大纲》，江苏教育出版社2005年版。
张建军：《中国画论史》，山东人民出版社2008年版。
张启亚：《中国画的灵魂——哲理性》，文物出版社1994年版。
张少康：《文心与书画乐论》，北京大学出版社2006年版。
张双棣：《淮南子校释》，北京大学出版社1997年版。
甄巍：《油画与水墨：中西绘画艺术比较》，中国纺织出版社2002年版。
中国美术学院中国画系编：《中国画学研究——形神与笔墨》，中国美术学院出版社2008年版。
周积寅编著：《中国画论辑要》，江苏美术出版社2005年版。
周积寅编著：《中国历代画论》，江苏美术出版社2007年版。
周来祥主编：《中华审美文化通史》，安徽教育出版社2007年版。
朱伯雄：《西方美术史十讲》，上海人民出版社2007年版。
朱光潜：《诗论》，安徽教育出版社1997年版。
朱立元主编：《天人合一——中华审美文化之魂》，上海文艺出版社1998年版。
朱良志：《曲院风荷：中国艺术论十讲》，安徽教育出版社2003年版。
朱良志：《生命清供：国画背后的世界》，北京大学出版社2008年版。
朱良志：《中国美学十五讲》，北京大学出版社2006年版。
朱良志：《中国艺术的生命精神》，安徽教育出版社1995年版。

朱自清：《诗言志辨》，凤凰出版社 2008 年版。
宗白华：《美学散步》，上海人民出版社 2005 年版。
宗白华：《美议》，北京大学出版社 2010 年版。
宗白华：《艺境》，北京大学出版社 1997 年第 2 版。

论文类

蔡镇楚：《诗话研究之回顾与展望》，《文学评论》1999 年第 5 期。
蔡钟翔、涂光社、汪涌豪：《范畴研究三人谈》，《文学遗产》2001 年第 1 期。
陈碧：《〈周易〉阴阳之道的生命美学意蕴》，《理论月刊》2010 年第 6 期。
陈恩林：《论〈大一生水〉与〈老子〉及〈易传〉的关系——〈大一生水〉不属于道家学派》，《社会科学战线·道家研究》2004 年第 6 期。
陈之佛：《就花鸟画的构图和设色来谈形式美》，《南京艺术学院学报》2006 年第 2 期。
程琦琳：《中国美学是范畴美学》，《学术月刊》1992 年第 3 期。
程琦琳：《论中国美学范畴网络体系》，《江海学刊》1997 年第 3 期。
杜道明：《有关"中庸"的几个问题》，《中国文化研究》1998 年春之卷（总第 19 卷）。
黄黎星：《阴阳之道：智慧深蕴与美学启迪》，《"美与当代生活方式"国际学术研讨会论文集》，武汉大学出版社 2005 年版。
姜彦文：《挺秀之中见精神——文徵明的〈双柯竹石图〉》，《老年教育·书画艺术》2008 年 9 月。
孔新苗：《水墨艺术的三种文化面相》，《文史哲》2003 年第 5 期。
李红霞：《道家隐逸与唐代山水艺术关系初论》，《固原师专学报》（社会科学版）2002 年第 5 期。
李培裕：《形态与演进——论中国花鸟画的传统与发展》，《艺术理论》2008 年 4 月。
李晓庵：《波臣画风与郎世宁肖像绘画》，《文艺研究》2008 年第 2 期。
刘大钧：《〈大一生水〉篇管窥》，《周易研究》2001 年第 4 期。
刘升辉：《论王维的水墨山水画艺术》，《景德镇高专学报》2005 年第 3 期。

刘应宗：《取移法与中国山水画》，《黄冈师专学报》1997年第3期。
吕少卿：《唐代山水画风略论》，《艺术百家》2006年第7期。
吕孝龙：《阴阳变易生生不息——论〈易经〉中朴素辩证法思想的美学价值》，《云南师范大学学报》（哲学社会科学版）1990年第3期。
马力：《析古代画论中山水画的表现形式》，《安徽文学》2006年第10期。
毛宜：《花鸟画虚实空间的经营》，《肇庆学院学报》2008年第3期。
孟宪伟：《禅宗和王维的水墨山水画》，《彭城职业大学学报》2004年第1期。
彭修银：《关于中国古典美学范畴系统化的几个问题》，《人文杂志》1992年第4期。
秦全增：《论中国花鸟画构图》，《南阳师范学院学报》（社会科学版）2005年第10期。
饶玮：《论道家虚实美学思想对中国艺术创作及艺术审美心理的影响》，《重庆教育学院学报》2004年第5期。
童娜娜：《浅谈国画的"中和"思想》，《艺术探索》2008年第2期。
王启兴：《唐代诗人兼画家述略》，《中国韵文学刊》1994年第2期。
王永梅：《谈中国画花鸟画的构图》，《甘肃高师学报》2000年第4期。
王兆熊：《花鸟画与中西绘画观念比较》，《无锡南洋学院学报》2002年第1期。
叶舒宪：《"诗言寺"辨——中国阉割文化索源》，《文艺研究》1994年第2期。
仪平策：《"中和"范式·"阴阳两仪"·"一两"思维——中国美学精神的思维文化探源》，《周易研究》2004年第1期。
仪平策：《论"阴阳两仪"思想范式的美学意涵》，《华中师范大学学报》（人文社会科学版）2007年第3期。
仪平策：《中西美学和谐理念的两大范式》，《学术月刊》2000年第1期。
张丽珍：《中国古代阴阳观念概谈》，《现代语文》（文学研究版）2007年第4期。
张玲丽：《自然与情感的互化——浅谈宋代工笔花鸟画的审美特点》，《焦作大学学报》2009年第4期。
张岩：《中国画笔墨样式嬗变之道》，《文艺研究》2008年第2期。

郑炜、林彬：《唐代美术：走向成熟的审美文化》，《南昌高专学报》2007年第5期。

朱岚：《〈周易〉美学的生命本体论》，《华中师范大学学报》（哲学社会科学）1995年第2期。

朱良志：《论理学对中国"画气"说的影响》，《孔子研究》2003年第2期。

朱良志：《中国艺术观念中的"幻"学说》，《北京大学学报》（哲学社会科学版）2009年第6期。

郑直：《中国山水画中"水"的技法演变》，四川大学2003年硕士学位论文。

张李绩：《唐写真研究》，首都师范大学2005年硕士论文。

贾小琳：《中国山水画与西方风景画表现特点之比较》，西北民族大学2007年硕士学位论文。

董蕊：《由意象到具象：水墨人物画造型转变的过程及意义》，首都师范大学2008年硕士学位论文。

李谋超：《魏晋南北朝时期人物画审美风格初探》，湖南师范大学2008年硕士学位论文。

张见：《传教士影响下明清人物画风之嬗变》，中国艺术研究院2008年博士学位论文。

杨苗苗：《中国花鸟画的独特性及其文化根源》，西北师范大学2009年硕士学位论文。

画谱类

《荣宝斋画谱》（古代部分），荣宝斋出版社1997年版。

纪江红编：《中国传世名画》，内蒙古人民出版社2002年版。

上海书画出版社编：《林泉高士》、《秋庭婴戏》、《全景花鸟》、《翎毛小品》、《墨花墨禽》、《鹊华秋色》、《晋唐古风》、《一片江南》，上海书画出版社2003年版。

中国画经典丛书编辑组编：《中国人物画经典》，文物出版社2005年版。

故宫博物院编：《故宫历代书画》，紫禁城出版社2008年版。

故宫博物院编：《故宫博物院藏品大系·绘画编》，紫禁城出版社2008年版。

后 记

书稿即将付梓之际，有些事、有些话想在这里简单交待一下。这本书是我们承担的教育部人文社会科学重点研究基地重大项目"'阴阳两仪'思维与中国审美文化研究"的一个结项成果。研究期间，从内容构架到体例设置，从人员分工到写作安排，皆几经调整，然仰赖课题组全体成员坚持不懈的攻关，课题最终结项，书稿顺利完成。所以，无论作为结项成果还是学术著作，该书的问世，都是所有课题组成员共同努力的结果，是每一个课题参加者和书稿写作者智慧、能力、心血、汗水的学术结晶。值此机会，我们作为课题负责人，谨向课题组所有成员和本书稿执笔人员致以深挚的谢意！

该书作者分工、执笔情况大致如下：

仪平策：导论

廖群：第一章

余霞、陈静：第二章

赵静：第三章

朱睿达：第四章

李玮巍：第五章

李庆本：第六章

赵轶龙：第七章

同时，该书从项目到写作，也得到了山东大学文艺美学研究中心主任曾繁仁教授和全体同仁、老师的悉心指导和大力支持。在此，也一并向他们表示真切的感念！

要感谢的还有很多很多。

再次一并致意：感谢生活的一切善意和美好！

是为记。

仪平策　李庆本

2014 年 5 月